瓦楞纸箱成型与印刷

刘筱霞　陈永常　编著

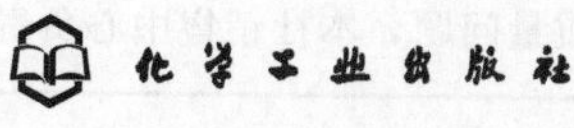

·北京·

内 容 简 介

本书全面系统地介绍了瓦楞纸板的生产、印刷和瓦楞纸箱的成型等方面的基础知识、基本原理、基本工艺与设备。全书以印刷工序为分段线，由印刷前工序段、印刷工序段、印刷后工序段三大部分构成。印刷前工序段内容包括瓦楞纸板的种类及特点、瓦楞纸板的生产、瓦楞纸板黏合剂的制备及应用；印刷工序段内容包括瓦楞纸板的柔性版印刷技术、柔性版预印技术、凹版预印技术、平版胶印技术、数字印刷技术；印刷后工序段内容包括瓦楞纸板模切技术、瓦楞纸箱的接合、瓦楞纸箱物理性能检测、瓦楞纸箱的成型。

本书尽可能反映了现阶段瓦楞纸箱制造的最新技术与成果，可供瓦楞纸箱生产企业技术人员参考，也可作为包装印刷相关专业师生教学参考用书。

图书在版编目（CIP）数据

瓦楞纸箱成型与印刷/刘筱霞，陈永常编著．—北京：化学工业出版社，2020.11（2023.6重印）

ISBN 978-7-122-37547-6

Ⅰ.①瓦… Ⅱ.①刘…②陈… Ⅲ.①瓦楞纸板-包装箱-成型②瓦楞纸板-包装箱-印刷 Ⅳ.①TS764.6

中国版本图书馆 CIP 数据核字（2020）第 153030 号

责任编辑：彭爱铭
责任校对：宋 玮　　　　装帧设计：刘丽华

出版发行：化学工业出版社（北京市东城区青年湖南街 13 号　邮政编码 100011）
印　　装：北京机工印刷厂有限公司
710mm×1000mm　1/16　印张 24　字数 443 千字　　2023 年 6 月北京第 1 版第 2 次印刷

购书咨询：010-64518888　　　　售后服务：010-64518899
网　　址：http://www.cip.com.cn
凡购买本书，如有缺损质量问题，本社销售中心负责调换。

定　　价：98.00 元

前言

经过百余年的持续发展和进步，瓦楞纸凭借成本低、易加工、强度高、重量轻等优势，已成为包装领域的主要包装材料。据有关资料显示，瓦楞纸生产在我国呈现产销两旺的势头。与此同时，瓦楞包装凭借创新的设计已经成为零售业的“广告牌”；功能型瓦楞纸箱的应用与发展已使瓦楞纸板成为新鲜农产品包装更经济的选择；电子商务已成为瓦楞包装未来发展机遇的主要领域；数字印刷在瓦楞包装上的应用越来越广泛，使得瓦楞包装更有力地实现了关键的营销功能；瓦楞纸包装的回收再循环使瓦楞包装的可持续性顺应绿色环保的潮流；瓦楞包装美化及宣传产品的功能越来越强，使瓦楞包装不仅具备缓冲减震以保护商品、方便运输的功能，而且瓦楞包装也迎来了个性化的潮流，从而使其美化及宣传产品的功能越来越强。

近年来，虽然瓦楞纸包装行业发展迅猛，但全面系统的介绍瓦楞纸板的生产制作、印刷及纸箱成型等方面的书籍很少。长期以来，人们在瓦楞纸箱印刷与成型的生产制作与使用过程中，缺少系统的理论指导，碰到问题只能依靠经验。考虑到这一实际情况，本书全面系统地介绍了最新的瓦楞纸板生产制作、瓦楞纸板的印刷及瓦楞纸箱的成型等方面的基础知识、基本原理、基本工艺与设备。

全书以印刷工序为分段线，由三大部分构成：印刷前工序段内容包括瓦楞纸板的种类及特点、瓦楞纸板的生产、瓦楞纸板黏合剂的制备及应用；印刷工序段内容包括瓦楞纸板的柔性版印刷技术、柔性版预印技术、凹版预印技术、平版胶印技术和数字印刷技术；印刷后工序段内容包括瓦楞纸板模切技术、瓦楞纸箱的接合和纸箱开箱机。

全书共分为十一章，其中第一～第三章、第八～第十一章由陕西科技大学刘筱霞编著，第四～第七章由陕西科技大学陈永常编著，全书由刘筱霞统稿。在编著过程中，参阅了国内外相关的资料和文献，并得到了黄良仙、赵郁聪、陈诚、李博宁、刘敏、刘策等同志的大力协助。在此，对提供相关资料的前辈和同仁深表谢意，也对提供帮助的同志深表谢意。

本书尽可能反映当前瓦楞纸板、纸箱的最新技术与成果，但由于包装、印刷技术发展非常迅速，新技术、新工艺不断涌现，再加上作者理论知识和实践经验的局限性，书中的不足和疏漏之处在所难免，恳请专家、读者批评指正。

刘筱霞　陈永常

2020 年 5 月

目录

第一章　绪论

第一节　瓦楞纸板的种类及特性 / 1

一、瓦楞的形状和楞型 / 1

二、瓦楞纸板的种类及特性 / 4

三、瓦楞纸板的结构、分类及分等 / 6

四、瓦楞纸板技术要求 / 6

第二节　瓦楞纸箱 / 7

一、瓦楞纸箱种类 / 7

二、瓦楞纸箱标准规定 / 8

第三节　瓦楞包装的现状与发展 / 10

一、瓦楞包装的现状 / 10

二、瓦楞包装的应用 / 11

三、瓦楞包装的发展趋势 / 13

四、我国瓦楞包装的差距 / 15

第二章　瓦楞纸板的生产

第一节　瓦楞纸板生产线 / 17

一、瓦楞纸板生产线的组成 / 17

二、瓦楞纸板生产线的工艺流程 / 18

三、计算机控制全自动高速瓦楞纸板生产线 / 19

第二节　单面机系统 / 21

一、原纸架 / 21

二、预热器 / 24

三、单面机 / 28

四、瓦楞辊 / 32
五、压力辊 / 38
六、单面机上涂胶 / 39
七、纸板提升装置及输纸天桥 / 42
第三节 双面机系统 / 44
一、涂胶机 / 44
二、多重预热器 / 48
三、双面机 / 49
第四节 裁切系统 / 53
一、电脑纵切机 / 54
二、横切机 / 56
三、堆码机 / 61
第五节 蒸汽加热系统 / 64
一、蒸汽系统工作原理 / 65
二、蒸汽压力 / 66
三、蒸汽和冷凝水回收技术 / 67
四、二次蒸汽的回收利用 / 69
五、利用导热油炉替代蒸汽锅炉实现节能降耗 / 69

第三章 瓦楞纸板黏合剂的制备与应用

第一节 淀粉黏合剂的原料 / 71
一、淀粉 / 71
二、烧碱 / 74
三、硼砂 / 74
四、氧化剂 / 75
五、辅助剂 / 76
第二节 淀粉黏合剂的制备 / 77
一、淀粉黏合剂黏合原理 / 77
二、淀粉黏合剂的制备 / 78
三、制备淀粉黏合剂的要求 / 83
第三节 淀粉黏合剂的质量控制 / 84
一、淀粉黏合剂性能检测 / 84
二、影响淀粉黏合剂质量的主要因素 / 86

第四章　瓦楞纸板柔性版印刷技术

第一节　柔性版印刷的基本原理及特点 / 93
一、柔性版印刷的基本原理 / 93
二、柔性版印刷的特点 / 94
第二节　柔印印前处理 / 96
一、柔印印前设计的要求 / 96
二、柔印印前补偿 / 100
第三节　柔性版制版工艺 / 102
一、柔性版材的种类 / 102
二、感光性树脂版制版工艺 / 103
三、柔印计算机直接制版技术 / 111
四、柔印激光直接雕刻制版新技术 / 116
五、套筒柔性版直接制版技术 / 117
六、平顶网点制版技术 / 121
第四节　柔印水性油墨 / 126
一、柔印水性油墨的组成 / 126
二、柔印水性油墨的特点 / 127
三、水性油墨的印刷适性 / 128
第五节　网纹传墨辊 / 131
一、网纹辊的种类 / 132
二、网纹辊的性能 / 132
三、网纹辊的传墨性能 / 134
四、网纹辊的选配 / 139
第六节　柔性版印刷机的输墨系统 / 140
一、墨斗辊-网纹辊输墨系统（双辊式） / 140
二、网纹辊-刮墨刀输墨系统（刮刀式） / 141
三、墨斗辊-网纹辊-刮墨刀输墨系统（综合式） / 142
四、墨槽-刮墨刀系统（全封闭式双刮刀装置） / 143
第七节　瓦楞纸箱柔性版印刷工艺 / 144
一、瓦楞纸箱柔印生产工艺流程 / 144
二、瓦楞纸板柔印印刷压力控制 / 144
第八节　瓦楞纸板机组式柔印机 / 146
一、印刷模切机的工作原理 / 147

二、送纸部 / 147
三、印刷部 / 150
四、模切部 / 155
五、纸板堆积机 / 159
六、气缸及电气控制系统 / 161

第五章 瓦楞纸板柔性版预印技术

第一节 瓦楞纸板的预印 / 163
一、瓦楞纸板预印的类型 / 163
二、瓦楞纸板预印的条件要求 / 163
三、瓦楞纸板预印工艺的优势 / 164
第二节 瓦楞纸板柔性版预印技术 / 166
一、瓦楞纸板柔印预印特点 / 166
二、瓦楞纸板柔性版预印设备 / 169
第三节 卷筒纸张力系统 / 171
一、张力区域 / 171
二、张力驱动装置 / 173
三、张力控制系统 / 173
四、开卷张力系统 / 175
五、复卷张力控制系统 / 177
六、表面卷绕复卷张力控制系统 / 179
第四节 纸带纠偏机构 / 179
一、纸带纠偏 / 180
二、开卷纠偏 / 183
三、中间张力区域的纸带纠偏 / 184
四、复卷纠偏 / 188
第五节 瓦楞纸板卫星式柔印机 / 189
一、放卷部分 / 189
二、输入部分 / 190
三、印刷部分 / 190
四、干燥和冷却部分 / 191
五、后加工部分 / 192
六、输出、复卷或堆码部分 / 192
七、印刷机控制和管理系统 / 192

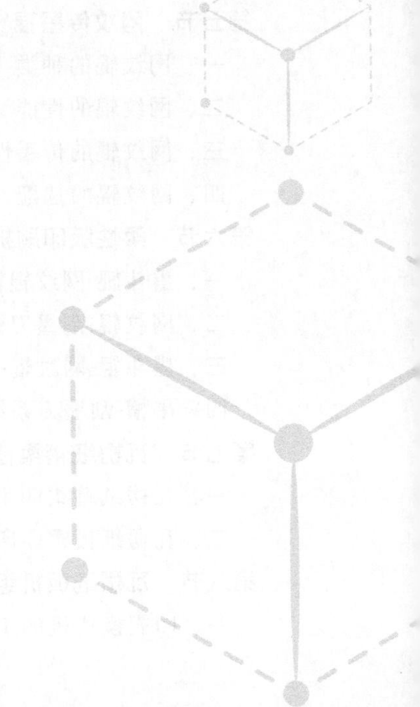

第六章　瓦楞纸板凹版预印技术

第一节　凹版印刷的基本原理 / 194
一、凹版印刷的基本原理 / 194
二、凹版预印的特点 / 195
第二节　凹版预印工艺 / 197
一、凹版预印工艺流程 / 197
二、凹版预印对工艺的要求 / 197
第三节　凹版预印制版工艺 / 199
一、电子雕刻凹印版制版工艺 / 199
二、激光雕刻凹版制版工艺 / 201
第四节　瓦楞纸板机组式凹版印刷机 / 206
一、传动系统 / 206
二、放卷装置 / 208
三、放卷牵引装置 / 210
四、印刷系统 / 214
五、收卷机构 / 227
六、干燥装置 / 229
七、张力控制系统 / 232
八、光电套准系统 / 232

第七章　瓦楞纸板平版胶印技术

第一节　瓦楞纸板的平版胶印 / 235
一、平版胶印原理 / 235
二、平版胶印的印版制作 / 235
三、瓦楞纸板的胶印预印 / 236
第二节　微型瓦楞纸板直接胶印 / 238
一、微型瓦楞胶印技术 / 238
二、微型瓦楞纸板直接胶印的特点 / 238
三、微型瓦楞纸板直接胶印存在的问题 / 239
四、微型瓦楞纸板直接胶印工艺的关键因素 / 240
第三节　海德堡 CD102 胶印机 / 243
一、CD102 胶印机的特点及组成 / 243

二、输纸装置 / 244
三、印刷系统 / 251
四、润版系统 / 259
五、输墨装置 / 262
六、收纸单元 / 266
第四节 胶转柔技术 / 273
一、纸箱的柔印与胶印相比更具优势 / 273
二、工艺转换注意事项 / 274
三、胶转柔的要素与关键点分析 / 275
四、高清柔印胶转柔技术的应用 / 277

第八章 瓦楞纸板数字印刷技术

第一节 数字印刷的特征 / 279
第二节 瓦楞行业数字印刷设备的发展 / 281
一、数字印刷设备 / 281
二、瓦楞行业喷墨印刷设备的最新发展 / 281
第三节 瓦楞纸板喷墨印刷技术 / 285
一、喷墨印刷工作原理 / 285
二、喷墨印刷的特点 / 288
三、数字喷墨印刷油墨 / 289
四、喷墨印刷的关键技术 / 290
五、瓦楞纸箱喷墨印刷机技术参数特点 / 292

第九章 瓦楞纸箱模切技术

第一节 模切机的类型与发展 / 297
一、模切机的类型 / 297
二、自动模切机国内外发展现状 / 298
三、自动模切机的发展趋势 / 299
四、激光模切机 / 302
第二节 开槽工艺 / 304
一、压线机构 / 304
二、开槽机构 / 305

第三节　模压版的制作工艺 / 307
一、模压原理 / 307
二、模切刀片与压痕钢线的选用 / 308
三、平压平模切版制作 / 309
四、圆压圆模切版制作 / 315
五、模切压痕工艺 / 316
六、模压工艺参数 / 317
第四节　平压平模切机 / 319
一、平压平模切机工作原理 / 319
二、输纸装置 / 320
三、模切机构 / 323
四、清废机构 / 327
五、收纸机构 / 329
六、传动系统 / 329
第五节　圆压圆模切机 / 333
一、圆压圆模切原理 / 333
二、圆压圆模切机组成与工艺流程 / 333
三、圆压圆模切机的特点 / 334
四、圆压圆模切机匹配要求 / 334

第十章　瓦楞纸箱的接合

第一节　瓦楞纸钉箱机 / 336
一、钉箱机的种类 / 336
二、全自动钉箱机组成与工作流程 / 338
三、全自动钉箱机 / 339
第二节　瓦楞纸糊箱机 / 343
一、糊箱机的种类 / 343
二、糊箱机的特点 / 345
三、全自动糊箱机组成与工作流程 / 345
四、全自动糊箱机结构 / 347
第三节　胶带自动贴合装置 / 348
一、胶带自动贴合装置 / 348
二、胶带自动贴合装置工作流程 / 349
第四节　瓦楞纸箱接合强度的检测 / 349

一、接合强度的标准 / 349
二、接合强度的检测方法 / 350
第五节 瓦楞纸箱物理性能检测 / 353
一、抗压强度 / 353
二、边压强度 / 354
三、黏合强度 / 354
四、耐破强度 / 354
五、戳穿强度 / 355
六、平压强度 / 355

第十一章 纸箱开箱机

第一节 纸箱开箱机种类及发展现状 / 357
一、立式胶带封箱开箱机 / 357
二、卧式热熔胶封箱开箱机 / 359
三、卧式胶带封箱开箱机 / 360
四、纸箱开箱机的发展 / 362
第二节 连续式开箱机 / 363
一、连续式开箱机的工作流程 / 363
二、箱坯供料装置 / 364
三、送料装置 / 365
四、展开成型装置 / 365
五、折页装置 / 368
六、胶带粘贴装置 / 369
七、机架 / 370

参考文献

第一章 绪论

1856 年，Healey 和 Allen 两名英国人发明了波纹瓦楞纸。1871 年，美国阿尔波特·琼斯发明了瓦楞纸板，开创了用瓦楞纸箱包装物品的先河。如今，经过百余年的持续发展和进步，瓦楞纸凭借成本低、易加工、强度高、重量轻等优势，被广泛应用于酒类、饮料、数码家电、水果等产品的包装，在现代包装中占有很重要的地位。

瓦楞包装作为包装行业的第二大应用类别，随着国内电商包装和个性化包装等应用市场的蓬勃发展，而成为纸包装行业的支柱产业。

第一节 瓦楞纸板的种类及特性

瓦楞芯（原）纸经过起楞加工后形成有规律且永久性波纹的纸称瓦楞纸（楞纸，fluted paper）。由一层或多层瓦楞纸黏合在若干层纸或纸板之间，用于制造瓦楞纸箱的一种复合纸板称瓦楞纸板（corrugated fiberboard）。瓦楞纸板具有较高的强度、挺度、硬度、耐压、耐破、延伸性及弹性等，由它制成的纸箱比较坚挺，有利于产品的包装。

一、瓦楞的形状和楞型

瓦楞纸板的性能与瓦楞的形状和楞型有关。使用质地相同的面纸和芯纸制成的瓦楞纸板，因瓦楞的形状和楞型不同，瓦楞纸板的性能也不同。

1. 瓦楞的形状及特性

瓦楞纸板的抗压强度与瓦楞的形状有直接关系。瓦楞芯纸的剖面结构近似三角形，呈波纹状的两个波峰表面和衬纸黏合，形成连续的拱形。从结构力学的角度分析，其形状非常科学合理，具有较大的刚性和良好的承载力，富有弹性和较高的防震性能。

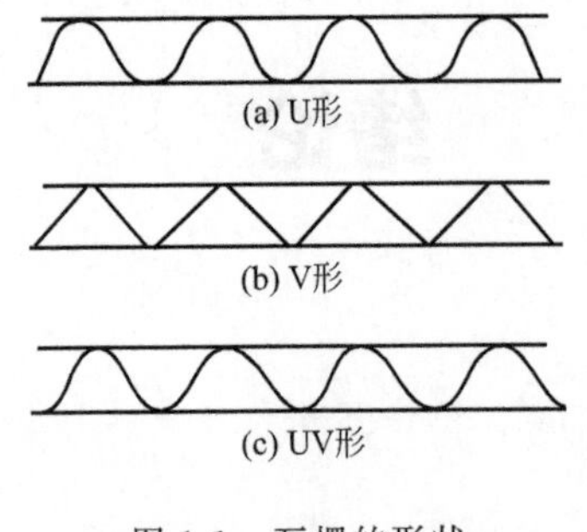

图 1-1　瓦楞的形状

瓦楞的形状一般分为U形、V形和UV形三种，如图1-1所示。

(1) U形瓦楞　弹性好，黏合好，但纸与黏合剂用量大，平压强度低，只能在弹性限度内有恢复能力，施加过重的压力不能恢复原状。瓦楞辊磨损量少，在较大外力作用下瓦楞芯纸波峰被压坏的现象极少，大多数现象是两侧的直线被压弯。

(2) V形瓦楞　挺度好，还原能力差，纸与黏合剂用量小，粘接能力差，但成本低。在上下瓦楞辊轧制楞形过程中原纸局部受力较大，易造成瓦楞原纸成型过程中波峰被压溃而呈断裂状（当原纸质量较差时尤为明显），严重时甚至不能正常工作。另外，由于瓦楞辊齿形较尖容易导致瓦楞辊磨损，从而增加了设备的投资及维修费用。

(3) UV形瓦楞　综合前两者之优点，耐压强度高，承载能力强，且刚性、防震性及弹性好。目前国内外市场提供的瓦楞机，若无特殊说明，其瓦楞形状均采用UV形。

2. 瓦楞的楞型

目前世界各国普遍使用的瓦楞，主要有以下五种楞型：A型、C型、B型、E型和F型。一般来讲，楞型较大其抗震、缓冲能力好，垂直压力大，但平面压力与平行压力差。瓦楞规格型号种类见表1-1。

表 1-1　瓦楞规格型号种类

型号	瓦楞高度/mm	楞宽/mm	瓦楞数/(个/300mm)	成型系数
A	4.5～5.0	8.0～9.5	34±3	1.50
C	3.5～4.0	6.8～7.9	41±3	1.45
B	2.5～3.0	5.5～6.6	50±4	1.30
E	1.1～2.0	3.0～3.5	93±6	1.24
F	0.6～0.9	1.9～2.6	136±20	1.22

注：1. 楞型规格A、C、B、E、F型选自GB/T 6544—2008。

2. 表中瓦楞形状均为UV形。

3. 成型系数决定单位长度（m）的单面瓦楞纸芯有多少个瓦楞。瓦楞形状因单位长度（m）的楞数、楞高及间距或成型系数的不同有所不同。

(1) A型瓦楞　高而宽，柔软而富有弹性，缓冲性能好，垂直耐压强度高，但承受平面平压性能差。通常用于运输包装，制造包装易碎物品的纸箱，以及对缓冲、碰撞和各种动载荷要求很高的产品的衬套、衬垫和减震元件等。

(2) B型瓦楞　低而密，单位长度上瓦楞个数多。其性能与A型瓦楞相反，具有较高的平压强度，因而受压不易变形，稳定性较好，具有较高的刚性，瓦楞纸板表面较平整，使之具有光滑的印刷表面，并容易裁切加工，但耐垂直压力性能较差。通常用来制作具有足够刚性，并不要求有减震防护的产品包装，如罐头、日用化工产品、小包装食品及小五金、木器等包装。双层结构的B型瓦楞纸板通常也可用来包装要求表面防护的物品，如贵重家具、图画和灯具等。

(3) C型瓦楞　介于A型瓦楞和B型瓦楞之间，强度适中。因其刚度和堆积强度性能使得C型瓦楞最常用，适用于一般物品的包装，可以有效地用来包装易碎制品以及要求防护其表面的硬制产品。现已成为欧美国家采用最多的楞型。

(4) E型瓦楞　单位长度内的瓦楞数较多，具有薄而硬的特点。瓦楞纸板能承受较大的平面压力，纵向垂直压缩强度和横向压缩强度相同，适用于制作销售用包装瓦楞纸盒，可适应胶版印刷的需要。

(5) F型瓦楞　替代比较重的实心纸板和盒用纸板。实心纸板的厚度限制了它的印刷性能（图1-2），相对于盒用板纸，F型瓦楞具有商业价值，F型瓦楞可成为B型瓦楞和E型瓦楞的替代品。

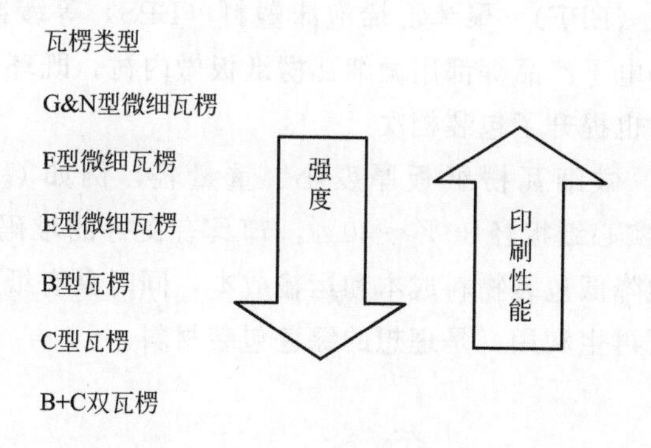

图1-2　瓦楞楞型

(6) K型瓦楞是一种特大瓦楞，每米瓦楞数75～85个，楞高6.00mm，楞宽11.70mm。D型瓦楞是超大瓦楞，每米瓦楞数67个，楞高7.50mm，楞宽14.96mm。近年来，随着对新型包装材料和包装加工工艺的研究与开发，重型瓦楞纸箱由于其强度大、刚度大，且可适用更大范围的内装物质量，其应用范围也越来越广泛。

(7) 微细瓦楞通常指楞高在E楞及以下（即楞高<1.1mm）的瓦楞纸板，包括F楞、G楞［0.5～0.6mm，(185±12)个/300mm］、N楞（0.4～0.5mm，200个/300mm±15个/300mm）、O楞（0.3mm，267个/300mm）。微细瓦楞纸板的特点是楞数多、瓦楞原纸定量轻且强度低。以微细瓦楞纸板取代E楞纸板已成趋势，很多大公司已经开始改用G楞板来装箱。据有关资料显示，超薄型瓦楞纸板市场每年将会以20%的惊人速度增长。

微细瓦楞纸板因具有成型坚挺、美观大方、不易显瓦楞形状、质轻板薄、密度大的特点，替代实心纸板或作包装内托。微细瓦楞的优点如下：

① 良好的抗压性能　一般地，在定量相同的情况下，微细瓦楞纸板的抗压强度高于实芯纸板，由微细瓦楞纸板制成的包装纸盒（箱）具有较高的堆码强度。据统计，F楞纸盒的堆码强度可比同定量实芯纸板盒高2～3倍。因此，对于对包装的抗压强度和堆码强度要求较高的商品来说，微细瓦楞包装是比较理想的选择。

② 良好的印刷适性　A楞、B楞等传统楞型的瓦楞纸板在受压时容易发生变形，印刷过程中易造成纸板跑偏、厚薄不均等问题，大大影响了印刷的精度和稳定性。微细瓦楞纸板可以直接胶印印刷，可直接进行覆膜、UV上光、烫印等工艺，印刷质量更精美（图1-2），更能展示产品特性、体现设计思想、提高产品档次，是制作展示性瓦楞包装的绝佳选择。

③良好的缓冲效果　微细瓦楞纸板具有良好的缓冲效果，常被用来替代传统的聚乙烯泡沫塑料（EPE）、聚苯乙烯泡沫塑料（EPS）等缓冲材料。如很多食品、化妆品、数码电子产品等都用微细瓦楞纸板做内衬，既环保，又提高了包装的抗压强度，同时也提升了包装档次。

④绿色环保　微细瓦楞纸板厚度小、重量轻，例如G楞纸板高度仅为0.55mm，重量较实心纸板轻30%～40%，却具有良好的堆码能力和吸震性能。因此，可以有效地降低包装物料成本和运输成本，同时具有纸制品固有的环保特性，易于回收，可再生利用，是理想的绿色包装材料。

二、瓦楞纸板的种类及特性

瓦楞纸板主要用来制作瓦楞纸箱和纸盒，此外还可用作包装衬垫缓冲材料。瓦楞纸板属于各向异性材料，当向瓦楞纸板施加平面压力时，纸板富有弹性和缓冲性能；当向瓦楞纸板垂直方向施加压力时，瓦楞纸板又类似于刚性材料，在压缩、拉伸和冲击状态下，瓦楞纸板的平贴层起着固定瓦楞位置的作用。根据商品包装的需求，瓦楞纸板可以加工成单面（二层）、三层、五层、七层瓦楞纸板等。瓦楞纸板制作纸箱、纸盒或用途不同时，瓦楞的层数不一样，见图1-3。

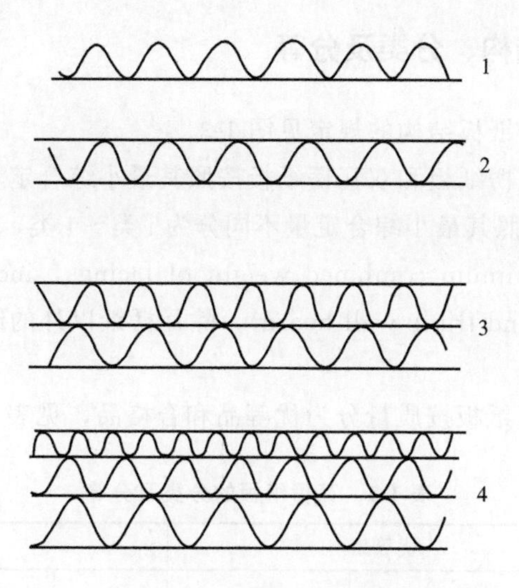

图 1-3　瓦楞纸板的层数
1—单面瓦楞纸板；2—单面楞纸板；
3—双瓦楞纸板；4—三瓦楞纸板

(1) 单面瓦楞纸板　单面瓦楞纸板由一张面纸和瓦楞纸黏合而成，亦称为二层纸板。一般用作玻璃、陶瓷器皿、灯管、灯泡等商品包装的贴衬保护层或制作轻便的卡格、垫板，以缓冲商品在贮存和运输过程中的振动或冲撞。

(2) 单瓦楞纸板　单瓦楞纸板（三层瓦楞纸板，single-wall corrugated fiberboard)，由两层纸或纸板和一层瓦楞纸黏合而成的瓦楞纸板。多用于生产中包装、外包装的小型纸箱和一般运输包装。三层瓦楞纸板在瓦楞纸板中占有较大的比重。单瓦楞纸板一般易成型、易折叠，可实现的设计结构应用较多，但单瓦楞纸板的抗压强度有限。

(3) 双瓦楞纸板　双瓦楞纸板（五层瓦楞纸板，double-wall corrugated fiberboard)，由三层纸或纸板和两层瓦楞纸黏合而成的瓦楞纸板。双瓦楞纸板抗压强度好，耐破度、抗压强度、缓冲保护性能俱佳，应用于一般纸箱。

(4) 三瓦楞纸板　三瓦楞纸板（七层瓦楞纸板，triple-wall corrugated fiberboard)，由四层纸或纸板和三层瓦楞纸黏合而成的瓦楞纸板。七层纸板具有纵向同横向压缩强度一样的特点，可使纵向强度增加，而纸板的厚度减薄。主要用于重型商品（如摩托车等）的包装，有时利用其作一些高强特殊衬垫。用于制作重型商品包装箱，包装大型电器、小型机床及塑料原料等。

对于双楞以上的多层瓦楞纸板，在考虑楞型组合时，总是将楞数多的瓦楞芯纸贴在靠近需要印刷的一面，因其平整度好，抗外来破坏的能力也较强；靠近商品侧则贴合高而宽的瓦楞芯纸，利用其富有弹性、缓冲性好的优点，以期更好地保护商品。

三、瓦楞纸板的结构、分类及分等

（1）结构　瓦楞纸板结构的规定见图1-3。

（2）分类　单瓦楞纸板和双瓦楞纸板按照其最小综合定量不同各分为1类～5类，三瓦楞纸板按照其最小综合定量不同分为1类～4类，见表1-2。瓦楞纸板最小综合定量（minimum combined weight of facings，including center facing (s) of double wall and triple wall board），除瓦楞纸以外的组成瓦楞纸板的各层纸或纸板定量之和。

（3）分等　瓦楞纸板按质量分为优等品和合格品，见表1-2。

表1-2　瓦楞纸板的分类及分等

代号	瓦楞纸板最小综合定量/(g/m²)	优等品			合格品		
		类级代号	耐破强度(不低于)/kPa	边压强度(不低于)/(kN/m)	类级代号	耐破强度(不低于)/kPa	边压强度(不低于)/(kN/m)
S	250	S～1.1	650	3.00	S～2.1	450	2.00
	320	S～1.2	800	3.50	S～2.2	600	2.50
	360	S～1.3	1000	4.50	S～2.3	750	3.00
	420	S～1.4	1150	5.50	S～2.4	850	3.50
	500	S～1.5	1500	6.50	S～2.5	1000	4.50
D	375	D～1.1	800	4.50	D～2.1	600	2.80
	450	D～1.2	1100	5.00	D～2.2	800	3.20
	560	D～1.3	1380	7.00	D～2.3	1100	4.50
	640	D～1.4	1700	8.00	D～2.4	1200	6.00
	700	D～1.5	1900	9.00	D～2.5	1300	6.50
T	640	T～1.1	1800	8.00	T～2.1	1300	5.00
	720	T～1.2	2000	10.0	T～2.2	1500	6.00
	820	T～1.3	2200	13.0	T～2.3	1600	8.00
	1000	T～1.4	2500	15.5	T～2.4	1900	10.0

注：1. 各类级的耐破强度和边压强度可根据流通环境或客户的要求任选一项。

2. S——单瓦楞纸板，D——双瓦楞纸板，T——三瓦楞纸板。

四、瓦楞纸板技术要求

1. 材料

① 瓦楞纸板所用材料的定量及质量水平应根据瓦楞纸板耐破强度和边压强

度的要求选择符合 GB/T 13024 和 GB/T 13023 中的相关质量水平等级的材料。

② 采用淀粉黏合剂或其他具有同等效果的黏合剂。

2. 瓦楞纸板

① 瓦楞纸板的各项技术指标应符合表 1-2 的规定。

② 瓦楞纸板任一黏合层的黏合强度应不低于 400N/m。

③ 瓦楞纸板的交货水分应不大于 14%。

④ 瓦楞纸板的外观质量　不应有缺材、薄边，切边应整齐，表面应清洁、平整，在每 1m 的单张瓦楞纸板上，不应有大于 20mm 的翘曲。

第二节　瓦楞纸箱

瓦楞纸板经过模切、压痕、钉箱或粘箱制成瓦楞纸箱。瓦楞纸箱是一种应用最广的包装制品，用量一直居各种包装制品之首。瓦楞纸箱除了保护商品，便于仓储、运输之外，还起到美化商品、宣传商品的作用。再附上精美的标识，不仅可以一定程度地提升产品附加值，还方便企业日常对商品的管理，一举两得。

一、瓦楞纸箱种类

我国的瓦楞纸箱标准 GB/T 6543—2008（注：主要参照日本 JIS Z 1506 标准）与瓦楞纸板标准 GB/T 6544—2008，力争与国际技术“接轨”。标准为我们确定纸箱的材质与物理指标提供了科学的可靠参数。

瓦楞纸箱按照所使用的瓦楞纸板的不同、内装物的最大质量及最大综合尺寸、预计的储运流通环境条件等将其分为 20 种，见表 1-3。

表 1-3　GB/T 6543—2008“运输包装用单瓦楞纸箱和双瓦楞纸箱”

种类	内装物最大质量/kg	最大综合尺寸[①]/mm	1 类[②]		2 类[③]	
			纸箱代号	纸板代号	纸箱代号	纸板代号
单瓦楞纸板	5	700	BS～1.1	S～1.1	BS～2.1	S～2.1
	10	1000	BS～1.2	S～1.2	BS～2.2	S～2.2
	20	1400	BS～1.3	S～1.3	BS～2.3	S～2.3
	30	1750	BS～1.4	S～1.4	BS～2.4	S～2.4
	40	2000	BS～1.5	S～1.5	BS～2.5	S～2.5

续表

种类	内装物最大质量/kg	最大综合尺寸①/mm	1类②		2类③	
			纸箱代号	纸板代号	纸箱代号	纸板代号
双瓦楞纸板	15	1000	BD～1.1	D～1.1	BD～2.1	D～2.1
	20	1400	BD～1.2	D～1.2	BD～2.2	D～2.2
	30	1750	BD～1.3	D～1.3	BD～2.3	D～2.3
	40	2000	BD～1.4	D～1.4	BD～2.4	D～2.4
	55	2500	BD～1.5	D～1.5	BD～2.5	D～2.5

① 综合尺寸是指瓦楞纸箱内尺寸的长、宽、高之和。

② 1类纸箱主要用于储运流通环境比较恶劣的情况。

③ 2类纸箱主要用于储运流通环境较好的情况。

注：1. 标准瓦楞纸箱的代号是B，即Box的英文字头。

2. 当内装物最大质量与最大综合尺寸不在同一档次时，应以其较大者为准。

该标准明确为运输包装用瓦楞纸箱标准，至于销售用瓦楞纸箱及其他用途的瓦楞纸箱，可参考本标准的规定执行，但应有其他不同的要求。如销售用瓦楞纸箱应对装饰装潢、印刷、美观等方面有特殊的要求，对强度等方面的要求有可能降低等。至于三瓦楞纸箱，拟单独制定相关标准，与日本、美国等瓦楞纸箱标准体系相一致。

二、瓦楞纸箱标准规定

1. 制造瓦楞纸箱用的瓦楞纸板

各项技术指标应符合GB/T 6544—2008的规定，成箱后取样进行检测的纸板强度指标允许低于标准规定值10%，这样给供方以后的生产制造提供了产品持续改进的机会，避免出现供方因一次产品不合格就退出市场的现象。

2. 黏合剂

瓦楞纸箱应使用有足够接合强度的符合有关标准的黏合剂。这样使供方选择合适的黏合剂有了更多的余地。因为随着新材料的不断出现，各种配方的黏合剂也多种多样，便于供方选择更加合适的黏合剂，同时也便于改善纸箱的黏合质量和降低生产成本。

3. 国家标准的物性指标

从理论上讲，包装箱主要控制耐破强度和边压强度两个物性指标，只要这两个指标稳定，则整个包装箱的物性指标是稳定的。《瓦楞纸箱》的标准是根据相对等的《瓦楞纸板》的分等类级代号，按质量分为两个类别，在引用的“耐破强度”与“边压强度”标准时，依照《瓦楞纸板》标准中的“各类级的耐破强度和边压强度可根据流通环境或客户的要求任选一项”。国家标准规定的强度是最低保证值，设定过高，成本提高、不经济；设定过低，在储存及运输过程中纸箱易被压溃而致内容物发生破损。

英国、美国、加拿大、瑞士及欧洲其他一些国家的统一运输纸箱分类规定中都只单列“纸箱耐破度”一项。我国与日本和韩国资源相仿，国情相似，但技术水平还不如日本，参照日本的《运输包装瓦楞纸箱》标准是合理的。如有的包装箱内装物本身有一定的支撑作用，可以根据产品实际情况，相对要求耐破强度稍高，边压强度稍低一些，不一定高耐破必须要高边压，以免造成不理性的包装浪费。

4. 瓦楞纸箱的尺寸及长、宽、高的关系

瓦楞纸箱的外尺寸应符合 GB/T 4892—2008 的规定，瓦楞纸箱的长∶宽之比一般不大于 2.5∶1，高∶宽之比一般不大于 2∶1，不小于 0.15∶1。

考虑到瓦楞纸箱在储运过程中与运输工具的容积相互关系，及其包装件的稳定性、强度及同等材料下包装较多的内装物等因素，对瓦楞纸箱的尺寸及长、宽、高的关系，应尽量考虑纸箱尺寸标准化。我国产品包装在尺寸设计时，应尽量与现在标准托盘、集装箱、柜台尺寸相匹配，与国际接轨。为此，优先选用国家标准《硬质直方体运输包装尺寸系列》规定的底面积外尺寸，以 400mm×600mm 为基数，其包装尺寸的系数称包装模数尺寸，标准化的包装尺寸应与包装模数尺寸相一致。

美国瓦楞包装标准箱（CCF）标准给瓦楞纸箱的规格制定了统一的标准。CCF 标准纸箱规格：全尺寸（600mm×400mm）、半尺寸（400mm×300mm）是很值得借鉴的。

5. 瓦楞纸箱含水率规定的标准

纸包装材料的含水率对强度的影响很大。由于外界环境的影响，纸板中的含水率随时发生变化，又引起瓦楞纸板强度的变化。如果在标准中只规定强度指标，而不规定被测物在什么状态下测得，是片面的检测，无法严格地进行操作。国标中规定瓦楞纸板的交货水分为 14%±2%，这是指生产瓦楞纸时的在线水分，这种规定对客户而言，无法保证瓦楞纸板的含水率不发生变化。而瓦楞纸箱交易时按平方数计算，不会因含水率问题使供需的某一方面受损失，所以没有必要规定交货的含水率指标。

瓦楞纸板含水率大小对于纸板的实际影响主要是能否适合下一道工序、工艺操作，是一项生产控制中要求的指标。标准规定的含水率是指纸板生产厂定的在线水分，仅提供参考。

6. 关于型式试验

标准规定“型式试验”合格准则为“各项试验均符合检验标准要求，如有一项不合格，则型式试验为不合格”。瓦楞纸箱空箱抗压能力是其本身强度的一个方面，但不是能否满足储运环境抗压能力要求判定的唯一准则，还应与内装物综合考虑平衡。对于一个包装件来讲，其抗压能力与内装物有直接关系，包括内装物的性质和形态（刚性的或非刚性，可否受压等），装载方式(是否满装，可否起到支撑作用等)。抗压能力只是表示了瓦楞纸箱本身的一个特性，作为选用时考虑的一个因素。因此，本标准保留了抗压试验的规定。

从冲击试验本身来讲，不是瓦楞纸箱本身的特性，而是与内装物、衬垫、捆扎等构成的包装件一起发挥作用。而不同的纸箱，所包装的内装物不同，整体包装件的抗冲击能力也就不同。该试验对空箱没有意义，对于具体产品的瓦楞纸箱包装，可根据内装物的性质及预流通环境考虑相关试验。

7. 关于瓦楞纸箱的防潮问题

瓦楞纸箱强度的安全决定于大气的温度、纸箱的含水率、储存时间、堆存方式、输送条件、瓦楞纸箱制造条件等因素。标准指出：“对其特殊要求的瓦楞纸箱（如防潮等）性能应符合其他有关标准或规定。”如耐潮态（潮态耐破强度）是将瓦楞纸箱放置在温度为30℃±2℃，相对湿度为90%～95%的恒温恒湿箱中24h，取出后对瓦楞纸箱进行耐潮性测试（1h内测完），称“潮态测试”。其结果应制定出相应的标准，尤其是出口类（1类纸箱），应按标准可在相同湿度条件下做试验，而湿度恰恰是试验结果的重要因素。足见耐潮态测试的重要性。但内销及2类纸箱可不做“潮态测试”。

瓦楞纸箱的安全率等于堆积在最下层纸箱荷重的2～8倍。一般可分下列几种情形：①内容物体本身能承受部分重力，运输条件和仓储条件良好的场合，其安全率为2.0～2.5倍；②普通条件的场合，安全率为3.0～3.5倍；③大气湿度高，内容物具有放湿性的情形，安全率为4.0～8.0倍。

8. 瓦楞纸箱抗压强度的计算

标准对瓦楞纸箱的抗压强度规定为参考$P=K\times G\times(H-h)/h\times 9.8$，或由供需双方协商确定，这样使供方选择纸张并进行配料有了更多的选择余地。

第三节　瓦楞包装的现状与发展

一、瓦楞包装的现状

1. 全球瓦楞包装市场持续增长

据Smithers Pira的研究报告称，预计到2023年全球瓦楞包装的市场价值将增长至近3830亿美元，瓦楞纸包装市场的总量估计到近1.81亿吨。

美国Freedonia研究公司的研究报告中还指出美国瓦楞纸箱和纸盒产品未来的发展趋势。报告指出，预计未来几年内，美国瓦楞纸箱和纸盒市场每年将增长2.6%。以易耗品生产和零售邮购收益来计，2020年市场需求将达到412亿美元。随着电子商务和快销行业的发展，能够在零售环节同时提供展示功能的运输包装箱需求日益增加，而折叠纸盒需求的增长由餐饮、外卖和医药行业继续推动。

近年来，为适应包装工业减量、环保的要求，微细瓦楞纸板的风潮已经兴起，如美国、瑞典、德国、西班牙等国家已开始扩大E楞和F楞的生产规模，并开始向更细微的方向探索。有的国家已开始应用N楞和O楞。在传统纤维纸盒应用领域（如酒类、鞋类、小型器具、五金工具、微电子产品、电脑软件等），微细瓦楞纸盒已经开始与传统的瓦楞纸盒争夺市场。预测未来5年欧洲微细瓦楞纸板需求量每年将平均上升5.6%，总增长量将达到70亿平方米。

2. 我国瓦楞包装市场持续增长

随着网购消费水平的不断提升以及消费范围的迅速扩大，市场上对用于包装及物流配送瓦楞纸的需求日益增长。中国作为全球最大的瓦楞纸需求国，根据国家统计局发布的数据，2018年我国瓦楞纸箱行业累计完成产量2733.46万吨，预计到2022年其需求将增长22%，与之相应的瓦楞成套设备及耗材需求也将增长。

根据前瞻产业研究院发布的《纸箱包装机行业市场前瞻与投资规划分析报告》统计数据显示，中国箱板纸、瓦楞纸消费量占比接近纸品消费总量的50%。瓦楞纸箱多用于通信、电子、家电、办公设备、日化用品、食品饮料、医药等行业。其中，以食品饮料、日化用品的包装需求为主，需求占比在60%以上，家电、电子行业的包装需求占比约为30%，快递类包装需求占比10%。

二、瓦楞包装的应用

如今瓦楞包装广泛应用于三个主要方面：二级货运包装箱、一级大件物品包装盒和零售展台。

瓦楞包装最大的用途是用于二级货运包装箱，这种带有辅助标签的包装形式被视为最简单的可变印刷。包装除了简单的单、双色印刷，几乎不需要其他印刷。瓦楞纸用于一级包装，主要用于消费类电子产品。瓦楞纸零售展台作为一种临时促销产品，是一种十分经济、有效刺激购买者的方式，可以有效地获得利润提升。预印刷和数字印刷将进一步提升瓦楞纸箱的耐用性和美观性。

瓦楞纸箱是零售现成包装（Retail Ready Packaging，RRP）的主要产品形式，占总需求量的50%以上，增长潜力巨大。据美国Freedonia研究公司的最新研究成果显示，零售现成包装的需求量预计会以每年5.2%的速度增长，至2020年将达62亿美元，高于包装市场的平均增长速度。零售现成包装，也称货架现成包装、展示现成包装和托盘现成包装，是指零售产品的二级包装，不必进行拆箱处理就可以直接摆放到货架上进行展示和销售。与传统零售包装相比，新型零售现成包装在劳动成本、货物处理、货物易见性等方面更具优势。大型零售商和会员制商店销售量的进一步增长，以及食品和饮料在药店、一元店等非传统渠道销售量的增长，都会对零售现成包装的增长做出贡献。

此外，在Freedonia的研究报告中还阐述了关于零售现成包装的发展趋势：即会员制商店和杂货折扣店数量的增加对零售现成包装的发展十分重要。这些商店以二次包装的形式直接销售商品，要求供应商以零售现成包装的形式进行包装。瓦楞纸箱是零售现成包装的主要产品形式，占总需求量的50%以上，增长潜力巨大。分析师Esther Palevsky分析表明："零售用户群的扩大和高值包装箱类型的增长均对零售现成包装的增长提供了支持。"瓦楞纸板展示架、折叠纸盒、可循环利用的塑料盒（RPCs）的增长率比瓦楞纸箱稍低，但也会从零售现成包装的整体增长趋势中受益。

日本瓦楞纸板的制箱量（瓦楞纸板生产厂家的直接制箱量）占瓦楞纸板总产量的60%以上。日本消费的瓦楞纸箱中，有超过一半用在食品包装方面。2017年食品包装瓦楞纸箱的占比为55.5%。其中加工食品包装瓦楞纸箱的占比为40.9%，水果蔬菜包装瓦楞纸箱的占比为10.3%，其他食品包装瓦楞纸箱的占比为4.3%。

瓦楞包装广泛用于各种商品包装，近几年的应用主要体现在以下几个方面。

1. 瓦楞包装已经成为零售业的"广告牌"

在电商时代，瓦楞纸箱已从单一的运输包装模式发展成为运输和销售一体化的包装模式。小到便利店、大到卖场等销售环境中，瓦楞纸箱已成为品牌充满活力的载体。随着材料和生产技术的进步，瓦楞纸生产成本在整个供应链中的降低，使瓦楞纸箱已经成为零售业的"广告牌"。

2. 电子商务将成为瓦楞包装未来发展机遇的主要领域

据Smithers Pira的研究报告称，预计2020～2022年将以14.3%的年复合增长率不断扩张，相比整个包装领域的年复合增长率仅为2.9%。该报告称，电子商务包装（包括瓦楞包装、软包装、保护和运输包装）在2022年将达到近550亿美元。

3. 瓦楞纸板是新鲜农产品包装更经济的选择

凭借创新的设计，瓦楞纸盒可以适应任何产品的需求。瓦楞行业在研究比较采用瓦楞纸板和可重复使用的塑料容器来运输各种新鲜农产品的成本时发现，运输洋葱、草莓、番茄、苹果、西蓝花、柑橘、葡萄、西瓜等，瓦楞纸板都是更经济的选择。因为瓦楞纸板本身重量轻，可以最大限度地提供最大容量，最佳利用运输车辆的空间，从而减少车辆燃料及排放，降低运费和处理成本。不仅可以消除对空间的浪费，还可以最大限度地减少对空心填充材料的需求。

三、瓦楞包装的发展趋势

据美国 Freedonia 研究公司的研究报告显示，瓦楞纸箱和纸盒产品越来越多地采用高附加值技术，如高品质印刷、易撕带和特殊涂布等，将推动其价值继续增加，但其数量的增长会受到轻量化趋势和市场成熟程度的制约。瓦楞纸箱受益于成本和强度优势，尽管将受到可重复使用包装箱、软包装和膜覆产品的竞争，但在可预见的未来将仍是默认的运输包装箱。

全球技术研究与咨询公司泰克奈维欧（Technavio）发布了北美市场纸板销量的研究报告，报告称，北美包装市场未来对环保包装材料、高档包装和新型轻质包装材料的需求将会显著影响纸板在北美市场的销量。

1. 绿色环保

由于消费品包装带来的环境问题日益凸显，因此在商品包装材料的选取上，更青睐环保包装材料，瓦楞包装的可持续性顺应绿色环保的潮流。据泰克奈维欧公司统计，北美市场约 46%的瓦楞纸包装盒可用于回收，不仅有利于瓦楞纸包装盒制造商降低材料成本，且有助于降低包装材料对环境的污染。因此从环保需求的层面来讲，将会增加北美市场瓦楞纸盒的销量。

2015 年，英国蒙迪集团有限公司硬纸板包装部门推出环保防水牛皮卡纸和高品质的防水瓦楞纸盒。这些产品除了具有防水作用外，最大的特点是可以 100%回收利用。由于北美地区对于环境保护有严格的行业标准和法律法规，因此包装制造商更加专注于生产 100%可回收利用的瓦楞纸盒。传统瓦楞包装首先应着力于绿色化，按照规定使用环保包装材料，实现包装材料的减量化和再利用，支持、推动绿色包装、绿色仓储、绿色运输，促进电商绿色化发展。

2. 高档包装

高品质、高质量是高档包装的基本要求，因此包装制造商会使用昂贵的材料、技术、颜料和其他原材料开发高档包装，从这个角度可以看出纸板销量将会迎来新的发展机遇。如国际零售巨头沃尔玛正在通过细分高档品牌的包装商，从而提升销量的营销活动，通过将这些高档包装纸箱放置在相应的销售点来吸引顾客。很多消费者甚至会购买一些高档包装盒作为礼物。从市场对高端包装需求的发展趋势来看，相应的硬纸板销量将会迎来新的增长点。

3. 瓦楞包装材料轻质化

包装材料轻质化已经在北美包装市场形成一定的发展趋势。包装制造商通过提供高性能、环保、轻量级瓦楞硬纸板，以降低包装成本及消费品的运输成本。如美国纸业和包装公司以降低牛皮卡纸和防拆封的瓦楞纸包装盒重量为基础的研究活动，旨在使这些产品在制造过程中减少10%的温室气体排放和61%的用水量。同样，英国蒙迪集团有限公司最新研制的由高纤维硬纸板制成的再生纤维不仅重量轻，而且可以提供强度更高的包装。

在减量化方面，菜鸟网络主要在考虑提升物流运作效率的前提下，通过智能打包算法，根据消费者订单包含的产品，推荐包装解决方案，进而实现减量包装，提升整个纸箱空间利用率，减少塑料填充物的使用，目前该算法平均可以减少5%的包装。

4. 定制化包装

瓦楞包装不仅具备缓冲减震、保护商品、方便运输的功能，而且还起到了美化产品、宣传产品的功能。尤其是随着新零售时代的到来，商家可以通过大数据实现精准宣传的目的，也正式宣告瓦楞包装迎来了个性化潮流，从而使其美化及宣传产品的功能越来越强。

数字瓦楞纸印刷技术水平的显著提高，能够支持在瓦楞纸板上直接印刷非常复杂但十分清晰的彩色图案，使得瓦楞包装更有力地实现了关键的营销功能。如用于快递的瓦楞纸箱，有的印上了风趣的广告语，有的应用了增强现实技术，有的还可以扫码实现数据采集、防伪溯源等功能，可以说越来越个性化。例如，天猫超市曾联合知乎、《ELLE》、《南方周末》和《钱江晚报》等一起发行“天猫盒子报”，与知乎网友、媒体达人等隔空对话，一起谈论所谓的“省钱经济学”。当然还有“京味儿画报”快递盒，邀请老树画画、牛轰轰、擦主席、盖括4位插画艺术家，在快递盒上作画，用快递盒分享他们眼中的北京情趣。

5. 瓦楞纸高回收率

据美国瓦楞包装联合会（Corrugated Packaging Alliance，CPA）报告，早在2015年美国OCC（旧瓦楞包装）/未漂白牛皮纸的回收率就达到了93%，这也是实现瓦楞包装行业可持续发展的重要措施。在美国，瓦楞包装的回收和再利用率早已领先于其他包装材料。英国地区的纸和纸板包装的回收率也达到了85%。美国和英国的诸多做法，尤其是从民众意识培养回收概念，非常值得中国借鉴。

我国是世界上生产瓦楞纸板和纸箱的第一大国，多年领先，同时也是纸箱使用大国，但是纸箱纸板的回收率却不理想。我国的纸箱用量大，自然废弃纸箱纸板量大面广，回收确实有困难，尤其是近几年电商的迅速发展，快递包装数量猛增，每年疯狂的“双11”电商购物节，全民性的抢购更是加大了回收的任务和难度。阿里巴巴集团披露的数据显示，2018年“双11”电商全网销售额达3143亿元，同比增长23.8%，伴随着潮水般的快递包装箱，如何回收分布广泛、数量庞大的瓦楞纸箱纸板，确实值得我们深思。

6. 功能性瓦楞纸箱

由于电商产品品种的多样化以及运输环境的复杂化，瓦楞纸箱被赋予了更多新的功能，如防静电瓦楞纸箱、易开启瓦楞纸箱、防伪瓦楞纸箱、保鲜瓦楞纸箱等。如冷链物流的迅猛发展要求纸箱应具有防水、防潮、保鲜等功能；拉线技术与撕拉结构的结合，使用模切工艺的撕拉易开启结构会削弱瓦楞纸箱强度，而拉线技术则可以增强瓦楞纸箱强度，二者的有效结合使得瓦楞纸箱在不降低强度的情况下又具有更多的便利功能。

7. 智能化瓦楞纸箱的开发

随着互联网十、工业4.0等概念的到来，包装也逐渐走向高端化，智能包装已开始走进人们的视野。所谓智能包装是指通过云计算、移动互联网、物联网等技术，实现了在产品包装上使用二维码、隐形水印、数字水印、点阵技术、RFID电子标签等采集产品信息，进而构建智慧物联大数据平台，实现产品防伪、追溯、移动营销、品牌宣传等功能。例如，顺丰速运专门成立了几十人的包装创新团队（SPS），聚焦于下一代智能化循环瓦楞包装容器的开发；深圳市远达创新技术有限公司很早就将相变储能材料融合到瓦楞包装结构中，开发出了具备数据监控与精确控温的医用冷链包装系统。

瓦楞包装的智能化才刚刚起步，仅限于在瓦楞纸箱上印刷可变数据条形码、二维码这种简单的方式。例如，消费者使用智能手机进行扫描，就可以追踪并确定商品的真实性。因此，在高档包装、奢侈品包装的防伪技术等方面得到了广泛使用。很多创新型企业已敏锐地捕捉到了智能化、功能化赋予包装的新意义。

四、我国瓦楞包装的差距

目前，我国瓦楞包装行业面临怎样面对低包装成本、低运输成本、低破损率、可持续包装与低污染等主要问题，这些难题的解决将成为我国瓦楞包装行业发展的新模式。

中国和美国是世界上两个最大的瓦楞箱纸板市场，共占世界瓦楞箱纸板总产量50%左右。近10年来，中国的产能以大概每年10%的速率迅速增长，而美国的产能却一直保持平稳，原因如下。

① 两国瓦楞箱纸板品种所占份额与销售渠道大不一样。在美国，纯木浆牛卡纸占据箱纸板总产能的50%左右，其次是再生瓦楞纸、再生牛卡纸及其他品种。其中约有70%进入一体化纸箱厂，另外有15%（几乎全都是纯木浆牛卡纸）用于远期销售和出口。中国更倾向于生产再生瓦楞箱纸板系列，几乎所有的产品都属这一类，其中瓦楞纸占50%，再生牛卡纸占40%左右，剩下的则是再生挂面牛卡纸及其他品种。

② 两国销售渠道截然不同。美国大部分的废旧瓦楞纸板（OCC）用来生产新的纸制品。2015年以来，51%以上的OCC被用来为更多的瓦楞纸箱生产新的纸板包装，11.5%被用来制造纸板（主要是一些初级包装，如麦片盒），此外还有32%用于出口。

国内仅有20%的纸厂拥有自己的纸箱厂，剩下的80%都售往独立的纸箱厂进行加工，而出口量几乎为零。这种模式将导致中国的纸厂生产缺乏灵活性，不能及时根据市场需求进行产品的调整。由于中国很大程度上依赖于OCC进口（几乎全部来自美国和欧洲），成本通常要高于美国。利用OCC代替原生浆的使用，进一步提高了平均成本（相对美国低成本原生浆而言），因为废纸浆成纸质量较差，需要额外添加淀粉、增强剂及造纸化学品来加强其性能，从而导致成本增大。

③ 两国生产能力之间也存在巨大差异。在中国每个纸厂平均有超过400名员工，几乎是美国的2倍，人均生产能力不及美国的三分之一。因此，在中国投资大型纸机仍然具有吸引力，而且这可能比在美国新建一家工厂能带来更好的投资回报。

第二章

瓦楞纸板的生产

近年来，计算机技术逐渐取代了人工操作，实现了纸板生产的全自动控制。瓦楞纸板生产线不仅生产效率提高、劳动强度降低、操作集中、控制简便、安全、噪声小，而且生产出的瓦楞纸板质量高，楞型、波形形状规范合理、标准化，瓦楞纸板制作的包装容器外形整洁、美观、平整度好。

第一节　瓦楞纸板生产线

一、瓦楞纸板生产线的组成

瓦楞纸板生产线简称瓦线，由湿部设备、干部设备和辅助设备组成。湿部设备由原纸架（原纸托纸架）、自动接纸机、预热器（预热预调器）、单面机（单面瓦楞机）、输纸天桥、多重预热器、上胶机、双面机组成，湿部设备将瓦楞原纸制成不同楞型组合的三、五、七层瓦楞纸板。干部设备由纵切机（纵切压线机）、横切机、堆叠（码）机等组成，干部设备将瓦楞纸板按订单要求进行纵切压痕、横切和堆码；在干部设备中，纵切机是影响工作效率的设备，选购时要考虑到对裁刀、压线导轨的防尘处理。辅助设备由 ERP 管理系统、蒸汽回收系统、生产线监控管理系统、锅炉、制胶机等设备组成。

生产线监控管理系统可以在企业生产和管理过程中进行自动化管理，结合软件，实现个性化的数据处理，帮助管理者掌握企业的生产和财务情况，了解企业的生产变化，从而使企业的管理更科学、更规范、更细致、更具有可控性。

自动化控制技术是一项综合集成技术，结合 PLC、传感器、变频器、CPU、仪器仪表等，实现电脑数字化生产、检测、控制与管理等一系列生产过程。

图 2-1 是典型的五层瓦楞纸板生产线示意图，由 5 台无轴原纸架、4 台预热器、2 台单面机、1 台三重预热机、1 台上胶机、1 台双面机、1 台纵切压线机、1 台双刀横切机、1 台自动堆叠机、1 套主传动装置及制胶系统组成。

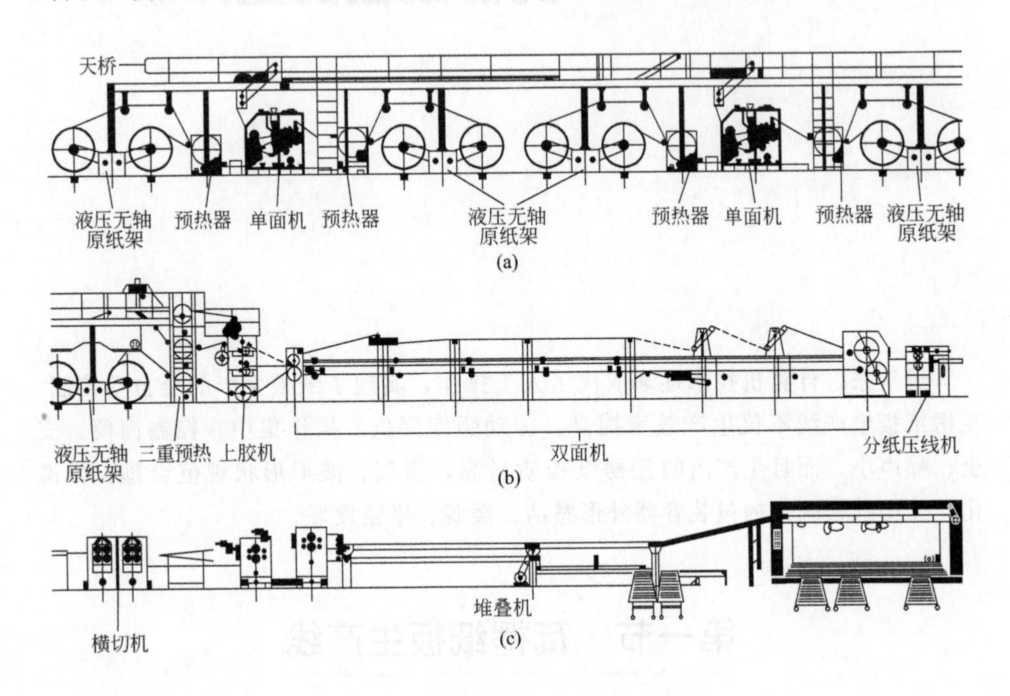

图 2-1　五层瓦楞纸板生产线示意图

二、瓦楞纸板生产线的工艺流程

瓦楞纸板生产线生产工艺大体上分为四个部分：单面机系统、双面机系统、裁切系统和堆叠系统。纸板在生产线上的流程就是由原纸卷筒开始经过瓦楞机压制瓦楞、上胶、粘接定型、分纸压线、横切成规格纸板，最后经堆码输出，打包成出厂的合格产品。

由原纸架输入原纸，经过预热器加热及湿度调节，进入单面机，经过瓦楞机的压楞、上胶、黏合成单面瓦楞纸，由天桥牵引装置传送到天桥向前输送，经张力控制及对正纠偏后再经三重预热机预热补偿，经上胶机在瓦楞峰部涂上均匀的黏合剂，进入双面机加热黏合、冷定型处理。这样，三、五、七层瓦楞纸板即已成型。后经自动纵切压线机，实现纵向的分切与压线，按照产品长度规格尺寸经横切机横向切断，所需的瓦楞纸板生产完成，最后经由输送机计数，堆叠机堆叠、整理及输出。

图 2-2 为瓦楞纸板生产工艺流程。其中，不包含虚线框工序为三层瓦楞纸板生产工艺流程，包含虚线框工序为五层瓦楞纸板生产工艺流程。

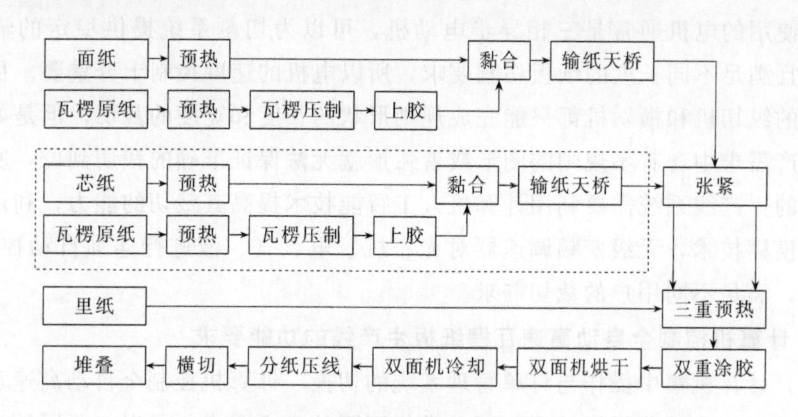

图 2-2 瓦楞纸板生产工艺流程

三、计算机控制全自动高速瓦楞纸板生产线

利用计算机控制全自动高速瓦楞纸板生产系统应当考虑以下两个问题：第一，产品市场调研数据的科学性与完整性。瓦楞纸箱生产过程的影响因素有设备的能耗、纸材的损耗、订单的统一处理、原料的匹配问题等。瓦楞纸箱生产产业结构较为复杂，纸箱产品的门类包罗万象，所以在运用计算机控制系统时，首先要考虑到产品的市场调研，包括如运费成本、材料成本、设备成本以及企业的管理状况、发展战略、人才队伍以及客户需求等，确保自动化系统的构建可以满足企业生产的实际要求。第二，考虑到整个生产系统的协调性。计算机控制系统的运用是从系统的订单、生产到包装的整个过程，在运用计算机控制系统时必须从瓦楞纸板生产线的整个系统需求出发，应重视瓦楞纸板生产线整体配套的协调性。

1. 计算机控制全自动高速瓦楞纸板的生产系统

计算机控制全自动高速瓦楞纸板的生产系统主要由三部分组成：主控计算机、前端控制卡、变频器。

主控计算机是整个控制系统的核心部分，主要任务：一是对用户输入的生产订单信息进行收集与管理，按要求进行排列；二是利用前台计算机系统向后台生产系统输送生产指令；三是整理已经完成的生产订单并录入相应信息，为后续工作提供依据。

前端控制卡的主要功能是根据主控计算机的指令对系统变频器的输出频率进行控制，同时全程监控和记录变频器的运行状态，发现问题及时处理，保证生产过程的有效性。

变频器是利用闭环方式和反馈量对电机的运转情况进行控制。瓦楞纸板生产系统中使用的电机通常是三相异步电动机，可以为切割系统提供稳定的输入信号，并且满足不同长度的纸板切割要求，所以电机的速度控制十分重要。目前普遍使用的纵切机和横切机都只能完成规则形状的长度和宽度的裁切，但是如果客户的生产需求中含有不规则的图形或者弧形就无法保证准确的裁切到位，所以瓦楞纸板的生产线系统需要利用计算机人工智能技术提高其裁切的能力，利用神经网络和模糊技术，无级变频调速器对光、机、电、气、液进行连锁自动控制纵、横切机，满足不同用户的裁切需求。

2. 计算机控制全自动高速瓦楞纸板生产线的功能要求

(1) 计算机集中操作与订单管理系统的切换　计算机控制全自动高速瓦楞纸板生产系统的自动化程度较高，可以满足不同的生产需求，可以在不同的生产批量和信息通道方面进行灵活控制，而且在系统的运转过程中可以随时输入相应的信息，进行数据的管理与切换。在计算机控制系统中，可以实现对上胶量调整、纠偏以及断纸自动检测等功能。在生产活动结束后，可根据生产要求输入下次订单的运行信息，并且将生产系统按照下次生产要求的设定摆放到合理的位置，从而有效地缩短生产用时，提高资源和能源的使用效率。

(2) 全自动堆叠输送物流系统　堆叠输送系统可以快速完成纸板的堆叠与输送，降低人工劳动的强度。利用计算机自动化系统实现对单面瓦楞纸的稳定输出，同时计算输出的数量，在堆叠过程中也可以排列整齐，方便运输，节约大量的摆放和运输时间成本。

(3) 提高生产设备的集约化程度　全自动高速瓦楞纸板生产系统采用同步控制系统，实现单面机与纵横切机的同步性的提升，进而提高系统切割纸板的精度，有利于减少外部因素对系统本身运行效率的影响，降低成本，提高效率。

(4) 远程维护　利用计算机控制全自动高速瓦楞纸板生产系统可以实现真正的远程系统维护，既可以快速判断故障点的存在，又可以在短时间内解决问题，降低生产厂家用来进行售后服务的成本。

(5) 下切式裁切方式　全自动高速瓦楞纸生产系统中运用的是下切式裁切方式，在纸板的底层进行裁切，可以保证纸板表面的平整，不会出现毛边，提高瓦楞纸箱裁切的质量，同时也可以保证后续印刷环节的顺利进行。

瓦楞纸板生产系统实现计算机控制，可以显著提高生产线的生产效率，有利于提高生产企业的市场竞争力。同时，利用计算机技术实现对生产系统的全程控制，可以有效提高产品的性能指标、改善产品的工艺结构，有利于促进瓦楞纸板生产技术的不断更新与进步，并且推动生产系统自动检测、自动纠偏功能的不断完善，有利于促进我国纸板生产工艺的持续发展。

第二节　单面机系统

单面机（单面瓦楞机）系统主要由把原纸热压出楞形的瓦楞辊、输送纸板的导纸板、给纸板涂上黏合剂的涂胶装置、固定纸板的压力辊，以及一些具有辅助作用的部分组成。

单面机是瓦楞纸板生产线的最基本单元，三层瓦楞纸板生产线示意图见图 2-3。

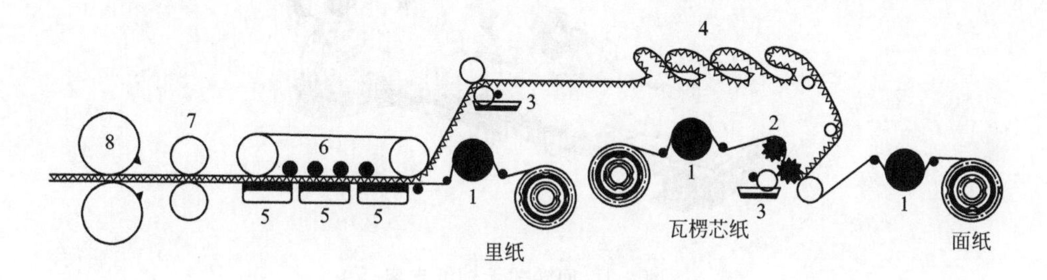

图 2-3　三层瓦楞纸板生产线示意图

1—预热器；2—瓦楞辊；3—上胶辊；4—天桥；5—加热板；6—挤压辊；7—纵切和折叠；8—切断

瓦楞芯（原）纸经导纸辊调节张力，预热器控制温湿度，在瓦楞辊两辊中心连线上的啮合点处受压成型后，由涂胶辊对瓦楞楞峰均匀上胶，与同时经过预热器控制湿度后到达压力辊的面纸进行热压复合干燥，生产出各种楞型的二层瓦楞纸板，与里纸热压贴合形成三层瓦楞纸板。

一、原纸架

原纸架是用于装载卷筒纸，使纸卷能够在拉力的作用下，轻松、顺畅地通过瓦楞辊与面纸黏合成瓦楞纸板。原纸架的结构比较简单，主要包括机架、升降装置、张力控制装置、纸幅纠偏及装卸纸卷等部分。通常每台单面机配备有两台原纸架，分别位于单面机的前后方：一台供应瓦楞原纸，另一台放置面纸或里纸。

1. 无轴支架

根据结构形式不同，原纸架分为有轴和无轴两类。有轴支架是指纸卷靠其芯轴支承，设备结构简单，价格经济，支架上设有手动纠偏装置和张力控制系统。无轴支架主要利用卡紧锥头从两端插入纸卷芯中支承纸卷，机器运行时在拉力作用下，纸卷可沿锥头自如、稳定地转动。卡紧锥头工作时与纸卷一起转动，在卡紧锥头杆上装有制动器，用来控制和调节纸幅的张力。

目前国内的瓦楞纸板生产线上常用的是回转式无轴纸支架（图 2-4)。从支架结构示意图上可知，支架上可以同时装载两个原纸卷筒：其中一卷提供使用，另一卷作为备用。这样的结构形式在调换纸卷时，不需停机可实现连续生产。现在的高速瓦楞纸板生产线大多使用内涨式夹头代替原六角锥头。内涨式夹头结构简单，无须动力辅助，夹头凸条可随着原纸架横移收缩或放松，在纸筒内自动膨胀展开以固定原纸，解决了六角锥头易撑破尾纸的弊端，提高了纸尾的利用率。

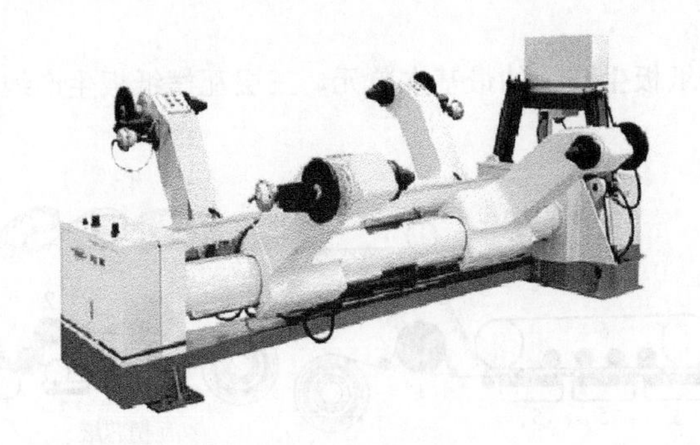

图 2-4　回转式无轴纸支架

2. 恒张力控制系统

在开机、忽然停机、更换纸卷及正常生产过程中会出现纸卷直径的变化，纸幅的张力如果不能得到控制会导致废品率的上升。原纸张力应根据瓦楞纸板的纵向弯曲程度和使用情况进行调整。当瓦楞纸板沿纵向某种原纸方向弯曲时，应释放这种原纸的张力。原纸卷心和卷外张力控制不同，卷心处必须减少原纸张力参数，防止纸张断裂。原纸张力过大易引起断纸、瓦楞纸板纵向弯曲、碎瓦、塌楞和爆裂、瓦楞成型效果不理想等质量问题。相反则易引起瓦楞纸板起泡、翘曲、偏斜等。

为了保持纸幅张力恒定，随着纸卷直径的减小，制动力矩 M 也应相应降低。制动器装在卡紧锥头上，作用就是根据纸卷直径的大小来调节制动力矩，达到控制纸幅张力的目的。能比较精确控制力矩大小的制动器有电磁式、气动式、液压式等。

恒张力控制系统是解决瓦楞纸板一系列质量问题的关键装置，通过恒张力控制系统可以实时检测纸幅的松紧度，并根据变化调整原纸制动器（现在需配备多点刹车器）的制动力，形成“检测→反馈→制动”的闭环控制回路，使纸幅始终保持恒定的设定张力，确保纸张保持水平方向的运行。如果需要非常小的张力，需借助高档的制动器来完成。

3. 自动接纸机

自动接纸机采用人工智能化设计，配备数字式张力控制系统和计算机终端，接纸高效、可靠且迅速。自动接纸机的接头一般只有 50mm 左右，基本能够实现零纸尾接纸，避免接纸时不必要的浪费，减少瓦楞纸板生产线的停机时间及质量问题，可有效保证稳定的高生产速度以及瓦楞纸板的高品质，而且该设备使用电脑进行制动控制，动作准确、速度快、接纸方便快捷，大大减少了工人的工作强度，提高了纸板的生产效率。

4. 瓦楞原纸张力的基本公式

正常工作时，原纸卷筒受到纸带张力 F 作用不断展开，正常输送状态下原纸运动速度 V，加速度 a。此时纸带的张力 F 对原纸卷筒轴心产生一个力矩为 M_t，方向与原纸卷筒的转动方向一致，其表达式为：

$$M_t = Fr \tag{2-1}$$

式中，r 为原纸卷筒最外圈卷纸半径，为变量，随纸卷转动而变化，m。

为了维持原纸纸张合适的张力，支架上装有制动器，制动器将对原纸卷筒的转动产生一个制动力矩 M_b，作用是阻止纸卷的转动，方向与原纸卷筒的转动方向相反。另外，在原纸卷筒旋转的过程中，支架上卡紧锥头上轴承支撑处的摩擦力和空气的阻力都会对原纸卷筒的转动形成阻碍作用，因此存在一个阻止原纸卷筒转动的阻力矩 M_c，方向与原纸卷筒转动方向相反，如图 2-5 所示。

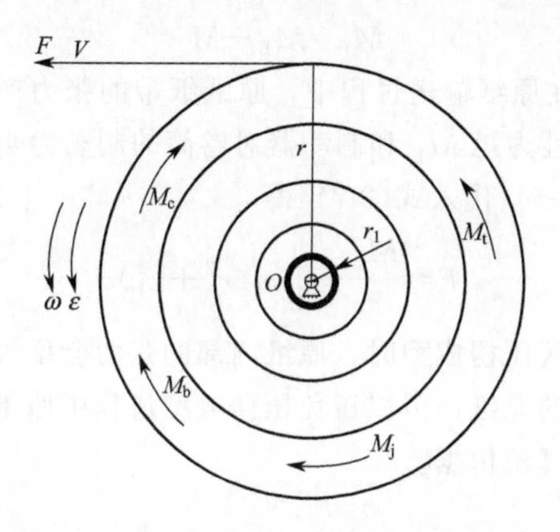

图 2-5　原纸卷筒工作时原纸展开受力情况

在瓦楞纸板生产时，为了保证原纸的持续稳定输送，原纸的输送速度 v 大小应该是恒定的，随着生产的进行和原纸的消耗，原纸卷筒的半径 r 必然越来越小，根据公式 $v=\omega r$ 可知，原纸卷筒的转动角速度 ω 必然会越来越大，由此可知在生产过程中原纸卷筒上存在一个与转动方向相同的转动角加速度 ε。由于角加速度 ε 的存在，原纸卷筒上必然会产生一个与角加速度 ε 方向相反的惯性力矩 M_j。角加速度 ε 与转动方向一致，因此惯性力矩 M_j 与转动方向相反，其表达式为：

$$M_j=J\varepsilon=J_1\varepsilon+J_2\varepsilon \tag{2-2}$$

公式(2-2) 中，J_1、J_2 分别是原纸卷筒的转动惯量和托纸转轴的转动惯量。由于卷筒支架为无轴纸架，托纸转轴的转动惯量 $J_2\approx 0$，这一部分忽略不计，上式变为：

$$M_j=J\varepsilon=J_1\varepsilon \tag{2-3}$$

理想情况下，原纸卷筒绕轴心转动时没有偏心距的出现，由于圆纸卷筒是空心圆筒，则可以求得其转动惯量的表达式为：

$$J_1=1/2m(r^2+r_1{}^2) \tag{2-4}$$

公式(2-4) 中，r_1 为原纸卷筒的内圈半径，m。在转动过程中，由于原纸的不断消耗，原纸卷筒的半径 r 越来越小，因此原纸卷筒的转动惯量也会越来越小。将式(2-4) 代入式(2-3) 得惯性力矩为：

$$M_j=J_1\varepsilon=1/2m(r^2+r_1{}^2)\varepsilon \tag{2-5}$$

在生产线正常工作时，原纸卷筒在力矩 M_t、M_b、M_c、M_j 的共同作用下保持平衡，保证了纸带的恒定张力 F，由此得到纸卷转动时的力学平衡方程：

$$M_t=M_b+M_c+M_j \tag{2-6}$$

由于在实际工作过程中阻力矩 M_c 值相对较小，可以忽略不计，则纸卷转动的力学平衡方程可化简为：

$$M_t=M_b+M_j \tag{2-7}$$

公式(2-7) 表明在原纸输送过程中，原纸纸带的张力产生的力矩 M_t 等于原纸卷筒转动形成的惯性力矩 M_b 和制动器对卷筒的制动力矩 M_j 之和。

将式(2-1)、式(2-5) 代入式(2-7) 得

$$F=\frac{M_b}{r}+\frac{1}{2r}m(r^2+r_1^2)\varepsilon \tag{2-8}$$

瓦楞原纸在成型区压楞成型时，原纸内部的张力会增大。生产中以最大张力为依据选取符合要求的原纸，可以避免压楞成型过程中原纸被撕裂和拉断，为实际生产提供了可靠的理论依据。

二、预热器

预热器是对瓦楞原纸和箱板纸进行预加热处理的设备，其结构主要包括预热

辊、导纸辊和包角调节装置。瓦楞原纸和箱板纸从原纸架、接纸机通过导纸辊送上预热辊，通过包角调节装置调节原纸和箱板纸在预热辊上的接触面积，控制原纸和箱板纸的加热时间，以保证原纸和箱板纸达到特定的温度、水分，便于后续在单瓦机中瓦楞原纸的压楞成型与黏合。

预热辊在工作中有固定和旋转两种形式。若旋转时，由预热辊上的纸幅运行时在缸面上滑动产生的摩擦力带动预热辊旋转；而固定的预热辊则用支承座或螺钉紧固，以克服纸幅运行中的摩擦阻力。多数厂家选用固定预热辊，因为预热辊采用蒸汽加热时，缸内会存有一定数量的冷凝水，冷凝水积集于辊的下部，而纸幅从辊的上部通过并预热，因而传热效果好，热能利用率高。

1. 面纸或里纸的预热

预热器用来对不轧制瓦楞的纸幅如面纸、里纸进行预热，蒸发其水分以调整纸幅的湿度，使纸幅的含水量减少并趋于均匀，并调节纸幅在运行中的张力，使之与瓦楞芯纸良好黏合。工作时通过专门装置向辊内通入高压蒸汽加热辊面，当面纸或里纸在辊面通过时，吸收辊面热量而提高温度，同时依靠纸幅运行时产生的摩擦力使其转动。有时为了提高传热效率，预热辊固定不动，原纸从其表面滑过。

纸幅在预热辊上经过的时间和接触面积直接影响到纸幅湿度的变化，而湿度变化在很大程度上影响纸板的黏合强度。纸幅过湿，其水分会阻碍纤维吸收黏合剂，并使预热温度达不到规定要求，影响黏合剂的糊化速度，引起黏合的纸板脱胶。同样，加热时间过长又会引起纸幅过分干燥，黏合接触时会过多地吸收黏合剂中的水分，从而抑制黏合剂的渗透，黏合部分小而浅，导致黏合强度下降。为使含水量不同的纸幅都能在通过预热辊后获得预期的温度和湿度，每个预热器上均有一包角调节机构，改变纸幅在预热辊上的停留时间和接触面积，从而调节其湿度的大小。当纸幅湿度较大或运行速度较高时增大包角，即增加受热面积；反之减少包角，减少受热面积。

瓦楞纸板生产线在生产过程中，预热包角大小的调节直接决定着原纸预热后的温度。图 2-6 所示为预热器包角调节装置。调节时启动电机，带动蜗轮减速箱中的蜗轮 7 和蜗杆 8，蜗轮减速箱的输出轴上小齿轮 6 带动大齿轮 3 转动，安装在大齿轮 3 上的活动导纸辊 2 也随大齿轮一起转动，从而改变里纸或面纸 1 在预热辊上的包角。为防止活动导纸辊 2 转动过程中碰到固定导纸辊 5 而损坏零件，一般在预热辊周围方向装有限位开关以控制电机运转，限制活动导纸辊的调节范围。

2. 瓦楞原纸的预热

预热器加热瓦楞原纸的目的是使瓦楞原纸进入瓦楞辊之前具有一定的温度，

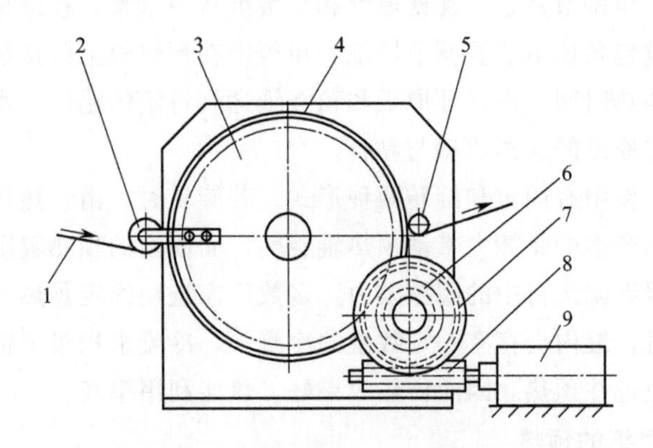

图 2-6 预热器包角调节装置

1—里纸或面纸；2—活动导纸辊；3—大齿轮；4—预热辊；
5—固定导纸辊；6—小齿轮；7—蜗轮；8—蜗杆；9—电机

以利于瓦楞操作，加快粘接速度。因为瓦楞原纸中的木素和半纤维素是热塑性聚合物，所以需采用预热器加热并软化瓦楞原纸，使瓦楞原纸易于起楞。

为了调节预热后瓦楞原纸的温度和湿度，通常使用预处理器利用蒸汽对瓦楞原纸喷淋水分，同时进行加热，使瓦楞原纸纤维吸收水分，为压楞提供良好的可塑性。目前许多地方均采用预热器替代预处理器，而蒸汽喷雾装置采用单面机上的润湿器，以达到简化结构、方便操作、降低成本等目的。

预热器的使用直接影响到瓦楞成型的质量。在瓦楞原纸通过上下瓦楞辊被轧制成波浪形的过程中，依靠加热、加压来保证成型的质量。实践证明，当原纸湿度在 9%～12%时成型的效果最好。原纸过干造成瓦楞成型过程中弯曲张力的增大，引起齿顶中心处的断裂。而原纸过湿导致张力增大，造成原纸断裂在瓦楞圆弧段的中间，即瓦楞两侧的中部处。所以调节好瓦楞原纸的水分和张力对瓦楞成型至关重要。虽然上下瓦楞辊表面温度在 170℃以上，但由于瓦楞原纸在瓦楞辊上快速滑过时既要保证瓦楞具有塑性，又要保证具有一定的弹性，这种情况下原纸的加热温度不宜过大，防止瓦楞发脆而失去弹性；也不宜过小，否则弹性过大瓦楞轧制后会产生弹性变形。瓦楞的成型还与纸幅进入瓦楞辊时的张紧程度有关，所以，预热器中预热辊的速度应与单面机速度相同或稍慢一点，以保证原纸与预热辊之间的接触效果。这就使预热辊传动电机的转速直接由安装在单面机中的调节器控制，以保证它们之间的同步。实际操作中各种传动件的误差又很难保证速度的一致性，因此在预热辊电动机上附设辅助变阻控制器来调节电动机转速，这些都使机器的结构和电控装置变得复杂化。

如果预热器的速度可以根据单面机的速度进行调节，纸幅的张力就可控制。

如果预热器的速度比单面机的速度快约5%时，若加速瓦楞成型机，瓦楞作业可得到明显的改善。预热器速度太低将增加纸幅张力从而引起瓦楞破裂。

3. 瓦楞原纸的预汽蒸

为保证压楞效果，对于含水量不足或含水不均匀的瓦楞原纸应适当加以湿润以调节其水分。否则不但不能保证压楞的效果，而且还会引起纸板的翘曲。因此需在预热器旁装一个预汽蒸，使预热后的瓦楞原纸经受预汽蒸以提高水分含量并受热，导致软化纤维，使压瓦楞变得容易。此外，水分会降低瓦楞原纸其他组分的塑化温度，对起瓦楞而言，预汽蒸比预热作用更大。预汽蒸将瓦楞原纸水分提高0.5%～2%，瓦楞成型前的最终温度通常在100℃以下。

预汽蒸后，纸幅连续进入压瓦楞压区。一般地，纸幅贴在瓦楞辊的顶部，由于卷取速度不同，纸幅比上瓦楞辊运行速度快30%～50%，这将使得瓦楞辊顶端受到一定的磨损，增加了纸幅张力。现代设备是在托辊上将瓦楞原纸导进压区，从而抵消了上面提到的影响。

水分调整辊亦称预调辊（图2-7），作用是向瓦楞原纸提供适量高温水分。当瓦楞原纸通过弧形舒展辊8和导纸辊7、弹簧张力辊6后，使之包覆在水分调整辊上润湿，最后经舒展及熨平，直接送去压制瓦楞。

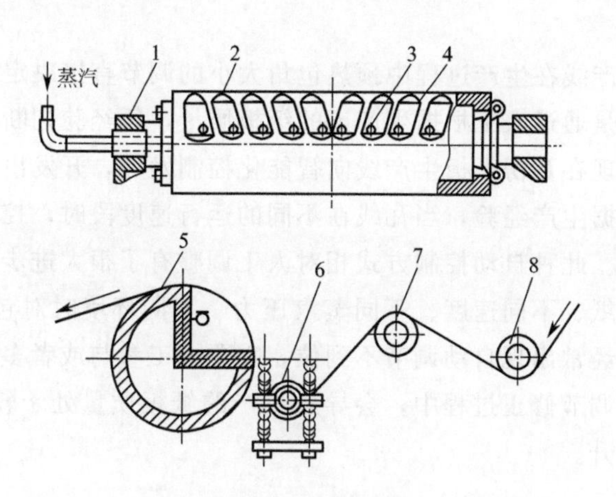

图2-7　水分调整辊

1—支座；2，5—润湿辊；3—喷嘴；4—分隔板；

6—弹簧张力辊；7—导纸辊；8—弧形舒展辊

水分调整辊由一个固定的空心铸铁辊筒及若干个带旋塞的蒸汽喷嘴组成。辊筒圆周有四分之一缺口，缺口部分被筋板分成许多小格，每个小格内有一个带旋塞的喷嘴。工作时向辊内通饱和蒸汽，开启旋塞，蒸汽从喷嘴向下喷出，经过下壁的反射，蒸汽充满整个幅宽腔室。

当瓦楞原纸经过时，雾状高温蒸汽一方面消除卷纸过程和其他操作时在纸内产生的内应力，使皱纹熨平；另一方面使原纸含水量均匀并适度，便于瓦楞成型，同时蒸汽直接加热原纸比预热辊效果要好得多。此外，由于分隔板呈螺旋状排列，一半向左，一半向右，螺距由辊中央向两端逐渐扩大，这样可给经过润湿的纸幅以舒展作用，进一步将纸幅沿幅宽方向展平。

水分调整辊所用蒸汽必须含有较高的水分，并且均匀地吹在瓦楞原纸表面，在瓦楞上瞬间蒸发。如果使用高压蒸汽吹到纸面时，会因速度快导致相当一部分蒸汽跑掉；若使用常温的水喷雾时，会在瓦楞辊上汽化成冷水雾，降低瓦楞辊的温度，影响机械高速运转和瓦楞成型。一般使用预热辊和其他加热器中取出的二次蒸汽，这种蒸汽压力比较低，并且与冷凝水进行了分离，可以满足润湿的需要。

蒸汽喷量多少应根据原纸质量、水分、辊速等因素来决定。

4. 预热包角

预热包角大小与原纸在预热辊上的接触面积、原纸含水量成正比，生产过程中可根据瓦楞纸板的横向弯曲程度，加大或减小预热包角。比如，当三瓦楞纸板沿横向弯曲时，向哪种原纸方向弯曲，则加大该原纸的预热包角，减小其他原纸的预热包角。

瓦楞纸板生产线在生产过程中预热包角大小的调节直接决定着原纸预热后的温度。以前大多是通过人工根据生产出的纸板质量，凭经验判断并手动调整预热器包角的大小。现在瓦楞纸板生产线向智能化控制发展，开发出了一些自动调整包角的方式：根据生产经验，当瓦线在不同的运行速度段时，控制预热器包角调整到一定的角度。此种自动控制方式相对人工调整有了很大进步，但调节未能全面考虑到不同原纸、不同速度、不同蒸汽压力、不同环境时对包角需求的变化，包角调节粗放，经常出现自动调节不到位，需要人工参与或者多次修正；同时在不断的包角大小调节修正过程中，会导致生产的纸板质量处于较大的波动状态，纸板不合格率上升。

三、单面机

常见的瓦楞纸板有三、五、七层，不管生产哪种类型的纸板，单层的纸板是基础。单面机把原纸热压成楞形，涂上黏合剂，与面纸黏合，得到单层瓦楞纸板。

单面机（图 2-8）是瓦楞纸板生产中的关键设备，瓦楞原纸通过预热器加热并调节适当的水分后进入上、下瓦楞辊，在加热加压轧制过程中形成具有波

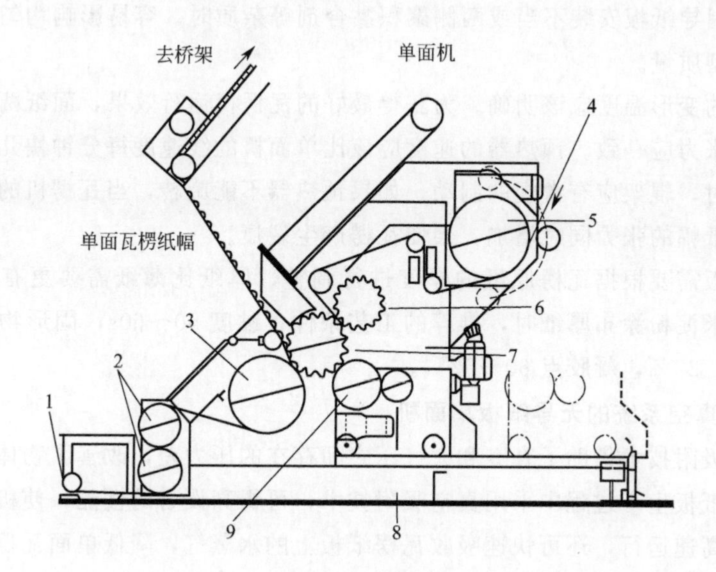

图 2-8 单面机

1—面纸；2,5—预热器；3—挤压辊；4—瓦楞芯纸；
6—上瓦楞纸；7—下瓦楞纸；8—计量辊；9—涂胶辊

浪形的楞形。加热加压后轧制的楞形强度高、挺度好、不易变形。轧制后的瓦楞芯纸在下瓦楞辊运动过程中与上胶装置中的上胶辊接触而使楞峰被涂上胶，然后与从压力辊方向过来的面纸会合，同样在加热加压条件下形成单面瓦楞纸板（二层纸板）。

瓦楞原纸在通过瓦楞辊轧压过程中，由于瓦楞辊的高速运转存在离心作用，容易使瓦楞原纸脱开瓦楞辊。而要使瓦楞纸既不被甩出，又要和瓦楞辊保持紧密的贴合状态，利用导纸板或真空吸附装置就可实现这一目的。现在较先进的单面机采用真空吸附的办法，使瓦楞纸完全贴附在下瓦楞辊上，克服了传统导纸板存在的不足，从而使瓦楞楞峰得到均匀的施胶量，更有利于提高瓦楞纸板的质量。

1. 有导纸板的传统单面机

在传统的单面机中，瓦楞纸通过机械的指形导纸机构（导纸板）与下瓦楞辊保持接触。设计速度 200m/min，实际最高运行速度为 160m/min，达到这样的速度需要一个旋转预热器使瓦楞充分预蒸，推荐使用低压蒸汽，并保证与冷凝水分离。

采用导纸板导纸的单面机，由于卷筒纸进纸成型过程中，导纸板起到承托纸面的作用，导纸板的工作面也容易被运动中的纸面摩擦而出现较大的磨损，这样就会使瓦楞纸不能平服定位在下瓦楞辊上，进而影响均匀的涂胶和瓦楞正常的成型，使瓦楞出现塌楞、黏合不良、成型质量不好、原材料消耗大等问题。另外，当涂胶辊因导纸板安装不当或两侧聚积黏合剂等杂质时，容易影响均匀的涂胶和瓦楞的成型质量。

面纸的变形温度应该明确。为获得最好的瓦楞机运行效果，面纸两边的张力与瓦楞辊张力应一致。预热器的速度应该比单面机的线速度每分钟快几米。当预热器拉纸时，辊架应有常规的制动。如果预热器不能旋转，当瓦楞机的速度增加时，由于纸幅的张力同时增加，会使瓦楞产生裂痕。

导纸板需要根据瓦楞原纸的厚度进行调整，厚纸比薄纸需要更有效的黏合剂。用玉米淀粉涂布厚纸时，推荐的工艺条件：黏度 50～60s，固形物含量（简称固含量）22%，凝胶点 60～62℃。

2. 有真空系统的无导纸板单面机

真空吸附技术借助了真空和大气压之间存在的压力差，改善了物体吸附的效果。瓦楞纸板生产过程中采用真空吸附技术，可提高设备的性能，使机器实现连续正常的高速运行，还可快速吸收瓦楞纸板上的水蒸气，降低单面瓦楞纸板的水分，有利于提高瓦楞纸板的成型强度。真空吸附技术非常洁净，且不会对工件的表面产生破坏，在瓦楞纸板生产线中不仅能加快瓦楞纸板生产线的自动化进程，还能提高瓦楞纸板的质量和速度。

真空吸附式是将下瓦楞辊上加工出许多小孔，然后辊内抽真空，利用真空吸附的原理将成型后的芯纸均匀地贴附于辊面，确保芯纸在 300m/min 的运行速度下仍有良好的粘接质量。当单面瓦楞纸板在瓦楞辊与压力辊之间成形后离开辊面时，压缩空气对下瓦楞辊上的抽气孔充气，可使纸板顺利脱离下瓦楞辊。图 2-9 为真空吸附式无导爪瓦楞机工作原理示意图。

在导纸方式为真空内吸附式的瓦楞机中，下瓦楞辊体上加工有吸风沟槽，沟槽与吸风孔连通，在辊体两侧端面上有吸附罩覆盖。瓦楞机工作时，高压风机通过吸风管道猛烈吸风，通过瓦楞辊上的吸风孔使得辊体内部相对于外部空间形成负压，压楞成型之后的瓦楞芯纸因此能够紧贴在迅速转动的辊体上，并连续完成涂胶以及粘贴的工序。

在采用内吸附式导纸方式的瓦楞机中，瓦楞辊直径通常在 250～480mm 之间，长度在 1250～2860mm 之内，材质多为 35CrMo、42CrMo 或者 50CrMo，使用蒸汽加热作为瓦楞机的加热方式。内吸附式瓦楞机在实际生产时最高速度能够达到 300m/min，但由于需要在下瓦楞辊的壁面上精确加工均匀分布的吸风孔，制造成本很高，目前实际生产制造中较少应用。

外罩真空吸附式瓦楞机是在单面机上设置真空吸气装置，吸去下瓦楞辊和芯纸之间的空气使之成为真空地带，靠大气压力让芯纸贴附在下瓦楞辊表面，工作原理如图 2-10 所示。

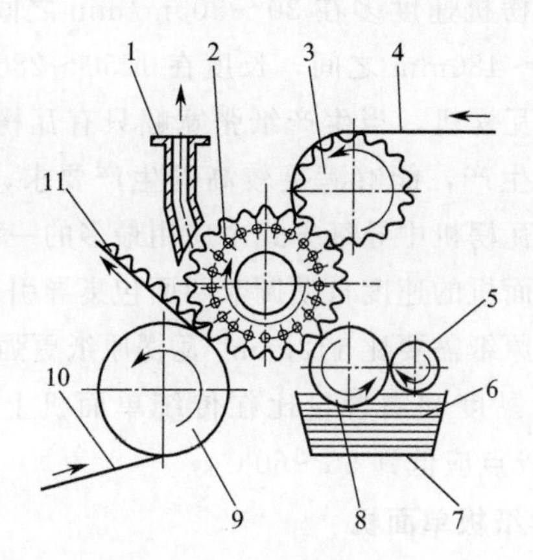

图 2-9　真空吸附式无导爪瓦楞机工作原理示意

1—抽气管；2—真空吸附孔；3—上瓦楞辊；4—瓦楞原纸；5—刮胶辊；6—黏合剂；
7—胶槽；8—涂胶辊；9—压力辊；10—箱纸板；11—单楞单面纸板

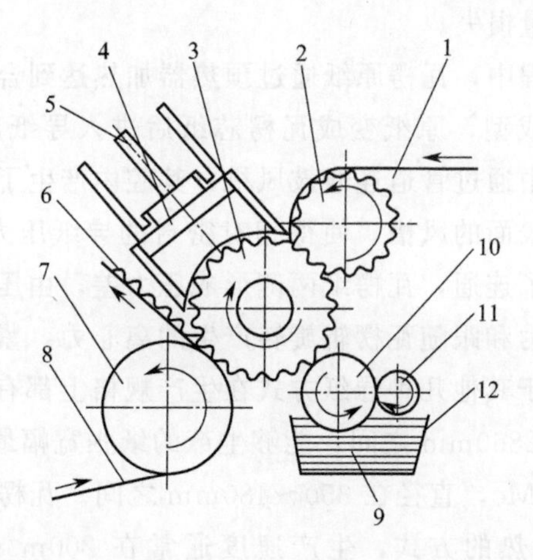

图 2-10　外罩真空吸附式瓦楞机工作原理示意

1—瓦楞原纸；2—上瓦楞辊；3—下瓦楞辊；4—气罩；5—抽气管；6—单楞单面纸板；
7—压力辊；8—箱纸板；9—黏合剂；10—涂胶辊；11—刮胶辊；12—胶槽

外罩真空吸附式导纸结构由风罩、吸风管、配套鼓风机等组成，其中在下瓦楞辊辊面上有环形的吸风沟槽。瓦楞机工作时，高压风机通过吸风管道抽真空，在外罩内腔中相对外部大气空间形成负压，压楞成型后的瓦楞芯纸通过吸风沟槽紧密贴附在下瓦楞辊的辊面上并且连续完成上胶和粘贴工序。生产时，通过风机装置上的风门可以控制调节风机的吸风量，消声器可以降低风机猛烈抽气的噪声。

外罩真空吸附式瓦楞机速度多在30～300m/min之间，加热方式为蒸汽加热，瓦楞辊直径在250～480mm之间，长度在1250～2860mm之间。采用外罩真空吸附式导纸方式的瓦楞机，当生产纸张宽幅只有瓦楞辊额定幅面的50%时也依然能够正常稳定地生产，能够满足较高的生产要求，性能良好，性价比较高，因此是目前市场上瓦楞机中导纸方式中应用最多的一种导纸形式。

预热器应有根据单面机的速度自动调节两面包裹导引，瓦楞辊的真空度应全幅一致，大定量的瓦楞原纸需要比112g/m^{2}瓦楞原纸更强的真空度。

玉米淀粉黏合剂的黏度和固含量比在传统单面机上稍高一些，黏度60～70s，固含量25%，凝胶点应低到55～60℃。

3. 气垫正压的无导纸板单面机

在高速瓦楞机中，墙板、压力辊和上、下瓦楞辊之间相对于外部形成了一个密封腔，并通过配套鼓风机向内吹风形成正气压，使得成型后的瓦楞芯纸紧贴在瓦楞辊上，连续快速地进行粘贴和附合工序。气垫正压式相比于外罩真空吸附式的导纸方式，最大的改善之处在于避免了因配套风机抽风从瓦楞芯纸上带走大量热量，有效减少了能量损失。

在瓦楞机生产过程中，瓦楞原纸通过预热器加热达到合适温度后进入上、下瓦楞辊之间进行压楞成型，原纸变成瓦楞芯纸后进入导纸压力腔中进行上胶工序。由于导纸压力腔中通过管道连通鼓风机，其腔内产生了高于外部大气压的正压力，通过下瓦楞辊表面的风槽，使得相对密封的导纸压力腔有了一个泄漏口，与外界大气空间产生了连通，瓦楞纸两侧形成压力差，由压力差造成的压力使得瓦楞纸克服自身的重力和跟随瓦楞辊旋转产生的离心力，紧贴在瓦楞辊的表面。

气垫正压式相比于其他几种导纸方式在生产规格上都有非常大的提高，瓦楞辊的长度多在2250～2860mm之间，能够生产的纸张宽幅最宽可达2500mm。瓦楞辊制造材料为50CrMo，直径在350～480mm之间。瓦楞机的用热单元加热方式已完全采用蒸汽加热的方式，生产速度通常在200m/min以上，最高可达350m/min，整个瓦楞机的制造成本比较高，一般应用在高速生产线上，是目前最先进的导纸方式。

四、瓦楞辊

瓦楞辊是瓦楞成型的“模具”，是单面机上的关键部件，由上、下瓦楞辊组合将瓦楞原纸压成波形瓦楞纸。瓦楞辊的材料、表面性能、耐磨性直接影响瓦楞的质量。瓦楞辊的配合压力（间隙）、平行度、恰当的中高是瓦楞辊工作时的重要技术指标。

瓦楞辊是空心圆筒转轴结构，由两个轴头和一个筒体构成。轴头和筒体是过盈配合，结合处采用气密性焊缝连接。下瓦楞辊为主动辊，通过楞齿与上瓦楞辊相互啮合，同时借辊面带动上瓦楞辊同步转动实现压楞成型。减速机构带动下瓦楞辊运动，下瓦楞辊在大扭矩载荷作用下，容易出现疲劳失效。

1. 瓦楞辊表面处理

当瓦楞辊出现磨损、楞型改变时，会直接影响到纸板的成型质量和强度。为了提高辊的硬度，辊面要经过处理，使瓦楞辊具有良好的硬度和耐磨损的特性。瓦楞的定型是靠上、下瓦楞辊之间以一定的夹紧力实现。这个夹紧力来自上瓦楞辊左右两侧，这也是容易使辊筒受力扭曲变形的原因。为得到沿幅宽均匀分布的压力，要求辊筒要有中凸度，以补偿受压后的变形。

瓦楞辊的失效状态主要表现为磨损。目前，瓦楞辊进行硬化处理的方法大致有离子氮化、中频或超音频后镀铬、离子氮化后激光、WC 喷涂、气相和离子沉积等几种。各种硬化处理方法性能和成本比较如表 2-1 所示。

表 2-1　瓦楞辊各种硬化处理方法性能和成本比较

指标	处理方法				
	离子氮化	中频＋镀铬	超音频＋镀铬	离子氮化＋激光	WC 喷涂
表面硬度 HRC	55～57	55～62	55～62	＞62	60～70
硬度层厚度/mm	0.3～0.4	0.05～0.1	0.05～0.1	＞0.5	0.15～1
使用寿命	较高	高	高	较高	很高
废品率/%	0.5～1	约 10	5～7	2	约 6
费用比较	最低	低	较高	高	最高

碳化钨瓦楞辊在克服因磨损造成的各种缺陷和损失上具有相当突出的优势，因而受到广大瓦楞纸箱企业的青睐。碳化钨瓦楞辊运用热喷涂技术将碳化钨合金粉末熔化，并喷涂到瓦楞辊齿面形成碳化钨涂层，其运转寿命比一般的瓦楞辊高出 3～6 倍，而且在整个瓦楞辊的运转寿命中，其楞高几乎不变，确保瓦楞纸板质量稳定，能够减少 2%～8%的瓦楞芯纸和黏合剂的使用量，并降低废品率。

2. 瓦楞辊主要技术指标

在生产过程中，要注意防止瓦楞辊产生异常的压力负荷，以减少不正常的磨损现象，这就要求必须掌握好瓦楞辊的配合压力，控制好上、下辊之间的间隙以及平行度。

①配合压力　为了使瓦楞原纸在上下瓦楞辊之间压楞成型，必须在上瓦楞辊上施加一定的压力，称为配合压力，它是瓦楞成型和决定瓦楞质量的重要因素，其值一般为 2666～3998N，取值在满足条件的前提下要尽量小，以提高瓦楞辊的

寿命。空转或预热时应适当降低压力，使用后要解除配合压力，清扫辊面。切忌用水冲洗高温辊面，否则将会使辊变形，加速磨损。施加压力的方式有手动、气动或液压等几种形式，为了使配合压力均匀，使用气动或液压为好。

②中高　在上瓦楞辊两端加压会使其产生一定的挠度，使楞辊的中间部分间隙增大，线压力分布不均匀，振动加剧，既影响了瓦楞辊的瓦楞成型和瓦楞辊的寿命，又产生了较高的噪声，使生产环境恶劣。为此，瓦楞辊制造时是将上瓦楞辊制成中凸形状（图 2-11），以补偿受压后的变形。

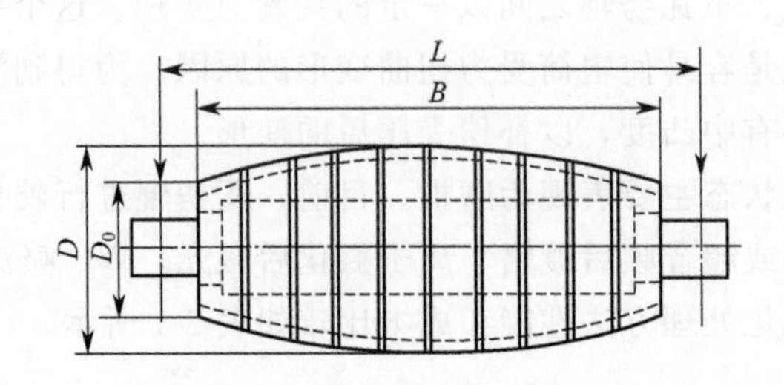

图 2-11　瓦楞辊的中高

辊筒中央截面上的直径 D 与其端面的直径 D_0 之差称为中高，中高的取值是否合理直接影响瓦楞辊的性能和瓦楞纸板的质量。若中高过小，中间压力不够，瓦楞成型不充分，或出现跑偏、打折等现象；若中高过大，可能会因中间压力过大，两端压力过小而撕断瓦楞原纸，或出现高低楞现象，同时也加速了瓦楞辊的磨损，降低瓦楞辊的寿命。一般中高的取值为瓦楞辊中间最大挠度的四倍，即

$$D=D_0+4\delta_{max} \tag{2-9}$$

式中，δ_{max} 为瓦楞辊在两端轴承处加压后的中间最大挠度，mm。

③ 平行度　瓦楞辊的平行度分轴向平行度和齿向平行度，分别指上、下瓦楞辊轴的同心度和瓦楞齿间的平行程度。瓦楞辊平行度不好，就会导致压出的瓦楞出现两边收缩率不一致，瓦楞纸板两边的厚度不一致或出现瓦楞被压破、倒楞、荷叶边等毛病。原因：一是因设备在安装时调整不到位；二是生产一段时间后，由于受高温、高压及运行磨损而导致瓦楞辊的平行度发生变化。所以要定期对瓦楞辊的平行度进行检查和校准。

瓦楞辊平行度可通过调整上瓦楞辊的偏心轮慢慢进行校准。试验方法可采用复印法进行压痕验证，即将一张复写纸夹在两张白纸之间，然后分别在操作侧、传动侧及瓦楞辊中央三处，将其放入缓缓转动的两瓦楞辊之间，选用的两张白纸总厚度应与实际生产的瓦楞原纸厚度大致相同，一般为 0.25～0.30mm。通过上、下瓦楞辊的相互啮合转动，将楞痕由复写纸复印在白纸上，通过对比三处压痕宽度及颜色深浅判断瓦楞辊的平行程度，直到三处压痕相同为止。在进行压痕

试验时，需适当减轻瓦楞辊间的压力，切断蒸汽，使瓦楞辊温度消失后方可试验，以保证压痕试验效果。用此种方法调瓦楞辊的平行度虽然耗时，但原纸浪费少。

平时检查瓦楞辊的平行度可以从产品中任意取一张瓦楞纸板，剪下两端比较厚度。如果瓦楞倾斜，大多需调整辊的平行度。如果是有经验的机械师，也可在开机状态下，通过直接调整上瓦楞辊的偏心轮，来校正上下瓦楞辊的平行度。

3. 瓦楞辊的加热

瓦楞辊在轧制过程中除需要加压外，还应有一定的温度，以增强纸张纤维分子的活动性，使其在压力作用下适应瓦楞纸起楞定型的要求。一般来说，确定瓦楞辊的温度时，要求压好后瓦楞芯纸纤维不被破坏，并且成型后的楞型在自由状态下变形量越少越好。这样既能保证瓦楞具有弹性，又能保证楞型规格。对不同厚度的瓦楞原纸，瓦楞辊面具有不同的工作温度和极限温度。如果辊面温度低于工作温度，则压出的楞型高低不一，质量达不到要求，如果高于极限温度，原纸又易烤焦甚至着火。因此，瓦楞辊运转的最适宜温度为160～180℃。

使用新型的周边加热瓦楞辊有利于生产。周边加热瓦楞辊的特点如下：

① 改造过程热能补充快，瓦楞辊工作转速可比普通瓦线增加一倍速度（从热能补充角度）。

② 升温速度加倍，瓦楞辊的预热时间缩短，工作效率高，能耗低。

③ 辊面温度分布均匀，纸板上胶均匀。生产中途停机再继续生产，单面机不产生废品。产品质量好。

④ 瓦楞辊发热部位长，适应满幅的纸板，瓦楞辊利用率高。瓦楞辊变形量少，运行均匀，寿命长。

⑤改造成本低，无需改动单面机结构，适应性强。

4. 压瓦楞

遵循预备操作，恰当地完成压瓦楞过程。

① 生产中，瓦楞辊的温度必须保持在160～190℃，1.3MPa的蒸汽压力相对应最大表面温度为175℃，1.4MPa对应185℃。

② 瓦楞辊之间的压力需要准确控制。压力应与瓦楞辊的中高相对应，由于纸幅边缘区域的过载可能在此处切断瓦楞。大定量瓦楞原纸在瓦楞成型时，需要更大的压力。

③ 瓦楞辊磨损不应太大，瓦楞辊必须平行，瓦楞辊的中高必须正确。

当瓦楞成型后，瓦楞形状必须准确地保持直到与面纸黏结。单面机通过真空使原纸依附于瓦楞辊，而且所有的瓦楞都有完全一致的高度。如果真空度不足可能导致瓦楞从真空辊抖开。此外，多孔的瓦楞、弱的结合力、低的预热温度，或其他原因也可能引起同样的问题。

5. 瓦楞成型过程及张力变动

瓦楞纸板成型过程实际上是瓦楞辊将瓦楞原纸轧制成瓦楞的过程。

瓦楞原纸在瓦楞辊间是逐渐形成瓦楞形波纹的。在瓦楞辊压楞时，只能有一组齿廓处于啮合状态，这样才能使原纸顺利进入到上下瓦楞之间，从而保证进纸量，保证瓦楞纸板的最终成型。如果有两对齿廓同时处于接触啮合状态，而后一对齿廓必将瓦楞原纸压紧，这时原纸无法进入前一对啮合齿廓的齿槽中，导致前一对齿廓在压楞成型时得不到所需的原纸量，出现楞高不足或原纸被拉断现象，根本无法连续进行瓦楞成型。而从初次接触瓦楞原纸到完全成型接触共有三组齿廓，原纸在与第一对齿廓时与齿顶的包角最小，随后包角逐渐变大，直至经过第三对齿廓后完全成型，如瓦楞辊啮合状态图所示（图 2-12）。

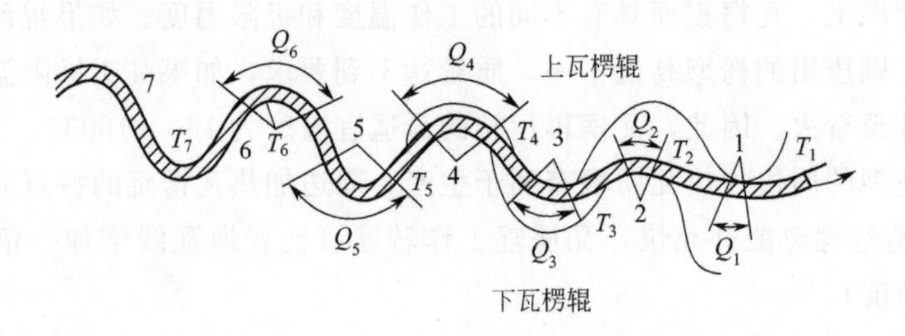

图 2-12　瓦楞辊啮合状态图

瓦楞辊的齿廓曲线是圆弧加切线（齿顶、齿根均为圆弧，两齿侧是与这两端圆弧相切而成的直线），所以瓦楞辊有不同于齿轮的特点：①瓦楞辊的啮合过程始终为一对齿的啮合，不允许几对齿同时处于啮合状态，这是瓦楞纸成型的必要条件；②啮合过程中，主动辊始终参与啮合，并且是啮合点，而从动辊不仅在齿顶啮合，在齿顶周围的一小段圆弧也参与啮合，实际情况下主动辊的齿顶磨损比从动辊要严重。

瓦楞成型除与瓦楞辊齿形精度、原纸质量、辊的温度、辊间加压力等因素有关外，还主要与进入瓦楞辊间成型的原纸纸幅中的张力有关，而且这是最有影响的因素之一。从图 2-12 可知，瓦楞原纸在瓦楞辊之间是逐渐形成瓦楞楞型的，原纸与齿面的接触包角是逐渐增大的。在初始位置 1，瓦楞原纸在楞峰处的包角和张力最小；从位置 1 到位置 6，包角和张力逐渐增大，直到位置 7 完全成型。取在瓦楞辊齿顶一点 P 附近的一微段瓦楞原纸作为研究对象，可以求出包角 θ 与张力 T 之间的关系，其受力分析如图 2-13 所示。设 T_a 为原纸的初始张力，T_b 为最终张力。在进入瓦楞辊之前，原纸受到拉应力，用来克服行进中与设备间产生的摩擦力，此为初始张力。原纸在瓦楞辊之间成型过程中，与齿面有较大的相对滑动，出

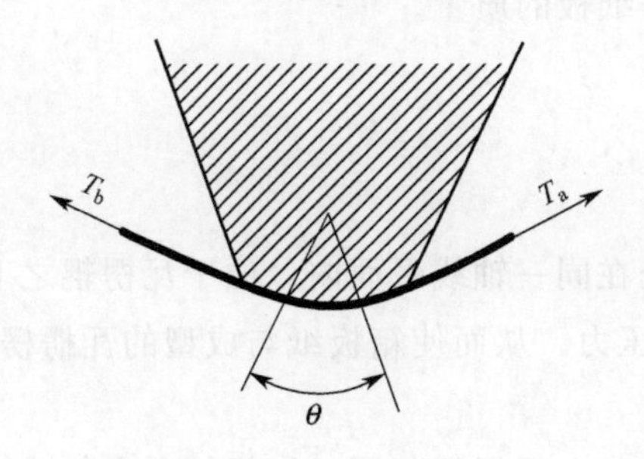

图 2-13　瓦楞原纸受力分析

现滑动摩擦力，最终张力必须克服滑动摩擦力和初始张力才能使原纸继续运行。根据原纸受力平衡关系，列出力平衡关系如下：

$$T_b = T_a e^{f\theta} \tag{2-10}$$

式中，θ 为原纸在各齿顶上接触包角之和；f 为滑动摩擦系数。

由上式可以看出，原纸在压楞过程中，张力随着滑动摩擦系数和包角的增大而增大。图中瓦楞辊啮合部分的总包角为 $\theta=\theta_1+\theta_2+\theta_3+\theta_4+\theta_5+\theta_6=\sum_{i=1}^{6}\theta_i$ 。对于已知瓦楞辊，总包角 θ 值是一定的，只与原设计有关。所以瓦楞成型过程中，原纸的张力是随着包角的增大逐渐变动而形成波纹状的瓦楞。

摩擦系数 f 与齿面的光洁程度、纸幅水分等有关。f 过大可能导致压楞时原纸张力过大而发生断裂，所以应在允许的情况下，降低摩擦系数，比如保持瓦楞辊齿面光洁，合理调整纸幅水分（9%～12%）等。

公式(2-10）没有考虑原纸速度和加速度的影响，所以只适用于中低速瓦楞纸板生产线。对高速瓦楞辊，张力的计算要考虑到纸板速度和加速度。

6. 瓦楞辊的磨损

瓦楞外形的切角和肩角因制造商不同而不同。当瓦楞原纸粗糙的颗粒磨损瓦楞楞峰时，瓦楞的侧面就会开始损伤。这将引起瓦楞断裂、平压强度（FCT）低等生产缺陷，并导致瓦楞倾斜。当辊子重切以减小这种现象时，成型系数（拉紧率）上升，而且瓦楞消耗有明显的增长。瓦楞纸板的平压强度值降低也是瓦楞辊磨损的一个指标。当 FCT 从新辊的值下降 10%时，就要用显微镜检测瓦楞辊的磨损。当瓦楞辊镀铬时，这一点显得尤为重要。

瓦楞辊轴头的轴承如果出现损坏，将影响瓦楞辊之间的正常啮合。使运转瓦楞辊阻力增大，加剧机械部件的磨损，生产出来的瓦楞纸板质量也将受影响，故应适时进行检查。瓦楞辊的“齿面”在压楞过程中容易磨损，使纸板瓦楞变低而影响纸箱的强度，故平时应经常进行检测，发现存在明显的磨损情况时，应重新加工镀铬，以确保瓦楞纸板的质量。

五、压力辊

压力辊与瓦楞辊处在同一轴线平面内，位于瓦楞辊之下，作用是对下瓦楞辊施加 0.4～0.5MPa 的压力，从而使箱板纸与成型的瓦楞楞峰牢固地贴合在一起，组成单面瓦楞纸板。

压力辊的加压方式与上瓦楞辊相同，以机械、空气或油压的方式加压。为了使沿幅宽的压力均匀，压力辊也需有中高，中高量根据辊的直径和长度而定，如压力辊的长度为 1600mm，中高量约为 0.2mm。为了使黏合剂糊化，保证瓦楞纸板粘接质量，压力辊也需要加热，热源和上、下瓦楞辊一样。通过加热可使楞峰上的黏合剂迅速固化，与箱板纸粘牢。

由于压力辊表面直接与箱纸板接触，因此压力辊表面应去污，并且要经过热处理或镀铬，以提高其强度。当发生断纸时，应尽快让压力辊脱离瓦楞辊，以免损伤瓦楞辊和压力辊。

为了防止压力辊与瓦楞辊直接接触，安装制动器以控制压力辊与瓦楞辊之间的最小间隙。在压力辊对瓦楞辊加压状态下，下瓦楞辊的楞峰与压力辊两端的间隙以 0.1～0.15mm 为好。压力辊的压力要适合，并且要调整平行。若压力过低，会产生高低楞现象；若压力过高，会出现炸楞或压溃现象；压力不均，则会使瓦楞纸板薄厚不均、涂胶量不均，同时还会加快瓦楞辊的磨损速度。因纸幅宽度和质量不同，最佳压力一般为 1.96～2.94MPa。

现在有使用纤维编织的皮带取代单面机的压力辊，运行速度可达 400m/min，幅宽 2500mm。使纸板在皮带压力下获得粘接成型的时间比压力辊的瞬间粘接要延长许多，同时又能大大降低压力辊的压合接触点的集中载荷，运转中不会产生共振现象，减少瓦楞纸板黏合不良现象产生的概率。所以纸板的粘接效果很好，而且在箱纸板表面不会留下压痕，质量有保证，成型后纸板的物理性能高于常规单面机所生产的技术指标。

最近，市场又推出一种新型的压力辊机构，通过伺服电动缸、偏心轮组合结构可对压力辊的位置实现快速、精准的调节，并在皮囊气缸与液压缸的共同作用下，减少了压力辊的振动，压力辊机构工作原理如图 2-14 所示。

压力辊支架与皮囊气缸、液压缸相连，可绕着固定铰链摆动，以适应工作过程中压力辊与上瓦楞辊周期性变化的中心距，这是造成压力辊振动的主要原因。工作时，原纸经过上、下瓦楞辊的啮合，形成带有瓦楞的芯纸并包裹在上瓦楞辊上，在上胶辊的作用下，使楞峰均匀地涂上胶，最后与面纸在压力辊合适的压力

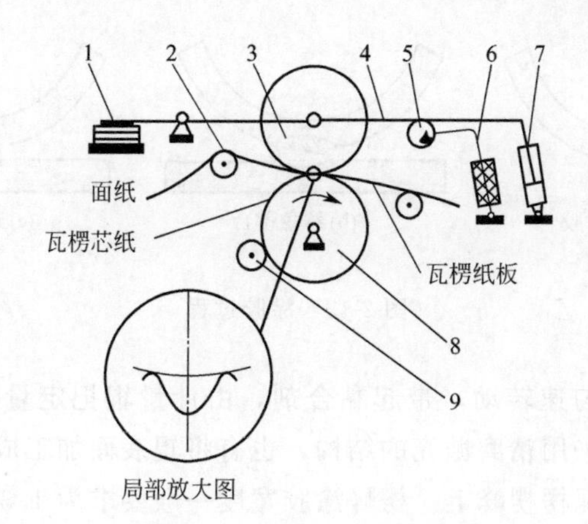

图 2-14　压力辊机构工作原理

1—皮囊气缸；2—导纸辊；3—压力辊；4—压力辊支架；5—偏心轮；
6—伺服电动缸；7—液压缸；8—上瓦楞辊；9—上胶辊

下黏合成单面瓦楞纸板。瓦楞纸板的黏合强度与压力辊的振动密切相关，若振动幅值过大，会使瓦楞纸板形成高低坑（压痕深一条浅一条的现象），严重影响瓦楞纸板的黏合强度。

六、单面机上涂胶

瓦楞原纸只有经过定型和黏合才能成为瓦楞纸板，工作原理如下：瓦楞原纸先预热、润湿后，经过啮合的瓦楞辊压楞，穿过下瓦楞辊和涂胶辊，在纸张的楞峰部上胶。因为下瓦楞辊上的吸风装置，将纸张紧紧吸附在下瓦楞辊上而不脱落。在机器的另一侧，里纸或芯纸经过预热后与已经成型的瓦楞纸在压力辊与下瓦楞辊之间的挤压形成均匀规则的单层瓦楞纸板。单层的纸板脱离瓦楞辊，经过倾斜皮带输送，到输纸天桥，并以环形的形状堆积在天桥上。

如图 2-15 所示，黏合剂被涂到瓦楞原纸的楞峰上经水分润湿、黏合剂弥散、黏合剂吸附、生粉胶化、黏着形成、干燥固化的过程，这时的黏着力已经超过了纸张内部纤维的结合强度，可以将里纸和无数个瓦楞原纸的楞峰黏合在一起，形成二层瓦楞纸板。

1. 涂胶装置的作用和调整

涂胶装置的作用是在瓦楞原纸楞峰上涂上黏合剂，使之与箱板纸黏合在一起组成单面瓦楞纸板。

单面机涂胶装置如图 2-16 所示。当单面机正常运行时，涂胶辊底部与胶槽

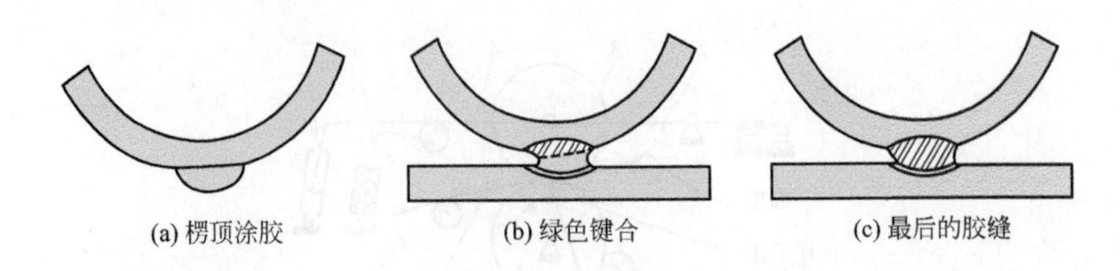

图 2-15　涂胶过程

里的黏合剂接触并匀速转动，带起黏合剂，由计量辊把定量的黏合剂涂到楞峰上。涂胶辊表面有采用精磨抛光的结构，也有将辊表面加工成网纹状，使黏合剂均匀地涂到成型的瓦楞楞峰上。楞峰涂胶宽度一般要求为 1.3～1.8mm。注意调整好涂胶辊与下瓦楞辊间隙，一般在满足涂胶的情况下，其间隙尽量小为好。计量辊用来控制和调节涂胶辊辊面带胶的量，间隙一般为 0.2～0.3mm。计量辊上装有刮刀，作用是将计量辊表面的黏合剂刮干净，使得辊面在无黏合剂状态下进行下一循环的工作。胶槽的作用就是盛装黏合剂，并使供给的黏合剂循环，使黏合剂不至于受热凝结而降低黏性，且维持一定液面高度。生产中要注意根据涂胶装置的使用情况适时进行清洗，将影响黏合剂黏度的纸尘、杂质等清洗干净，确保瓦楞纸板的黏合质量。

当原纸与下瓦楞辊相遇运行时，涂胶辊将黏合剂涂到瓦楞的楞峰，图 2-16(a)，对单面机来说，这是一个关键点，而且是许多问题的根本原因。必须控制下面的基本因素，以转移适量的黏合剂。

①下瓦楞辊 2、涂胶辊 4、计量辊 5 必须恰当地校准，可接受的误差范围是每个辊 0.05mm；②各辊子之间的沟槽必须是合适的；③防泄漏刮刀 6 不应漏料；④辊子不应过度磨损。

这些要求都可用于传统单面机和无导纸板单面机。无导纸板单面机某种程度上更需要调节瓦楞辊与涂胶辊之间的压区。当用常规涂胶厚度时，只能允许百分之几毫米的间隙，传统单面机通过真空控制的原纸不会贴在涂胶辊上，尤其导纸板有轻微磨损更是影响涂胶。导纸板很紧时会阻碍均匀上胶，并导致引起纸板出现干条纹，其干裂处不会形成胶缝。涂胶以后，瓦楞进入瓦楞辊与挤压辊之间的压区。对单面机来说，这也是一个关键点，需要控制以下的因素：

①挤压辊在运行中的温度应该足够的高，160～190℃；②线负荷应在合适的范围，大约 20～40kN/m；③节流器应该根据纸的厚度进行调节；④挤压辊的磨损不应过大；⑤挤压辊与瓦楞辊应平行运转；⑥挤压辊的中高应合适；⑦挤压辊的刮刀应能阻止灰尘的积累。

当面纸到达预热器时，必须满足下列要求：

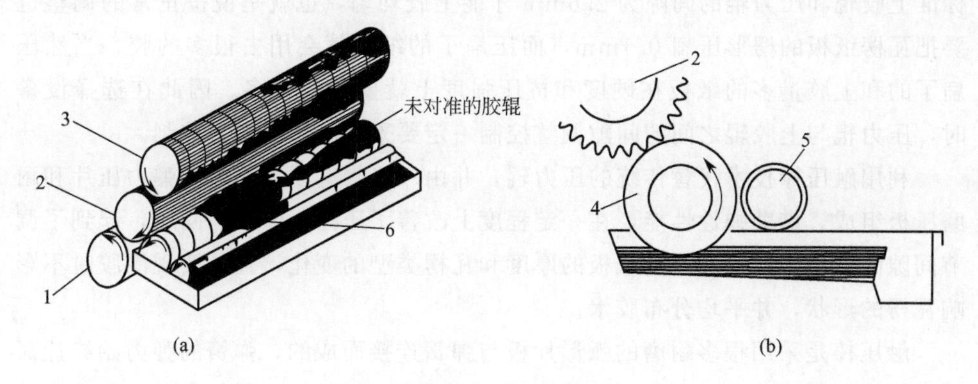

图 2-16 单面机涂胶装置

1—挤压辊；2—下瓦楞辊；3—上瓦楞辊；4—涂胶辊；5—计量辊；6—防泄漏刮刀

①瓦楞原纸的全幅水分必须一致，没有湿的或干的条纹。②平均水分应在8.5%左右。③纸幅张力应合适。④尽管面纸张力不像瓦楞成型那么关键，但面纸张力应合适。⑤通过控制辊子进行张力调节，必须补偿面纸的伸长。⑥面纸需要在三个阶段预热：a. 有直径大约 900mm 的大型独立的预热器；b. 有预热辊或直径 200～300mm 的辊子；c. 有压力辊。

预热的目的是为面纸涂胶做准备，这意味着面纸必须提供足够的热能使淀粉成胶状。由于凝胶也需要水分，因此 200g/m^2 以下的面纸应先从不涂胶的那一面加热，以使水分流向胶缝一侧。然后，热能就有时间充分地透过薄的面纸。厚的面纸需要在涂胶一面加热，因为热能没有足够的时间穿透纸幅。

涂胶间隙的调整：间隙值与压力呈反比关系。间隙值过小，压力过大，则纸板挺度降低，楞高下降，纸箱抗压强度下降；间隙值过大，压力过小，则影响纸板黏合效果，导致黏合不牢。生产单瓦楞纸板时，施胶间隙值为 3.2～3.6mm；生产三瓦楞纸板时，单瓦楞纸施胶间隙值为 2.6mm，三瓦楞纸板施胶间隙值为 2.2mm，胶辊与上压辊之间的间隙值应保证为 3.0mm。

2. 触压棒技术

传统的涂胶机利用压力辊将瓦楞纸压在涂胶辊上完成涂胶工序，这个过程需要将压力辊和涂胶辊之间的间隙确定好，稍有不慎就会出现压坏瓦楞、增加黏合剂的用量、破坏瓦楞纸板的强度等不良现象，长时间使用会造成压力辊和涂胶辊的磨损，导致瓦楞纸板的整体涂胶不均匀，瓦楞纸板容易出现中部脱胶起泡、弯曲变形等各种质量问题。在变换纸质（高克重纸与低克重纸之间的变换）和变换瓦楞楞型时，都需要调整压力辊的间隙。调整不好会把纸板瓦楞压扁或者是上不了胶，导致纸板报废。如果操作人员为了省事，不论何种楞型都用一个最小的间隙，纸板的强度就会造成很大的破坏。比如，B 瓦楞的楞高是 2.7mm，按正常标准上胶辊和压力辊的间隙为 2.6mm 才能上胶均匀，也就是说按正常的调整也要把瓦楞纸板的楞形压扁 0.1mm，而压扁了的纸板就会用去很多的胶，当然压扁了的和上胶量多的纸板在硬度和抗压强度上就要下降很多。因此在选择设备时，压力辊与上胶辊之间的间隙调整控制一定要采用电动或伺服控制。

利用触压棒技术代替传统的压力辊，并由一组具有压力均衡的弹力压片和耐磨压板组成。借助弹性性能，在一定程度上改善了压力辊磨损的问题，起到了调节间隙的效果，能自动适应纸板的厚度和瓦楞类型的变化，且能实现涂胶时不影响瓦楞的形状，并平均分布胶水。

触压棒是采用很多耐磨的弧形片板与弹簧连接而成的，弹簧的弹力始终让弧形片板均匀地贴合在涂胶辊上，即使是涂胶辊磨损凹陷，弹簧片板也会随之凹陷，始终让单面瓦楞纸板均匀地贴合在涂胶辊上，使单面瓦楞纸板涂胶均匀，胶水用量减少。当纸的材质薄厚和楞型发生变换（如 C 楞和 B 楞）时，也无须调整间隙，因为弹力均衡的弹簧会根据纸质的薄厚和楞型的变换自动调节高低，使单面瓦楞纸板在进入涂胶机涂胶时的瓦楞高度与涂胶后出涂胶机时的楞高保持不变，保证了楞型完好而又涂胶均匀，节省大量的胶水，而纸板也变厚、变硬，抗压强度可以得到提高。

七、纸板提升装置及输纸天桥

单面瓦楞纸板经提升装置提升到一定高度后进入输纸天桥，然后从天桥的末端进入多层预热器加热，再进入双面机黏合成瓦楞纸板。

纸板提升装置由两条提升输送带组成（图 2-17）。提升装置一般放置在单面机上方并与水平方向呈 45°～60°倾斜，下输送带一般采用与纸幅等宽的帆布带，辊子的动力来自天桥上的驱动装置，通过链轮带动上辊转动，因此上辊是主动辊，下辊是从动辊。工作过程中，单面瓦楞纸板依靠运动的输送带来输送。因此，除了上下输送带必须张紧（上下输送带下端各有左右两副调节机构，通过手轮螺旋运动带动滑块在滑槽内滑动，从而张紧输送带）外，还必须保证上下两条输送带间隙正好能夹持住瓦楞纸板，调节上下调整板以控制上下输送带的间隙，以确保纸板的输送。

为了使纸板顺利进入输送带，一般上下输送带的下辊错开一定距离，而且上输送带可比下输送带略微窄一些，这样对输送瓦楞纸板毫无影响，但对检验调整会带来好处。

输纸天桥上的输送带运行速度要比单面机生产的纸板速度慢好几倍，这样进入天桥的单面瓦楞纸板就自然折叠成波浪形堆积在天桥上，并随输送带的速度低速前进。由于堆积在天桥上的瓦楞纸板有储存、缓冲作用，生产过程中若双面

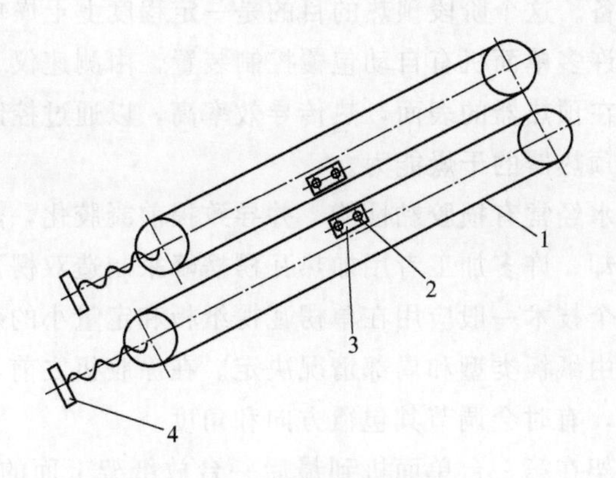

图 2-17　纸板提升装置

1—输送带；2—调节螺栓；3—调节板；4—手把

机、纵切压痕或横切机等部分机器因故需暂停检修、调整尺寸时，不会影响到前面单面机的生产。同样，当单面机需要调整或更换纸卷时，也不会影响到后面机器的运行，整个生产线始终保持一定速度的生产和运行。另外，让单面机生产出来的纸板在输纸天桥上停留一段时间，有利于瓦楞纸板中水分的蒸发，进行自然干燥，为后面的黏合工艺作好准备。

单面瓦楞纸板在输纸天桥上的堆存状态可以反映从单面机出来的纸板状况。正常生产中的纸板是呈波浪形有规律地向前倾斜，排列十分整齐，如图 2-18（c）所示。如果原纸有皱褶或水分过多，干燥不均匀，则看到如图 2-18 中（a）、(b）所示那样的翘曲、形成无规律的乱堆状态。此时应调整原纸水分和预热器、瓦楞辊等部位的工艺条件和参数。

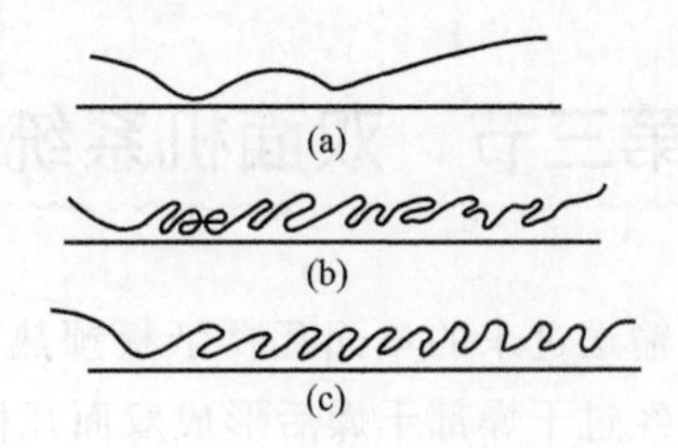

图 2-18　单面瓦楞纸板在天桥上的堆叠情形

输纸天桥上应安装具有良好导纸系统的折叠装置，桥上应该储存一定长度范围的单面瓦楞纸板（天桥上配有纸板数量控制系统），因为在进入双面机之前，纸幅不应被冷却。而提高双面瓦楞纸板的温度较困难，要求折叠储存区域的长度应该小于 5m。天桥不仅作为单面瓦楞纸板预热前的缓冲储存，而且可以为涂胶的另一个阶段作准备。这个阶段预热的目的是一定程度上干燥单面瓦楞纸板，以确保纸板的平整。许多单面机有自动包覆控制装置，由测速仪、温敏元件或两者触发。面纸应包覆在预热器的表面，热传导效率高，以通过控制纸幅在预热鼓上包覆的程度来调节预热器的干燥能力。

瓦楞楞峰的脱水经常有损胶黏性能，并导致提前凝胶化，热量会蒸发纸板中的一些水分使其冷却。许多加工者用加热瓦楞楞峰来制造双楞瓦楞纸板上面一层的单面瓦楞纸，这个技术一般应用在单楞瓦楞纸板和定量小的双楞瓦楞纸板，但差别很小，以至于由纸板类型和局部情况决定。在涂胶机之前，单面纸幅在不旋转的预热鼓上加热，有时会调节其包覆方向和角度。

输纸天桥是空架在第一台单面机到最后一台放纸架上面的很长的输送装置，后面紧跟着多重预热器，每台单面机都配备输送单面瓦楞纸板的输送带。因此，三层瓦楞纸板生产线中有一台单面机，输纸天桥上仅有一层输送带；五层瓦楞纸板生产线中有二层单面瓦楞纸板，输纸天桥上就并列有二层输送带；七层瓦楞纸板生产线中有三台单面机，故会有三层输送带。输纸天桥不仅把单面瓦楞纸板输送到末端的多重预热器上，而且还有储存瓦楞纸板的功能，从而使生产线的前后生产节拍一致。

现在选购的主要方向是带有变频电机的天桥输送机构，可以使单面瓦楞纸板在变频电机的控制下在天桥上输送，并可以采用自动纠偏装置控制其具体位置。

瓦楞纸板输送带多采用无压痕接口、透气性好、摩擦系数高的聚酯纤维针刺带。为了提高压力的可调整性和传热效率，以及瓦楞纸板贴合的速度和质量，目前多采用铁板式或压箱式压力系统替代传统的压辊系统。输送带使用表面涂层新技术，既增强了输送带的耐磨性能，又避免了黏合剂粘到输送带上。

第三节 双面机系统

双面机系统是将天桥输送过来的单面瓦楞纸板预热后在另一面涂上黏合剂，然后与箱纸板面层贴合，经过干燥部干燥后形成双面瓦楞纸板。

双面机系统由多重预热器、涂胶机、双面机等组成。

一、涂胶机

根据瓦楞纸板的加工结构，涂胶机分为单层（三层瓦楞纸板用）、双层（五层瓦楞纸板用）、三层（七层瓦楞纸板用）等涂胶机构。对于三层、五层或七层瓦楞纸板生产线而言，涂胶机的组合形式各不相同。三层瓦楞纸板生产线只有一组涂胶装置（图 2-19）；五层瓦楞纸板生产线，由于要对两组单面瓦楞纸板上胶，因而有两组涂胶装置（图 2-20）；对于七层瓦楞纸板生产线则有三组涂胶装置（图 2-21）。

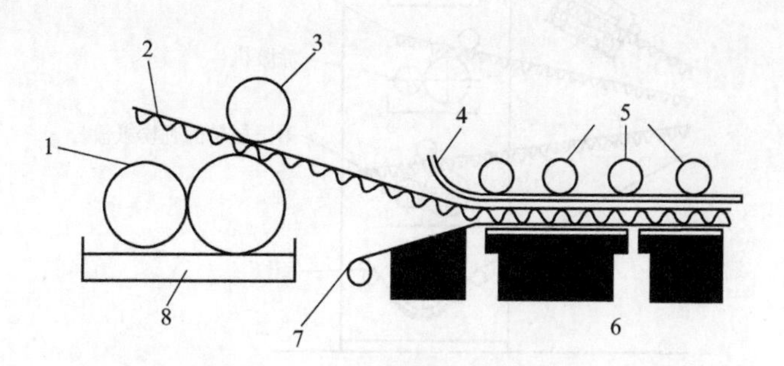

图 2-19　三层瓦楞纸板涂胶机

1—涂胶辊；2—单面瓦楞纸幅；3，5—挤压辊；4—传动带；6—加热辊；7—里纸；8—胶

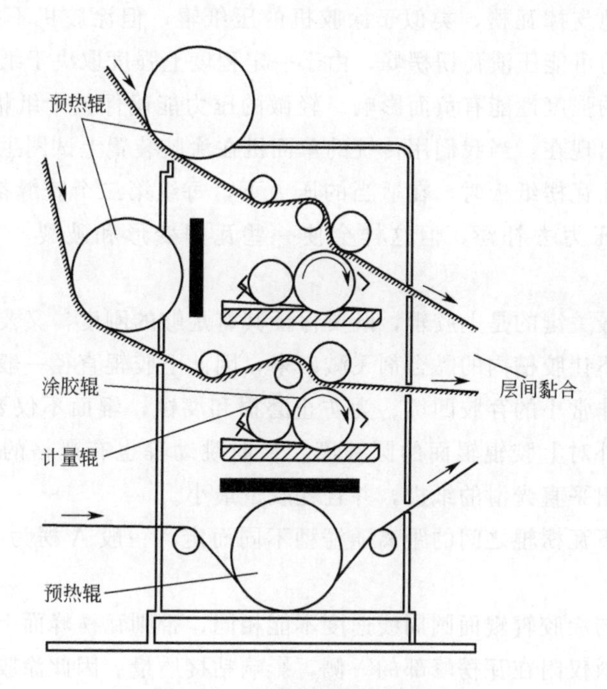

图 2-20　五层瓦楞纸板涂胶机

1. 涂胶装置

涂胶机的涂胶装置类似于单面机那种（图 2-19），在许多瓦楞成型机中，两个设备有许多相同部件。从本质上讲，最佳的运行条件也是相同的；最大的不同

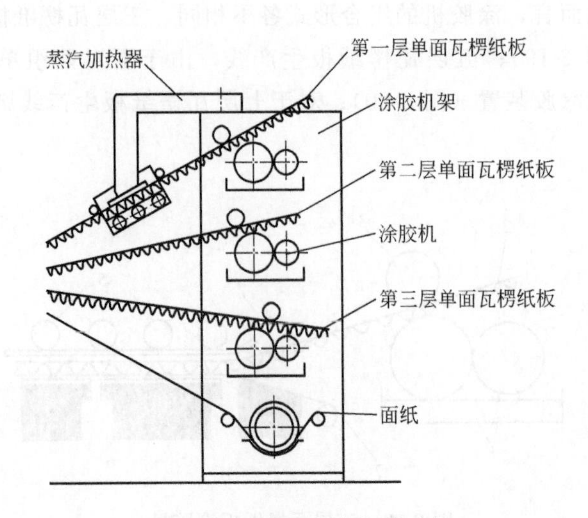

图 2-21　七层瓦楞纸板涂胶机

之处是传统单面机是在涂胶辊和压纸辊之间的上胶涂布的压力区。用单面机，瓦楞辊可以很好地支撑瓦楞，类似于涂胶机的压纸辊，但涂胶机不提供相应的支撑。太大的压力可能压溃瓦楞楞峰，由于一定程度上强度取决于纸板厚度，这就会对瓦楞纸板的强度性能有负面影响。轻微的压力能确保整个纸幅均匀地涂胶。最复杂的条件出现在：当我们用传统的单面机在涂胶装置上试图生产高、低两种不同瓦楞的单面瓦楞纸板时，在适当的压力下，每组第二个胶缝都是比较弱的，需要用较高的压力去补偿，但这样会使一些瓦楞变形和破裂，并使胶缝易受破坏。

涂胶机中最关键的是上胶辊，既要保证其有足够的刚度，又要保证能以一定的速度回转而不让胶槽内的黏合剂飞溅出来，因此上胶辊直径一般较大，而且在辊面上密布着非常小的存胶凹坑。为防止磨损和腐蚀，辊面不仅要进行热处理，还要镀铬。另外对上胶辊辊面的圆柱度、径向跳动等也有严格的要求。只有这样，才能生产出平直光滑的纸板，并且耗胶量最小。

涂胶辊与下瓦楞辊之间的距离随楞型不同而定，一般 A 楞为 0.7～0.8mm，B 楞 0.5mm。

下瓦楞辊与涂胶辊辊面圆周线速度不能相同，否则瓦楞峰面上的涂层接触成线形，并且胶料仅附在瓦楞峰部的一侧，影响粘接质量。因此涂胶辊与瓦楞辊的线速度比一般控制在 90：100 的范围内。

胶槽是储存黏合剂的容器，由于高温瓦楞辊热辐射作用，使胶槽内黏合剂温度上升，水分蒸发，改变黏合剂的组成，甚至产生凝胶化或球团，导致涂胶不匀或产生次品。防止的方法是在胶槽上方加防热挡板，必要时设置冷却系统。目前普遍采用溢流方式缩短胶料在槽中的停留时间。

以前的压纸辊是自由地压在纸幅上，辊子的浮动随压力的变化而自由运动，且有停靠位置。最近压纸辊正朝着可调控但压区不变的方向发展，这些轻型设置可使瓦楞纸板质量更加均匀。

2. 涂胶温度

涂胶机后，单面瓦楞纸板与预热的面纸一起进入双面机，面纸的加热会影响纸板的水分和平整度。当在单面机和涂胶机上生产轻量纸板时，加热面纸的目的是驱使水分转移到胶缝。箱纸板的加热发生在双面机压区前，以保证快速结合。加热过程通过以下方式完成：加热弯曲的进汽表面，或改变单面瓦楞纸幅与箱纸板到双面机的接触点。这样的结构可使第一蒸汽箱附带地预热箱纸板。预热器必须随着纸幅旋转，纸幅两边的张力必须相同。单面瓦楞纸幅应该从箱纸板侧面加热，胶的黏度可以高于单面机，但是必须有足够的流动性。固含量取决于淀粉种类，有的可高达30%，以使胶凝胶点大于48℃。

温度可以从维护端、中间部和传动部测量。一般来说，纸张温度超过100℃就是干纸幅，因此水分的唯一来源就是胶中的水分。在压辊前，箱纸板的温度在95～99℃，在瓦楞压区前，半化学浆瓦楞原纸的温度应是80～90℃，这种温度能以最少的胶料消耗保证最好的涂胶效果。此外，提高温度可增加淀粉的糊化效果。

经过瓦楞辊压区后，瓦楞的温度应是80～90℃，其温度可以由装有导纸板的传统单面机和真空单面机测量。从箱纸板面测量的单面瓦楞纸幅的温度大约是100℃。通常，瓦楞原纸的温度应比箱纸板低20～30℃，双层里纸的温度应随着预热器上升到90～95℃，纸幅在与单面瓦楞纸板接触之前应轻微收缩，以避免起泡和皱缩。从双面里纸和热平板部分之间的箱纸板一面测量时，双面里纸和单面瓦楞纸板的最高温度应是99℃。单面瓦楞纸板瓦楞一侧的温度应为70～75℃，这取决于胶的凝胶点。

通过热平板段后，瓦楞纸板两面最大温差为15～20℃。如果温差太大，就会有翘曲的危险。从双面里纸一侧测量时，瓦楞纸板的温度应是100℃，而从单面面纸一侧测量时，则低15～20℃。

采用淀粉胶对涂胶量为4～8g/m^{2}的单面机可以完全满足要求，双面机达到4～8g/m^{2}的涂胶量取决于使用的原料和温度。高温可导致胶料消耗量大，在胶辊上胶膜的厚度通常是100～250μm，用湿强胶时消耗更大。

近年来，使用无导纸板单面机技术可使瓦楞成型机运行速度能达到300m/min或更快，然而，实际生产速度通常不到这个水平，因为涂胶过程是一个瓶颈。以前运行速度受瓦楞成型的限制，但当使用厚的箱纸板和生产多楞的瓦楞纸板时，涂胶会更加制约运行速度。双面机的关键部分是双层瓦楞纸板芯纸的结合。许多因素影响结合强度，如瓦楞原纸的性能、设备操作参数、设备各部件的温度以及胶的质量等。

在单面机和双面机上，黏结过程的第一阶段是把胶转移到瓦楞的楞峰。影响这一操作的重要因素是合适的胶量和胶料在设备横向的均匀分布。胶料过多，则需要更长的时间才能达到凝胶温度，从而消耗更多的能量，而且设备的速度必须降低。过多的胶料也会损害纸板的质量，引起皱缩和卷曲等缺陷。胶料不足，渗透过快，或者胶中的水分蒸发太快，淀粉不能完全凝胶，导致黏结处出现破损现象。

涂胶过程和凝胶点对单面机和双面机是不同的。对单面机，涂胶后在0.03s内箱纸板紧紧地压在瓦楞的楞峰，胶料此时仍是流动的，且在挤压瓦楞的两侧面时，只有一小层胶留在楞峰。这一薄层胶的水分含量很小，在纸吸收剩余胶时，部分水分迅速蒸发，该薄层胶的温度会立刻上升到凝胶点，部分凝胶的淀粉将箱纸板和瓦楞黏结在一起，湿结合和暂时结合的强度都很低。但在厚胶层中完全凝胶并固化，直至该强度能够使瓦楞纸板侧面的多层纸幅粘到一起，最终的结合强度主要取决于厚胶层。对双面机，涂胶和纸幅互相之间挤压的时间是单面机的10倍，黏合的最后阶段，胶的黏度已经上升，而纸的压力较小，这使得胶层会以均匀的厚度保留在瓦楞的楞峰。温度上升时，胶中充足的水分能促进完全凝胶。纸幅被挤压到一起后，需注意不能发生位移，以使胶层不会扩散到较大的区域，否则凝胶不完全，导致结合力不牢固。当各纸幅间有速差时，纸幅的位移会经常出现。

对于双瓦楞纸板，其强度的重要来源是芯纸层的结合力。来自纸幅的热量必须到达该区域，一些热量必须从加热平板获得，这意味着热量必须一直通过较低的瓦楞。为了达到凝胶温度，需要较长的结合时间，且胶必须有充足的水分留着。否则，高吸收性的胶料和多孔性的纸张会导致不完全凝胶的过度吸收。除了这种良好的留着性能，胶料还应有50～55℃的低凝胶温度。

为了使瓦楞获得较好的结合力，结合处的黏合剂必须被加热到合适的温度，以使其有适当的水分含量确保淀粉充分凝结。黏合剂也必须适当地润湿结合的表面，并充分渗进纸幅表面，但不能太深。若要同时满足这些要求，必须找到辊速与设备温度之间的合适比率，水分含量、纸张表面的多孔性和吸水性必须平衡，胶的黏度和凝胶温度应该适合于操作条件。

二、多重预热器

单面瓦楞纸板在天桥上运行时间较长，在散发水分过程中，纸幅温度不断下降，如不进行预热，不仅影响双面机系统的工作速度，也会影响粘接效果。多重预热器的工作原理与单面机预热器一样，根据瓦楞纸板的层数将若干个加热缸垂直排列在机架上，分别加热各层纸板。三层瓦楞纸板是用二重预热器，五层瓦楞纸板采用三重预热器（图 2-22），七层采用四重预热器。由图 2-22 可见，所谓双重、三重实际上是预热器简单的叠加。当然，由于层数不同，辊速也不同，所需的热量也不同，因此预热器的直径可能会有变化。

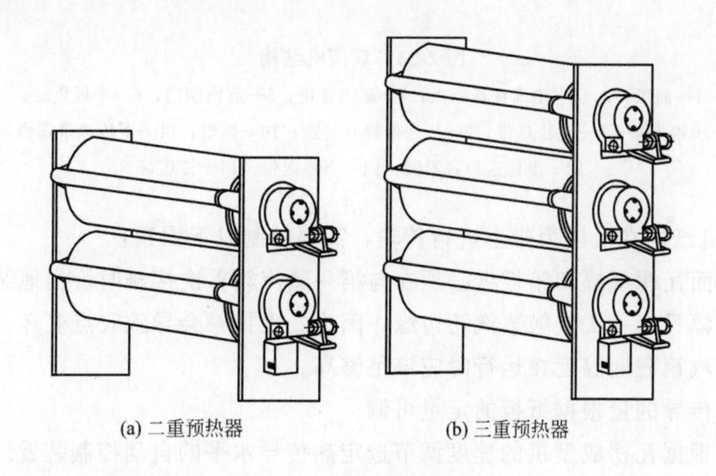

(a) 二重预热器　　(b) 三重预热器

图 2-22　多重预热器

三、双面机

双面机位于涂胶机之后，主要作用是把由天桥送来并经过预热和上胶的单面瓦楞纸板和面纸黏合在一起，在一定的压力、温度作用下裱合成三层、五层或七层瓦楞纸板。图 2-23 所示为双面机结构，主要由加热部和冷却部组成。加热部是为了使单面瓦楞楞峰上的黏合剂熟化，特别是为了使黏合剂中所含的水分蒸发而形成平直坚挺的纸板。加热部有一排供给热量的加热板，在加热板上有一条移动的传送带，传送带上压有一排导辊，以便使面纸牢固地粘接到单面瓦楞纸板的楞峰上；冷却部的作用是为了使在加热区段加热增湿了的瓦楞纸板不至于发生翘曲，让瓦楞纸板夹在上下传送带和压辊之间，自然冷却、蒸发水分，从而提高纸板的强度，减少变形。

双面机的配置一般分两种情况，中速瓦楞纸板生产线（速度在 200m/min 以下），宜采用经济高效的碎辊式结构双面机；高速瓦楞纸板生产线（速度 200m/min 以上），一般采用热效率较高的压板式结构双面机，且在加热板处装有温度显示装置。

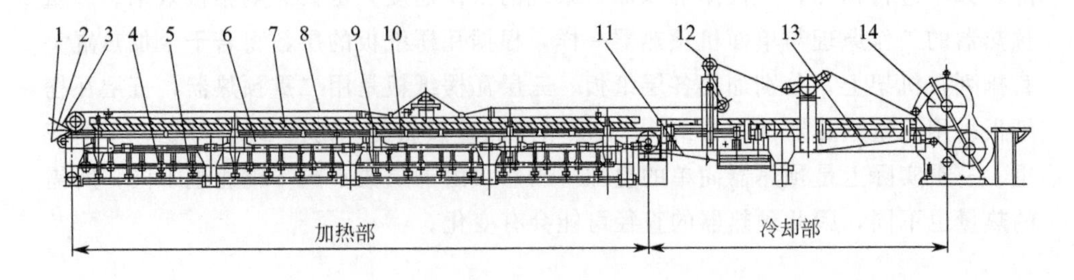

图 2-23　双面机结构

1—面纸；2，3—单面瓦楞纸板；4—蒸汽管道；5—蒸汽阀门；6—平板烘缸；7—压辊支架；8—上传送带；9—传送带提升装置；10—压辊；11—下传送带张紧器；12—上传送带张紧器；13—下传送带；14—传送带

双面机纸幅在上压力带上进行传输，需要控制以下因素：

① 单面瓦楞纸幅和箱板纸必须在与第一蒸汽箱首次接触时恰当地结合。

② 纸幅只能一次接触蒸汽箱边缘，因为二次接触会导致胶点变坏。

③ 蒸汽箱表面温度在运行时应该足够高。

④ 热传导的量根据纸板的定量可调。

⑤ 可根据瓦楞成型机的速度调节选定热传导水平的自动控制装置。

⑥ 热传导应全幅一致，蒸汽箱应是直的，传送带应保持清洁且厚度一致。

⑦ 如果不用全部的热量加热，前部蒸汽箱的温度应高于后部。前 5 个蒸汽箱比较关键，第三个平板提供最多的能量。

⑧ 纸板在瓦楞纸中的任何部分都不能脱离夹具。

1. 加热板

加热板的作用是使生胶糊化，确保纸板的粘接强度，同时烘干纸板。加热板是中空容器，规格为宽 500～600mm，高 200mm，通入蒸汽加热板面。使用时根据辊速、纸板层数等因素使用数量不同的、排列成一定长度的加热板。表 2-2 列出瓦楞纸板机的公称能力与加热部、冷却部长度之间的关系。可见加热部的长度要根据瓦楞纸板机的工作能力、有无预热器，及其他附属设备的情况来决定。

表 2-2　瓦楞纸板机的公称能力与加热部、冷却部长度之间的关系

瓦楞纸板机的公称能力/(m/min)	加热部长度/m	冷却部长度/m	预热器
90～100	10.5	9.65	无
105～120	10.5	9.65	有
130～135	10.5	12.0	有

续表

瓦楞纸板机的公称能力/(m/min)	加热部长度/m	冷却部长度/m	预热器
150	13.8	14.2	有
200(还配有大直径的传动辊)	14.0	14.2	有

加热板的蒸汽配管宜选择3～5段，每段可根据瓦楞纸板的种类和运行速度独立调整加热温度。加热板的温度适宜既可以保证黏合剂快速糊化、固化，又可以保证粘接成型的瓦楞纸板平整、挺拔。反之，将会造成粘接不良，使纸板翘曲、变脆，降低产品合格率。一般为保证粘接，第一段加热板的温度最高为(195±1)℃，蒸汽压力为1.0～1.2MPa；第二段次之，温度为(190±1)℃，蒸汽压力为0.7MPa；第三段温度为(185±1)℃，蒸汽压力为0.4～0.5MPa，同时要保证加热板面各处温度一致。

2. 传送带

瓦楞纸板通过双面机上的传送带和加热板之间的压力贴合而成。传送带有上、下两条，上传送带连通加热部和冷却部，下传送带仅位于冷却部。在加热部上，传送带将纸板贴压在加热板上，加快纸板干燥；在冷却部上，下传送带夹持瓦楞纸板无滑移地送向裁切部。

根据使用要求，传送带应具备以下特点：一定的柔软性，能和纸板紧密贴合；一定的吸湿性、透气性，能吸收纸板蒸发出的水分并向外散发；较少的延伸率、较高的抗张强度，因为传送带工作时要承受较大的张力，容易引起伸长。传送带的张力均衡而且适度，可以防止传送带跑偏，尤其可以防止打滑，否则会导致“搓衣板”、衬纸起皱，降低纸板的表面质量，并且影响下一步横切的精度。

传送带的张力应自动控制，使其在整个运行期张力自动恒定，而与传送带张紧与收缩引起的长度变化无关，确保横切机切断长度误差要求。

3. 热板部触压板

传统的双面机采用重力压辊滚动的方式与加热板接触完成对瓦楞纸板的施压与加热烘干。在这个过程中，重力压辊和加热板之间会因为长期摩擦造成磨损或者热胀冷缩，不能与加热板保持一致，导致瓦楞纸板整体受力或受热不均匀、烘干速度不一致，造成纸中水分含量不均匀，以至瓦楞纸板在烘干过程中容易出现中部脱胶起泡、纸板翘曲变形等的情况。另外，由于重力压辊与加热板是线接触，接触面积小，存在传热效率低、加热速度慢等缺陷。当瓦楞纸板经过热板烘干时会带走热板上大量的热量，使热板底和面的温度不一致。如果热板面的温度较低，热板就会下凹变形，尤其是第一至第五块热板变化最明显。速度越快，带走的热量越多，热板的变形也就越大。当热板下凹变形时，其中间部位就触压不到瓦楞纸板，而两边又将瓦楞纸板压得过重，造成瓦楞纸板中间部位脱胶、起泡、贴合不良等问题，当然两边的楞形也会被压扁。另外，传统重力压辊的传热效率低，如果速度过快就会因热量不足导致瓦楞纸板脱胶、贴合不良。由于重力压辊是分散安装的，压力不易调整，很容易把瓦楞纸板的楞形压扁，并出现倒楞现象，生产出的瓦楞纸板也会弯曲、不平整，尤其是单瓦楞与双瓦楞纸板变换时更不易调整。

热板部触压板借助了热压板进行传热和烘干，工作原理与触压棒十分相似，主要由弹力结构和耐磨板组成。弹力结构的弹性性能调整以适应加热板变形或凹凸不平的变化，保证瓦楞纸板均匀受热，即使使用质量较差的瓦楞芯纸，也不会把楞压扁，并且受热效率高，糊化速度快，瓦楞纸板不脱胶、不起泡、贴合良好，生产出的瓦楞纸板既平整又坚硬，抗压强度好。另外，热压板能增加瓦楞纸板与加热板的接触面积，提高传热效率和加热速度，加快瓦楞纸板的烘干进程。

热板部触压板的数量要与高速瓦楞纸板生产线匹配，否则会造成涂胶后的瓦楞纸板烘干不充分、黏合剂糊化不良等问题，速度过快还会造成大量瓦楞纸板的脱胶或过软，触压板的数量通常不能少于 18 块。热压板与棉织带是相对滑动的，由于热压板与棉织带的摩擦作用，热压板和棉织带会加快损耗，由于绵织带磨损是背面，对纸板的黏合没有影响。

由于气袋式压板系统比弹簧钢板系统更能符合热板的变形弧度，它能紧压棉带，使纸板紧贴热板以获取最佳传热效果，因此纸板贴合成型及烘干平整所需的长度可以缩短，提高了辊速，特别是在生产高克重三层纸板、五层、七层纸板，以及三层微细瓦楞（如 E 楞、F 楞）纸板时效果更为显著。

4. 加热部的加热与温度控制

瓦楞纸板的粘接强度、翘曲变形等大都受加热部工艺的影响。在纸板生产过程中，根据纸质等级、定量、厚度等因素，一般通过调整蒸汽压力来改变加热板的热量，以满足不同纸板的供热要求。但在生产中，生产线的运行速度经常会发生变化，常规的双面机加热板是固定的不能调整，当停机或减慢机速时，由于热惯性的作用，加热板的温度不会马上发生变化，此时纸板较长时间处于加热加压状态，过多的热量造成纸板过度受热，致使瓦楞纸板出现过量横向收缩、翘曲变形、发脆和搓板状，甚至在压线处破裂，最终导致成型后的瓦楞纸板压缩强度降低、印刷套印不准确、纸箱破裂等缺陷。

基于以上原因，当生产线停机或减速时，必须有快速调节温度的装置，来使纸板的温度保持恒定。目前主要采用改变压辊数目、升降加热板及气垫隔离法。气垫隔离法是在需要降低温度时，经热板间隙处送入压缩空气，使之在热板上面形成气垫，分离开热板与纸板，调整气垫层厚度即可达到改变传热量的目的；对于无压辊式双面机，控制尤为方便。

5. 冷却部

经加热黏合而成的瓦楞纸板在受热状态下较软且容易变形，故在冷却段将其夹持在上下传送带中间，使其在一定的夹持力作用下逐渐冷却和定形，在进一步蒸发水分的过程中变得平直且坚挺而送入下一个工序，使纸板在纵横裁切中不但平直，而且有较好的尺寸精度和稳定性。

与加热部一样，纸板质量对冷却部的长度也有一定要求，见表2-2。如果冷却部较短，将导致纸板翘曲，影响平整度。对幅宽较大、辊速较快的瓦楞纸板生产线，冷却部长度应适当加长。冷却部的上下传送带应设有张紧装置，便于调整其位置。

6. 双面机新技术

(1) 无级碎辊式双面机热板部　采用碎辊结构，压载量无级调节，标尺显示，有效克服传统热板的下凹导致的热板表面传热效率差的缺点，避免了传统重力辊不平衡对纸板造成的冲击，从而提高了生产速度和质量。非常适合生产低克重纸板。与热触板式结构相比，避免了传送带与热板间的滑动摩擦，减少了传送带的磨损。

(2) 多段蒸汽喷淋系统　解决纸板翘曲问题，特别是“S”形纸板要安装多段喷淋系统。由电脑控制跟随生产辊速的快与慢，把适当的雾状水分喷射出来。

(3) 转矩差动平衡装置　为克服上下传送带间线速度的差异，使上下传送带的拽引力均匀分布，从而保证纸板更完美地黏合。

第四节　裁切系统

瓦楞纸板定位、定长分割、裁切贯穿瓦楞纸板的整个生产过程。裁切系统中，按照生产需要经过电脑纵切机将瓦楞纸板裁切成一定的规格宽度，并在纵切时完成瓦楞纸板纵向弯曲要求的压痕；再经横切机横向切断纸板，成为单张瓦楞纸板，最后由堆叠机储存。裁切系统主要由电脑纵切机、电脑横切机和堆码(叠)机组成。

一、电脑纵切机

1. 电脑纵切机的结构

电脑纵切机采用薄刀结构，气动升降，传动系统采用皮带、齿形带及无键连接，运转平稳，噪声低。整机可左右移动以适应纸板的偏移，并根据键盘输入尺寸自动调整各刀轮的位置，根据需要可以采用五刀八线或四刀六线等结构，调整机构采用丝杠螺母副，压痕深度采用电动调整。一般国产电脑纵切机可在 10s 内完成排刀动作，进口设备排刀时间可短至 3s。

目前，电脑纵切机作为高档瓦楞纸板生产线干部的重要组成设备，采用全电脑双工位控制模式，实现了快速换单和瞬间切换，在完成对纸板的准确压线和高质量分切的同时，有效地控制了换单时的浪费，提高了整线的生产效益。电脑纵切机配置了高品质的工业计算机和高性能的可编程控制器，构成上、下位机计算机控制系统；采用高质量的直线导轨导向、高精度的滚珠丝杠传动副；可存储 999 组订单，实现不停机自动换单或手动换单；自动跟踪生产线速度，确保与生产线同步；并与生产管理系统连线，具有兼容性强，达到瞬间切换，快速响应，较好地控制了换单浪费（只浪费 30cm）。该机采用薄型钨钢合金刀，刀锋锋利，使用寿命长，结构轻巧，维护简便；压线型式可以电动转换，压线深浅可由电脑自动控制。

瓦楞纸板生产定位分割控制最有代表性的单元设备应是“纵切机”，如“5 刀 8 线纵切机”如果采用丝杆式传动结构，将需要 13 套定位装置；如果采用齿条滑轨式传动结构，将需要 21 套或 26 套定位装置。传统方案是采用带编码器反馈及抱闸装置的普通交流电机作定位装置，用 PLC 实现定位控制算法，用变频器实现高低速定位移动，软硬件复杂，定位速度慢，定位稳定性和重复性差，排单时间长，自动化程度低。近几年多采用交流伺服系统作定位装置，定位精度、快速性、自动化程度等显著提高，基于多点通信控制，系统软硬件复杂性也有所降低，但成本却大幅度上升；也有部分厂商采用步进电机作为定位设备，但其控制方式仍同传统的以普通电机作定位装置的方案，系统软硬件复杂性未降反升，定位稳定性和重复性仍有较大的改善空间。由于纵切机定位装置数量多，只有基于多点寻址通信，才能有效降低系统软硬件复杂性，提高系统的可靠性。

2. 电脑纵切机的基本配置

单瓦楞纸板生产线的纵切一般在同一空间轴配置 {2、3、4、5、6} 套定位刀，实现 {1、2、3、4、5} 剖纵向分割；多层纸板生产线的纵切机一般在同一空间轴配置 {4、5、6、7} 套定位刀，在另一空间轴配置 {6、8、10、12} 套定位线，可分别实现“4刀6线、5刀8线、6刀10线、7刀12线”纵向分割和压痕。实际生产过程中用户往往提供的是纸板尺寸，纵切机电脑控制系统的任务就是要由此尺寸计算出各定位装置的目标位置，并以通信方式下传到各定位装置，然后触发启动自动化排刀排线过程。由于受机械尺寸限制，并非所有纸板尺寸都能准确定位执行，非法的纸板尺寸在订单编辑过程中就必须能被识别，以避免下传；自动化排刀排线过程应有序进行，避免定位装置相互碰撞而损伤设备，某些定位精度需求较高的设备还应能实现高低速单向定位，以避免齿轮间隙和高速位置冲突对定位精度的影响；无论是机械设备尺寸，还是纸板产品尺寸，都需要有实际尺寸标定功能，标定过程自动化程度的高低直接影响着生产效率；此外，定位装置的起落、刀或压线轮的旋转、修磨、润滑控制也是瓦楞纸板纵切机的基本控制要求，这些过程都需由纵切机电脑控制系统程序完成，工作量和复杂性较大。

单瓦楞纸板纵向裁切可直接选用{2定位单维轴……6定位单维轴}电脑控制系统标准化产品；瓦楞纸板纵切机一般可由2套～5套{4定位单维轴……8定位单维轴}电脑控制系统标准化产品简单拼装。对于独立丝杆传动式机械传动结构的纵切机，可有如下组合：4刀6线（非0压线），由1套“4定位单维轴”及1套“6定位单维轴”构成；5刀8线（非0压线），由1套“5定位单维轴”及1套“8定位单维轴”构成；5刀8线（0压线），由1套“5定位单维轴”及2套“4定位单维轴”构成；6刀10线（0压线），由1套“6定位单维轴”及2套“5定位单维轴”构成；7刀12线（0压线），由1套“7定位单维轴”及2套“6定位单维轴”构成。

对于齿条滑轨式机械传动结构的纵切机（仅考虑切刀与刀梳匹配情况），可有如下组合：4刀6线（非0压线），由1套“4定位单维轴”及2套“6定位单维轴”构成；5刀8线（非0压线），由1套“5定位单维轴”及2套“8定位单维轴”构成；5刀8线（0压线），由1套“5定位单维轴”及4套“4定位单维轴”构成；6刀10线（0压线），由1套“6定位单维轴”及4套“5定位单维轴”构成；7刀12线（0压线），由1套“7定位单维轴”及4套“6定位单维轴”构成。

注意：{6刀10线、7刀12线}纵切机一般配置为“0压线”结构。

多定位单维轴电脑控制系统标准配置（以“5定位单维轴”为例）系统由人机界面（HMI）、可编程逻辑控制器（PLC）、5套步进伺服定位装置及其限位开关、主轴驱动变频器、起落电磁阀等组成。PLC主要完成自动化排刀排线过程及其他辅机控制；用户可通过HMI配置修改设备尺寸数据、订单数据并监控设备，同时HMI还提供了与第三方控制系统交换数据的标准协议接口。对于2000mm幅宽齿条滑轨传动结构，定位精度≤0.1mm，排单时间≤3s。

二、横切机

横切机是瓦楞纸板生产线中的重要设备，其性能势必影响成型纸板的质量、生产效率、材料损耗以及制造成本等，同时横切机也是瓦楞纸板生产线中控制过程比较复杂的一部分。保证成型纸板质量的关键在于提高横切机控制系统的综合性能，在某种程度上，瓦楞纸板生产线性能提高的关键在于横切机控制技术的发展和应用。目前，横切机大多采用机械刀或者电脑刀。采用机械刀的横切机，通过调整变速箱传动比来改变瓦楞纸板的长度。受齿轮间隙、机械磨损等的影响，纸板剪切不仅效率低而且误差较大。采用电脑刀的横切机大多采用普通变频器或单片机进行控制，虽然效率较高，但是仍有一些缺陷。近年来，智能控制算法在横切机控制系统中的应用越来越广泛，如神经网络控制、滑模控制、模糊控制等。其中模糊控制能够提高系统动态跟随性能，可用于横切过程的精确控制，甚至可以实现不同速度、不同厚度瓦楞纸板的定长切割，具有良好的静态、动态性能。

1. 横切机基本结构和工作过程

横切机是瓦楞纸板生产线末端用于对连续产出的纸板实施定长动态剪切的设备，为了提高设备加工效率，要求被剪切的纸板保持连续进给，整个剪切过程是一个动态过程，俗称“飞剪”。

横切机工作过程如图2-24所示，整个系统由上下刀辊、切刀、测速轮、驱动电机、减速器、控制系统等组成。瓦线上的纸板进给速度从每分钟几十米到几百米（该速度由生产线调速系统控制）。

系统工作时，瓦楞纸在横切机上下刀辊之间的间隙穿过，刀辊电机根据所设定的剪切长度、瓦楞纸的进给速度、指定刀辊的运动规律，驱动刀辊运动，对进给瓦楞纸板实施定长切割，即对快速产出的纸板进行“飞剪”。

工作过程：通过人机界面设定瓦楞纸的剪切长度、进给速度，进而确定刀辊电机的运动规律。如图2-25所示，剪切过程中必须满足在剪切位置瓦楞纸板的进给速度 V_0 等于切刀线速度的水平分量 V_1，即速度同步。如果 $V_0<V_1$，即进给速度小于切刀线速度水平分量，容易造成纸板撕裂；如果 $V_0>V_1$，即进给速度大于切刀线速度水平分量，容易导致纸板起皱。另外，在一个剪切周期 T 内，穿过切刀的纸板长度应等于设定长度，而且误差要控制在小于±1mm范围内。为满足上述工艺要求，需要解决两个“同步”问题，即位置同

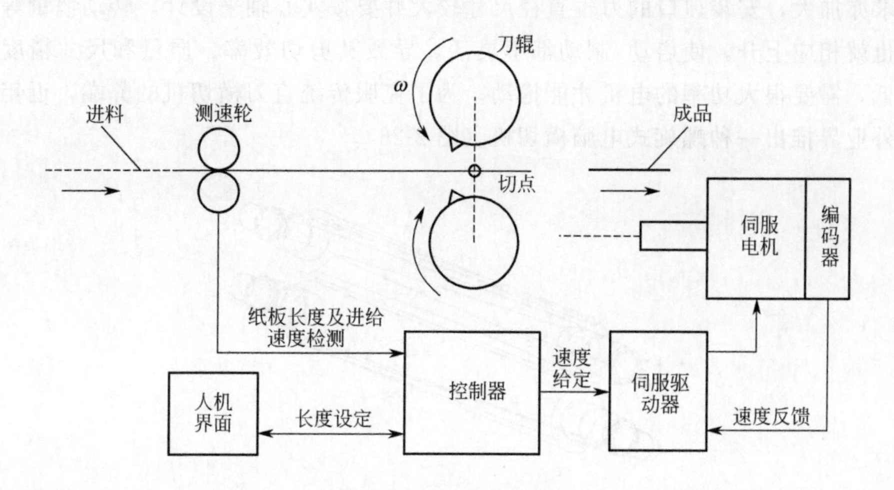

图 2-24 横切机工作过程

步、速度同步。其中位置同步可保证剪切长度的精确性，速度同步可进一步减小剪切误差，同时保证产品质量。这两个问题的关联性较强，所以控制难度比较大。

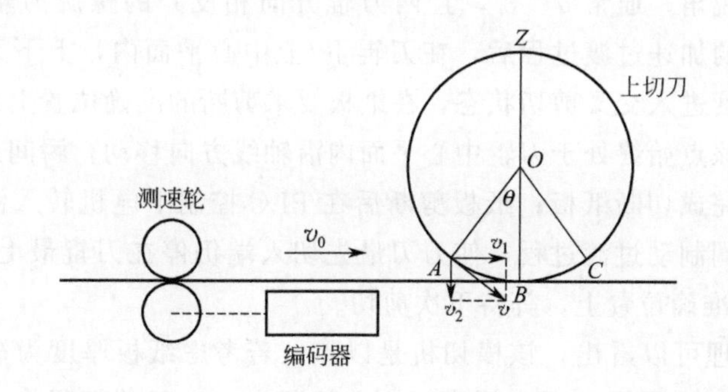

图 2-25 切刀运动轨迹

2. 螺旋式横切机的工作原理

瓦楞纸板生产速度已经达到了 300m/min，且还有加快之趋势；纸板的幅宽从最初的 1.2～1.8m，上升到现在 2.4m，甚至更宽；纸板的定量也越来越大。由于上述综合原因，剪断纸板所需要的剪切力越来越大，剪切速度要求更快。2004 年以前横切纸板多数都采用的是“直刀对切”技术，即瓦楞纸板的横切断是用一对与轴线平行直线形刀辊上的刃口同时对滚切剪完成的（直刀横切机），由于是 2 个刃口直接剪切全幅宽纸板，其剪切阻力非常大，对刀轴的强度和刚度要求亦加大，安装刃口的刀辊直径尺寸较大并要按实心轴来设计，转动惯量等参数也就相应上升，使启动/制动都不灵活，导致其剪切效率、质量和尺寸精度都较低，需要很大功率的电机才能拖动。为了克服传统直刀横切机的弊端，近年来国外业界推出一种螺旋式电脑横切机（图 2-26）。

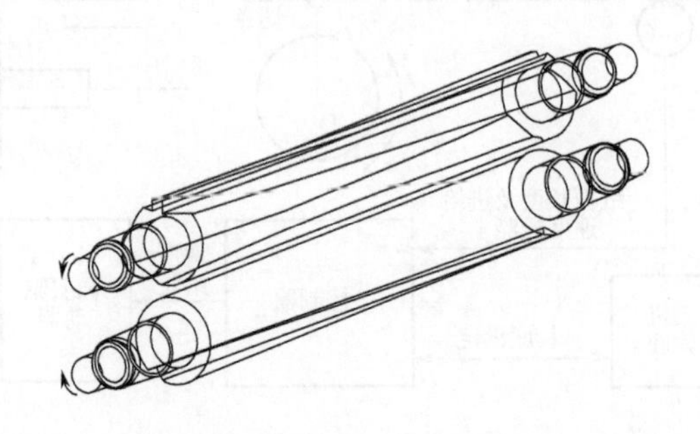

图 2-26　螺旋式电脑横切机的上/下刀辊示意图

基本思路：当生产的瓦楞纸板带在上下刀辊间穿过向前运动时，在纸板测速装置和 PLC 配合控制下，按事先输入的切断长度要求，控制机构适时启动刀辊驱动伺服电机，使一对带较小螺旋角 θ（θ 为刀辊刃口螺旋线切线方向与该点母线方向间所夹锐角，通常 $\theta<3°$，且两刀辊方向相反）的螺旋刀辊刃口逆向转动，经近半圈的加速过渡过程后，在刀辊下/上中心平面内，上下刀辊刃口以相适应的等角速度进入交叉剪切状态，在纸板要求剪断的准确位置上，构成铰合点形式的剪刀，该点始终处于刀辊中心平面内沿轴线方向移动，瞬间从纸板一端剪切到另一端，完成切断纸板；纸板剪断后在 PLC 控制下电机转入制动状态，两刀辊亦经近半圈制动过渡过程，使刀刃最先切入端仍停在刀辊最上/下端（图 2-26 所处状态）准确位置上，等待下次剪切。

从基本原理可以看出，该横切机是以点（若考虑纸板厚度为短剪切线）方式剪断纸板的，毫无疑问可大幅度减少剪切阻力。由于剪切阻力小，则刀辊的尺寸可以变小并制成中空结构，转动惯量大幅度下降，所需的启动和制动力矩就可大幅下降。实际中，对比同幅宽直刃横切机，其电机所需功率可减少 40%左右，更适合于大幅宽的纸板剪切。在螺旋剪切方式下，由于是在纸板运动的情况下动态剪切，所以必须让剪切点速度在纸板运动方向上的速度分量恰好和纸板前进运动速度大小相等、方向相反，这样就可以在纸板上剪切出一条垂直于纸板边的剪口切剪合成速度线，见图 2-25。实现方式就是安装横切机时，使其刀辊轴线方向预先与纸板边夹（$90°-\theta$）角，其转角方向可按照合成速度考虑决定。

工作过程中，因上下刀辊需不断重复“静止—加速—等速剪切—减速—静止”工作循环，上下刀辊除须保持逆向同步转动外，不论加速还是制动减速，反应时间应严格保证同步，稍有误差将带来剪切长度、切口质量的瑕疵或两刃口间的干涉碰撞，故必须保证 2 根刀辊正/反向无任何间隙误差。

3. 横切机的控制系统

（1）控制原理　在一个剪切周期 T 内，切刀运动轨迹可分为补偿区和同步区。如图 2-25 所示，CZA 表示补偿区，ABC 表示同步区。当切刀位于同步区时，切刀线速度 v 的水平分量 v_1 须等于瓦楞纸板进给速度 v_0。如此，当刀刃到达剪切点 B 时，切刀线速度 v 和瓦楞纸板进给速度 v_0 完全相同，切断纸板。切刀从 C 点退出同步区，进入补偿区。切刀在补偿区进行速度、时间调整。θ 表示同步角，其大小应根据瓦楞纸板的厚度确定。

在一个剪切周期内，切刀的运动规律根据切刀旋转周长 P 与设定剪切长度 L 之间的关系不同而不同。具体可分为以下五种情况：

① $P>L$，即旋转周长大于剪切长度，此时切刀退出同步区后，先加速运动到零点后再减速到同步速度再次进入同步区，对应切刀运动规律为同步运动—加速—减速—同步运动。

② $P=L$，即旋转周长等于剪切长度。在整个周期内，切刀做匀速运动且速度与瓦楞纸板进给速度相同。

③ $P<L<2P$，即剪切长度大于旋转周长但小于旋转周长 2 倍。在同步区以外，切刀先减速运动到零点，随后加速运动，加速到同步速度再次进入同步区，对应切刀运动规律为同步运动—减速—加速—同步运动。

④ $L=2P$，即剪切长度等于旋转周长的 2 倍，切刀运动到零点时速度刚好为零，随后又立即加速到同步速度再次进入同步区，对应切刀运动规律为同步运动—减速—零—加速—同步运动。

⑤ $L>2P$，即剪切长度大于旋转周长的 2 倍，切刀退出同步区后，减速运动到零点，到达零点时速度降到 0，在零点静止一段时间后，再加速到同步速度进入同步区，对应切刀运动规律为同步运动—减速—停止—加速—同步运动。

（2）模糊控制　在实际工作过程中，受振动、摩擦等因素的影响，速度同步效果不够理想。为了减小横切机的速度跟踪误差，可采用一种模糊控制器，通过速度控制提高其剪切精度（图 2-27）。

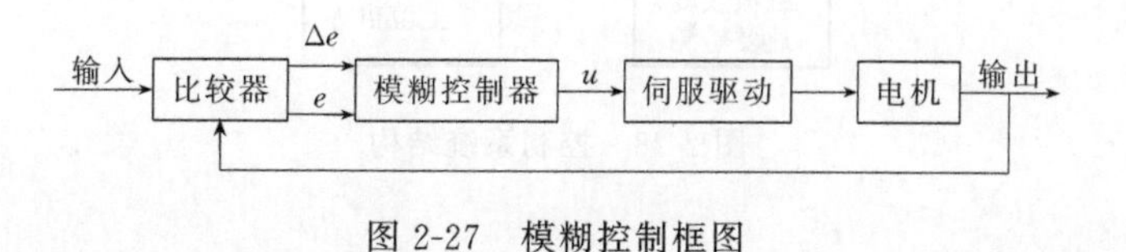

图 2-27　模糊控制框图

以纸板进给速度为参考值，切刀同步区速度与纸板进给速度保持一致，在补偿区进行速度调整。速度调整就是伺服电机脉冲频率的改变。在实际工作过程中，通过编码器实时检测反馈脉冲个数，并计算出电机实际旋转速度，与理论值比较得到速度偏差。该速度偏差作为模糊控制器的输入量，通过模糊处理得到控制变量，即输出量。根据控制变量，调整脉冲频率 $f'=k_u f$，其中 f 为调整前脉冲频率；f'为调整后脉冲频率；k_u 表示与控制量有关的比例系数，进而实现速度的跟踪控制。由图 2-27 可知：根据速度参考值和实际速度反馈值，由比较器计算速度偏差 e；通过求导可得误差变化率 Δe；利用模糊控制器实现 e 和 Δe 的模糊化、模糊推理、解模糊化等处理，同时得到控制量 u；根据控制量 u，结合伺服驱动装置实现横切电机的实时模糊控制。

(3) 控制系统　横切机控制系统主要包括 DSP 微控制器，PWM 隔离驱动电路，IPM 模块，电压、电流、速度检测电路以及保护电路等，控制系统结构见图 2-28。以 DSP 作为运动控制核心，进行长度和速度检测、位置＋电压＋电流反馈控制、驱动控制、同步跟踪等，进而实现数字控制。具体地讲，采用光电耦合器进行脉宽调制信号（PWM）和功率控制器件的隔离与控制；霍尔电流和电压传感器信号经滤波、调幅、限幅处理后传送至 DSP 的 A/D 接口；采用增量式光电编码器实现伺服电机的速度和位置检测，编码器信号经光电隔离处理后传送至 DSP 的 QEP 接口；利用测长轮测定瓦楞纸板的进给速度，经光电隔离处理后传送至 DSP 的 CAP 接口。

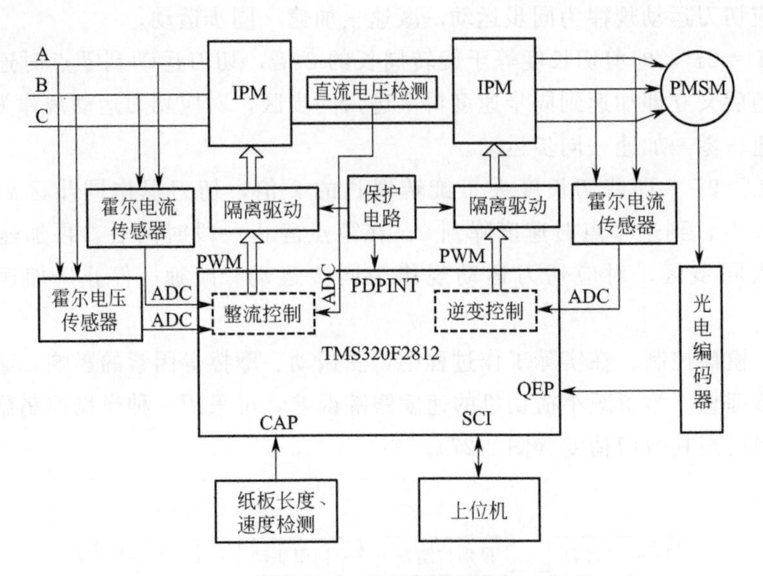

图 2-28　控制系统结构

三、堆码机

堆码机的作用是将生产加工好的瓦楞纸板按设定的要求进行快速传送和码放。堆码机由输送部分和堆积码放部分组成，输送部分主要是将电脑横切部分的瓦楞纸板顺序、平稳地输送至堆码机的堆积码放部分。在这一过程中，还要对瓦楞纸板表面进行清理，使表面没有污物，同时在输送过程中减少“飞边”现象发生，使输送带不需要停止就能够连续工作。

1. 堆码机的主要组成及工艺

堆码机系统机构由传送带、叠取托盘、工件挡板、升降接料台、推杆、气动元件等组成，如图 2-29 所示。

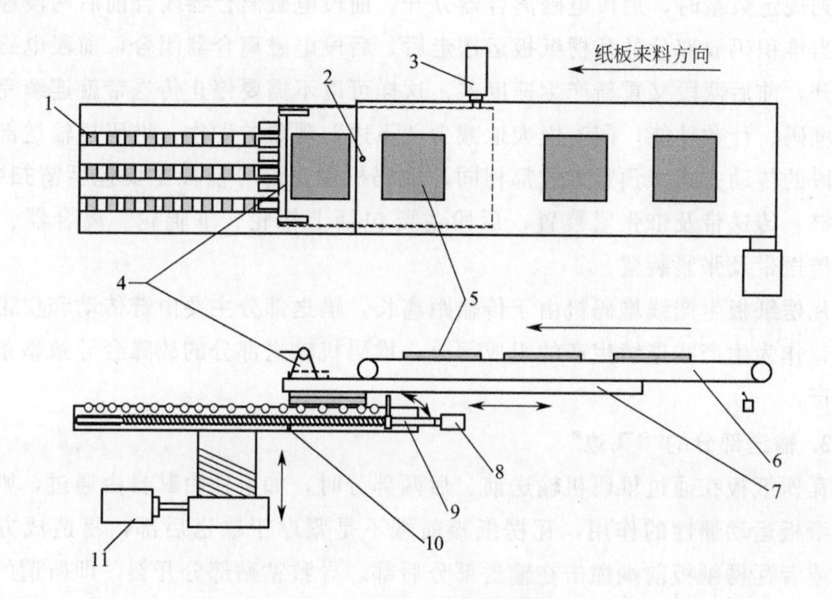

图 2-29　堆码机系统机构组成

1—滚轮；2—到料传感器；3—叠取伺服电机；4—挡板；5—纸板；6—传感器；7—托盘；8—整送伺服电机；9—推杆；10—升降接料台；11—升降伺服电机

堆码机有很多种形式，比如龙门型，吊篮型，主要核心工艺如下。

(1) 订单管理功能　订单的编辑保存、显示、自动更新待加工订单，并对用户编辑的订单保存时判断是否为合法订单，不合法不予保存并给出错误提示。

(2) 智能多段控制进纸压力　使高速横切后的纸板能够平稳进入堆码机。

(3) 多段独立传送　交流变频器和交流变频电机精确配合，构成整个设备的传输机构，每一段速度可以独立调节，并可分别自动跟踪生产线速度，按照设定比例稳定运行，使纸板平稳整齐传送。

（4）堆码　交流伺服控制器配合交流伺服电机控制精确平稳的升降，保证堆纸效果。

（5）不停机换单换垛　可以与生产管理系统联网，提高生产效率。

2. 输送部分

堆码机输送部分主要由前后两段组成，中间安装真空吸附装置以防止瓦楞纸板在通过前后两段时产生“飞边”现象。瓦楞纸板由横切机完成工作后，首先进入堆码机输送部分的清扫装置，扫掉杂质、异物，然后通过真空吸附装置进入到输送部分后段。堆码机后段由电磁离合器闭合前后两段可产生相对速度差，即前后两段的皮带线速度不同，后段速度大于前段。当堆码机堆积码放部分的瓦楞纸板达到规定数量时，后段电磁离合器分开，前段电磁离合器闭合前后两段速度相同，当堆积码放部分的瓦楞纸板运送走后，后段电磁离合器闭合，前段电磁离合器分开，前后两段又重新产生速度差，这样可以不需要停止传送带就连续完成输送、堆码、计数功能，同时极大地减少“飞边”现象的发生。堆码机输送部分前后两段的传动方式、预紧方式都相同。堆码机输送部分前段主要包括清扫装置、传送链、传送带及带张紧装置。后段主要包括上辊轮、下辊轮、离合器、传送链、传送带及张紧装置。

瓦楞纸板生产线堆码机由于传输距离长，输送部分主要由链传动和皮带传动构成，作为生产线连续生产的组成部分，堆码机输送部分的故障会导致整条线停止生产。

3. 输送部分的“飞边”

瓦楞纸板在通过堆码机输送前、后两部分时，如果任由其自由通过，则由于瓦楞纸板运动惯性的作用，瓦楞纸板前端不是紧贴于输送后部，易造成方向偏斜，或者瓦楞纸板前端撞击在输送部分后部，导致粘贴部分开裂，即所谓的“飞边”现象，如图 2-30 所示。“飞边”问题产生的主要是因为瓦楞纸板在通过输送部分前后两部分时不能紧贴在传送带上。解决方式是在瓦楞纸板堆码机输送部分的前后两段之间安装真空吸附装置，使瓦楞纸板在通过时产生向下的吸附力，这样既能保证瓦楞纸板不会产生“飞边”情况，并且能顺利通过中间部分，不会产生滞留现象。

在堆码机输送前后两部分之间安装如图 2-31 所示的真空吸附装置，利用真空气泵的抽气功能通过连接管路抽取吸盘组件上的空气，产生负压，防止“飞边”现象的产生。滤清器的功能是防止空气中的杂质进入到真空气泵中。

4. 堆码部分

瓦楞纸板生产线堆码机的堆积码放部分主要作用是将输送部分运送过来的瓦

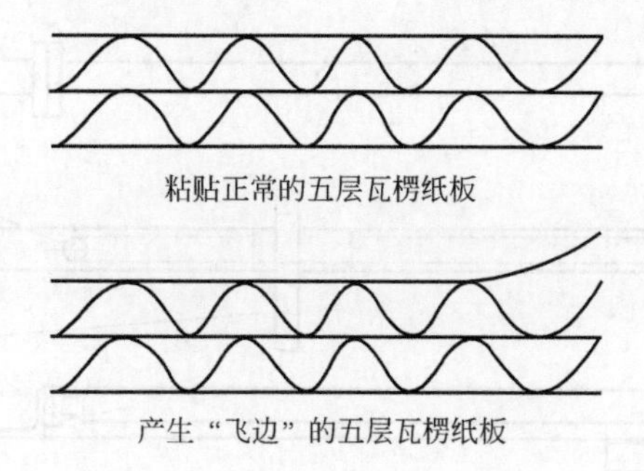

图 2-30　瓦楞纸板的“飞边”情况

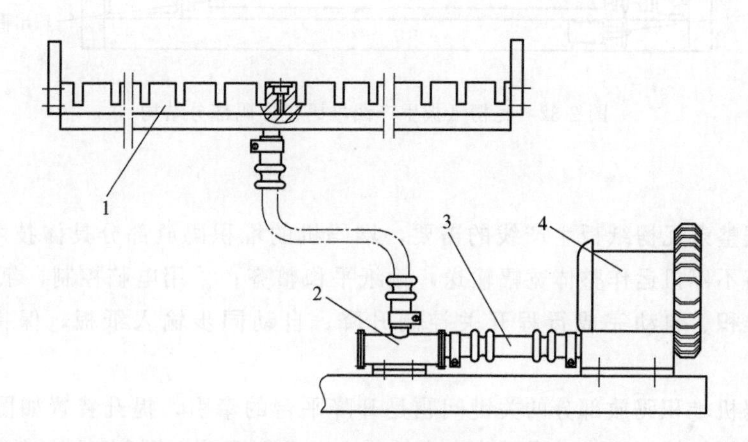

图 2-31　真空吸附装置

1—吸盘组件；2—滤清器；3—连接管路；4—真空气泵

楞纸板计数、堆积、码放，便于运输至印刷工序附近，堆码部分结构如图 2-32 所示。

瓦楞纸板从输送部分出来后落到堆码部分的升降平台上，升降平台上安装可调挡纸板，根据不同规格的瓦楞纸板，由电机拖动调整挡纸板位置。瓦楞纸板不断堆积在升降平台辊轮的同时，光电计数器记录瓦楞纸板的数量，同时升降平台缓慢降落。当升降平台的辊轮降落到与输出辊道平齐时，升降平台撞动行程开关，升降平台停止运动，堆码机输送部分停止瓦楞纸板的输送。升降平台电机 2 启动，带动辊轮滚动，输出辊道电机 3 启动，将堆积、码放好的瓦楞纸板输送到输出辊道上。当光电开关检测到瓦楞纸板输送完成后，升降平台重新提升，当上升到最高点时，撞到行程开关，停止上升，瓦楞纸板输送部分继续输送瓦楞纸板。输出辊道的电机 3 继续运转，将输出辊道的瓦楞纸板运送到已经准备好的小

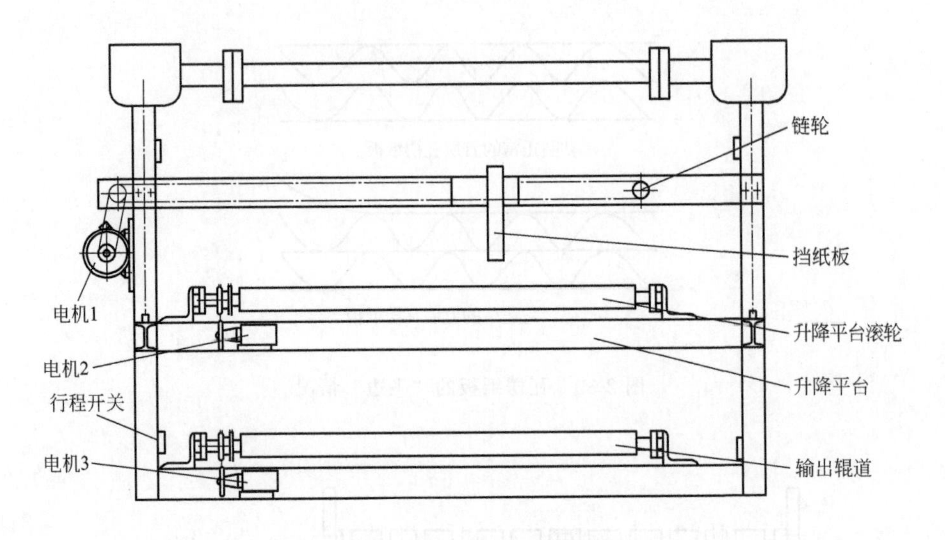

图 2-32 瓦楞纸板生产线堆码机堆码部分结构

车上。

根据整条瓦楞纸板生产线的需要，堆码机的堆积码放部分具体技术要求如下：保持不停机运作整体宽幅输送，输纸平稳整齐；采用电脑控制，纸板输送、计数、堆积、自动完成行程开关控制升降；自动同步输入纸板，保持不停机运作。

堆码机堆积码放部分的关键问题是升降平台的牵引，提升装置如图 2-33 所示。当液压缸缩短，带动滑动小车在轨道上向右侧滚动，提升双排链轮顺时针转动，同时牵引提升单排链轮逆时针转动。提升双排链轮顺时针转动和提升单排链轮逆时针转动，共同提升升降平台。反之液压缸伸长，滑动小车向左滚动则升降平台下落。堆码机堆积码放部分共有两个箱体，其中各安放一套相同的提升装置，共同牵引升降平台的四角，使升降平台水平提升或者降落。

第五节 蒸汽加热系统

瓦楞纸板生产过程中，需对生产线的单面机、预热器、双面机、涂胶机等部位进行加热。常见的加热方式有蒸汽加热、导热油加热、电加热三种。无论采用哪种形式加热，瓦楞成型温度通常控制在 160～180℃之间。若温度不足影响纸板的成型硬度，还容易出现高低楞、塌楞、黏合不良，以及纸板出现翘曲等现象。温度过高会影响原纸强度，甚至使原纸发脆、变黄，同时也容易因含水率不

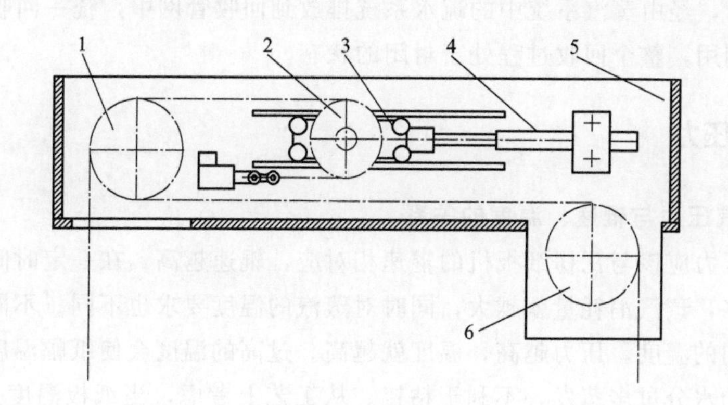

图 2-33　提升装置

1—提升双排链轮；2—滑动双排链轮；3—滑动小车；4—液压缸；5—箱体；6—提升单排链轮

均衡使纸板出现翘曲现象。

蒸汽加热是一种最常见的加热方式，具有清洁卫生、使用方便、操作安全等优点，广泛用于不同幅宽、不同辊速的瓦楞纸板生产线。使用蒸汽加热时，由于冷凝水在容器内储积，容易造成热效率下降以及表面温度出现不均匀，因此必须设置虹吸装置。虹吸装置的导吸口距离瓦楞辊内壁间隙为 0.3～0.8mm 之间，这样可使冷凝水适时排放。

一、蒸汽系统工作原理

瓦楞纸板生产线蒸汽系统是由锅炉、供气管网、用热设备、疏水系统和回收管网组成的热力循环系统，其蒸汽系统气路构成见图 2-34。饱和蒸汽通过主蒸汽管道沿着供气管网进入瓦楞机、预热器等用热设备中，经过用热设备中供气管道在瓦楞辊、压力辊和面纸热缸等用热单元内腔中冷凝放热，给原纸和成型瓦楞纸升温提供热量。在传热过程中，饱和蒸汽冷凝成同温度下的饱和冷凝水，通过

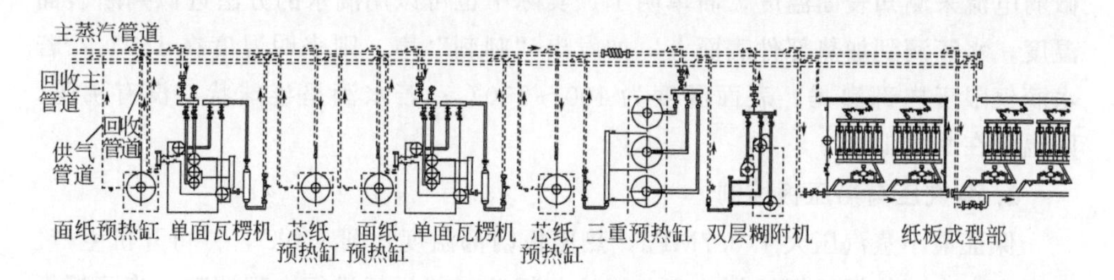

图 2-34　瓦楞纸板生产线蒸汽系统气路构成

固定虹吸管，经由蒸汽系统中的疏水系统排放到回收管网中，统一回收到锅炉房重新加热利用，整个回收过程处于封闭的状态。

二、蒸汽压力

1. 蒸汽压力与辊速、温度的关系

蒸汽压力应该与瓦楞纸板机的辊速相对应，辊速越高，在一定时间内消耗的热量就越多，蒸汽消耗量就越大，同时对蒸汽的温度要求也不同。不同的蒸汽压力具有不同的温度，压力越高，温度就越高。过高的温度会使纸幅温度偏高，导致纸幅中的水分过多蒸发，不利于粘接。从工艺上考虑，当纸板温度达到 110℃时，纸和淀粉黏合剂的结构就受到破坏，所以不能采用很高压力（温度）的蒸汽。另外，压力过大，容易发生蒸汽泄漏。表 2-3 表示不同速度下，瓦楞机使用的蒸汽压力与温度的关系。

表 2-3 不同速度下，瓦楞机使用的蒸汽压力与温度的关系

公称速度/(m/min)	蒸汽压力(表压)/MPa	蒸汽温度/℃
60	0.8～0.9	164～179
80	0.9～1.1	179～187
100	1.0～1.2	183～191
150	1.2～1.3	191～194
200	1.2～1.3	191～194

根据加热器蒸汽管道上安装的压力表即可读出蒸汽压力（表压），然后就可知道其对应的温度。一般同纸幅接触的所有加热元件的表面温度较内部温度要低 15～25℃，表面温度通常应保持在 170℃左右。

根据异种金属熔接部分的热电效应原理，用表面温度计通过接触热辊面产生微弱电流来测知表面温度，简单明了。实际中也可以用滴水的方法近似判断表面温度，水滴滴到加热部件表面上，如发出“刺刺”声，则表明温度在 150℃；若水滴仅限于内部沸腾，表面温度为 100～150℃；若水滴呈半球状，没有沸腾，则温度在 95℃以下。

2. 蒸汽压与热压板控制

保证最小蒸汽压大于 0.7MPa，热压板内部温度达到 150℃，方可开机生产。实际生产中，依据瓦楞纸板的弯曲程度与辊速对热压板进行合理调整。当瓦楞纸板向箱板方向横向弯曲时，应抬起后一组热压板，保证黏合剂糊化前提下，降低热压板内部温度。当生产纵向尺寸小于 600mm 的瓦楞纸板时，应降低机速 30%～

40%，关闭或抬起后一组热压板蒸汽压装置，同时抬起热压板起到散热作用。对于预印纸板而言，要想实现150℃温度下生产无质量问题，预印面纸应采用耐高温光油，一旦发现预印面纸在此高温下出现油墨、光油拉花现象，应将热压板温度降低至130℃再生产。

三、蒸汽和冷凝水回收技术

蒸汽加热时会产生冷凝水和余热，对冷凝水和余热进行回收可节约能量。同时，加热过程中某些部件裸露在空气中，存在着热量损失，在热量损失的部分采取保温措施，可节约一定能量。

在瓦楞生产线上加装蒸汽和冷凝水回收系统，可把生产所产生的冷凝水和蒸汽，以活塞式压缩的原理加压后，把水汽混合物直接压进锅炉，从而达到最大限度节约能源的目的。锅炉因蒸发而补充冷水的次数减小，锅炉在设定的压力范围内保持压力的时间增加。这样既减少了锅炉重新升温的次数，也有利于生产线加热部位热量的恒定供给，改善纸板品质，提高辊速。这种蒸汽回收压缩机采用了耐高温、耐磨损新材料，具有无油耐磨特点。蒸汽回收机采用高温方式直接回收，热效率高达60%左右，并可取消用汽设备的疏水阀。蒸汽回收压缩机是由机械传动系统带动压缩系统工作，将高温汽水混合物加压，使其达到并高出锅炉运作时的压力，并将其压进锅炉，实现回收节约软水和节约电、煤能源。

在瓦楞纸板生产过程中高温饱和蒸汽冷凝放热，在用热单元内腔中形成饱和冷凝水。在瓦楞纸板生产线上，常见的冷凝水回收方式有三种。

1. 开放式回收

开放式回收冷凝水是将用热设备中的冷凝水统一通过回收主管道收集到回收水池内，通过泵将冷凝水回收到锅炉中再次利用。由于水池和回收管处在开放式状态下，虽然在常温常压下，收集管不存在背压，疏水阀能顺利地排水，但在开放式环境下进行冷凝水回收，冷凝水的水温均低于100℃，而生产过程中的饱和冷凝水多在150℃以上，这样就造成了巨大的能源浪费。除此之外，冷凝水发生二次蒸发也容易导致水泵出现故障，影响整条生产线的冷凝水回收效果。开放式冷凝水回收系统结构简单，主要设备为回水池和冷凝水泵，操作简单方便，但二次蒸汽不能利用，余热损失大，如图2-35所示。

2. 半封闭式回收

半封闭式回收系统回收的高温蒸汽和冷凝水先进入集水罐中降压扩容，然后用泵直接送入锅炉或补给水箱，操作使用比较方便，节能效果比开放式回收好。但是半封闭式冷凝水回收系统（图2-36）结构复杂，能源浪费也比较大。

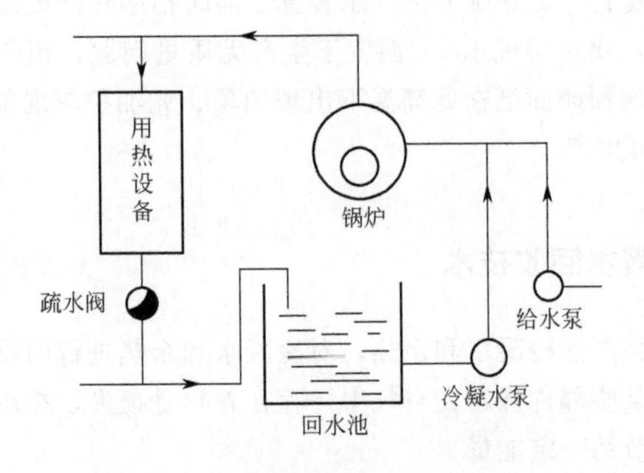

图 2-35　开放式冷凝水回收系统

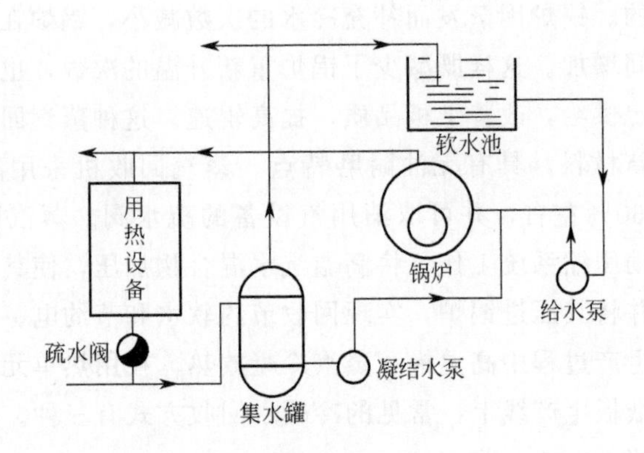

图 2-36　半封闭式冷凝水回收系统

3. 封闭式回收

封闭式回收方式是指在处于完全密闭的状态下将生产过程中产生的冷凝水通过回收装置直接通入锅炉内。封闭式回收方式操作简单，回收效率高，尽可能地降低了能量的二次损失，是目前瓦楞纸板生产线上最节能的冷凝水回收方式，如图 2-37 所示。

在加装蒸汽和冷凝水回收系统时，要结合瓦楞生产线的实际情况，选用最适合的蒸汽和冷凝水回收方式。原则是回收效率高、投资成本少。此外还要合理设计回收系统的管网布置，对管网进行保温，尽可能降低能量的二次损失。使用外购蒸汽的企业可将用后的余汽加压进行利用；回收蒸汽可用于弥补锅炉负荷不足的情况；用蒸汽回收压缩机代替锅炉的多级，具有维修方便、费用低、节约用电的优点。

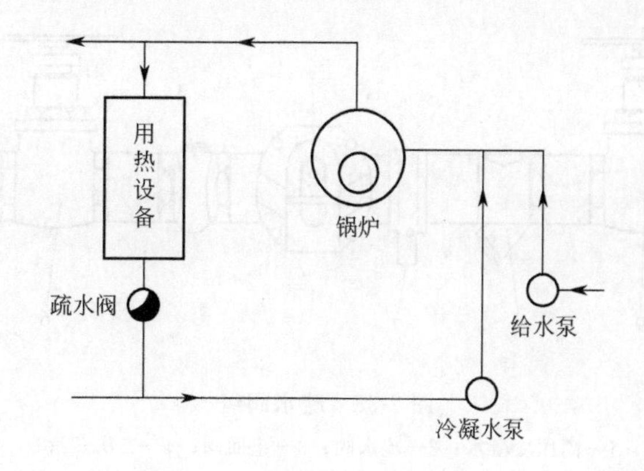

图 2-37　封闭式冷凝水回收系统

四、二次蒸汽的回收利用

部分企业在蒸汽系统中增加一个闪蒸罐，实现了二次蒸汽的回收利用，大大节约了能源。

水由低温到达沸点所吸收的热叫“显热”，当一定压力下的饱和冷凝水（高压冷凝水）通过疏水阀时被降压，当产生压差的时候，冷凝水释放出一部分的显热，而显热会以潜热的形式被吸收，致使一部分水被“闪蒸”成蒸汽，所释放出的闪蒸蒸汽和系统主蒸汽是一样有用的，回收闪蒸蒸汽不仅具有经济性，而且具有环保意义。饱和冷凝水通过疏水阀，如图 2-38 所示，部分水二次蒸发，得到的汽水混合物通过闪蒸罐即可从冷凝水中分离闪蒸蒸汽，冷凝水和闪蒸蒸汽进入闪蒸罐后，冷凝水在重力作用下进入罐底部，通过疏水阀排出到集水槽内，而闪蒸蒸汽通过蒸汽喷射增压，利用高压蒸汽回收升压后，进入闪蒸罐上部的管道输送到用热单元进行传热，这样可以最大限度地利用闪蒸蒸汽。

五、利用导热油炉替代蒸汽锅炉实现节能降耗

能源是影响纸箱生产成本的突出因素，导热油炉可在较低的运行压力下，获得较高的工作温度，其供热温度一般在 250～320℃之间，可以满足纸箱生产的要求。主要优点：在较宽的负荷范围内，热效率均能保持在最佳水平，可实现稳定的加热和精确的温度。由于导热油炉出口温度误差较小，并且具有可靠的运行控制和安全监测装置，可较好地实现节能降耗。所以，利用导热油炉取代传统的蒸汽锅炉，也是包装印刷企业实现节能降耗，可以考虑的一个生产方式的转变方向。

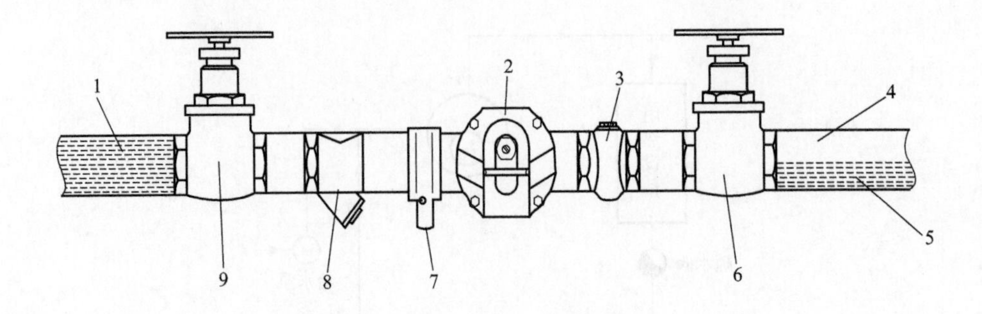

图 2-38　疏水阀组

1—高压冷凝水；2—疏水阀；3—止回阀；4—二次蒸汽；
5—低压冷凝水；6，9—截止阀；7—感应腔；8—过滤器

第三章

瓦楞纸板黏合剂的制备与应用

瓦楞纸板用黏合剂黏结性能的好坏，对瓦楞纸板及纸箱的耐破强度、边压强度等有直接影响，是关系到瓦楞纸板、纸箱质量的一个关键因素。目前国内外纸箱行业普遍采用淀粉黏合剂，我国包装材料瓦楞纸板标准（GB/T 6544—2008）中规定：瓦楞纸板的黏结采用淀粉黏合剂或其他具有同等效果的黏合剂。

第一节　淀粉黏合剂的原料

淀粉黏合剂主要使用水、淀粉、烧碱、硼砂、氧化剂以及其他添加剂等原料自行配制，制作过程相对复杂，工艺要求较高。为了更有效地改善与控制黏合剂质量，必须掌握黏合剂制作原理与关键质量的控制。

一、淀粉

瓦楞纸板用黏合剂的主要材料是淀粉，如玉米淀粉、木薯淀粉、小麦淀粉、马铃薯淀粉、红薯淀粉。玉米淀粉黏合剂的黏结力强，容易凝沉；木薯淀粉黏合剂则较为稳定。玉米淀粉的用量最大，其次是木薯淀粉。

1. 淀粉

黏合剂的好坏与淀粉质量和用量关系很大。淀粉的含水量取决于储存的条件（温度和相对湿度），一般为 10%～20%，最高可达 35%，不同品种的淀粉含水量存在差别。淀粉易吸潮，极易发生霉变，应置于通风干燥处保管。淀粉的成分主要为碳水化合物，是一种葡萄糖聚合物，可分为直链淀粉和支链淀粉两类。淀粉溶液很不稳定，制成的黏合剂容易凝沉。凝沉的速度受多方面因素的影响，如淀粉中含有极少量的蛋白质、油脂、纤维素和矿物质等成分，以及淀粉的粒子形状、大小及糊化温度等因素。

水与淀粉用量之比称为水比。水比的大小视黏合纸板的类型和用途而定，在(4∶1)～(6∶1) 范围内。用水过多会降低黏度，过少则影响流动性。

淀粉中少量蛋白质的含量对黏合剂的配制是有害的，所以蛋白质含量应尽量少，以少于0.5%为佳，最高不宜超过1%。蛋白质含量过高，制得的黏合剂会起泡沫，且在碱的作用下迅速凝固，储存期缩短，以致完全失去黏性。

2. 淀粉的糊化

淀粉混于冷水中搅拌成乳状悬浮液，称为淀粉乳。静置时，淀粉全都下沉，无法形成稳定体系。若将淀粉乳加热到一定温度，水分子进入淀粉粒的非结晶部分，与一部分淀粉分子结合，破坏氢键并与之水化。随着温度的增加，淀粉粒内结晶区的氢键被破坏，高度膨胀的淀粉颗粒间互相接触，变成半透明的淀粉糊，这种现象称为糊化作用。糊化作用的本质是淀粉中有序（结晶）和无序（非结晶）态的淀粉分子间的氢键断裂，淀粉分子分散在水中形成亲水性的胶体溶液。因此淀粉糊中不仅有高度膨胀的淀粉粒，还有溶解态的直链分子、分散的支链分子和部分微晶束。

发生糊化现象所需的温度称为糊化温度。淀粉粒大的糊化温度较低，淀粉粒小的糊化温度较高。淀粉在强碱作用下，室温下即可糊化。不同来源的淀粉，糊化温度也不同，表3-1是常见淀粉的糊化温度。

表3-1 常见淀粉的糊化温度

名称	玉米淀粉	小麦淀粉	大米淀粉	木薯淀粉	土豆淀粉
糊化温度/℃	77～78	75	75	67～78	65～66

(1) 影响淀粉糊化的因素

淀粉糊化不仅与淀粉品种、淀粉颗粒的大小有关，也与淀粉糊化时水分、酸碱性及所含其他物质有关。

① 淀粉的品种　不同淀粉之间的缔合程度不同，分子排列的紧密程度也不同。缔合程度越大，排列越紧密，破坏缔合所需能量就大，糊化就相对困难一些。一般来说，小颗粒淀粉内部结合紧密，糊化温度比大颗粒高。

② 水分　水分对糊化影响较大，要使淀粉充分糊化必须使水分保持在30%以上。

③ 直链淀粉含量的影响　直链淀粉分子间结合力较强，因此直链淀粉含量高的比含量低的难糊化。可从糊化温度上初步鉴定淀粉的种类。

④ 电解质的影响　电解质可以破坏分子间氢键，促进淀粉的糊化。不同的阴离子促进糊化的顺序是：OH^-＞水杨酸根＞CNS^-＞I^-＞Br^-＞NO_3^-＞酒石酸根＞柠檬酸根＞SO_4^{2-}，阳离子促进糊化的顺序是：Li^+＞Na^+＞K^+＞NH_4^+＞Mg^{2+}。大部分淀粉在稀碱（NaOH）、浓盐溶液中（如水杨酸钠、$CaCl_2$），可常温糊化。

⑤ 非质子有机溶剂的影响　二甲基亚砜、盐酸胍、脲等极性有机高分子化合物在室温或低温下可破坏分子氢键，促进淀粉糊化。

⑥ 糖类、盐类的影响　糖类、盐类（如食盐、碳酸钠、硫酸镁）能破坏淀粉粒表面的水化膜，降低水分活度，使糊化温度升高。

⑦ 亲水性高分子（胶体）的影响　亲水性高分子如明胶、干酪素和羧甲基纤维素（CMC）等与淀粉竞争吸附水，易使淀粉糊化温度升高。

（2）淀粉糊的性质

① 淀粉的凝沉　淀粉液或淀粉糊很不稳定，在低温下静置一定时间，溶解度降低，浑浊度和黏度增加，特别是高浓度的淀粉糊会变成凝胶体，这种现象称为淀粉的凝沉，也称老化、回生。淀粉糊凝沉后，变得越来越白，浑浊度逐渐增加，黏度增加，产生不透明或浑浊，在热糊表面形成不溶的皮膜，不溶性淀粉颗粒沉淀形成凝胶，从糊中析出水等现象。

凝沉的本质是无序的糊化淀粉分子又自动有序排列，并由氢键结合成束状结构，使溶解度降低。在凝沉过程中，由于直链淀粉和支链淀粉趋向于平行排列，通过氢键相互靠拢，重新组成微晶束，使淀粉糊具有硬的整体结构。经验证实，温度越低，凝沉越快。当 pH 值为 7 时凝沉较快，当 $1<pH<2$ 时凝沉很慢，因此配制黏合剂时要注意温度及 pH 值的变化。

② 影响沉凝的因素　淀粉糊的凝沉受到多方面因素的影响，除受蛋白质含量影响外，还受到分子大小、pH 值、温度以及其他原料添加量的影响。从分子组成上看，由于直链淀粉的链状结构在溶液中空间障碍小，易于取向；支链淀粉呈树状结构，在溶液中空间阻碍大，不易于取向，故直链淀粉比例大，易于凝沉；中等长度的淀粉分子较分子链过长或过短的淀粉易于发生凝沉。

淀粉糊的浓度大小对于凝沉影响很大。浓度越大，淀粉分子碰撞机会越多，凝沉越快；温度越低，凝沉越快。淀粉糊的冷却速度对其凝沉也有一定影响，缓慢冷却，可使淀粉分子有充分的时间取向排列，易于发生凝沉；快速冷却，则可减少凝沉。当 pH 值为中性时凝沉较快，当 $pH>10$ 或 $pH<2$ 时，凝沉较慢；一些无机离子能够阻止淀粉的凝沉。

在配制淀粉黏合剂时，要充分注意淀粉糊的浓度、温度及pH值的变化，以防止凝沉的发生。

3. 淀粉黏合剂的质量要求

要根据生产及使用需要，采用适当的方法配制，使淀粉黏合剂能够适合高速瓦楞纸板生产线使用。

黏合剂的质量要求：无毒、无味、不影响所包装产品的质量；具有较高的抗潮、抗霉能力，并有较快的干燥速度；具有较好的流动性、无泡沫；具有良好的初黏力，保证瓦楞纸板不返黄、不跑楞、不变形；具有较高的挺度、剥离强度、耐破度和边压强度，纸箱有较高的抗压强度；具有一定的储存期限。

二、烧碱

烧碱（工业用氢氧化钠）一直是作为糊化剂来使用的，适量的加入能起到促进淀粉糊化和减少凝沉的作用。首先，烧碱能与淀粉中的羟基结合，破坏部分氢键，使淀粉大分子之间的作用力减弱，降低糊化温度；其次，烧碱溶于淀粉液时会放出大量的热，使得淀粉分子膨胀、糊化，从而使淀粉溶液具有黏性；第三，一定量烧碱的加入可使黏合剂具有较好的流动性，并且不易霉变。若在淀粉中加入氧化剂对其进行氧化改性，烧碱又可用于调节pH值，保证碱性氧化条件，还会使氧化淀粉的羧基变为钠盐，增加亲水性和溶解性。

通常采用的烧碱有结晶状、棒状、片状和含30%NaOH的水溶液，只要纯度合格，任何状态的烧碱都可以使用。但在配制淀粉黏合剂时，烧碱通常以水溶液的形式加入到淀粉液中。

在纸箱行业，烧碱用量一般控制在黏合剂重量的1%以下。以加入氧化淀粉液中，搅拌20min淀粉液为半透明糊状时为宜。若烧碱量过大，超过全部糊化过程所需用量，胶液流动性大，黏度降低，使黏合剂的pH值增大，制成的瓦楞纸箱容易返黄，造成瓦楞纸箱表面油墨变色；烧碱量小，搅拌20min后，一直为白色或乳白色糊状，不透明也不黏；若用量太少，则放出的热量少，糊化作用不充分，黏性差，黏结力差，易变稠。烧碱的用量从实际观察，一般为淀粉的8%～12%较为合适。

三、硼砂

淀粉黏合剂所用的硼砂一般为含十个结晶水的十水四硼酸钠（$Na_2B_4O_7 \cdot 10H_2O$）。黏合剂糊化后加入硼砂或硼酸，可以使短链的氧化淀粉以其羟基与硼原子形成络合物，通过这些不规则的交联，形成网状结构，具有交联增黏作用，有利于提高初黏力和加快干燥速度。另外还起到防腐、防渗及终止反应作用。

硼砂的用量要适当。用量过多会使黏合剂的黏度过大，产生凝胶或橡皮状，流动性变差，胶质发脆，失去黏着力；用量过少则络合不够，黏合剂过稀，黏结力差，不利于提高初黏性和降低干燥时间，还易引起瓦楞纸板脱胶及跑楞现象。

生产中配制时，通常在胶液充分氧化、糊化后加入硼砂。氧化后的淀粉糊加碱糊化后，如黏度为60s左右，则可加入硼砂溶液。如黏度过高，可能是氧化程度不够或含水量低，可加氧化剂进行二次氧化，稳定后黏度为60s左右加入硼砂溶液。硼砂微溶于冷水，溶于热水，需将其用90℃左右热水完全溶解后加入。根据不同的配制方法，其硼砂用量为淀粉的1%～3%。

四、氧化剂

在氧化法制淀粉黏合剂的过程中，常用的氧化剂有过氧化氢（H_2O_2）、次氯酸钠（$NaClO_2$）、高锰酸钾（$KMnO_4$）等。通过氧化剂的作用，将淀粉分子中的羟基氧化成醛基或羰基，有的可进一步氧化成羧基并使淀粉分子部分降解。氧化淀粉易于溶解，并由于分子中含有极性基团，提高了黏结能力和对纸板的亲和性及渗透性，并使黏合剂具有较好的防潮性和防霉性。氧化剂的用量、氧化过程的控制随氧化剂的种类及淀粉的质量来定。

1. 过氧化氢

过氧化氢能使较大、较复杂的淀粉大分子产生氧化降解，分子结构变得相对小而简单，变得较易糊化和溶解。过氧化氢氧化淀粉反应的温度范围较大，在30～90℃下都可进行反应。因此，在制备淀粉黏合剂时，按反应的温度条件可分为热制法和冷制法。不同温度下所需的反应时间有很大差别，温度可以提高反应速度，缩短反应时间，但同时也消耗热量。另外，在加入少量催化剂（如二氧化锰）的条件下，也可加快反应速度。过氧化氢氧化淀粉的能力强，用量少，无霉无味，氧化过程中不给反应带进杂质离子，缺点是价格高。

2. 次氯酸钠

$NaClO_2$ 不稳定，在光照或高温下容易分解，降低有效氯含量，影响其用量的准确性。另外，以 $NaClO_2$ 为氧化剂制出的黏合剂在使用过程中易分解，放出氯气污染环境。

3. 高锰酸钾

用高锰酸钾作氧化剂，其自身可起到指示剂的作用，即由颜色的变化可判断反应进行的程度。使用比较方便，无气味，无污染，制出的黏合剂黏结力强，胶液稳定。但由于被还原产物为棕色的 MnO_2，使胶液呈深咖啡色，用在瓦楞纸箱生产中，纸箱表面有时显出一条条深色的条斑，影响外观。

氧化过程中温度起一定作用。温度越高，氧化越快，夏天一般氧化反应 5～10min，春天氧化反应 10～15min，冬天氧化反应 20min 左右。氧化反应时间长，氧化完全，黏度降低，产品质量稳定，但时间过长会影响生产周期。判断氧化是否适当的方法为：加入烧碱后搅拌反应 20～40min，测其黏度为 60s 左右为好。这样，成品存放两小时左右为 50s 左右，1 天后稳定为（40±10）s。要特别注意氧化剂含量、配比的使用。若在操作中加入了过量氧化剂，则要加入强还原剂（例如亚硫酸钠、大苏打等），以防过度氧化。

实践应用表明，使用过氧化氢作为淀粉黏合剂的氧化剂，质量稳定，用量小，成本低，反应快，是理想的氧化剂材料，但在使用中往往产生大量的泡沫，需投放消泡剂。

五、辅助剂

1. 催化剂

在黏合剂生产过程中，适量使用催化剂不仅加快反应速度，而且施胶后通过聚合物与空气的氧发生化学反应，很快絮凝结晶，又加快了黏合剂结膜速度，缩短了纸箱干燥时间，提高了纸板强度。选用的氧化剂不同，所需的催化剂也不一样。如过氧化氢的催化剂是硫酸亚铁、次氯酸钠的催化剂是硫酸镍、高锰酸钾的催化剂在硫酸作用下是适量的氧化锌。

2. 消泡剂

在生产及使用过程中，由于淀粉质量及反应不适当，特别是用过氧化氢作氧化剂易产生泡沫，影响正常施胶。常用的消泡剂有 TP 消泡剂、磷酸三丁酯、硅油、正辛醇等。用次氯酸钠和高锰酸钾作氧化剂时，磷酸三丁酯用量为胶量的 0.1‰～0.3‰，用双氧水作氧化剂时磷酸三丁酯用量为胶量的 0.3‰～0.5‰。

消泡剂用量不宜过多。过量会使黏合剂表面张力降低，失去黏性，黏合强度达不到要求。生产中，如上胶机上泡沫过多，最好停机往胶水槽里加少许消泡剂搅匀，开机试用；如泡还多，再加少许，直至能正常运转。注意，千万不要往上边胶辊中加消泡剂，以免出现甩胶现象。

3. 稀释剂

稀释剂又称降黏剂。当要求使用高固体含量、低黏度、流动性好的黏合剂时，常需使用稀释剂来降低黏度，一般用尿素作为稀释剂。

4. 安定剂（稳定剂）

淀粉黏合剂的黏度下降对瓦楞纸板黏合强度、自动线的生产机速、纸板成型质量都有影响。其变稀的原因多是由于黏合剂搅拌过度、黏合剂受热辐射、黏合剂变质或循环过多造成的。用安定剂可以改善黏合剂黏度下降问题。目前有资料介绍在纸板的黏合剂中加入甲醛、苯甲酸钠、五氯酚钠、醋酸钙、乳酸钠等作为安定剂。

第二节　淀粉黏合剂的制备

不同的原料、不同制胶方法、不同的环境因素、不同工艺设备对黏合剂的品质都有影响，不同纸张材质对黏合剂的要求也有所差别。因此，应深刻理解黏合剂黏合原理、制胶机理、制胶工艺方法以及品质性能参数的影响。根据具体情况，灵活掌握与运用，改善与控制黏合剂品质，满足纸板生产的实际需要。

一、淀粉黏合剂黏合原理

1. 黏合原理

纯淀粉是一种白色的、颗粒直径为 4～50μm 的多糖粉末，不溶于冷水，也没有黏性。利用淀粉作为纸板黏结材料，必须通过加热，并加入其他化学物质，改变淀粉的颗粒结构，使其糊化溶胀分散于水中，改变淀粉的物理和化学特性，改善淀粉分子与纸纤维的亲和性，改善黏合剂的流动性及渗透性，才能满足瓦楞纸板生产工艺的要求。

淀粉的糊化过程如图 3-1 所示：淀粉颗粒在一定温度水的作用下充分搅拌，在烧碱的催化作用下吸收周围水分逐渐膨润，由数倍膨胀到数十倍，达到糊化温度。随着温度升高，淀粉粒开始崩溃，并逐渐分散成小块。原来的悬浊液变成均匀的淀粉糊，当接触到瓦楞纸时，淀粉糊便开始弥散渗透；随着温度继续提高，淀粉糊化黏合，并干燥固化，最后使瓦楞芯纸与箱纸板黏结成一体，达到黏合的效果。

2. 黏合过程

瓦楞纸板黏合过程中起主要作用的是吸附和扩散理论。另外，使用某些添加剂可以生成大量化学键，其形成的黏合力要比其他键大得多。瓦楞纸板的黏合过程经过三个阶段。

（1）涂布阶段　利用原纸和黏合剂分子间的引力使界面黏合。黏合剂本身的状态：液体状态、低黏度、低附着强度。

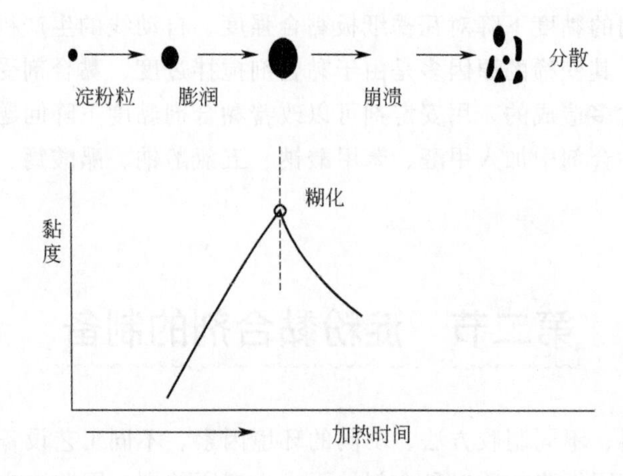

图 3-1 淀粉糊化过程示意图

（2）渗透阶段　黏合剂通过纸纤维的间隙向纸质中渗透，使之形成强劲的渗透黏合。黏合剂本身的状态：湿润表面，迅速扩散。

（3）固化阶段　黏合剂自身凝固收缩，变成对外具有很强抵抗力的固体胶膜。黏合剂本身的状态：生淀粉糊化，附着强度迅速增加，呈高黏度半固体物质，表面继续湿润，扩散率显著下降，黏性超过纸及纸板内纤维强度。

完成上述黏合称为凝聚黏合，瓦楞纸板黏合的最大要素是凝聚黏合。凝聚黏合的好坏取决于渗透的程度。瓦楞纸板的黏合实际上是淀粉黏合剂和原纸纤维素之间的化学黏合，由于单面机与双面机的工作原理不同，二者的黏合过程和实际效果存在相当大的区别。

二、淀粉黏合剂的制备

瓦楞纸板用淀粉黏合剂的制备方法很多，归纳起来主要有斯坦霍尔法和氧化法两类。斯坦霍尔法制淀粉黏合剂主要用于自动线、单面机。氧化法制淀粉黏合剂主要用于裱胶机、贴面机和粘箱机。

1. 斯坦霍尔法（Stein-Hall）

适用于高速瓦楞纸板生产线上机施涂的黏合剂需具备低黏度、低糊化温度、高固含量的“两低一高”特性，目前纸板生产企业基本上采用两种制胶方法：一步法和二步法。

（1）一步法　又称一桶式制糊法或生浆制胶法。

利用稍微过量的烧碱，造成淀粉颗粒膨胀，产生一定黏度及悬浮效果。当达到预定黏度时，加入黏度安定剂，抑制黏度上升，将黏合剂黏度控制在使用范围内，其原理如图 3-2 所示。

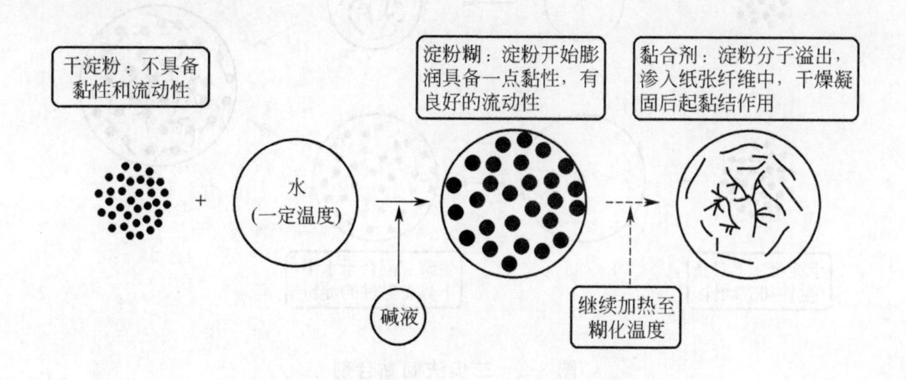

图 3-2　一步法制黏合剂

一步法制作工艺和方法就是在反应罐内先将水和淀粉搅拌混合均匀，缓缓加入氢氧化钠溶液搅拌至所需黏度时立刻加入黏度安定剂，再加入硼砂搅拌均匀，最后放入储存罐内供生产线使用。

一步法工艺在欧美国家应用比较广泛，尤其受到许多有高速生产线的大型纸箱厂青睐。一步法工艺的优点在于可制出高固含量、低黏度的黏合剂，适合高速瓦线以及重型纸板的生产。

（2）二步法　又称两桶式制糊法、主载体制胶法或生熟浆制胶法。

利用所需的全部烧碱，制成少量淀粉完全糊化（熟浆），与大量未糊化淀粉（生浆）混合均匀，使生淀粉分散悬浮于熟浆中，既达到所需上机黏度，又具备合适的流动性和渗透性，其原理如图 3-3 所示。

黏合剂制作工艺流程如图 3-4 所示。

第一步：载体淀粉（糊化淀粉）的制备。

① 载体反应罐中放入计量好的水，加热至规定温度（一般是 43℃左右）。

② 将一定量的淀粉投入载体反应罐中，边放边搅拌几分钟。

③ 将预先配制好的 NaOH 溶液在搅拌下缓慢加入载体罐中，边加边搅拌。

④ 加热淀粉液使其熟化，温度一般控制在 65～70℃，搅拌时间为 15min。

⑤ 加入一定量冷水，使载体淀粉温度下降到 54℃左右，并使黏稠的载体稀释，更容易与生淀粉悬浮液混合，充分搅拌即可制得载体淀粉。

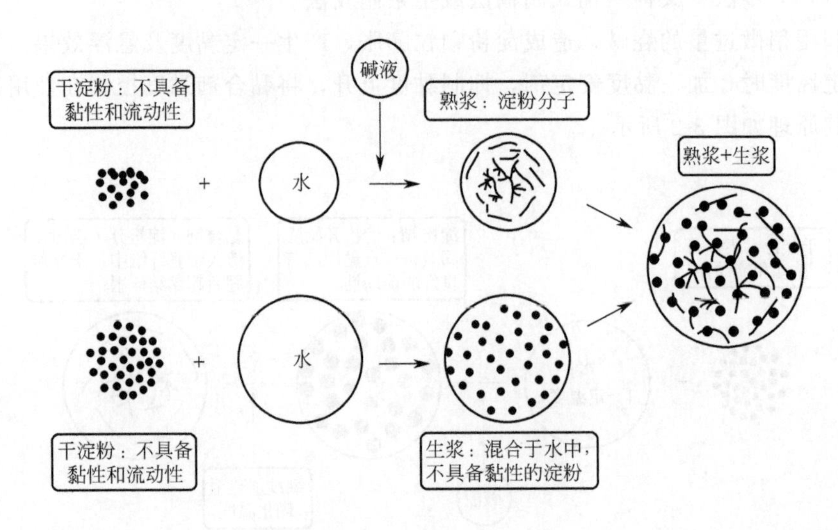

图 3-3　二步法制黏合剂

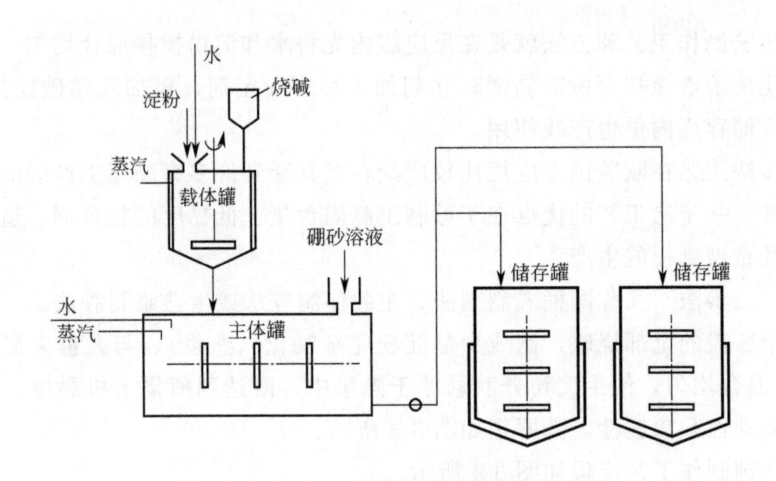

图 3-4　二步法淀粉黏合剂工艺流程示意图

第二步：主体淀粉（生淀粉）的制备。

① 在主体反应罐中放入一定量的水，加热至 30～35℃。

② 将一定量的淀粉投入主体反应罐中，边放边搅拌。

③ 搅拌均匀后，将硼砂用热水溶解后，加入、搅拌至全溶。

④ 将载体中制得的“熟黏合剂”渐渐加入主体罐中，充分混合搅拌。

将“熟黏合剂”与主体罐中的生黏合剂搅拌均匀后，即制得半透明状的半糊化黏合剂，通往储存罐内保温，便可通往机台使用。

注意事项如下：

① 在制作过程中必须充分搅拌，否则易产生胶块，阻塞管道，影响黏合效果。

② 在载体罐中必须制成“熟黏合剂”，否则黏合剂的初黏度会受到影响，黏合受影响。

③ 在具体制备时，对于每一黏合剂的配比应根据纸张的不同条件、淀粉种类、纸速、单面瓦楞还是双面瓦楞等具体情况实验确定。

④ 用二步法配制的混合胶料没有完全糊化，要在贴合和干燥过程中才能完全糊化。

在具体制备时，载体淀粉所用淀粉量约为总淀粉量的15%～20%，其余均为主体淀粉。因此二步法所制得淀粉黏合剂仍以生淀粉液为主，需要在高温下涂胶并受热糊化、固化成膜。正因为二步法淀粉黏合剂以生淀粉液为主，因此有很好的流动性，适合于高速瓦楞纸板生产线使用。但生淀粉液中淀粉颗粒较易沉淀，易造成淀粉分散不均匀，并使淀粉液过稀，故载体淀粉对于承载生淀粉，使其均匀分散，调节淀粉粉剂黏度，调节淀粉涂胶量具有重要作用。

2. 氧化法

氧化法制淀粉黏合剂有两种方法：一是采用普通淀粉，在制备黏合剂的反应釜中加氧化剂氧化；二是购入预先制成的固体氧化淀粉，按其说明进行配制，这里主要讲述第一种方法。

氧化法是用氧化剂先将淀粉氧化，再经糊化而成，有热制法和冷制法两种工艺。氧化法制备的黏合剂多为普通型、快干型，适用于单机和半机械化的瓦楞纸板机，制成的瓦楞纸有的是通过自然干燥，有的通过简单烘干设备干燥，适用于黏箱机、裱胶机、贴面机等。

(1) 热制法　热制法是指淀粉的氧化与糊化均在加热条件下进行。淀粉氧化过程温度越高，所用时间就越短，氧化程度就越充分。热制法是在一个带有搅拌器的并有夹层水浴的反应釜内进行。例如，某热制法氧化淀粉黏合剂的制作过程如下：

① 在反应釜内放入3倍于淀粉质量的水，加热到60～65℃。

② 将淀粉陆续加入水中，边加边搅拌，同时将过氧化氢稀释后陆续加入。

③ 搅拌均匀后，将液体烧碱一次加入反应釜内搅拌，转速为50～60r/min，持续搅拌2h。

④ 将加热到60～65℃的水，加到反应釜中稀释，并不断搅拌。

⑤ 将硼砂加沸水溶解调匀后，加入经稀释后的黏合剂内，继续搅拌约0.5h，至呈半透明状即可。调制完备后，在反应釜内保温待用。

配制时应注意下列问题：

① 反应器应设保温装置，否则黏合剂会凝固。

② 黏合剂易于凝聚结块，因此储存时间不宜过长；当天工作完毕时，必须将胶水盘中剩余黏合剂抽回密封容器中，并在50℃左右保温，同时要洗净胶水盘，否则会影响次日生产。

③ 黏合剂在使用过程中易出现泡沫，导致黏合剂涂布不均匀而引起瓦楞纸板脱壳起泡。消泡的办法是降低搅拌转速或使用丁醇消泡剂。

④ 黏合剂的水比要适当。过稠时易使流动性降低，产生“起丝”现象，使纸幅通过涂布辊时拖带过多的黏合剂上纸，不仅增加了黏合剂的用量，而且使瓦楞纸板含水过多，难于干燥和影响质量。过稀时，瓦楞纸板含水量偏大，易导致纸板变软，降低瓦楞高度，减弱黏合力，降低纸板的挺度和抗压强度。

⑤ 整个配制过程要连续搅拌，物料按顺序投放，否则易于出现凝胶，降低黏度和堵塞输送管道。

另外还应掌握好氧化剂的用量，气温高时用量应少些，气温低时用量应多些；水比用量大时用量少些，水比用量小时用量多些。

(2) 冷制法　冷制法是在不加热的情况下完成淀粉的氧化和糊化过程。一般说来，在30℃以上都可以制成氧化淀粉黏合剂。在30℃以下，虽然淀粉分子活性较低，降解缓慢，但过氧化氢会分解成H^+和HO_2^-，而HO_2^-离子具有极强的氧化作用，而且淀粉氧化是放热反应，所以在常温下若加入适量的H_2O_2可以将淀粉氧化。冷制法所用时间较长，一般为16～24h，其水用量比一般热制法低一些，以提高H_2O_2与NaOH的效能。下面以过氧化氢氧化剂为例，介绍冷制法制淀粉黏合剂的配制过程。

冷制法的用料配比：玉米淀粉100kg，30%H_2O_2 2.5kg，NaOH 8kg，硼砂2.5kg，水500kg。

制作过程如下：

① 将过氧化氢加入总水量40%的水里，搅拌均匀，随即将玉米淀粉一次投入并搅拌均匀。静置16～24h，使其充分氧化。

② 将NaOH稀释到浓度为10%，加入并搅拌，加完后仍搅拌30min，此时再添加总水量的30%的水。

③ 加入预先稀释浓度为10%的硼砂溶液。

④ 将余水加入，稀释至所需黏度。

配制时应注意以下事项：

① 搅拌要充分，一直到黏合剂变成糊状为止。

② 水比要控制适当，一般为1∶5左右，以提高氧化剂与烧碱的作用。

在配制氧化淀粉黏合剂时，要依淀粉的种类及质量、生产需要和制备条件来确定配方和工艺，且要随着温度等条件的变化适时调整配方，这样才能生产出适合实际需要的淀粉黏合剂。为加快反应速度，可以加入适当的催化剂，如二氧化锰等，催化剂一般在氧化剂加入之前加入。

三、制备淀粉黏合剂的要求

1. 淀粉黏合剂的配方

黏合剂的配方应该根据原辅材料的变化因素做适当调整，如不同的纸张，其亲水性和透水性不同，纤维交织程度也不同，因此黏合剂的固含量应随之改变。通过对瓦楞纸板黏合强度的检测，黏合剂的固含量基本为16%～19%，黏度为16～20s（涂-4黏度杯）。

另外，车间温湿度的变化也会影响黏合剂的配方。如夏季潮湿、气温高，淀粉分子活跃，黏结效果好，但是夏季潮湿的环境也会造成瓦楞纸箱中的水分散失困难，导致胶膜柔软，“挺劲”不足。这种情况下，可以将黏合剂的固含量提高到19%（三层瓦楞纸板所用黏合剂的固含量控制在20%～23%），这样做一方面可以增加胶膜的硬度，阻止黏合剂中的水分过多地渗入到瓦楞中，避免发生塌楞、模切不顺等现象；另一方面可以适当提高黏合剂主体罐中硼砂的添加量，并减少载体罐中烧碱的添加量。而在冬季干燥、气温低的环境下，黏合剂的固含量应控制在17%左右。如果黏合剂的固含量过低，过多的淀粉分子就会随水分扩散到瓦楞纸板内部，致使楞峰处的黏合剂变稠、黏性降低，进而发生凝沉现象，影响瓦楞芯纸与箱板纸的黏合牢度。此外，还应适当减少黏合剂主体罐中硼砂的添加量，并提高载体罐中烧碱的添加量。

2. 黏合剂的搅拌

黏合剂制备过程中，除了必须按照一定的配方和顺序进行制作外，还要特别注意黏合剂的搅拌时间，如主体罐和载体罐中的溶剂均须达到合理的搅拌时间后，才能将载体溶剂倒入主体罐中。因为不同的车间温湿度对主体罐和载体罐溶剂的搅拌时间要求不同，在温湿度较高的夏季，主体罐和载体罐溶剂的搅拌时间分别为35min和30min，之后将载体罐溶剂倒入主体罐后继续搅拌40min；在温湿度较低的冬季，主体罐和载体罐溶剂的搅拌时间分别为45min和40min，载体罐溶剂倒入主体罐后须继续搅拌50min。待淀粉、烧碱、硼砂等溶剂反应充分后，才可以正式输送和使用黏合剂。

除此之外，黏合剂在制备时还应注意提高黏合剂的固含量，降低水的配比。涂胶量不宜过大，这样不仅可以节约成本，而且对瓦楞纸板弯曲变形的影响程度也可以降到最低。

3. 黏合剂的存放

黏合剂制备完成后，如果放置时间过长，不仅会发生凝沉现象，严重时还会失去黏性，导致霉变，使瓦楞纸板性能下降。在车间温度低于15℃时，测试制备好并放置到第二天的黏合剂，其固含量为24%～25%，但由于黏合剂过稠、流动缓慢，用涂-4黏度杯无法测出其黏度值。而且，瓦楞机使用该黏合剂涂胶时，涂胶辊难以上胶，致使屡次停机，瓦楞芯纸与箱板纸的黏结效果极差。此外，使用过稠的黏合剂涂胶后，黏合剂不易向瓦楞方向渗透，致使大部分黏合剂在楞峰表面凝胶干燥，形成“假黏”现象。

实际生产中，为避免上述情况的发生，可采用适当降低瓦楞机生产速度的方法，或者为了节约成本，可以使用放置时间更长的黏合剂，但前提是瓦楞机操作人员须提前30min启动黏合剂的循环系统和预热系统，以使淀粉分子更加活跃。另外，黏合剂的黏度应控制在16s左右。

第三节　淀粉黏合剂的质量控制

影响淀粉黏合剂质量的因素很多，人员操作对黏合剂质量影响尤为重要，在制备过程中需要重点把握几个关键参数：黏度、糊化温度、固含量、初黏力、储存适用期。

一、淀粉黏合剂性能检测

制作好的成品淀粉黏合剂为乳白色或米黄色液体，胶质均匀不浑浊，无结块现象，泡沫少，食指与拇指沾黏合剂摩擦接触后分开，拉丝应达15～20mm。

1. 黏度

黏度是黏合剂的重要质量指标，直接影响黏合剂的稳定性和对瓦楞楞峰的施胶量。只有黏度稳定，才能保证瓦楞纸板生产状况及黏结质量稳定。所以，应定时对其进行检测。

黏度检测：以一定体积的黏合剂在一定温度下从规定直径的孔中所流出的时间（单位一般为s）来表示黏度。黏度杯测量的黏度是条件黏度。

仪器：涂-4黏度杯、秒表。

检测：擦干净涂-4 黏度杯，在空气中干燥或用冷风吹干。将涂-4 黏度杯和 50mL 量筒垂直固定在支架上，流出孔距离量筒底面 20cm。用手堵住涂-4 黏度杯流出孔，将试样倒入涂-4 黏度杯。松开手指，同时立即开动秒表，测定试样流出所用时间为样品的黏度。按操作规程测定 2 次以上，计算平均值为样品的黏度。两次测定值之差不得大于平均值的 5%，取三位有效数字。

2. 糊化温度

糊化温度是淀粉黏合剂开始变稠和由于黏合剂原料中生淀粉逐渐糊化而显示黏合性质的温度。

仪器：100mL 烧杯、搅拌棒、温度计。

检测：将样品倒入小烧杯约一半的位置，将小烧杯浸入 70℃以上的热水浴中，用温度计不停搅拌，并观察温度上升情况。

注意事项：水面要高于黏合剂面。待接近糊化温度时，黏合剂黏度会剧增，并搅拌困难，当达到糊化温度时，几乎已经不能搅拌了，此时记录黏合剂的糊化温度。在生产时应根据季节变化控制烧碱用量来调整黏合剂的糊化温度，冬季可将糊化温度调低至 56～59℃，夏季则可将糊化温度调高至 60～63℃。

3. 固含量

固含量一般用倍水率表示。所谓倍水率就是指黏合剂内的淀粉与水的质量比例。黏合剂中的淀粉固含量对黏合剂的成膜、瓦楞纸板的黏合强度、制胶生产成本都有较大影响。故测定固含量对于掌握和控制黏合剂的技术指标有很大作用。

仪器：天平、烘箱。

检测：精确称量黏合剂，置于 131℃±2℃烘箱中，烘干至恒重时，测其质量，求出剩余质量占原质量的百分比，即为固含量。

$$固含量=(g_3-g_1)/(g_2-g_1)\times 100\% \tag{3-1}$$

式中 g_1——称量皿的质量，kg；

g_2——烘干前黏合剂＋称量皿的质量，kg；

g_3——烘干后黏合剂＋称量皿的质量，kg。

4. 初黏力

黏合剂初黏力是保证瓦楞纸板质量和提高工效的重要因素，初黏力大可以避免纸箱的开胶和跑边现象。在瓦楞纸板线生产中，加大原纸预热面积，增加烧碱用量，或者在制作主体胶中添加交联剂以及提高黏合剂的固含量，都可以使黏合剂涂布后在较短的时间内迅速糊化并开始固化产生黏合力，其黏合剂可快速浸入原纸表面纤维。

氧化淀粉黏合剂的初黏力比自动线的黏合剂形成初黏力所需时间长，而初黏力时间过长对后续工序生产和纸板质量有一定影响，应作为一个指标进行控制。

检测：主要用于测定氧化淀粉黏合剂的初黏力。取 30～40cm^2 正方形纸板一块，均匀涂上黏合剂，与另一块同样大小、品种的纸板黏合，并加压 5～10N，10min 后检查黏结情况，凡没有出现拉毛处为未黏结。剥离两片纸的黏结面，按剥离时纸纤维破坏的面积与该纸片面积的百分比值作为测定结果。测定结果百分比越大，初黏性越好。计算初黏力（N /cm^2）。

$$P=F/M \quad (3\text{-}2)$$

式中 M——纸板涂胶面积，cm^2；

F——拉开正方形纸板所需的最大力，N。

5. 储存适用期

淀粉黏合剂的储存稳定性主要表现在耐腐蚀性和抗凝沉性上，可通过测定在规定储存期内黏度变化来判断。黏合剂的储存适用期，用试样每放置一定时间后的黏度变化率表示。计算公式为：

$$X = Y_2/Y_1 \times 100\% \quad (3\text{-}3)$$

式中 X——黏度变化率，%；

Y_1——黏合剂初黏度，s；

Y_2——一定时间（如 24h）后的黏度，s。

按黏合剂黏度和对纸板黏结强度值确定适用期。以黏度达到规定变化值和瓦楞纸板黏合强度小于规定值的时间取较短的时间，确定为淀粉黏合剂的适用期。试验结果黏度变化用低于多少变化率表示。

测试从适用起始时刻起，按一定时间间隔重复测定黏度。

二、影响淀粉黏合剂质量的主要因素

由于淀粉黏合剂的特殊性和性能的不稳定，使质量难以准确控制。在配制时，各种原料的配比、水的用量、配制工艺条件（如时间、温度等各项因素）都会对黏合剂的性能产生一定的影响。

1. 淀粉黏合剂黏度影响因素

黏度可表征黏合剂的流动能力，是黏合剂的重要质量指标。黏合剂流动性决定了黏合剂的渗透性、上胶的均匀度和上胶量大小，直接影响到车速、纸板黏合、纸板平整度及黏合强度。黏度适中的黏合剂流动性好，渗透性好，在高速生产线中使用黏合效果更佳。

不同的纸质对黏合剂的黏度大小要求不同。纸张粗糙，易渗透，应用黏度稍大的黏合剂；纸张细密，应用黏度较小的黏合剂。黏度太大时，黏合剂的流动性较差，耗胶量增加，而且因芯纸吸入过多的水分，造成纸板变软，同时产生排骨及鸡皮现象；黏度太小，车速较慢时，上胶辊带不起胶，容易产生失糊现象，而且会使黏合剂过多渗入芯纸和纸板中，有时黏性太低会产生贴合不良现象。黏合剂异常时，会产生纸板两边贴合不良现象，车速无法提高。最简单的方法为增加淀粉用量，降低含水率。

影响黏合剂黏度的因素有烧碱用量、硼砂用量、黏合剂固含量、搅拌时间、储存温度与时间等。注意：不是黏合剂中淀粉含量越高，黏度越大。高固含量的黏合剂通过调整配制工艺，也可以保持很低的黏度。一般情况下，黏合剂在生产线循环使用过程中黏度有所降低，因此，应兑入新制作的黏合剂，混合使用来保持黏度稳定性。

黏度应根据原料纸的性能和瓦楞机的车速、加热能力调整。一般生产线用淀粉黏合剂黏度在50～90s范围内均能达到较好的效果，单机生产瓦楞纸板用淀粉黏合剂黏度在20～50s范围内较为合适。

（1）氧化剂用量、氧化时间和温度对黏度的影响　保持氢氧化钠、水比、硼砂的用量不变，在任何氧化时间条件下，黏合剂的黏度随氧化剂用量的增加而下降，这是由于氧化剂用量越大，淀粉的氧化程度越大，则其淀粉的分子越小，从而其黏度越小。当氧化剂用量小于2%（以淀粉重量计）时，黏合剂的黏度不但受氧化剂用量的影响，同时氧化时间还对其有较大的影响；而当氧化剂用量超过2.5%时，其黏度受氧化剂用量的影响较小，同时其黏度很小，这可能是淀粉的氧化趋于完全。

氧化温度的影响是多方面的，一方面可增加氧化反应的速度和程度，温度越高，氧化反应速度越快，在其他条件相同的情况下，制出的黏合剂黏度也愈低。另一方面，它又可使淀粉产生糊化和增加水的蒸发，使淀粉液变稠，不利于氧化剂的扩散和氧化，从而使黏合剂的黏度增大。

（2）氢氧化钠用量对黏度的影响　保持氧化剂用量、水比、硼砂的用量不变，不同氧化时间条件下，随着氢氧化钠用量的增加，其黏度增加。这是因为氢氧根与淀粉分子中羟基结合，破坏了淀粉大分子间和分子内原有的羟基和羟基之间的氢键结合，使大分子溶胀糊化。另外，氢氧化钠使氧化淀粉中的羧基变成羧酸钠基，增加了与水的溶解性。同时氢氧化钠在无氧的条件下，能稳定直链淀粉溶液，使黏合剂不易凝胶。

因此，氢氧化钠的用量和温度都要严格控制。用量太小，不利于淀粉的氧化，影响黏合剂的性能。用量过大，会使淀粉产生糊化，从而使淀粉分子产生溶胀、糊化，使淀粉液变稠，不利于氧化剂的扩散，影响淀粉的氧化程度，使其黏度增大。另外因碱度太高会破坏纸纤维，且当空气湿度大时易吸潮泛黄。

另外，氢氧化钠的浓度不能太高。浓度高，糊化时反应剧烈，极易糖化，使上胶机甩胶，瓦楞峰上出现花胶现象，从而引起纸板开胶且难以干燥。一般氢氧化钠的加入量（固体）为淀粉量的9%～10%，加入时的浓度以10%为宜。

（3）硼砂用量对黏度的影响　硼砂作为交联剂，在水溶液中水解时以硼、氧为中心离子，能与黏合剂的羟基、羧基结合为配位体，形成网状结构的多核络合物，从而使黏度增加，并能更好地固着在带有羧基的纸张表面上，增加了黏合剂的初黏力，并使生成的薄膜坚固，提高了抗水性和自然干燥的能力。但硼砂也不可加得过多，否则会使胶层发脆，造成脱胶现象。

（4）水比对黏度的影响　保持氧化剂用量和浓度、氢氧化钠的用量和浓度、氧化时间、硼砂的用量不变，随着水比的增加，其黏合剂的黏度迅速下降，但当水比超过6时，其黏度受水比影响比较小，这是因为此时黏度已经很小，几乎接近水的黏度。从图3-5可以得到，水比一般应控制在4.5～5.5之间。

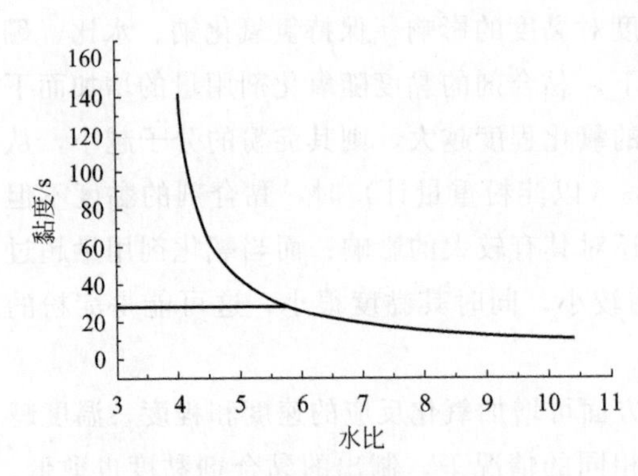

图3-5　水比对黏合剂黏度的影响

条件：氧化剂用量2%（以淀粉重量计），
氧化时氢氧化钠用量2.0%（以淀粉重量计），
硼砂用量2%（以淀粉重量计），氧化时间20min

（5）添加剂对黏度的影响　黏合剂中加入添加剂可以达到快干、稳定、抗胶凝的作用，以延长储存期。如在配方中加入一种无机复盐和溶于水的含氮有机物作催干剂，虽加入量不多，但确实起到了催干作用。在黏合剂中加有稳定剂，使黏合剂在存放一个半月后，其流动性、黏度及颜色都基本保持不变。

（6）储存温度和储存时间及环境对黏度的影响　氧化淀粉黏合剂除受制胶过程中的氧化剂用量、氢氧化钠用量、氧化时间等各种因素的影响外，同时储存温度和储存时间及环境对黏合剂黏度也有很大的影响。如图3-6所示：随储存温度升高，其黏度迅速下降。图3-7所示：当黏合剂储存于密闭容器中时，随储存时间的延长其黏度变化很小；而当储存于敞开的容器中时，其黏度受储存时间的影响比较大。这是由于在敞开容器中黏合剂受到空气中氧的氧化，同时水分不断挥发，从而使黏合剂的黏度变大。

以上所述均为不同因素对氧化淀粉黏合剂黏度的影响。对于瓦楞纸板生产线所用淀粉黏合剂来讲，影响黏度大小的因素主要有淀粉黏合剂的固体含量、主体与载体淀粉中的淀粉含量、载体淀粉配制时的氢氧化钠加入量、黏合剂温度等。同时，淀粉黏合剂黏度的稳定性也与反应程度、工艺配方密切相关。流水线生产要求黏合剂黏度适中，如黏度过大，难以涂布，特别在高速生产中更是如此；黏度过小，会造成上胶困难，特别在换纸需降速时，涂布不均匀，会影响黏结质量。

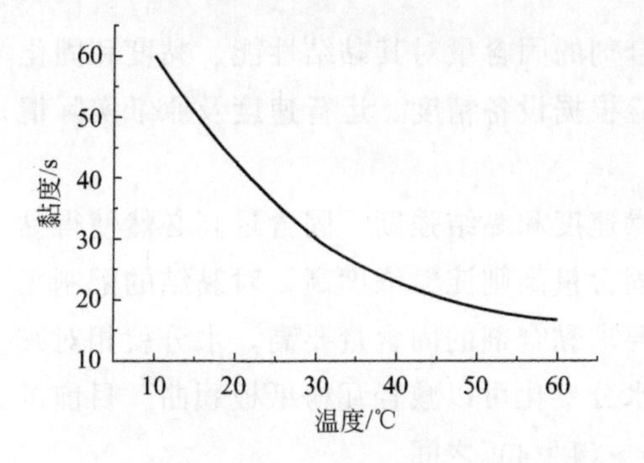

图 3-6 储存温度与黏度之间的关系

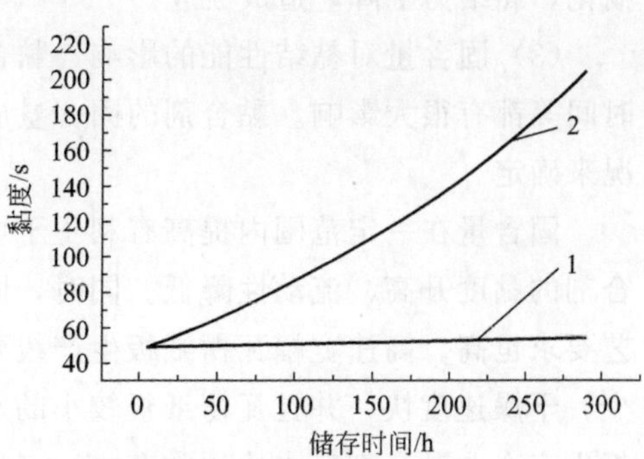

图 3-7 储存时间与黏度之间的关系

1—储存于密闭容器；2—储存于敞开容器

淀粉的蛋白含量也会严重影响黏度稳定性，当蛋白含量超过1%时，黏合剂易产生凝胶现象。

2. 淀粉黏合剂黏结性能影响因素

黏结性能主要指涂胶过程中的性能，如初黏性、高速瓦楞纸板生产线用黏合剂的糊化温度、干燥速度和涂后使用过程中的黏结强度等。黏结性能的影响因素除黏合剂本身外，还涉及了涂胶操作工艺参数、原纸，甚至环境温、湿度等多方面因素，影响十分复杂。

(1) 初黏度对黏结性能的影响　初黏度是指黏合剂黏结两层纸板时尚未固化成胶膜这一阶段的黏结强度。由于芯纸与面纸结合后，往往需要在动态情况下使黏合剂黏合固化，初黏性好可避免纸板在生产过程中开胶和跑边的现象。

(2) 糊化温度对黏结性能的影响　糊化温度是指淀粉黏合剂开始变稠和由于黏合剂原料中生淀粉逐渐熟化而显示黏性的温度，影响黏合剂糊化温度的主要因素是烧碱用量。当黏合剂的糊化温度低时，在生产工艺中所消耗的热量就少，因而可以提高车速。糊化温度太低，会造成黏合剂过早糊化而影响黏合剂的流动性与渗透性，造成黏合不良；糊化温度太高，黏合剂不易熟化，瓦楞楞峰结成白色粉状，也会造成黏合不良。

由于不同的淀粉或淀粉质量不同，造成糊化温度不同，因此在实际操作中需对糊化温度高低进行调节：提高糊化温度可适当降低烧碱用量，反之亦然。但切记不要在已制得的黏合剂中加入烧碱。一般黏合双瓦楞纸板用黏合剂的糊化温度较单瓦楞的要低，这是因为双面机的热传递不如单面机好，但过低的糊化温度常会使黏合层变脆和形成表层黏合。

糊化温度对黏结质量的影响在高速化生产中尤为重要。当机器加速时，黏合剂通过热板时接受的热量降低，此时如果黏合剂的糊化温度较高，将不能被充分糊化，黏结力下降，造成脱胶。

(3) 固含量对黏结性能的影响　黏合剂的固含量对其黏结性能、黏度和固化时间等都有很大影响。黏合剂的固含量应根据设备精度、运行速度及原纸实际情况来确定。

固含量在一定范围内提高有利于干燥速度和黏结强度。固含量高必然使得黏合剂的黏度升高，流动性降低。同时，固含量高则淀粉浓度高，对黏结的配制工艺要求也高。高速宽幅瓦楞纸板生产线要求黏合剂的固含量要高，水分就相对减少，干燥速度快，并且瓦楞纸板较小的水分变化可以减轻瓦楞纸板翘曲。目前纸板生产企业黏合剂粉水比通常在 (1∶3)～(1∶4) 之间。

(4) 车速对黏结性能的影响　淀粉黏合剂配制好后，由于受环境的影响，黏度会发生一定变化，在使用过程中必然对车速造成影响。

车速的快慢对涂胶量、黏结性能都有影响，因此我们要根据淀粉黏合剂的黏度控制车速，以利于黏合剂的使用效果。车速过快，易造成涂胶不均，上胶量不足，影响黏结效果；车速过慢，黏合剂渗透到纸板各层中，造成纸板含水量高，直接影响到成箱的抗压强度等物理性能。

实际生产中，随着车速的提高，黏结强度有所下降。所以在高车速下，黏合剂的初黏力要大，干燥速度要更快，糊化温度要适当降低，才能在高车速情况下保证更好的黏结强度。

若黏合剂质量稳定、涂胶量一定，热板平均温度在 115℃以下时，车速越高，黏合强度越低；热板平均温度在 120℃以上时，车速越高，黏合强度越高。因此，在实际生产中，要根据热板温度高低，调整车速，以利于黏合效果。

(5) 原纸对黏结强度的影响　在使用同一种黏合剂的情况下，原纸种类对黏结质量也有一定影响，高车速下这种影响较低车速时明显。相同速度下，相同定量的纸，由于造纸时所用纸浆、填料不同，造成内在性质紧度、渗透力的不同。纸浆粗、紧度小的纸，一般渗透力强，胶量就不宜过大；纸浆细、紧度大的纸，渗透力就较差，胶量就不应过小。相同速度下，相同质量的原纸，定量低者有更强的黏结强度。同理，定量高的原纸同中低定量的原纸相比，不易在高速下完成良好黏结。

3. 淀粉黏合剂储存性能的影响因素

黏合剂随着储存时间延长而变质，黏合剂会出现黏度变稀、淀粉与水分层、糊化温度升高等问题。氧化淀粉黏合剂则出现胶体变稀、胶体水分含量升高、黏性下降、瓦楞纸板裱胶后出现大量开胶等问题。影响黏合剂储存期的因素很多，如淀粉产地与成分、添加剂中杂质的性质及含量、配方与工艺因素、储存条件等。因此制定黏合剂的储存适用期是一个不可缺少的指标，以利于调整黏合剂制作工艺和控制黏合剂的生产数量，确保瓦楞纸板成品黏合质量，并杜绝黏合剂出现浪费。黏合剂失效主要表现在三个方面：腐败变质、凝胶化失去流动性甚至失去黏性、分层沉淀。失效原因分析如下。

（1）糊化的影响

① 糊化不足　糊化不足可能有两种情况，一是糊化剂用量偏少；二是因糊化温度低或糊化时间短，致使糊化反应未达到适宜程度。原因在于未经糊化的淀粉分子比糊化的淀粉分子更容易受细菌的侵蚀。受糊化程度的影响，黏合剂储存期（以出现腐败变质为限）可在三天至六个月之间变化。由此可见，糊化反应越完全，储存时间越长。

② 储存过程中的糊化反应　糊化反应已达到适宜程度，但胶液中仍含有多余的未参加反应的糊化剂，即糊化剂过量。此时胶中所含多余的糊化剂将伴随着储存过程进行缓慢的糊化反应，当储存温度高时，糊化反应进行得要快一些。黏合剂在储存期间发生了缓慢糊化反应将导致黏合剂黏度持续大幅度上升，甚至失去流动性（但此时胶仍有黏性）而不能使用。受储存期间糊化反应的影响，黏合剂储存期可在一周至四个月之间变化（以胶黏度太高不能使用为限）。

综合上述两种情况，应采用以下综合措施：糊化剂要有足够的用量，并可适当过量；糊化过程中多次检查胶液黏度，确保糊化反应达到所需要求，必要时可提高糊化温度或延长糊化反应时间；有效地终止糊化反应，添加反应终止剂（低浓度酸液）中和多余的糊化剂。

（2）硼砂用量与络合　黏合剂一般使用硼砂作为络合剂，络合的目的是使胶液产生轻度凝胶，从而使胶液在储存过程中黏度稳定且防止分层。当硼砂用量偏小或络合时间太短，造成络合不足时，黏合剂在储存期间将出现不同程度的沉淀分层。当络合剂过量时，如属于络合完全（即络合剂全部参与结合），则胶在冷却后即呈现过度凝胶化。如属于络合程度适宜但仍有未参与络合的多余的络合剂存在，则出胶后24～72h内，黏合剂出现过度凝胶化。

黏合剂的过度凝胶化表现为黏性差、黏度高、流动性差、胶有弹性，严重时黏合剂可成为富有弹性的凝胶体。黏合剂的凝胶化还会伴随着储存过程中的缓慢糊化而进一步加深。

（3）pH值　当pH=7时，黏合剂将很快分层沉淀，但由于糊化剂和络合剂均为碱性物质，故一般不会出现这种情况。当用酸性试剂中和多余的糊化剂时，应注意pH值一般控制在9～11。

(4) 消泡　黏合剂在生产和运输过程中会混入气体形成气泡，气泡不仅影响胶的使用，还将促进胶的腐败，必须加以消泡。黏合剂的消泡剂应兼有消泡和抑泡功能。

(5) 防腐剂　在糊化和消泡能达到要求的前提下，适量添加防腐剂可有效抑制黏合剂的腐败。黏合剂一般使用甲醛、苯甲酸钠作为防腐剂。在黏合剂里面添加防腐剂是最有效的抑制黏合剂腐败、变质、发霉的办法。苯甲酸钠用量为黏合剂总量的 0.15%～0.3%。由于苯甲酸钠的防腐机理不同于杀菌剂，因而过量添加苯甲酸钠并不能提高其防腐效果。

当按正常用量添加防腐剂后，黏合剂在储存期内仍然有腐败，则应当从糊化、消泡、储存方面查找原因。

(6) 储存温度　黏合剂储存温度过高，将促使胶液的腐败和凝胶化；温度过低则促使胶液分层，储存环境温度冷热交替变化对胶液的凝胶化有促进作用，且温差越大，影响就越明显。

黏合剂储存温度以 20～25℃为宜，应放在通风阴凉、环境温度平稳、温差变化小的地方，避免放在窗户边被日光直接照射，造成温度增高。黏合剂的储存容器要求密封不漏气，以防止其接触空气氧化变质。

第四章

瓦楞纸板柔性版印刷技术

随着经济的发展和审美意识的增强，人们对产品包装质量的要求日益提高。瓦楞纸板不仅要起到保护商品和方便运输的作用，还要起到展示和美化商品、促进销售的作用，所以现在的瓦楞纸板已向多色、网线版印刷方向发展。据有关资料统计，瓦楞纸板采用柔性版印刷技术在美国占98%左右，西欧占85%左右，日本占93%以上，我国估计在50%以上。

第一节　柔性版印刷的基本原理及特点

一、柔性版印刷的基本原理

柔性版（flexography）印刷简称柔印，通过网纹辊传递油墨，印版图文部分凸起，印刷时网纹传墨辊将一定厚度的油墨层均匀地涂布在印版图文部分，然后在压印滚筒的印刷压力作用下，图文部分的油墨层转移到承印物的表面，形成清晰的图文。

按印版滚筒与压印滚筒的排列方式，可分为上印和下印，其印刷原理如图4-1所示。印版滚筒在压印滚筒一侧转动，并和压印滚筒的线速度一致。短暂停机时，墨斗辊和网纹辊上移，脱离印版滚筒，而墨斗辊和网纹辊继续保持转动，以利于匀墨和保持网纹辊上的油墨不干燥。墨斗辊在网纹辊一侧转动，其切线速度低于网纹辊的切线速度，目的是控制墨量及防止印墨飞溅。瓦楞纸板印刷大多为组合式柔性版印刷机，各机组独立呈水平直线排列。

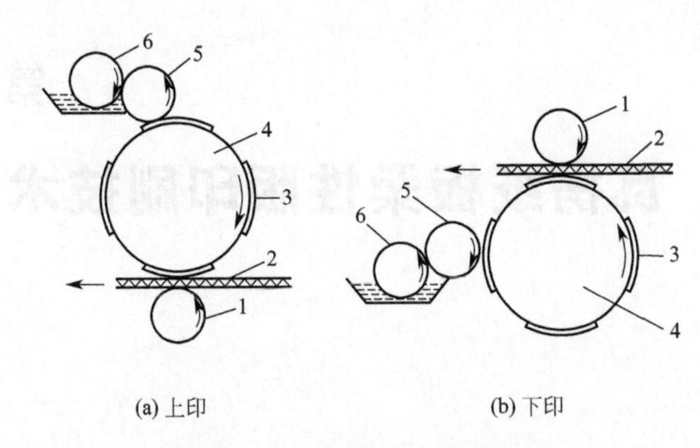

图 4-1 瓦楞纸板柔性版印刷原理

1—压印滚筒；2—瓦楞纸板；3—印版；4—印版滚筒；5—网纹辊；6—墨斗辊

二、柔性版印刷的特点

柔性版印刷技术在瓦楞行业中的广泛应用与之具有的诸多优点分不开。

① 柔印采用了短墨路输墨系统，机器操作维护简单。

柔印机采用网纹辊的短墨路输墨系统，几乎 2～3 转就能达到印刷质量要求，机器的操作维护简单。不仅与凹印一样是短墨路，而且还能控制墨量的传递，可以实现准确的上墨量，保证了印刷中墨量的一致性，在同一批印品中保持较小的色差。柔印兼有凸印、凹印和胶印三者之长，又有高速、多用、成本低、设备简单等优点。

② 柔印是一种环保的印刷方式。

柔印使用无毒无害的水性油墨，无挥发性有机化合物（VOCs）排放，符合美国食品药品监督管理局（Food and Drug Administration，FDA）的卫生要求，适用于食品、药品、儿童用品、化妆品等包装的印刷。印墨干燥速度快，可适应柔印的高速、多色、一次套印的要求，又不会损伤柔性印版。如柔性版印刷瓦楞纸板，水性油墨的润湿性和亲和性较好，柔性版只要轻轻接触瓦楞纸，水性油墨就几乎全部被瓦楞纸吸收，印刷墨色均匀、平服、厚实。另外，对于目前国内流行的瓦楞纸板预印技术，柔印依然凭借其绿色环保、节能减排、保质高效的优势独占鳌头。

③ 印刷压力小，可实现印刷机的轻型化。

印刷压力是瓦楞纸板抗压强度的重要影响因素，印刷压力对瓦楞纸板抗压强度的影响如表 4-1 所示。

表 4-1 印刷压力对瓦楞纸板抗压强度的影响

印刷压力/Pa	100	200	400	600	800	1000
抗压强度/N	7263	7025	6820	6150	5415	4878

从表 4-1 可以看出，随着印刷压力的不断增加，瓦楞纸板的抗压强度不断下降。在此过程中，瓦楞逐渐发生压缩变形直至被压溃。因此，为了保证瓦楞纸板具有较好的印刷外观及堆码强度，应尽量采用最小的印刷压力。而柔印版材具有一定的弹性，需要的印刷压力较小，对瓦楞纸板抗压强度的影响较小。

柔性印版压缩变形后能较好地接触瓦楞纸板，瓦楞高的部位不会产生因压力过大而痕迹凸现，瓦楞低处也不会因为接触不到印版而没有墨迹，这是柔印独特的优势，平印、凹印都无法克服瓦楞纸厚薄误差和受压不均的缺陷。柔印压力轻，不易使卷筒纸断裂，可以节约纸张，提高经济效益。

④ 柔性版印刷机组合性强，适合宽幅印刷。

瓦楞纸板面积较大，长度达 1.6～3.5m，如果采用平版印刷的长墨路传墨系统，设备庞大，制造、操作、维修困难。而柔印机结构简单，可以实现大幅面印刷，并且组合性能强，能与多种工序联合组成统一生产线，可以大批量、大规模地生产，大幅度提高生产效率、降低能源损耗。

⑤ 承印材料范围广。

柔印既可先在面纸上预印，再制成瓦楞纸板，也可直接在瓦楞纸板上印刷，且适用的瓦楞纸板定量范围广，为 80～400g/m^2。

⑥ 生产成本低，设备投资少，易于监控。

在印刷面积相等的情况下，柔印比胶印节省 20%～30%的成本，且瓦楞纸板柔印机的投资低于相同规模的胶印机或凹印机，一般可节约 30%～40%的设备投入，且易于操作和维护。如 BHS 机组式柔印机更换一个套筒印版不到 2min，在一个机组上更换印刷颜色的准备时间为 8～10min，更换一个网纹辊（或套筒）的时间不到 3min。BHS 柔印机的控制显示系统能检测并显示生产所需的各种数据，并能存储活件的生产工艺数据，便于重复使用。系统可对机器实时监测，显示故障点，操作人员按指示处理故障，对于复杂的故障还可通过网络由制造厂家实施远程诊断。

⑦ 制版周期短，精度高，耐印力高。

目前柔性版材多采用预制的感光性树脂版，这种版材具有柔软可弯曲的特性，可以像 PS 版一样预先批量生产，随取随用。制版工艺简单，制版周期大约是凹版制版时间的 1/2，制版费用大约为凹版制版费用的 1/10。版材的伸缩量小，在制版时不产生伸缩变形，对原稿的再现精度高，能制出 133LPI（线/英寸）、150LPI 的图像，而且印刷产品的层次丰富、色彩鲜艳，印版的耐印力可以达到 50 万～100 万印，特别适合包装印刷要求。

⑧ 柔性版印刷可以降低能耗，节能减排。

凹版印刷在印每个色组时都要进行干燥，并且着墨量很大，而柔印机着墨量相对减少，能源成本节省 30％。柔印机适合宽幅印刷，比窄幅印刷的生产效率高 30％～50％，可大批量、大规模生产，比凹版印刷能耗降低 15％左右。另外，柔性版印刷方式的生产周期正在缩短，制版速度相对凹版印刷提高很多。

柔印在瓦楞纸板印刷行业占绝对优势。印刷瓦楞纸板时，加网线数一般不超过 100LPI。若原稿设计合理，采用 80LPI 加网线数也会取得很好的印刷效果。现在，国内瓦楞纸板柔性版印刷所使用的柔性印版厚度范围很大，一般使用厚度为 3.94mm 的印版。根据印刷条件的不同，可以采用较薄或较厚的柔性印版，如果条件许可，采用较薄的印版可以使印迹变形减少。

瓦楞纸板柔性版预印的印刷质量比后印质量好，价格也有优势。预印刷适合于大批量印刷，近几年瓦楞纸板纸预印的市场需求有增无减。

第二节　柔印印前处理

一、柔印印前设计的要求

柔印生产过程中，如果柔性版制版设计存在缺陷，常常会导致印品出现糊版、色差大、套印不准等质量问题，不仅影响生产效率和印品质量，还会增加生产成本。因此，在瓦楞纸板柔性版制版设计中，应根据瓦楞纸板的特点，综合考虑各方面的影响因素。

1. 抗压强度

抗压强度是指瓦楞纸板可承受的最大压力，是检验瓦楞纸板堆码是否合理的重要指标。

经过印刷，瓦楞纸板的抗压强度明显降低，如表 4-2 所示。印刷面积大小会影响瓦楞纸板的抗压强度。随着印刷面积的增大，瓦楞纸板抗压强度下降，如表 4-3 所示。之所以会出现表 4-2 和表 4-3 中的现象，是因为柔印所用的油墨是环保型水性油墨，瓦楞纸板在印刷过程中会被润湿，如果将版面设计成大面积的色块或图案，由于吸收大量水分，瓦楞纸板的抗压强度会降低。

表 4-2　瓦楞纸板印刷前后抗压强度的比较　　　　单位：N

状　态	抗压强度					
印刷前	6752	7541	7844	7619	7452	7441
印刷后	6434	6861	6783	6841	6627	6214

表 4-3　印刷面积对瓦楞纸板抗压强度的影响

印刷面积/%	0	10	20	30	40	50
抗压强度/N	7530	7449	7433	7322	7100	6800

由于直接柔印对瓦楞纸板的抗压强度有一定影响，因此在柔性版制版设计时，应综合考虑柔印对瓦楞纸板抗压强度的影响。首先，应避免设计大面积印刷版面，这是因为瓦楞纸板表面吸收大量水性油墨后，其抗压强度将大幅下降。比如，运输包装应以标识图为主，销售包装应采用富有创意而明快的图文设计为主，这样既不会破坏瓦楞纸板的抗压强度，又能减少油墨的使用量，有利于成本节约。其次，印刷图文的线条应与瓦楞的楞向垂直，这样可有效避免印刷压力对瓦楞纸板抗压强度的破坏。最后，减少颜色色数。使用最优质的印版，单色印刷后，纸板抗压强度下降 6%～12%，三色印刷后，纸板抗压强度下降 17%～21%。为保证纸板物理性能，设计要尽量简洁，避免大面积实地印刷，减少颜色数量。

总之，瓦楞纸板柔性版的印刷版面应以简单明了为宜，这样既能涵盖内装产品的基本信息，又能节省柔性版、油墨等材料，从而降低生产成本。

2. 色彩运用

柔性版制版设计中，如果设计的印刷图案叠印色数过多，则会导致印刷图案色彩灰暗，缺少高光和中间调区域，网点过渡参差不齐，印刷效果较差。有时仅利用三原色或常规四色是不能有效表现出整个印刷图案色彩的，此时需要增加专色来弥补四色印刷的不足，并起到一定的防伪作用。所以，在同样能够充分表现设计原稿的前提下，应尽可能将印刷色数减到最少，这对于批量生产的印刷操作、质量控制和成本控制是有益的。

另外，设计者必须了解自己的创意通过几种颜色来表现。国内的瓦楞纸板柔印机机组数一般为 2、3、4、6 不等。在确认用几种颜色前，一方面要考虑到印刷机色组数，另一方面从工艺上必须考虑到是否用白墨，是否用上光油，从而最终确定可以用来表现创意的色数。

3. 层次运用

层次运用上，高光和暗调处层次要平，中间调层次要丰富。

由于柔性版材料具有高弹性且易变形，故受压后网点增大较严重，特别是高光网点容易丢失，暗调网点增大严重甚至出现糊版现象，从而使印刷效果缺乏层次感，导致印品质量下降。因此，在瓦楞纸板柔性版制版设计时，版面高光网点应不小于4%，暗调网点则应控制在85%左右，对于纸面粗糙的瓦楞纸板可再适当加大高光区域的网点面积率。比如渐变色的使用，如果网点渐变至0%，在小网点或要绝网处会有明显的界线或印口，影响包装的形象。虽然每个厂家都有自己的办法克服或解决这种问题，但无论如何，柔印都不能和胶印相媲美。再如，图像边缘若淡化到绝网，同样会出现前面所说的问题，这就要求设计师在进行包装设计时考虑到避免此类问题的出现。

值得一提的是，在包装设计中，很多时候会使用金、银墨等来丰富包装设计效果，提高包装档次。在使用金、银墨时，如果图案包含网目调，最好在高光和暗调处多留出一些空间，高光处网点最好在20%以上，因为这类油墨印刷网点很容易糊版。

印版加网线数应根据瓦楞纸板面纸的材料而定，预印彩色瓦楞纸板使用高档涂布白板纸作为面纸，加网线数可选用150～175LPI；直接在瓦楞纸板上印刷时，由于瓦楞纸板表面的平滑度和平整度差，加网线数应控制在100LPI以下。另外，柔印各色版的加网角度一般为C22.5°、M82.5°、Y7.5°、K52.5°。印刷图案叠印色与版面主色调的加网角度相差30°为宜。柔印通过网纹辊传墨，若网纹辊的网孔角度为45°，则印版加网角度就应避免采用45°，这样可有效避免龟纹的产生。总之，为了实现更好的印刷视觉效果，加网角度应根据印品特点来设计。

4. 印刷套准

在柔印过程中，不仅要追求印刷图案的精美，还要充分考虑印刷难度。例如，对于需要套印的细小文字和图案，如果套印精度难以得到保证，印刷图案就不美观，甚至造成废品。特别是互补色的套印，两色套印交界处总会出现明显的黑边，严重影响印刷图案的美感，此时可以通过陷印有效解决这一问题，瓦楞纸板的陷印通常可以做到0.3mm以上，有时针对不同型号的柔印机可能还会略小一些。

5. 细小文字和线条

由于柔性版上是浮雕图案，所以柔性版对细小文字和线条的尺寸是有要求的。瓦楞纸板柔印建议线条宽度不低于0.5mm，如果是单独的线条还需加宽，文字笔画粗细最好也不低于0.5mm。另外，柔印过程中印版容易变形，从而导致细小线条和文字变形，过细的边缘装饰还会被主线条掩盖，而且细小反白文字或反白线条也极易产生糊版现象。所以，在柔印制版设计时应尽量使用粗一点的线条，装饰用线条与主线条的颜色反差也要大一些。

在条码使用方面，由于柔性版在印刷过程中受压易变形，版材又是平贴到滚筒上，还要变形，所以在条码处理上必须引起注意。针对不同的印刷机和不同的条码尺寸，每一个条码在制版前都要有一个提前的缩小量，才能保证印刷后能被检测。当然，这个缩小由制版厂家来完成。注意：条码的方向和尺寸，条码尺寸应参照标准，方向要尽可能与印刷方向一致。

6. 网线和实地

同一种颜色既有网线，又有实地，且颜色较深时，要分别制成两块版。

许多设计中将网线和实地做在一起，客户往往也支持这一点。但柔印传墨使用的网纹辊线数对于网目调版和实地版是不同的，大面积的实地连着局部的渐变，印刷是非常困难的。特别是实地颜色较深的稿件，照顾了网目调部分，实地就印不实或颜色浅；照顾了实地，网目调部分就糊版，有脏点。虽然有时可以通过选用适中线数的网纹辊，降低网目调部分的加网线数来解决，但无论如何与设计师的设计初衷是不符的。所以，设计过程中在考虑整体色数时，千万不要忽略这一点。

7. 排版效果

包装设计中，一般设计师只注重包装的成品效果和平面效果，很少重视包装的排版效果。印刷是一个批量生产过程，需要根据印刷机的幅宽和版辊周长来排列包装的单图。因此，在设计时一定要考虑到排版效果。特别是当单个图案需要重复排列时，相交接位置的颜色应该一致或者相连的图案设计是连续的，以避免在印刷后由于模切偏差使一个包装上的局部图案孤立地出现在版面上相邻的另一个包装上，造成成品包装不美观。

上述牵涉到排版问题的都是小尺寸包装。实际上，在瓦楞纸板包装中有许多是大尺寸的，如冰箱、显示器等的包装，在设计时必须考虑输出和制版尺寸的局限性，超过最大尺寸的图案最好不要设计成连续图案或整体图案，否则就必须要进行拼接，印刷后会存在明显接痕，大大影响印刷效果。

8. 设计时尽量使用矢量软件

设计过程中，像 Photoshop 等像素形式的软件最好只用来处理图像或制作一些特技效果，其他的线条、文字、色块最好用矢量软件制作，这样可以更方便、快捷地针对柔印的特性对设计稿做出一些调整，如陷印等，达到方便印刷的效果。设计师在将设计的作品以电子数据的形式交付印刷厂家或制版厂家时，最好在数据存储前将设计稿中的所有文字转成路径，以减少接收者因字库不全等原因而更改字体。如果需要更改的文字较多或不将文字转成路径，应该把相应的字库和设计稿件一起发给数据接收者。

9. 版面的问题

版面上应避免沿印版滚筒周围设计规则图案和与瓦楞方向相同的带状条纹的出现。

印刷时，柔性版沿圆周方向会伸长，造成规则图案变形；或此类图案可能局部压溃瓦楞产生压痕，便瓦楞纸板受压后极易沿压痕弯折，对纸板强度破坏较大。

总之，要通过瓦楞纸板柔印技术印出良好的印刷效果，必须从稿件设计开始就充分考虑瓦楞纸板柔印技术的特点，而这也需要设计师、制版厂家、印刷厂家、最终用户共同努力协商而成。

二、柔印印前补偿

瓦楞纸板柔印在印前处理时若按照胶印或凹印的方法来制作柔印版，印刷出来的样张会出现很多质量问题，如颜色变深，层次丢失，高光部分出现丢点或硬边等。柔印由于版材结构及印刷工艺的特殊性，所以在印前处理中应采取相应的补偿措施，如网点扩大补偿、印版伸长变形补偿等。

1. 网点扩大补偿

(1) 柔性版网点扩大的规律　由于柔性版材柔软具有弹性，加之在印刷过程中又需要施加压力，尽管在柔性版印刷中采用轻压力印刷，但还是会导致印刷图像网点的扩大和图像的伸长，引起色彩和层次复制的变化。在实践中，通过测定并绘制相应的柔版印刷特性曲线可以看出，柔版印刷过程的网点增大问题是十分严重的，10%以下的网点是很难控制的，因此，对于高光区应作特殊处理，应该尽量放平网。

当采用低黏度的水性油墨印刷时，只要印版表面与承印物表面之间的压力稍大一些，印版上的油墨即会向四周扩散，使网点形成一个中间墨层薄，边缘墨层厚，类似于空心的点子，这一点与胶印网点变化不同，见图 4-2。网点大小的变

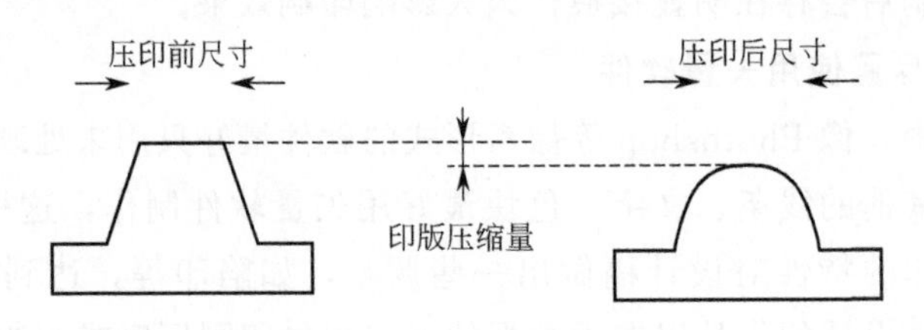

图 4-2　印刷压力导致印版网点扩大

化随不同油墨、不同纸张及不同压力而有所不同，但大致趋势是类似的。图 4-3 是加网线数为 86LPI 的杜邦赛丽（Cyrel）版的印刷复制曲线。

从曲线可以看出柔印网点扩大的情况，所以我们要在分色时注意调整分色层次曲线，将扩大部分进行压缩，使印刷网点扩大后达到理想的层次复制曲线，实现理想的网点还原。

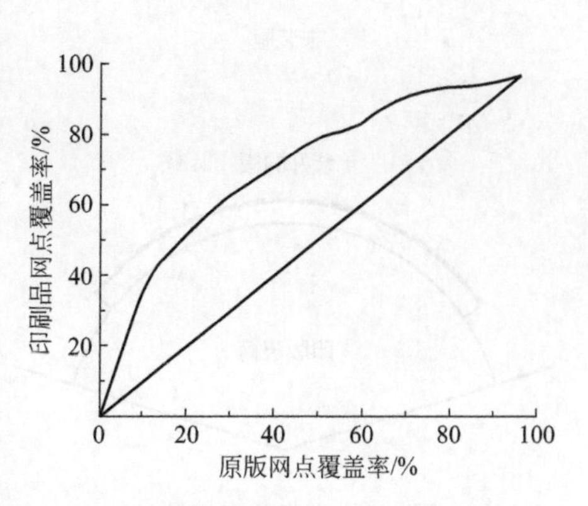

图 4-3　网点扩大曲线

柔性版印刷由于版材柔软、弹性大，油墨的黏度小，流动性大，使其比其他印刷网点扩大更严重，网点再现范围更窄，柔印网点再现范围为 5%～85%。也就是说：85%以上的大网点，由于网点增大而产生并级现象，会使暗调区域糊死、无层次；5%以下的小网点，由于网点太小，很难在印版上“站住”。为了解决这个问题，应在印前设计和分色时对柔版网点增大进行补偿，一是可以采用混合加网技术，在印前制作时进行补偿；二是通过调整分色层次曲线对网点增大进行补偿。例如，假设网点扩大为 10%，则将印版上 50%的网点设置成 40%。在印刷时，40%的网点扩大 10%将变成 50%，就像原稿一样了。

（2）调频与调幅混合加网技术　由于柔性版印刷自身的缺陷，使得用调幅网点对连续调原稿进行印刷时，所能复制的阶调范围较窄。混合加网技术是将传统网点与随机网点的优势结合在一起，可以有效地避免各自的不利因素。在高光、暗调部分采用调频网点，网点扩大量小；在中间调部分采用传统的调幅网点，网点扩大量较小，并且从随机网点到传统网点实现平滑过渡，从 5%～10%和从 90%～95%是数字自动计算处理的，而不是简单地各自密度内插式的混合，如图 4-4 所示。

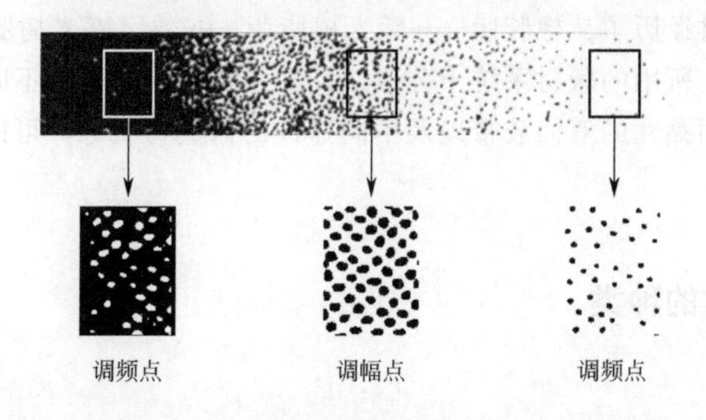

图 4-4　调幅和调频结合的网点技术

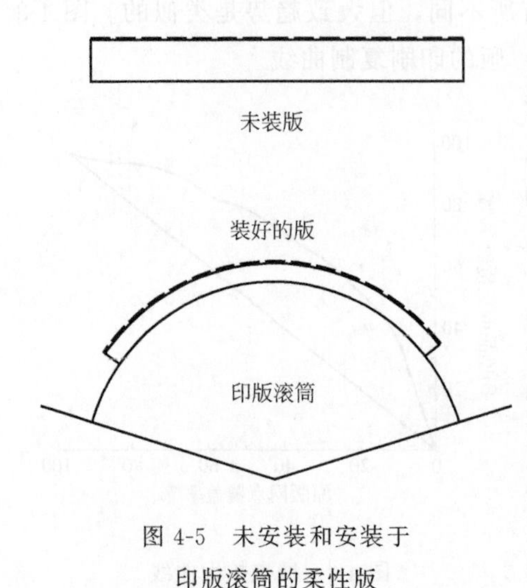

图 4-5　未安装和安装于印版滚筒的柔性版

相对传统网点而言，这种加网技术在高光与暗调部分的网点扩大更加稳定，容易预测，并可在印前制作时有效地补偿。可印刷的网点范围更大了，实际上可实现从 0～100％的阶调变化。

2. 印版变形补偿

柔性版最明显的特点是具有弹性，一个制作得非常完美的柔性印版，当它安装到圆柱形滚筒上之后，印版会沿着滚筒表面产生弯曲变形，如图 4-5 所示。在印刷压力的作用下，图文沿印刷方向（圆周方向）的尺寸被伸长，而滚筒轴线方向的尺寸基本不变，这种变形波及到印版表面的图文，使得印刷出来的图文与原稿尺寸发生偏差。

对于质量要求不高的印刷品可以不予考虑，但对于精细产品，质量要求较高的印刷品，必须采取措施以补偿这种尺寸的变化，补偿途径目前有下面几种方法：

① 在原稿设计时，根据印版伸长率，在变向尺寸中减去相应值。

② 拍摄晒版软片时，采用变形镜拍摄，缩短变向尺寸。

③ 采用电脑制版，需在设计完墨稿分色前，给一个单向缩放指令。

④ 采用滚筒式的晒版方法，即晒制印版滚筒与印版滚筒尺寸相同。

第三节　柔性版制版工艺

柔性版版材经历了从橡胶版──→感光树脂版──→数字感光树脂版的过程。在柔性版印刷中，所用的版材系统十分广泛，如各种不同类型、不同厚度、不同基底的版材，不同黏性的双面胶带以及不同弹性的衬垫材料等，可以搭配构成多种不同的组合。

一、柔性版材的种类

1. 橡胶版

橡胶版的主要材料是天然橡胶和合成橡胶，制版方式有手工雕刻、激光雕刻和铸造三种。

合成橡胶的种类很多，丁腈橡胶是使用最广泛的人造橡胶，适合于溶剂油墨的活件。但对于醇基或水基印刷油墨来说，天然橡胶在亲墨性、传墨性、覆盖力和再现性方面均优于合成橡胶。

橡胶版的硬度是很重要的技术参数，多数橡胶版的硬度范围很小，通常为40～55肖氏硬度（HS），标准值为50肖氏硬度。

2. 感光树脂版

感光树脂版分为固体感光树脂版和液体感光树脂版。

固体感光树脂版是一种预涂版，由预制的固态聚酯制成，如同平版印刷使用的PS版一样。固体版印版制作过程简单，印版厚度均匀性好、宽容度大、收缩量小、耐印率高，发展较为迅速。目前，国内常用的固体感光树脂版材均有系列产品，有不同的规格、厚度和硬度等。

液体感光树脂版是由液态聚酯按要求的厚度进行涂布，固化后形成。液体版材的表面张力比固体版材要高 $(4\sim5)\times10^{-5}$ N/cm，使用相同网纹辊，带墨量要比固体版材高10%～20%，实地的覆盖效果较佳，油墨传递性能优良。目前，国内外常用的感光树脂版有杜邦赛丽（Cyrel）版、FLEX-LIGHT固体感光树脂版、巴斯夫Nyloflex柔性版材等。

3. 数字感光树脂版

数字感光树脂版是一种新型的、更薄的用于柔性版印刷的版材，其表面有一层黑色的保护层，而该保护层能被CTP设备所发射出来的激光烧蚀掉。在不同的气候下也能具有十分稳定的使用性能，即使在印刷几百万次之后，油墨的转移性能仍能保持恒定一致。

杜邦公司推出的热成像Cyrel Fast DFP和使用溶剂的Cyrel DSP版材，可以获得最高的实地密度和出色的网点质量，几乎可以作为相关市场的通用型版材使用，可以实现实地、半色调和文字的高质量还原，可以为高分辨率图像提供中高油墨密度。此外，版材的设计确保了长版印刷中版面的干净和良好的耐磨性。

二、感光性树脂版制版工艺

柔性感光树脂版材有固体版和液体版两种形态。固体版材的结构是由版托、树脂层、薄衬膜和保护层组成。液体树脂是在版托上涂一层树脂，制作工艺流程大体上与固体树脂版相似。

1. 感光性树脂版的制版原理

感光性树脂版材在紫外光照射下，首先是引发剂分解产生游离基，游离基立即与不饱和单体的双键发生加成反应，引发聚合交联反应，从而使图文部分（见光部分）的高分子材料变为难溶或不溶性物质，而非图文部分（未见光部分）仍保持原有的溶解性，可用相应的溶剂去除非图文部分的感光树脂，使图文部分保留，形成浮雕凸版。

感光树脂版的制版过程是光化反应过程，该过程有直接光聚合和增感光聚合两种形式。直接光聚合是指感光树脂中若干分子吸收光而由基态变为激发态，引起分解而产生游离基，进而导致连锁反应。增感光聚合是指感光树脂结构中在单体以外，加入光谱增感剂，当感光树脂吸收光量子后，增感剂生成游离基，进而引发树脂分子发生聚合反应。为使聚合后的感光树脂的可溶性、渗透性、黏附性、硬度、弹性以及输墨性和分辨率等性能都适合印刷要求，一般在感光树脂中还要加入交联剂、光稳定剂、防老化剂、阻聚剂等组分。

2. 固体感光树脂版的制版工艺

固体感光树脂版具有制版周期短、操作简便、分辨率高、伸缩性小、耐印力高、印刷速度快（可达 200m/min）等特点。固体感光树脂柔性版的制作工艺流程：

准备→背面曝光→主曝光→冲洗显影→干燥→去黏处理→后曝光→整修

(1) 准备　准备密度为 4.0 的阴图片（负片，经退光处理）和适当大小的版材。

(2) 背面曝光　背面曝光又称预曝光、前曝光，目的主要是为了产生印版的浮雕高度及版基厚度，增强与聚酯支撑层的黏着性，提高材料的光敏性，从而减少主曝光次数。

将感光版材放进曝光装置，光源预热 5min，把版材正面朝下放在晒版架上吸紧，调节曝光时间，进行浮雕深度的背面曝光，背曝光时间的长短决定了版基的厚度。曝光时间越长，版基越厚。

以通常制作印刷瓦楞纸板的 3.94mm 厚的版材为例，先根据菲林的大小把版材裁好（一般版材要比菲林四周稍大 3～5mm，否则会影响抽真空）→把裁好的版材背面朝上放在晒版平台上（此工序不用菲林及抽真空）→将晒版背面曝光时间调为 45s（背面曝光时间的长短可根据版材型号、制版光源、图像的繁杂程度来确定。曝光时间长可使浮雕深度减小，反之，则大。浮雕深度约控制在版厚的 80%左右）→背面曝光。光源采用长波（UV-A），如图 4-6(a) 所示。

(3) 主曝光　主曝光也叫正面曝光，是将阴图片（菲林）上的图文信息转移到版材上的过程，它是确定柔性版版面图文清晰度和坡度是否达到最佳印刷效果的关键，如图 4-6(b) 所示。

首先把版材正面朝上放在曝光机晒版台上，撕去保护膜，在既定的位置放上阴图片，乳剂面与版面贴合抽真空。当真空度达到标准后，对印版正面进行曝光，曝光时间取决于阴图片上图文的类型。一般来说，网线版的主曝光时间要高于线条版，各色版的主曝光时间不同，从长到短依次为黄版、品红版、青版、黑版。

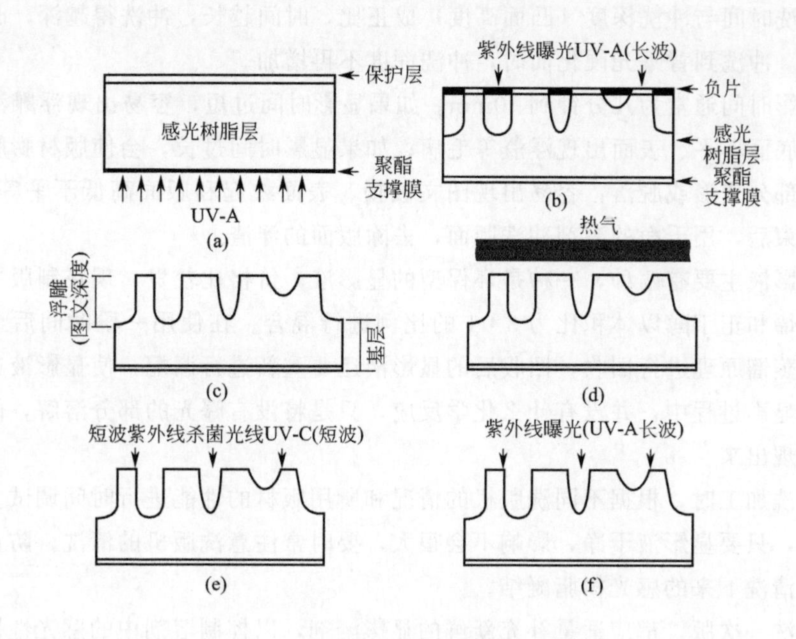

图 4-6　固体感光树脂版制版工艺流程

主曝光时间由版材的型号、图文的类型、光源的强度、版材的厚度不同而不同。一般地讲，不同型号的版材，性能有所差异，特别在曝光时间的宽容度方面存有差异。对购进的每批版材，随着使用光源的老化，也需要重新测试主曝光时间。

主曝光的时间与图文凸面的深度和坡度成反比，即主曝光时间越长，深度越深，坡度越小。曝光过度，会使印版图文的深度浅、坡度小，造成印刷时印迹不清晰，容易糊版。相反，曝光时间不足，版面浮雕过深，细小文字、线条易弯曲，小点难以立住脚，易造成废版。主曝光的正确时间应根据版材型号、图像面积来掌握，一般来说，主曝光时间与图像面积（受光面）成正比。对于厚度为2～4mm 的版材，曝光时间一般是几分钟到几十分钟，操作时应注意感光强度。

在晒版过程中，经常遇到金属墨色和色墨之间的套印问题。有的客户不太了解柔印的套印精度，陷印做得很小。在晒版时可以在色墨片子与柔性版之间加一块透明的软片，让色墨版在光的散射作用下扩大，印刷时把金属色放在色墨后一色序印刷，这样金属色可以将色墨压住，套印也比较容易。

(4) 冲洗显影　显影的目的是除去未见光部分（非图文部分）的感光树脂，形成凸起的浮雕图文。未曝光的部位在溶剂的作用下用刷子除去，刷下去的深度就是图文浮雕的高度。冲洗后的凸面高度应与正面曝光时间、字迹表面宽度成正比，如图 4-6(c) 所示。

冲洗时间与冲洗深度（凸面高度）成正比，时间越长，冲洗得越深，凸像面就越高。冲洗到背曝光硬化面时，冲洗深度不再增加。

显影时间通常为几分钟到 10min。如果显影时间过短，容易出现浮雕浅、被显影的底面不平、表面出现浮渣等毛病；如果显影时间过长，会使版材膨胀，导致精细部分变形或脱落，容易出现图文破损、表面鼓起和版面高低不平等问题。冲洗结束后，用干净的溶剂冲洗版面，去除版面的浮渣。

显影液主要有两种，一种是环保型的显影液，价格比较贵，现在制版主要用四氯乙烯和正丁醇以体积比为 3∶1 的比例进行混合。在使用一段时间后显影液要根据蒸馏原理进行回收，回收后的显影液还要重新进行调配，使显影液达到要求。在显影过程中，并没有什么化学反应，只是将没有曝光的部分溶解，使图文部分显现出来。

冲洗加工时，根据不同洗版机的情况和所用版材的性能进行时间调试。一般情况下，只要显影液干净，影响不会很大，要时常注意洗版机的清洗，防止洗版毛刷被清洗下来的感光树脂凝结。

每洗一次版，都应适量补充新鲜的显影溶剂，以控制溶剂中的感光性树脂成分不能太多。过分地减少溶剂的补充量，将会影响版材表面的光洁度，使得版材表面感光树脂单体残留过多，引起版材表面发黏发胀。补充溶剂同时可提高显影速度，有利于延长洗版机的寿命，提高显影的质量。切不可将未经蒸馏的旧溶剂作为补充剂加到新鲜溶剂的管道中去，这样会引起毛刷结块、喷淋堵塞、机内循环不畅等诸多故障。

(5) 干燥　版材在冲洗过程中，由于长时间与溶剂接触会吸入溶剂而产生膨胀、黏而软。通过热风干燥可使版材中的溶剂挥发，使其恢复到原来的尺寸和厚度，如图 4-6(d) 所示。需将冲洗过的版放入烘箱，在 50～70℃的温度下设置烘版时间为几分钟到 30min，甚至 1～2h，在室温下干燥时大约需要干燥 12～15h。一般洗版时间过长或线条太细的柔版需要更长一点的烘干时间。时间太长容易导致版面爆裂并影响印刷效果，时间不够容易烂版。

干燥的温度和时间要严格控制，依据版材厚薄和洗版时间的长短来决定。若未充分干燥，则版面膨胀程度仍是不均匀的；如干燥温度过高，会使印版变脆，印版图文的尺寸也会受到影响。印版干燥后最好放置在自然环境中静置 48～72h 再上机印刷。

(6) 去黏处理（后处理） 去黏处理的目的是去掉版材表面的黏性，增强着墨能力。有些柔性版是在后曝光之前进行去黏处理的，如杜邦赛丽 HOS 版、PLS 版；有些柔性版是在后曝光之后进行去黏处理。常见去黏方法如下。

① 光照法 光照法是普遍采用的一种去黏方法，通过一个短波辐射（UV-C 光源）来完成，如图 4-6(e) 所示，光谱输出波长为 254nm，对版面进行短时间照射。

光照的时间以能达到去黏为宜。光照时间过长，会导致印版开裂变脆；光照时间过短，不能达到去黏目的。光照去黏时间的长短，取决于显影时间和干燥时间。

② 化学法 把干燥后的印版放入去黏溶液中浸放 0.5～1min 即可。去黏溶液有由漂白粉组成的氯化溶液和盐酸、溴化物组成的溴化溶液，以增加印版的滑度和硬度。放入版时，版面图文朝上，版基朝下。

化学去黏处理的时间与所用的版材、去黏液配方以及温度有关。经过去黏处理的印版，必须用自来水冲洗干净，并把版面的水除去。

③ 喷粉法 通过将细玉米粉、碳酸镁、爽身粉或滑石粉喷洒版面，达到去黏目的。此法对于细线条原稿、网线版是不适宜的，因为喷粉会导致版面堆墨。对带细微层次的版要用硅树脂喷雾，喷雾后的版要用溶剂洗净，以免影响印刷时油墨的转移。

(7) 后曝光 后曝光即对印版进行一次全面的、均匀的曝光，目的是使版材内部没有硬化的树脂彻底交联，版面树脂全面硬化，达到工艺所需硬度，不受油墨和溶剂的影响而变形，从而提高印版的耐印力。后曝光时间约为几分钟至十几分钟，如图 4-6(f) 所示。注意后曝光时间过长会使印版容易爆裂，时间太短，印版的耐印力不足。

在后曝光和去黏过程中一般是先进行后曝光再进行去黏，可使版材进行充分固化，并有一定弹性，这两个曝光决定着版材的耐印力。但是，曝光时间过长对版材质量有很大的影响，可根据不同的曝光时间测定版材的耐印力，并进行统计，以确定最佳的曝光时间。

柔性版制版全过程可在制版机上连续完成。在去黏和后曝光阶段，采用两种不同波长的紫外光，分次曝光。第一次曝光（UV-C 光源）用来消除印版的黏着性；第二次曝光（UV-A 光源）增加印版耐印率。为了回收溶剂，还可设置溶剂回收机。回收机有热交换点和冷交换点。用过的旧溶剂在回收机内，自动气化、冷却、还原、流入储液槽，可再利用。

3. 液体感光树脂版制版工艺

液体感光树脂版和固体版感光树脂版成像的原理一样，不同之处在于它们的物理性质和制版的过程。液体版以高黏度感光树脂为主，所以不适于用溶剂油墨，而适用于水性油墨。

液体感光树脂版制版系统是一种可靠、快速制造柔版的工艺系统，可以方便改变印版硬度、浮雕深度和印版厚度，可以直接用软片晒制优良的柔版、树脂凸版及其他树脂类版，制版所用的材料和器材主要是液态感光性树脂、塑料或金属框架、晒版阴图片和制版时保护阴图片的透明薄膜。

液体版的原料成本低，制版设备简单，交联速度快，容易冲洗，制版速度快。液体版材非曝光部分仍是流动的树脂，用挤压或高压空气可以将80%以上非固化流动树脂回收，在版上残余的少量树脂可用少量水溶剂洗涤干净。制版过程从曝光、冲洗、烘干到后曝光的时间减少50%以上。但液体版分辨率较低，一般只能达到100～120LPI，适用于印刷时间性强而印刷质量要求不高的印刷品。

液体感光树脂制版时要在特定的曝光装置上铺流感光树脂。曝光装置由上、下两块精密的玻璃板和上、下紫外线光源等组成，以便印版进行正面和背面的曝光。

液体树脂版晒版要用高反差阴图片，在曝光时光线通过阴图片的透明部分使液体树脂固化形成印刷图文部分，而阴图片上黑色部分是非曝光部位，树脂仍保持液体状态，可以用风刀或冲洗液洗去，再经过一次曝光，印版就变得更硬更结实了，制版工艺流程如下：

成型⟶曝光⟶回收未硬化的树脂⟶冲洗⟶后曝光

(1) 成型　成型方法有铺流成型和注入成型两种。

① 铺流成型　如图4-7所示。制版时，首先将阴图片乳剂面朝上放在下侧玻璃板上展平，盖上薄膜（盖片）并贴实。薄膜起保护作用，在薄膜上涂布感光树脂液，树脂层上面放上版基（底片）；通过料斗将液体树脂倒入，用刮平刀刮平，再用压辊将底片压在树脂上面，将上玻璃放下，这样将液体感光树脂层夹在两块玻璃板中间，即可进行曝光。

② 注入成型　如图4-8所示。制版时，将版基4放在底座1上抽真空贴紧，放上垫板8，盖上与上玻璃板7贴紧的阴图片3，则组成一个空腔，再用压盖2压牢，然后用注入筒9将树脂注入腔内。

(2) 曝光　铺流成型后，如图4-7所示，首先用上部紫外线灯进行背面（部）曝光数秒，然后用下部紫外线灯进行正面曝光（主曝光）。注入成型方式采用单面曝光。

主曝光时间的确定，应根据版材的型号、灯光强弱、阴图片密度、文字粗细等因素确定。主曝光时间长短与版面浮雕深度、字体侧面坡度大小有关。曝光时

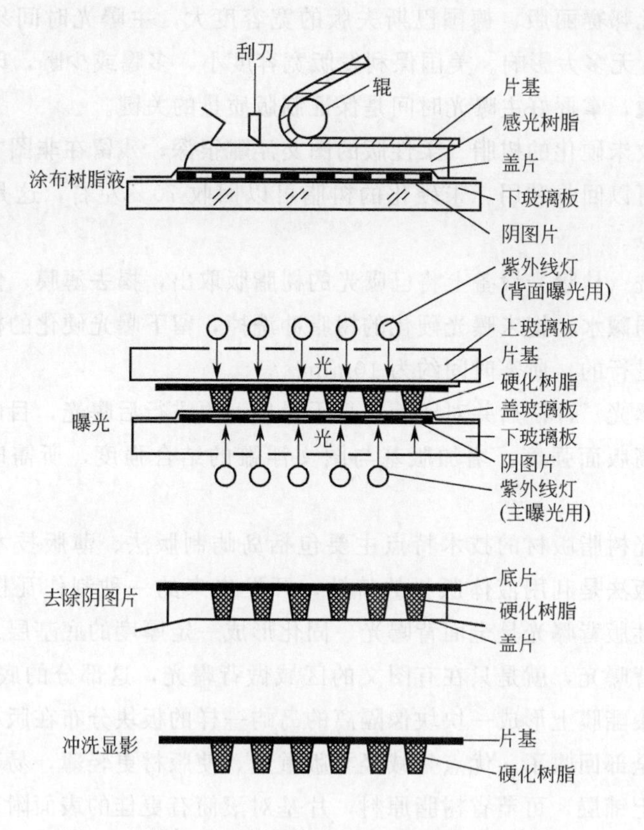

图 4-7 铺流成型法液体感光树脂版制版工艺流程

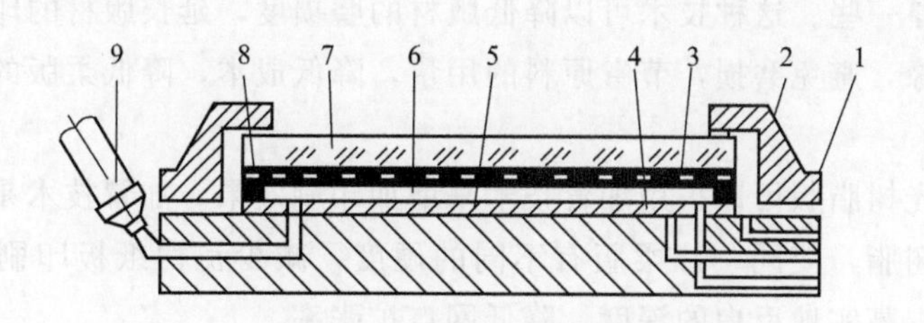

图 4-8 注入成型示意图

1—底座；2—压盖；3—阴图片；4—版基；5—抽真空孔；6—树脂；
7—上玻璃板；8—垫板；9—注入筒

间过度，将造成版面浮雕深度变浅，而侧面坡度变大，字、图间孔隙变小，容易在印刷时产生糊版等弊病；相反，曝光时间不足，将使版面浮雕过深，细小文字、线条易弯曲，小点难以立住脚，易造成废版。

不同型号的版材性能有所差异，特别是在曝光时间的宽容度方面存有差异。

一般来说，杜邦赛丽版、德国巴斯夫版的宽容度大，主曝光时间易于掌握，多曝、少曝 15s 无多大影响。美国保利发版宽容度小，多曝或少曝，印版都会产生问题。所以说，掌握好主曝光时间是保证制版质量的关键。

（3）回收未硬化的树脂　柔性版的图文浮雕很深，残留在非图文区的未硬化树脂很多，可以回收利用。未硬化的树脂可以回收 70%左右，这是采用液体树脂的突出优点。

（4）冲洗　从曝光设备上将已曝光的树脂版取出，揭去薄膜，使用专用毛刷刷洗或喷射弱碱水，把未曝光硬化的树脂冲洗掉，留下曝光硬化的树脂。冲洗是由机器自动进行的，所需时间约为 10min。

（5）后曝光　冲洗后并对印版进行干燥后，再进行后曝光，目的使图文的侧面硬化，提高版面强度，增加版基与图文浮雕的结合强度，所需时间为 10min 左右。

液态感光树脂版材的技术特点主要包括岛屿制版法、薄版技术以及加冒技术。岛屿制版法是利用液体版材的特性，开发出来的一种制作瓦楞纸板用的印版。一般柔性版背曝光是全面背曝光，固化形成一定厚度的底基层。但岛屿制版法是用局部背曝光，就是只在有图文的区域做背曝光，这部分的底基层和文字、图形在底层聚酯膜上形成一块块像隔离的岛屿一样的板块分布在版材上，没有固化的树脂就全部回收了。优点是减轻柔版重量，使版材更轻薄，易于存取，只在图像区域边上铺层，可节省树脂原料，片基对滚筒有更佳的表面附着力，不容易翘版，方便卷辊收藏。

液态版材可以采用薄版技术。相同厚度的柔版，薄基柔版的版基要薄些，图文部分要更厚一些。这种技术可以降低版材的磨损度，延长版材的印刷寿命，减少升高的边缘，避免磨损，节省原料的用量，降低成本，降低柔版的缩变率，便于存取使用。

液态感光树脂版可以采用加冒技术来增加印刷效果。加冒技术是在原树脂上面增加加冒树脂，使同一片柔版有不同的硬度，减少瓦楞纸板印刷的鱼骨纹效果，有效地提高实地反白的深度，降低网点扩张率。

液体感光树脂版具有经济、环保、方便快捷等特征，在欧美、日本、澳大利亚的瓦楞纸板印刷上大行其道，尤其是在注重节约及环保的国家，版材回收并用水溶剂的液体版几乎垄断了瓦楞纸板印刷的整个市场。在越南、泰国、马来西亚、新加坡等国家，液体感光树脂版已拥有超过 50%的市场占有率。但国内生产企业使用率还不高，随着时间的推移，液体感光树脂柔性版取代固体树脂柔性版将是大势所趋。

同为感光树脂版，液体版以未固化树脂可以回用，大大降低版费的特点吸引用户；固体版则以高质量的印刷可以助推商品销售，以占领更大市场为目标。成本不同，质量也不同，对包装市场的定位更不同，前者侧重于运输包装，后者紧盯着销售包装。这些年，为了提高印刷质量，瓦楞纸板印刷的主要质量指标即印版线数与套印精度的进步非常大。国内的瓦楞纸板直接柔印，目前的最高印版线数已达 150LPI；套印精度也非常高，误差小于 0.5mm 是业界主流，精细产品可达到 0.2～0.3mm。随着质量水平的提升，印刷成本也随之上升。

三、柔印计算机直接制版技术

1. 激光雕刻柔性版制版

激光雕刻柔性版是由图文信号控制激光直接在单张或套筒柔性版上进行雕刻，印版上非图文部分被蒸发掉，形成凸起的图文部分，然后用温水清洗形成柔性印版。激光雕刻柔性版主要有激光雕刻橡皮印版、无接缝印刷橡皮印版、无接缝橡皮套筒印版，可以雕刻线条版和层次版。

激光雕刻柔性版制版工艺简单，简化了贴版工艺，减少设备投资，节省费用。主要用于纸张、塑料、不干胶及瓦楞纸印刷。

（1）激光雕刻橡胶版　激光雕刻橡胶版的制造是通过高能量的激光来雕刻橡胶，与陶瓷网纹辊的制造类似。高能量的激光融化掉印版表面不需要的橡胶，留下凸起的影像。激光雕刻橡胶版结合了橡胶很好的印刷特性和计算机直接成像技术，不需要使用阴图片。大部分激光雕刻版图像是由计算机生成的。然而，雕刻过程非常耗时，特别是雕刻那些用于直接印刷瓦楞纸板的厚版时，雕刻时间较长。随着激光技术的不断发展，图像的保真度和生产速度都得到提高。

印版中的橡胶层是作为某一规格范围的柔性版印刷和凸版印刷的印版预先硬化的特定厚度，或者是使用橡胶卷料的原材料成分。

预先硬化的材料可以在平台式或者旋转式滚筒激光成像机器上成像。两种机器都直接连接到栅格化图像处理器（RIP）上，由 RIP 驱动激光。图 4-9 是橡胶版的网点结构。

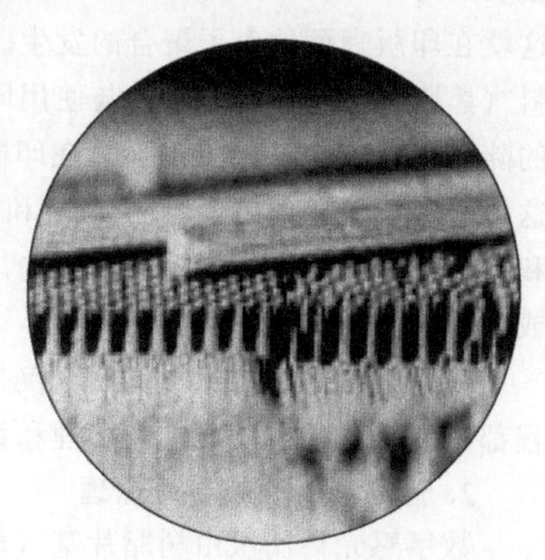

图 4-9　橡胶版的网点结构

（2）液体感光树脂版激光烧蚀　感光树脂在一个标准曝光单元中，浇铸形成一张大的固体印版，然后使用类似激光雕刻橡胶版中使用的激光单元成像，烧蚀时间比烧蚀橡胶的要短。双硬度版在激光烧蚀后表现出很好的成像和印刷效果。优点是不需要软片，曝光过程中无光散射，阶调再现效果好；缺点是增加印版成本（因为非图文部分的液体树脂回收），印版旋转速度慢，激光成像单元的成本高。

（3）激光成像直接制柔性版　激光成像直接制柔性版是使用计算机系统的数字信号控制激光，在光聚物或光敏型柔性版材上进行曝光，成像的图文部分感光树脂产生硬化反应，而对非图文部分不起作用。然后冲洗，未曝光部分的树脂被溶解冲洗掉，最后干燥、后曝光，形成凸起的柔性印版。

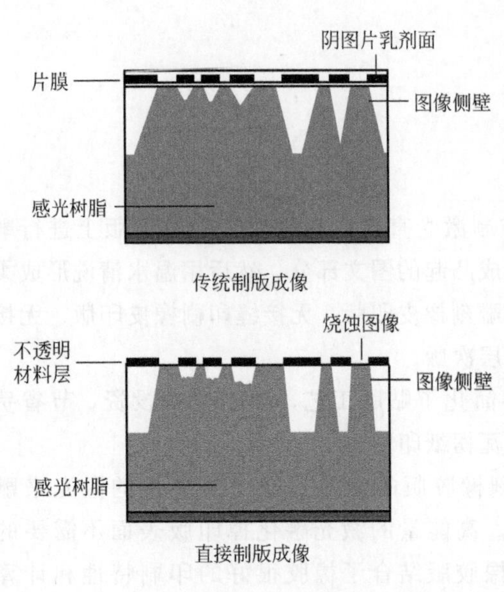

图 4-10　传统制版和直接制版成像截面图

对于直接成像柔性版，数字图像经过 RIP 直接传到不透明材料上，该不透明材料（黑膜）是感光树脂版上印刷表面的一部分。不透明材料被激光烧蚀掉或者被激光聚焦融化。一旦不透明材料被 RIP 过的数据激光融化，就形成了阴图像，印版就按照对待传统感光树脂版一样处理。所不同的是在曝光阶段不需要真空，因为承载图像的不透明材料（黑膜）本身已经和高分子表面紧密接触。因此，当成像光照射印版表面时没有材料阻碍。更重要的是，曝光和聚合都是在有氧的环境下进行的，这就在印版表面约束了聚合的发生。结果，印版上形成的图像比被写在不透明材料（黑膜）上的图像要小；与使用同样电子文件所制作的传统印版相比，其侧壁的陡峭程度不同，见图 4-10。在印刷网目调和随机图像中的高光网点的过程中，这也是个很重要的因素。图 4-11 和图 4-12 所示分别是相同高光网点在传统制版和数字制版曝光后扩大的网点结构。数字化的最大不同在于高光、整个阶调范围或者是对图像的影响方面。

使用直接制版成像影响的不仅是柔性版制版过程，而是到印刷机上的全部流程都是数字化的。因此色彩管理和数字打样成为该工艺流程中重要的因素。

2. 激光成像直接制版原理

数字感光树脂版由树脂片基（聚酯支撑膜）、感光树脂层、感光层上的黑色激光吸收层等组成，见图 4-13。感光树脂层和普通感光树脂版的感光树脂层一样，黑色激光吸收层能被激光烧蚀。

图 4-11　传统感光树脂版高光部分网点扩大图

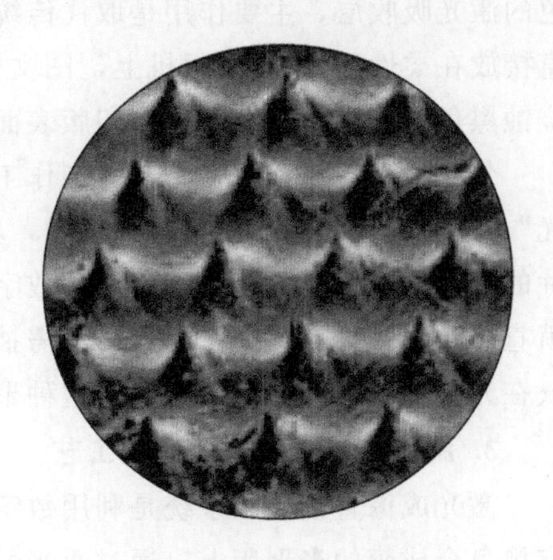

图 4-12　数字成像感光树脂版高光部分网点扩大图

直接制版可以采用激光烧蚀掩膜系统（Laser Ablation Mask System，LAMS）进行直接制版。在感光树脂层外面涂布一层黑色掩膜保护层，用激光对其进行烧蚀成像，烧蚀掉图文部分的保护层，露出感光树脂层。激光烧蚀成像完成后，先用紫外线光源进行背面曝光，然后进行正面曝光。图文部分的光聚合物受到紫外线照射，发生聚合而不能溶解；而非图文部分则受到保护，未发生交联反应。清洗掉非图文部分的感光聚合物以后，形成柔性版。

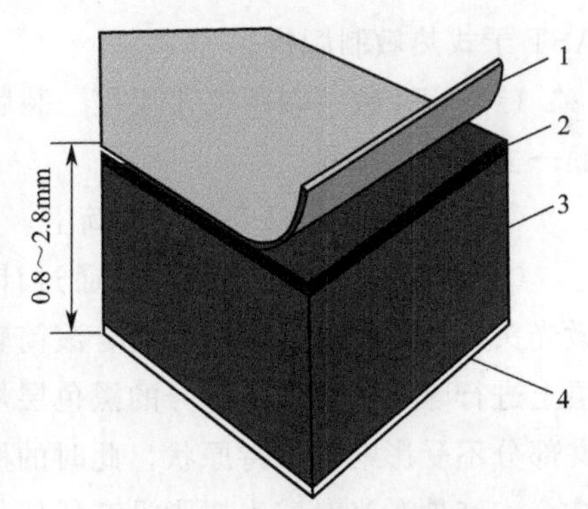

图 4-13　数字感光树脂版结构

1—聚酯保护层；2—黑色激光吸收层（被激光烧蚀）；3—感光树脂层；4—聚酯支撑膜

柔印直接制版时，首先由直接制版机图像发生器发出的红外激光将图文部分的黑色吸收层烧蚀掉，裸露出下面的感光树脂层。由于光聚合型感光层对红外线不敏感，因此被激光烧蚀掉地方的感光乳剂层不受红外激光影响。

激光烧蚀后，即可对印版进行全面曝光。保留在印版空白处的黑色涂层挡住光线，使空白处的感光胶层不感光；而图文处的感光胶层由于失去了黑色涂层的保护，发生光聚合反应，形成了最终的图文部分。曝光后，一般数字柔印版均能采用普通方式进行显影处理，即溶剂冲洗、干燥和整理。但有些数字柔印版在用溶剂冲洗前，需要先把黑色涂层用水冲洗掉。

直接制柔性版与传统柔性版的主要区别在于直接制柔性版表面增加了一层黑

色的激光吸收层，主要作用是取代传统柔性版制版过程中的胶片。制版时将版材直接放在柔性版CTP制版机上，图文便被传送到激光器上，其发出的红外激光烧蚀黑色激光吸收层，从而在印版表面形成想要的图像。

乍看之下，似乎两种不同的制作工艺没有本质的区别，关键就在于“有氧曝光”。由于传统工艺使用菲林片成像，在曝光树脂柔性版时需要抽真空，让菲林片的药膜面尽可能贴合柔性版。而数字柔性版直接制版技术的那层“掩膜”本身就直接贴合在柔性版上，曝光时无需抽真空，所以直接在有氧状态下曝光，而氧气在光聚合的过程中会部分抑制这种聚合的进程，所以曝光后的网点截然不同。

3. 激光成像直接制柔性版工艺

激光成像直接制版系统是利用数字信号控制YAG激光，产生红外线，在涂有黑色合成膜的光聚版上，通过激光烧蚀黑膜而形成阴图，然后进行与传统制版方法相同的曝光、冲洗、干燥、后曝光等加工步骤，制成柔性版。在激光成像制柔印版的方法中，比较典型的是巴可公司的CDI（Cytel Digital Imager）计算机激光直接制版机和杜邦公司的Gyrel DPS/DPH 100柔印版材以及Cyrela赛丽® AST干式热敏制版机。

（1）CDI数字制版工艺流程　装版→激光成像→背曝光→主曝光→冲洗→干燥→去黏→后曝光。

① 装版　将版材安装在滚筒上，吸气装置使版材吸附在滚筒上。

② 激光成像　将数字信号通过计算机控制柔印直接制版机CDI内的YAG激光头，滚筒旋转，激光头沿着滚筒轴向移动进行曝光。红外线在版材的黑色表层上进行曝光，将图文部分的黑色层烧蚀，使图文部分的感光树脂外露，而非图文部分不受影响，保持原状。此时的黑色表层看上去像阴图片，与感光树脂紧密结合。红外激光对感光树脂没有任何作用（感光树脂只对UV光敏感），激光烧灼形成的烟雾与微粒由真空净化装置进行净化，使合成膜消失后不留任何痕迹。

③ 背曝光　激光成像后，将版材放入带有UV-A光源的传统曝光机中进行背面曝光，形成印版的底基和提高印版的感光敏感度，背曝光的长短取决于印版图文的深度。

④ 主曝光　图文部分的黑色表层被灼烧洞穿后，就可以进行主曝光了，此时黑色表层遮光材料只充当底片的作用，所以曝光时不需要抽真空，而且曝光时间短、均匀，网点不变形。

主曝光时，裸露在外面的光敏树脂层见光发生硬化反应，从而形成图像的潜像；有黑色材料遮盖的光敏树脂层不见光，也不发生光化学反应。

主曝光和背曝光时分别使用上下两个光源，无须翻面，因而总曝光时间缩短，避免了不均匀性和烂点现象，构成高质量的感光聚合印版。

⑤ 冲洗　将曝光后的印版送入洗版机中冲洗，未被激光烧蚀掉的黑色材料与它下面未曝光的光敏聚合物一起溶解被冲洗掉，形成凹下的空白部分；见光硬化处的光敏聚合物不溶解，从而形成浮凸的图文部分。洗版时间要根据版材厚度及图文内容而定，一般浮雕高度略小于版材厚度的1/2，底基厚度误差不超过0.2mm。

⑥ 干燥　对印版进行干燥，作用是为了使残留在版材内的溶剂彻底挥发，使印版恢复原来的特性。

⑦ 去黏　用UV-C光源对印版进行照射，去除印版表面的黏性。保持合理的去黏时间尤为关键，判断印版表面去黏效果的依据为两块印版相交后能自然分开。

⑧ 后曝光　用UV-A光源对印版进行照射，使感光树脂完全硬化（定型曝光）。后曝光是指将印版的底面和图文正面分别进行一定时间的“裸曝光”，目的使印版达到最终应有的硬度，有利于提高印版的耐折度、硬度和耐印力，同时也能减少油墨和溶剂对印版的影响。大面积实地版、文字线条版、上光版所需的印版要软一点，网目调版所需的印版硬度要高一点。

激光曝光成像后的制版工艺省略了输出胶片过程，质量容易控制。另外成像载体合成入版材中，网点边缘轮廓更加陡峭，图像更为清晰，免除了UV光漫射造成的图像变形问题。

（2）柔性版CDI制版的优势

① 柔性版CDI制版可以轻松自如地满足一些层次丰富、网线数要求高的精细活件。传统柔性版的加网线数主要集中在133LPI及以下，网点增大率大，印刷时阶调层次易并级、立体感不强。而柔性版CDI制版最高加网线数可达到200LPI，制版采用了数字化流程和高分辨率的RIP系统，加上高精度的激光技术，其印版对细小网点的再现能力是传统印版难以比及的，网点增大也较小。

② 柔性版CDI制版在主曝光时无须胶片和抽真空，没有UV光的漫射，黑膜上激光烧蚀的高分辨率网点能忠实地再现在感光树脂版上，能轻松再现175LPI的产品和1%～99%的网点层次，最细线条能达到0.005mm，最小独立点能达到0.01mm。

③ 数字式柔性CDI版的宽容度好，曝光过程影响因素少，能轻松地避开传统柔性版的弊端，使得印版成品率高、耐印力高。

④ 柔性版CDI版设备的稳定性和精确度都非常高，无论是第一次制版还是重复制版，都能保证产品质量，并能够有效避免传统制版工艺中由于误差引起的各种问题，尤其是套印问题。

四、柔印激光直接雕刻制版新技术

激光直接雕刻（Direct Laser Engraving，DLE）技术通过高精度的激光束在印版上直接雕刻图像，只需冲洗，不存在对雕刻有负面影响的其他后处理。激光直接雕刻橡胶版和聚酯版的能力，即雕刻印版的成像质量，取决于激光束的精确度。制版人员与印前制作者可以制作出所需的网点肩角、浮雕高度和低于版面的图像。激光直接雕刻技术可以在三维空间内雕刻印版，使得印版成像更加自由，印版的浮雕变得更浅、更稳定。

1. 网点肩角

通过激光直接雕刻技术，用户可以根据需要制作出各种规格的网点肩角。传统印版或CTP印版的网点肩角多半接近45°～50°，而激光直接雕刻技术可以实现任意网点肩角的雕刻，一般情况下，激光直接雕刻印版的高光部分平均网点肩角为75°～80°，暗调部分为90°，其肩角陡峭，而锐利的网点可以带来清晰的印刷。

2. 浮雕高度

与感光树脂版的背面曝光相似，设计好的雕刻高度被输入到激光雕刻系统，激光雕刻印版实现精确的雕刻高度。

3. 低于版面的图像

这是激光直接雕刻技术最大的特点。印刷压力是三维激光雕刻技术的关键，激光雕刻系统根据印刷压力控制图像的高度。可以制作一个测试版，在上面设计三四种不同版面高度低于版面的图像结构，然后进行印刷，便可得出哪种结构最佳，版面结构因每种承印物所需的压力而不同。一旦测试成功，将获得完美的印刷压力。

激光直接雕刻技术可以在同一块印版上为实地提供较大的印刷压力，为高光部分提供较小的印刷压力。以前为了满足大面积的实地印刷采用了较大的压力，而使得线条部分扭曲或糊版，解决办法是分开制版、分组印刷。现在可以通过让实地部分高一些，线条部分低些，这样在同一块版上可以为实地部分提供较大压力，为线条部分提供较小压力。同样的原理，对于网线稿也适用，暗调部分的网点高于中间调的网点和高光网点，见图4-14。

图4-14 高光网点的表面低于印版表面

CTP 技术使用 1-bit tiff，激光直接雕刻可以使用 1-bit tiff，但为了达到最好的效果，也可以使用 8-bit tiffs 文件用于记录低于版面的图像、网点肩部及浮雕高度，并通过定义不同灰度来实现图像的最终效果，这便是激光直接雕刻技术的原理。

4. Hell Premium Flexo 数字化激光直雕柔印制版

数字化激光直雕柔印制版系统 Hell PremiumFlexo 由著名的德国海尔电雕制版公司研制开发，具有全数字化流程、简洁工艺和高加网线数的特点，其通过与德国康迪泰克公司的橡胶柔印版材结合使用，可实现柔性版制版技术的重大突破，从技术上弥补了传统柔性版在制版精度、制版工艺、印刷质量上的缺陷，开创了柔性版制版的新篇章。其中，Premium Setter 柔性版激光机具有诸多优势：采用大功率纤维激光发生器、超精细的激光束和大的焦深，可实现最深为 800μm 的 3D 立体网点，见图 4-15；加网线数最高可达 80L/cm，可实现高品质印刷；整个制版过程只需两个步骤即可完成，不使用溶剂，用清水冲洗即可，真正做到了绿色环保。

图 4-15　3D 立体网点

直接雕刻加网技术使得用户可以根据需要，任意构造所需要的 3D 立体网点，其角度、深度均可调节；特殊的小网点优化功能，很好地解决了传统柔性版制版过程中容易出现的小网点丢失、断裂等现象，使得高光部分得以很好再现；具有高分辨率，可以编辑细小线条、文字；阶调层次再现完美，渐变平滑。

五、套筒柔性版直接制版技术

前面讲的柔印版在制版后要将印版贴在版滚筒上，然后才能印刷。现在有一种更先进的柔印直接制版技术，可在套筒上直接制版，然后把套筒版套在版滚筒上就可印刷，工作效率更高，这种技术就是套筒直接制版技术。德国 BASF 公司的 LEP（Laser Engraved Plate）技术就属于这种，它通过计算机输出信号控制 CO_2 激光束在特制的印版材料上直接雕刻出可供上机印刷的柔性版，受激光扫描部分的材料分子气化形成凹陷的非图文部分，而印版上未被激光扫描部分将形成印版的图文部分。德国 Rotec 公司和澳大利亚 LASERLIFE 公司是世界上著名的柔性版印刷套筒产品生产和制造厂商。目前先进的套筒系统印刷周长范围为

130～2000mm，印刷宽度范围为100～4500mm，这就使得套筒系统能被应用于几乎所有的柔版印刷中，小到标签印刷，大到瓦楞纸板大幅面印刷。

套筒技术ITR（In The Round）是将特殊材料预先制成具有不同厚度的套筒，直接在辊体上进行任意装卸，以形成所需要的滚筒外径的新型应用技术。套筒技术于20世纪90年代从德国兴起，当时德国W&H公司开发的Soroflex印刷机，将外径为80mm滚筒的一端固定在印刷机上，起支撑作用，然后将壁厚不同的套筒装在滚筒体上，做到使其印刷周长可以调整。套筒技术经过不断发展改进，应用范围日益扩大，成为印刷领域大力推广和使用的一项新技术。目前，北美市场每年ITR印版的用量大约为50万～60万平方英尺（1平方米＝10.764平方英尺），而欧洲市场的用量是这个数字的3～4倍，用量之大可见一斑。

如今有柔性版印刷中的贴版套筒、无接缝套筒、接合套筒和网纹辊套筒，胶版印刷中的橡皮滚筒套筒，凹版印刷中的压印滚筒套筒，涂布与上光中的涂布辊套筒和上光辊套筒，等等。这些套筒中应用效果比较显著的是柔性版印刷，它极大地推动了柔性版印刷技术的快速发展。但是，ITR印版技术在我国的推广仍面临较多困难，这是因为ITR印版价格较平张柔性版高，而且是以套筒形式进行制版，并不能与柔性版制版企业现有的平张柔性版制版设备相兼容。巨额的设备投资、高昂的制版成本、相对复杂的制版技术以及应用范围的局限性等问题，在一定程度上阻碍了ITR印版技术在中国市场的发展与应用。

目前用于ITR柔性版制作的材料有两种：热聚合树脂（橡胶和合成树脂）和感光树脂，这两种材料各有优势，在北美市场中的应用可谓平分秋色。热聚合树脂印版在北美市场的应用时间较长，但是在高端印刷和重要应用领域中，印刷商目前更倾向于采用感光树脂印版。

套筒基本上由三层材料构成，即基层（内层）、可压缩层和表层。基层由玻璃纤维组成；可压缩层由特殊的聚氨酯橡胶组成，而聚氨酯橡胶则是由玻璃微粒、玻璃纤维和树脂组成的混合物；表层又分硬质、软质和金属三种类型，硬质表层由合成材料硬质聚合物组成，软质表层由橡胶组成，金属表层由铝或镍组成。套筒采用特殊的卷绕技术制作而成，套筒的基层、可压缩层和表层，均应均匀地卷绕在卷绕芯轴表面上，并用树脂黏结在一起。硬质表层也是由新合成材料进行焊接并经磨削加工和抛光处理后制成的。

套筒技术彻底改变了传统版辊系统的高成本、低效率、装卸版费时费工、储存不便、灵活性差、非标准化等缺陷，为柔性版印刷出高质量的产品创造了有利的条件。

1. 计算机直接制套筒印版技术

套筒直接制版方法分为激光雕刻和激光烧蚀两种制版方法。

(1) 激光雕刻套筒技术　套筒上直接雕刻柔性版的方法中，套筒既可起普通套筒的作用，又是印版。由印前系统制作好的页面可以由电脑直接输出到套筒上，省去曝光、冲洗、固化、上版等操作步骤，工作效率极大提高。例如，德国PLOYWEST的激光雕刻套筒技术可以制出实地与层次网点相结合的印版，得到超精细的图文再现效果。

激光雕刻制版通过计算机输出信号控制CO_2激光束在特制的印版材料上进行扫描，受激光扫描部分的材料分子气化形成凹陷的非图文部分，而印版上未被激光扫描的部分将形成印版的图文部分。制版采用的CO_2激光波长为10000nm，输出功率为250W。滚筒以2m/s的速度高速旋转，在轴向上运动的步进电机的精度为20μm。当曝光解像力为1270DPI时，雕刻一套四色A4幅面印版要花费70min。

在电子显微镜下观察传统印版网点和激光雕刻印版网点之间的差别，会发现雕刻网点要明显比传统网点尖、边缘比较陡，网点呈圆形，直径大约为30μm。通过印刷发现，激光雕刻网点印版印刷出的印刷品具有高反差、低网点增大等特点。

随着印前领域数字化程度的逐渐提高，以及色彩管理和激光技术的不断发展，在柔印制版领域中套筒技术的应用逐渐走向成熟，套筒技术的应用实质上是CTP技术在柔版印刷中的一次延伸。若将印版做在套筒上，就可以实现在印刷机上制作柔性版，并且使用这种方法可以实现激光束的准确定位，从而实现良好的套印。

(2) 激光烧蚀套筒技术　在包装品印刷中，常遇到一些满版重复一致的，可随意裁切下来，两端对接又看不出接缝的印制任务。这在卷筒式印刷机上虽然能办到，但如果用单张纸印刷，要做到看不出接缝却是一件很困难的事。而套筒技术能很好地解决这个问题，因为在套筒式印版上，可以利用CTP技术直接制版，轻易地解决问题。

ITR印版的制版流程与平张柔性版的直接制版流程基本一致，分为背曝光、激光烧蚀黑膜、主曝光、洗版、烘干、后处理6个步骤，但也存在一些不同之处。

背曝光：由于ITR印版为套筒结构，其背曝光操作比较特殊且难以控制，客户无法自行完成，因此将ITR印版交付给客户之前，其背曝光已由ITR印版生产厂家完成，客户无须再做背曝光操作。

激光烧蚀黑膜：把准备好的套筒版进行数字激光扫描，使套筒版上的黑涂层受激光烧蚀，然后再按常规进行UV曝光。

通过柔性版直接制版机对ITR印版进行激光烧蚀黑膜之后，ITR印版表面图文部分所对应的黑膜将会被除去，从而形成相应的网点。由于ITR印版是套筒结构，必须套在气撑轴上进行激光烧蚀黑膜的处理。对于内径较大的ITR印版，可以在气撑轴上加一个或多个过桥套筒，以获得更大的气撑轴直径，从而与内径较大的ITR印版相匹配。

主曝光：主曝光时，ITR印版被上下两组UV-A灯管所包围，为了获得均匀的UV-A光照射，ITR印版会缓慢自转。

洗版：把曝光后的套筒版放入腐蚀箱内进行冲洗腐蚀。圆毛刷与ITR印版表面呈相切状态，ITR印版在圆毛刷转动的带动下缓慢转动，从而完成洗版操作。

烘干：烘干时要保证ITR印版处于悬空状态，不能与其他物体接触，以免碰伤印版。烘干后用新鲜溶剂清洁整个ITR印版，并用干毛刷清除ITR印版表面的残留溶剂。

后处理：UV-A光使ITR印版表面所有树脂完全固化，UV-C光则去除ITR印版表面黏性，改善印版的印刷性能。

柔印CTP是一种利用激光直接在黑膜上曝光成像的热烧蚀技术，能使1%～99%的网点和图像层次得到稳定、优异的复制。与传统的柔性版制版方式相比，柔印CTP不仅省去了传统胶片，而且网点轮廓更加锐利，精确的成像技术更是确保了印版质量的稳定、一致。更重要的是通过柔印CTP数据化的操作和控制，整个柔印工艺流程将变得更加顺畅、准确和高效。

2. 套筒的精度

套筒加工最重要的是精度，后加工处理要保证将各项指标控制在指定的误差范围内，网纹辊套筒最关键。对网纹辊来说，稍微有点不平或者坑凹，也会对刮墨刀和套筒的使用寿命产生不良影响。一般来说，网纹辊的加网线数越高，其网墙就越薄，对机构的作用力就越敏感，精度影响就越明显。

(1) 直径尺寸及误差　套筒必须要有一个精确的直径尺寸。一般来说，套筒的直径公差为±0.020mm。另外，为了使套筒在膨胀和收缩时能够与印刷机的气撑辊紧紧地贴合，套筒的内径尺寸必须比印刷机气撑辊的外直径尺寸稍小一些，两者之间的误差一般控制在±0.038mm以内，这样才能保证套筒牢固而紧密地套在印刷机的气撑辊上。

(2) 同心度　同心度是所有套筒都具有的一个重要的公差指标，是套筒的一个动平衡指标，一旦超出了允许的公差范围，在上机进行印刷过程中就很可能会在印品上产生条痕即墨杠。套筒的同心度误差一般控制在±0.025mm以内。

(3) 圆柱度　圆柱度也是套筒加工相当重要的指标，网纹辊套筒的圆柱度公差一般控制在±0.013mm以内。

检测套筒精度时，应在套筒的两端和中间三个位置分别进行检测。由于套筒在卸下来之后可能会存在一些变形，在测量套筒的误差时应当把套筒安装到气撑辊上，最好先静置 5min，保证所有的压缩空气都排放出去，待套筒跟气撑辊逐渐适应并达到稳定之后，进行测量才能够得到真正准确的套筒误差数据。

六、平顶网点制版技术

自 1974 年固体感光柔性树脂版面世以来，柔性版印刷技术得到了极大发展。使用胶片制作传统柔性版时，为确保胶片图像到印版的如实传递，主曝光过程中使用了透明的真空膜和真空泵抽气，网点的肩部平缓并伴随较大的网点扩张。1995 年，在有氧气参与的曝光环境下，使用激光柔性版得到的是肩部陡峭的圆顶柔性版网点。但网点肩部陡峭的结构，使版材的耐印率较传统柔性版更低，尤其是针对瓦楞纸板后印及预印的应用。为了解决上述问题，平顶网点制版技术应运而生，其不仅能完美实现图文的 1∶1 复制（图 4-16），而且具有诸多优势。采用平顶网点制版技术制作的印版，其高光小网点的耐磨性更高，网点增大也更易于控制，这对于印量较大的订单来说非常重要。无疑，在当前绿色印刷大潮风起云涌的背景下，平顶网点制版技术的应用将为柔印在与胶印、凹印的竞争中胜出增加一枚重要的砝码。

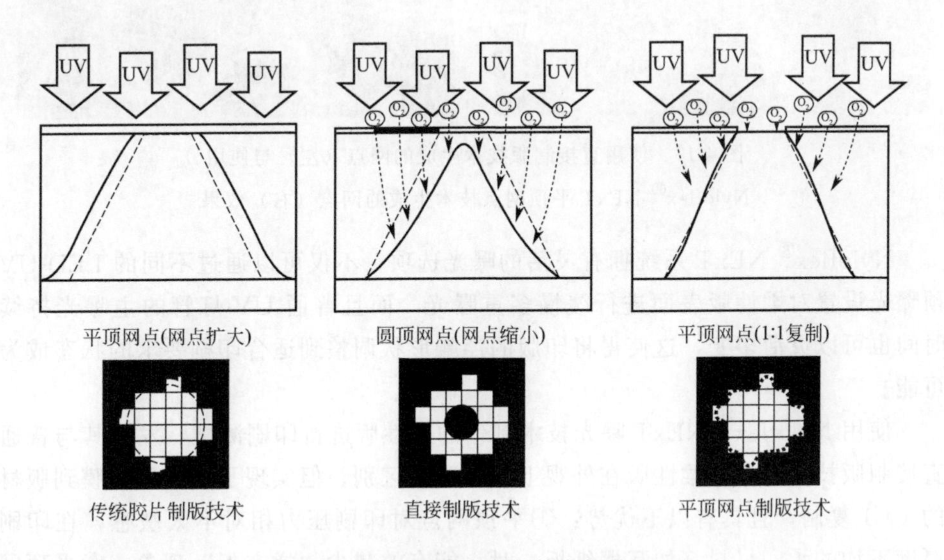

图 4-16　三种柔印制版技术的对比

目前，平顶网点制版技术可以分成两类：一类是通过物理手段来隔绝氧气对印版的影响，方法是在版材表面覆合阻隔性薄膜，或用惰性气体来代替空气；另一类则既无须借助任何物理手段，也无须额外的操作步骤，如富林特集团的nyloflex® NExT曝光技术，其通过使用一种先进的高能紫外线光源，加速图像区域的光聚合，使得来自氧气的聚合抑制竞争变得微不足道。

据了解，目前全球能够提供平顶网点制版技术的供应商主要有富林特（Nyloflex® NExT技术），杜邦（DigiCorr/DigiFlow技术）、艾司科（全高清柔印技术）、柯达（Flexcel Nx技术）、麦德美（LUX技术）、各家的技术原理、实现方式等都不尽相同。

1. 富林特技术

Nyloflex® NExT平顶网点技术通过使用LED-UV光源，先对柔性版进行一次快速曝光（预曝光），加速图像区域的光聚合，使来自氧气的聚合抑制竞争变得微不足道，再结合使用常规的UV灯管进行二次曝光（主曝光），从而获得更加稳定的平顶网点（图4-17），从而使高光网点得到更好的复制。

图4-17　使用直接制版技术生成的网点（左）与使用Nyloflex® NExT平顶网点技术生成的网点（右）效果

Nyloflex® NExT系统拥有灵活的曝光选项，不仅可以通过不同的LED-UV预曝光设置对柔性版表面进行缓慢多重曝光，而且普通UV灯管的主曝光持续时间也可以灵活多变，这使得将印版的浮雕形状调整到适合印刷要求的状态成为可能。

使用Nyloflex® NExT曝光技术制作的柔性版进行印刷测试，发现其与普通直接制版技术制作的柔性版在外观上并无明显区别，但实现了图文从黑膜到版材的1∶1复制，且具有以下优势：①平顶网点对印刷压力相对不太敏感，在印刷厚度不均的承印材料（如瓦楞纸板）时，能有效减少“搓衣板”现象；②平顶网点对印刷压力有较好的抵抗力，更易于控制网点增大，因此能够获得非常好的高光效果；③如果配合一些特殊的加网技术（如艾司科的微网孔技术），在柔性版的实地部分可形成非常微小的网孔或线状结构，有利于提高实地密度，特别是印刷薄膜类非吸收性材料时，能显著减少白点现象，大大提高实地密度及墨层均匀性。

2. 杜邦技术

杜邦公司的 DigiCorr/DigiFlow 平顶网点制版技术是在纯氮气或氮氧混合气体环境中对柔性版曝光，以消除曝光过程中氧气对网点形状的影响，可大幅提高黑膜和版材之间影像的高精度传递，实现图文的 1∶1 复制，DigiFlow 技术还可以进一步提升薄版窄幅印刷中对极精细文字、网点的再现。

在柔印过程中，平顶网点更易将压力向下传导，因此网点变形的最大部分发生在网点底部而不是顶部（图 4-18），从而确保了更小的网点增大。经多次印刷测试发现，在氮气环境中制版所得的平顶网点在薄版窄幅印刷条件下，更易获得极为平滑的渐变印刷效果和优异的平网印刷效果。

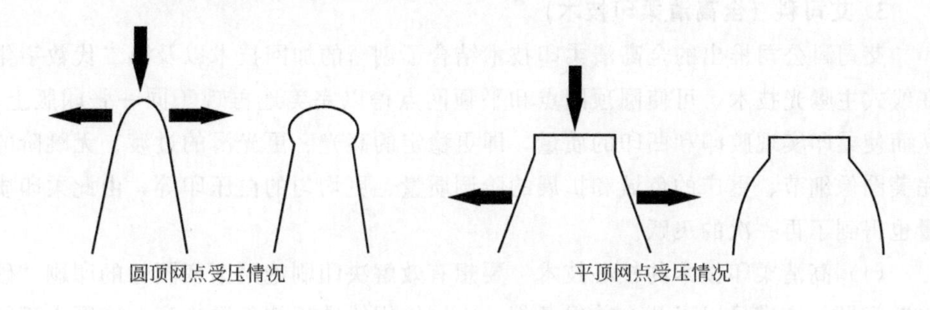

图 4-18　圆顶网点与平顶网点的受压情况

随着 DigiCorr 平顶网点制版技术在北美地区的顺利推广，这项技术又被顺利引入薄版制版流程中。为了进一步提升对极精细文字、网点的再现，以及配合实地加网技术，纯氮气被氮氧混合气体代替，这项使用混合气体进行薄版制版的升级技术被称为“DigiFlow 平顶网点制版技术”。

2015 年，杜邦推出了可以使用传统制版设备制作平顶网点印版的 EASY 技术，使印版供应商改善了版材性能，并在更广泛的领域里采用平顶网点技术。2017 年，赛丽® ESM 推出了专为纸张印刷开发的印版，更加适合瓦楞纸板预印技术的发展。

配合自带平顶网点，ESM 印版体现出了全面超越传统激光版的技术优势。基于传统的 TDR 印版，配合赛丽® EASY 技术平台，杜邦推出了自带平顶网点的 EPC 印版，EPC 不但继承了 TDR 所有的优异性能，如耐印率高、网点和实地印刷表现优异，还具备所有激光版的优点，如分辨率高、细小线条和反白表现好等诸多优点，EPC 印版完全可以满足目前高端瓦楞纸板后印的绝大部分要求。采用 EPC 印版印刷的瓦楞纸板样品如图 4-19 所示。

图 4-19　采用 EPC 印版印刷的瓦楞纸板样品

3. 艾司科（全高清柔印技术）

艾司科公司推出的全高清柔印技术结合了创新的加网技术以及第二代数字化在线式主曝光技术，可使圆顶网点和平顶网点得以完美地再现于同一张印版上，从而使柔印实现胶印和凹印的质量，即更稳定的高光、更光滑的过渡、无跳阶的完美图像细节、更广的色域和扩展的阶调质量、更均匀的白压印等，由此柔印质量也得到了再一次的飞跃。

（1）高清柔印技术的核心技术　要想有效解决印刷绝网渐变图像的印刷“硬口”问题，应满足以下几个前提条件：①网纹辊线数不能无限提高；②网点不能无限做小，只有这样才易于控制制版质量，且网点不会掉入网纹辊的网孔中；③网点对印刷压力不能过于敏感，应能够承受适当压力。艾司科公司推出的 HD 高清柔印技术能够充分满足上述条件，其核心技术主要包括以下两点。

硬件：分辨率更高的硬件设备。HD 高清柔印技术可将制版设备的分辨率从 2540DPI 提高至 4000DPI。相同的网点面积，采用高分辨率制版设备制出的网点边缘更加清晰、光滑，易于制作更小、更稳定的网点，从而提高图像的细微层次和高光区域的细节表现力。而且，高分辨率的制版设备还能使细小文字和线条的边缘更加锐利，显著提高细小文字和线条的再现能力。

软件：高清柔印加网技术。高清柔印加网技术本质上就是调幅加网技术，同调幅网点一样，在高光区域高清柔印网点是有序排列的，而网点大小呈不规则变化。这样，高清柔印加网技术通过在高光区域均匀地保留一些较大的网点，使整体网点大小得以降低，并在制版时能获得 175LPI、0.38%的稳定网点。

在制版时，高清柔印网点的有序排列使其区别于调频网点，其每一个网点并不孤立，彼此之间能够很好地相互支撑，通过控制大网点和小网点的大小，可确保网点能够稳定地复制在印版上，并实现稳定印刷。然而，复制大网点周围的小网点还是向制版环节提出了挑战。因此，使用 4000DPI 的高分辨率制版设备显得尤为重要，同时制版过程的精确控制以及制版参数化的优化对网点的稳定复制也必不可少。

在印刷时，高光区域内采用高清柔印技术加网的大网点足够大，不会掉入网纹辊的网孔中，以免造成印刷脏点。而且，也不必为照顾大网点周围的小网点而刻意提高网纹辊线数，这是因为小网点在制版时受抑氧反应的影响较大．与大网点相比，其网点高度略低一些，在印刷时由于受到大网点的支撑，小网点所受到的压力冲击较小，因此其网点增大较小，可以实现更小网点的印刷，从而使印刷绝网渐变图像时不出现印刷“硬口”问题成为可能。

（2）高清柔印技术的特点　高清柔印网点技术在高光部分采用一种全新的“差异调制”加网技术，网点保持常规网格排列，就像标准调幅圆网。但在高光区域，通过改变网点大小，保证没有独立网点或不规则间隔，差异化网点共同参与印刷，使得高光区域得以渐变到零，同时保证耐印率。图 4-20 是高清加网在高光部分的效果。

与胶印媲美的高光渐变

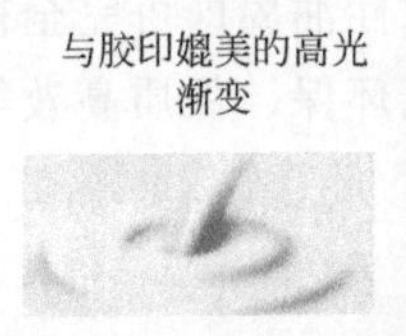

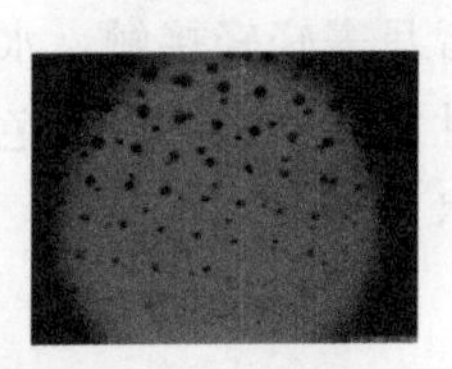

高清加网对高光部分的处理

图 4-20　高清加网在高光部分的效果

标清柔印　高清柔印

图 4-21　标清柔印和高清柔印的效果对比

高清柔印网点技术同时有选择性地对实地和暗调采用了特别加网技术。传统意义上通常采用更柔软的版材提高印刷材料的宽容度，或加大印刷压力以提高实地密度。一般意义上的微孔网孔结构应用到整个印版，会影响到图像的质量，而高清柔印网点技术，通过“可控”的微孔网孔加网使得实地和暗调区域可以达到凹印的印刷效果。所谓“可控”，是指微孔网孔不会出现在像素的边缘，使得网点的边缘保持完整锐利，并在使用同等墨量印刷条件下，得到更高密度和更平滑的实地，以及对比度更高的暗调。图 4-21 是标清柔印和高清柔印的效果对比。

柔印将引领印刷领域增长最快的包装市场的未来。印刷方式过去主要以胶印和凹印为主导，胶印 CTP 采用较早并且适合纸类印刷，很快成为标准印刷方式，但由于其工艺的复杂性及不适合瓦楞纸类不平滑表面的印刷等不足之处，近年来市场占有率呈逐年下降趋势；凹印以其长版印刷的经济性及高质量印刷见长，但制版周期过长，经济性稍差，同时近年来绿色印刷成为国际流行及中国的国家政策性要求，也极大地限制了凹印的增长；而数字印刷则在短版及可变数据印刷市场的驱动下后来居上，但仍受限于幅面、低分辨率和经济性、生产率的制约，在瓦楞纸等主流市场仍需努力；柔印由于印刷机技术的创新采用，如卫星式柔印和伺服驱动，充分发挥了其多墨组、张力可控、套印准确的优势，网纹辊线数及制辊工艺的提升，配合高清柔印技术的使用，使柔印质量得以提高到胶印和凹印的水平，逐渐成为主流印刷方式之一。

第四节　柔印水性油墨

瓦楞纸的最大特点是纸质粗糙，表面不够平整，油墨渗透快，颜色多为深黄褐色，因此要求水性油墨基本色要鲜艳，着色力强，有很高的遮盖力；且具备较快的渗透、干燥性能；在印刷过程中，水性油墨必须有良好的再溶解性，保证展墨过程流畅；为了满足包装的要求，印迹还应具有良好的耐摩擦性和抗水性能。由于水性油墨的润湿性、亲和性较好，两者只需轻轻接触，水性油墨即可完全被瓦楞纸吸收，因此墨色呈现均匀厚实。柔性水性油墨凭借绿色环保、保质高效等优势，在瓦楞纸板印刷行业独占鳌头，技术成熟。

一、柔印水性油墨的组成

柔印水性油墨是由特定的水性高分子树脂、有机颜料、水和添加适量助剂的溶剂，经物理化学过程组合制备的油墨，简称水墨。水性油墨是以水作为溶剂，油墨转移到承印物后，水分挥发到环境中或者渗透到承印物中，油墨随水分的挥发而干燥。水性高分子树脂是水性油墨最主要的组成部分，主要起连接料的作用，使颜料均匀分散，使油墨具有一定的流动性，并提供与承印物材料的黏附力，使油墨在印刷后形成均匀的墨层。水性油墨的色相主要取决于颜料，颜料以微粒状态均匀分布在连接料中，颜料颗粒能够对光线产生吸收、反射、折射和投射作用，因此能够呈现一定的颜色。助剂对水性油墨性能的影响很大，是水性油墨不可缺少的重要组成部分。

水性油墨大致分为两类：松香-马来酸改性树脂系列（低档），丙烯酸树脂系列（高档）。水性油墨具有两个显著的特点：一是黏度低，流动性好；二是干燥迅速。这种特点正好满足柔性版印刷机的要求：一方面柔版印刷机的传墨系统采用的是网纹辊传墨的短墨路系统，要求使用的油墨黏度低，具有良好的流动性；另一方面柔性版印刷机的速度较高，要求使用的油墨干燥非常迅速，以避免因干燥不良引起的印刷故障。

二、柔印水性油墨的特点

水性油墨消除了溶剂型油墨中的某些有毒、有害物质对人体的危害和对包装商品的污染，特别适用于食品、饮料、药品等卫生条件要求严格的包装印刷产品，改善了印刷作业的环境。缺点是光泽度不好，在非吸收性材料上干燥速度太慢。水性油墨以其无毒、无味、不含挥发性有机溶剂、绿色环保等特点，符合现代印刷的发展趋势。

1. 减少挥发性有机物排放，有利于环境保护

挥发性有机物（VOCs）被公认为是当今全球大气污染的主要污染源之一。相对于溶剂型油墨而言，水性油墨用水作溶解载体，在印刷过程中释放出来的物质主要为水和少量的醇类物质，几乎不会向大气散发 VOCs，这个优势是溶剂型油墨所无法比拟的。

2. 减少墨层残留毒物，保证食品卫生安全

使用水性油墨完全解决了溶剂型油墨、胶印油墨的毒性问题。其不含有机溶剂，使得印刷品表面残留的有毒物质大大减少，这一特性适合食品、饮料、药品、儿童玩具等对卫生安全条件要求严格的包装印刷品。

针对食品包装要求的水性油墨，国家还强制要求水性油墨中的主、辅材料都需要符合《GB 9684—2016 食品容器、包装材料用添加剂使用卫生标准》中的要求。同时，印刷品还需要具有很多耐抗适性，比如耐醇、耐正己烷、耐异辛烷等。

3. 减少能源消耗，降低生产成本

纸制品包装印刷过程中，水性油墨的干燥形式主要有 3 种：印刷涂布类纸张时，以挥发干燥为主；印刷非涂布纸张时，以渗透干燥为主；印刷轻涂纸张时，以挥发和渗透干燥兼顾的方式。所以，相对于溶剂型油墨以挥发干燥、UV 油墨需要高能耗的 UV-A 光固化印刷墨层来说，水性油墨的干燥过程可以根据材质表面的特性和印刷速度，适时调整干燥端的能量，甚至在印刷非涂布纸张时，采用渗透干燥为主的油墨，可以不动用热风系统就能实现高速印刷，减少印刷中的能源消耗。

另外，水性油墨只使用水或者少量碱性溶液就可以将印版、色组清洗干净，且清洗过程中产生的废液，还可以使用废水处理设备过滤，过滤出来的水可以重复使用，减少了印刷企业的工业用水量，大大节约了生产物料。而使用胶印油墨、溶剂型油墨、UV 油墨，在清洁保养过程中，除了产生大量废液之外，还会不可避免地产生大量固体垃圾。

三、水性油墨的印刷适性

水性油墨要印刷出理想的效果就必须具有适宜的印刷作业适性。影响水性油墨印刷适性的因素较多，以下主要是对油墨的黏度、触变性、黏着性、pH值及油墨的附着与干燥等性能进行分析。

1. 黏度

黏度是指油墨流体分子间相互吸引而产生阻碍分子运动的能力，可表征油墨内聚力的大小。在印刷过程中，由于黏度的不同导致的表面张力变化，会影响油墨在承印物上的展色效果。对于水性油墨而言，主要关注印刷图像的阶调层次性、色强度、网点扩大率等。具有一定的黏度是保持其正常传递、转移的必要条件：如果黏度过低，油墨干燥前会产生一定的扩展，导致油墨铺展效果不平整，降低印刷品的光泽度，造成色浅、网点扩大量大、高光点变形、传墨不均、印刷颜色不实等弊端，尤其是在版面的暗调部分更为明显；如果黏度过高，则油墨的转移性较差，印刷品的色强度变低，甚至因印版上的墨量不足而产生花版现象，还容易导致糊版、脏版、起泡、不干等弊病。

对于水性油墨黏度的控制，要针对国家相关标准来制定。温度对水性油墨的黏度影响很大，见表4-4。温度高时，油墨内部分子相对移动能力增强，黏度下降，操作时要注意延长干燥时间或提高机器速度；温度低时，油墨分子内聚力增强，黏度上升，操作时可提高水性油墨的干燥速度或加开烘干装置。

表 4-4 温度对水性油墨黏度的影响

温度/℃	10	20	30	35
油墨黏度/s	60	41	41	28

较低的油墨黏度是保证水性油墨传递和转移的先决条件，如果黏度太大会造成以下缺陷：

① 油墨传递、转移困难。因柔印机速度很快，第一色印完到第二色印刷，其间隔仅几秒到零点几秒，要求油墨黏度小，易分离，转移快，干燥快。②易引起纸张拉毛、脱粉现象，甚至造成纸张剥离。③油墨难以填入网孔中，同时刮刀也难以圆滑地刮去网墙部分的油墨。

实践证明，在同样的条件下，黏度小的油墨层分裂状态比黏度大的对油墨的转移有利。所以柔性版油墨黏度较小，一般水性油墨的黏度控制在50～65s(25℃范围内，用涂-4黏度杯)，使用时黏度调整到40～50s之间较好；对于高档油墨，黏度控制在 25～35s（25℃）。但油墨黏度也不能太小，否则压印会造成网点中的油墨易变形，使图文再现性变差。严重时会造成墨体乳化，或使其不能正常传递、转移，并逐渐在网纹辊、印版上堆积颜料，当堆积达到一定的程度时会引起糊版。

实际生产中，当使用带有刮墨刀的印刷机时，温度过低时油墨的传墨量不如温度稍高时稳定。温度升高会使油墨黏度下降，其结果使印品密度降低，墨层冲淡。要保持印刷质量的一致性，就必须保持油墨黏度一致。印刷者必须高度重视油墨温度所带来的影响，在印刷前应把所用油墨的温度稳定在印刷车间的温度。这一措施非常重要，否则印刷过程中的油墨密度将会有较大的变化。

2. 触变性

触变性是指油墨在外力搅拌作用下流动性增大，停止搅拌后流动性逐渐减小，恢复原状的性能。印刷时，由于墨辊的作用，油墨传递时的流动性、延展性随之增大，直至转移到印张后，由于外力消失，其流动性、延展性减小，随之由稀变稠，从而保证印迹网点的准确性与清晰度。油墨具有良好的触变性时，有利于油墨顺利、均匀地转移，提高油墨的转移率。

水性油墨要具有适当的触变性。水性油墨如果触变性过大，由于柔印的传墨系统较短，会造成供墨不流畅，甚至会出现供墨中断的现象，影响供墨量的均匀和准确程度；如果触变性过小，由于油墨在纸张上的浸润和过度铺展会造成网点扩大，文字线条版印刷时线条会变粗。不同类型的柔性版印刷对油墨的触变性会有差异，一般网线版、文字版和线条版的印刷要求油墨的触变性略大些，大面积的实地版则略小些。

水性油墨放置时间久了以后，有些稳定性差的油墨容易沉淀、分层，还有的出现假稠现象。这时，应充分搅拌。在使用新鲜水性油墨时，一定要提前搅拌均匀后，再作稀释调整。印刷正常时，也要定时搅拌墨斗。

3. 黏着性

黏着性指油墨在传递、转移与分布过程中，墨层间分离、断裂时所产生的阻力，用来表征油墨的黏附和内聚力性质。柔性版印刷对黏着性的要求如下。

（1）水性油墨的黏着性要小于纸张的结合力。

水性油墨的黏着性较大时，水性油墨分离困难，造成印刷机上油墨延展不均匀。油墨墨层在纸张与印版间分离时，如果此阻力大大超过纸张的结合力，就会产生纸张拉毛甚至剥皮现象。

（2）第一色油墨的黏着性要大一些，后面各色油墨的黏着性均要逐渐降低。

多色印刷时，在前色油墨未干的状态下迅速印刷后一色，要求第一色油墨的黏着性要大一些，后面各色油墨均要逐渐降低黏着性。否则，就有可能出现后印的油墨会把先印的油墨粘走。

4. pH 值

水性油墨一般呈弱碱性，pH 正常范围为 8.2～9.5，这时水性油墨的印刷性能较好，印品质量稳定。pH 对水性油墨印刷适性的影响主要表现在油墨的黏度和干燥性两方面。

当 pH 高于 9.5 时，碱性太强，对碱溶性树脂的溶解度过多，降低了水性油墨的黏度，干燥速度变慢，耐水性能变差，导致印刷时墨斗中出现大量的气泡，网点扩大率增大，印迹不清晰。同时有可能破坏颜料的属性，对钢性的刮刀和网纹辊有腐蚀作用。

当 pH 低于 8.2 时，碱性太弱，碱溶性树脂无法有效溶解，油墨和树脂产生分层现象，油墨变得不稳定，黏度升高并导致转移不良，造成油墨在网纹辊和印版上堆积，引起版面上脏，印刷品色强度下降。

水性油墨的 pH 主要依靠氨类化合物来维持，但由于印刷过程中氨类物质的挥发，pH 下降使油墨的黏度上升，转移性变差，同时油墨的干燥速度加快，堵塞网纹辊，出现糊版故障。若要保持油墨性能的稳定，一方面尽可能避免氨类物质外泄，例如盖好油墨槽的上盖；另一方面要定时、定量地向墨槽中添加稳定剂。

实际生产中，上机的油墨 pH 可调整或控制在 7.8～9.3 之间即可（应根据承印物和温度的不同而灵活掌握）。经验表明，当在一种颜色上面套印另一种颜色时，应该逐步提高油墨的黏度并逐步降低油墨的 pH，这样有助于油墨的干燥，防止后印的油墨使先印的已经干燥的油墨再次变湿而影响印品质量。

油墨 pH 不宜太高，弱碱性即可。一般 2～3h 检测一次，随检随调，尽量把 pH 控制在最佳的印刷适性范围内。

从某种意义上讲，pH 的控制甚至比黏度控制还重要。操作人员不仅要了解所用的各种油墨添加剂的 pH 及它们的变化情况，而且在印刷中应严格按照供应商提供的技术指标参数进行操作。

5. 水性油墨的附着与干燥

（1）油墨的干燥性能　油墨附着在承印物上之后，便从液态的胶状物变为固态的墨膜，黏结在承印物上，这一变化过程称为油墨的干燥。干燥过程分两个阶段完成：油墨由液态变为半固态，不再流动，是油墨的初期干燥阶段，用初干性表示。半固态油墨中的连结料发生物理或化学反应而完全干固成膜，是油墨的彻底干燥阶段，用彻干性表示。油墨的初干阶段和彻干阶段统称为油墨的固着干燥。

干燥是水性油墨最主要指标之一，因为干燥的快慢和黏度一样，能直接表现在印刷品的品质上。操作人员必须详细了解干燥原理，根据产品或承印物的不同、合理调配水性油墨的干燥时间，同时必须考虑到黏度的适中或pH的稳定。

水性油墨干燥过快，会在印版表面结皮、糊版、图案周围不清晰，使印品油墨堆积，光泽不良，出现“墨斑”，以及使内部水分无法排除，从而引起套色问题。干燥太慢，印品可能发生粘连、背面“蹭脏”现象，纸张伸缩，降低光泽，影响叠色印刷，给机台操作人员带来很多麻烦。

在生产实践中发现，有时候黑色油墨比其他油墨更容易出现脏点或者糊版，因为黑色油墨主要用来印刷小字（例如成分、含量、地址、电话等），一般采用600线或者800线的网纹辊，因此，在印刷过程中要特别注意黑色油墨的状态，及时添加慢干剂。

(2) 油墨的干燥时间对附着性的影响　油墨的干燥时间影响油墨的附着性，如图4-22所示。随着干燥时间的增加，水性油墨的黏着性逐渐增加到最大值，此时黏着性最强，随着时间的延长黏着性逐步下降到零，此时墨膜表面已经光洁干滑而失去黏着性。如果油墨很快干燥，第二色油墨就难以附着，油墨就产生“晶化现象”。因此理想的叠色印刷应在黏度最大的时候进行，也就是水性油墨将干未干时进行。印刷过程中应注意：水性油墨在干燥前可与水混合，一旦油墨干固后，则不能再溶解于水，即水性油墨有抗水性。因此，切勿让水性油墨干固在网纹辊上，以免堵塞网纹辊的着墨孔，阻碍水性油墨的定量传输，造成印刷不良。另一方面，印刷过程中柔性版始终要保持被油墨润湿，避免油墨干燥后堵塞印版上的图文。

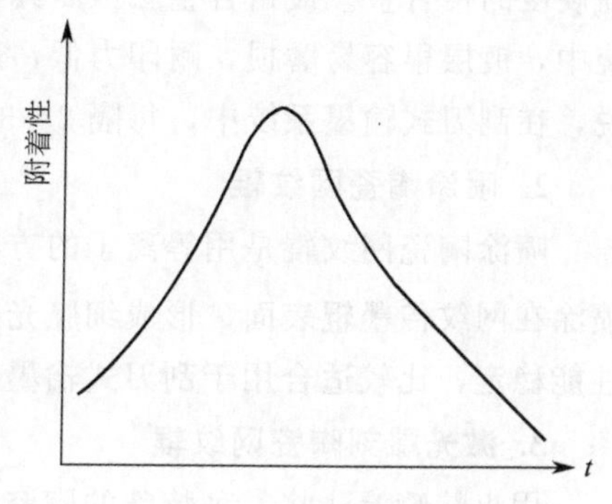

图 4-22　干燥时间对附着性的影响

第五节　网纹传墨辊

网纹传墨辊简称网纹辊，又称计量辊，是柔性版印刷机专用输墨装置中的核心部件，决定了油墨的转移量和控制墨膜的厚度。

网纹辊的表面制有无数大小、形状、深浅都相同的小网格，称为网孔或着墨孔。网纹辊的主要作用是通过网孔向印版上图文部分定量、均匀地传递印刷所需要的油墨。网纹辊和刮墨刀的合理匹配，可以精确、稳定地传递油墨。因此，网纹辊是印刷机的传墨功能和传墨质量的保证，而传墨质量决定了印刷质量。

一、网纹辊的种类

根据表面镀层的不同，网纹辊可以分为金属镀铬网纹辊和陶瓷网纹辊。陶瓷网纹辊包括喷涂陶瓷网纹辊和激光雕刻陶瓷网纹辊。

1. 镀铬金属网纹辊

镀铬金属网纹辊是在金属辊表面用电子雕刻机先雕刻出网孔，然后再镀一层高硬度的铬合金。镀铬合金层虽然具有良好的受墨能力，但若用在刮刀式输墨系统中，镀层很容易磨损，耐印力低，造成网孔容积变小，影响印刷质量。一般来说，在刮刀式输墨系统中，每隔 2～3 个月就需要换一次网纹辊。

2. 喷涂陶瓷网纹辊

喷涂陶瓷网纹辊是用等离子的方法将金属氧化物（Al_2O_3 或 Cr_2O_3）熔化，喷涂在网纹传墨辊表面，形成细腻光滑、硬度高、耐磨性强的涂层，吸墨和传墨性能稳定，比较适合用于刮刀式输墨系统。

3. 激光雕刻陶瓷网纹辊

用火焰喷涂法将一种特殊的陶瓷铬氧化物粉末喷涂到辊上，用金刚石磨平后进行抛光，然后将辊子装到激光雕刻机上，调整好同轴度，进行雕刻。

激光雕刻出的网格有非常光滑的网墙，有利于油墨的传递，使陶瓷网纹辊的线宽与网孔容积有较宽的选择范围。激光雕刻陶瓷网纹辊的耐磨性、耐酸、耐碱和耐腐蚀性能大大提高，延长了使用寿命，其耐印力可达 4 亿次左右。高精度、高线数的网纹辊可稳定达到 700～1600LPI，最高可达 2000LPI，为实现高精细网点打下了基础。

二、网纹辊的性能

1. 雕刻精度

所谓雕刻精度是指网孔雕刻的精细程度，用网纹线数（LPI）来表示。从表 4-5 可以看出，喷涂陶瓷网纹辊和镀铬金属网纹辊的网纹线数较低，只能用于印刷中低档产品。激光雕刻陶瓷网纹辊可满足精细印刷的要求。较高的网线数可以形成更薄、更均匀的墨膜，在高速印刷时能减少网点扩大，并得到更快的干燥速度、更准确的套印和更少的油墨消耗，从而保证印刷质量。

表 4-5　三种网纹辊的性能对比

性　　能	镀铬金属网纹辊	喷涂陶瓷网纹辊	激光雕刻陶瓷网纹辊
网纹线数/LPI	＜500	＜200	50～1600
涂层厚度(单边)/mm	0.02	0.02	0.1～0.2
传墨量范围	高	中	高
释墨性能	良	中	优
墨量控制	好	中	好
印刷质量	高	中	高～特高
耐磨性	差	良	优
使用寿命	短	较长	很长
耐腐蚀性	差	中	优
性价比	良	中	优
表面能量/(mJ/m^2)	35～37	36～45	36～45

2. 耐印力

镀铬金属网纹辊镀层太薄，在高速印刷下极易磨损，耐印力 1000 万～3000 万次，镀铬辊磨损后会使网孔体积发生变化，从而影响印刷质量，只能用于中低速印刷。

喷涂陶瓷网纹辊耐磨性比镀铬金属网纹辊好，网孔间有天然气孔，易于形成所需要的墨膜。

激光雕刻陶瓷网纹辊，耐磨性良好，是镀铬辊的 20～30 倍，并有良好的耐腐蚀性，耐印力可达 4 亿次左右，具有寿命长、耐磨、耐腐蚀的特点。由于耐磨性能好，可使用刮刀装置，对减少更换网纹辊的次数，提高印刷效率十分有利。

3. 传墨和释墨性

镀铬金属网纹辊表面镀铬层与激光雕刻陶瓷网纹辊常用的陶瓷材料的表面能量相近，因此两者都具有较好的着墨性能和释墨性能。激光雕刻的网孔形状好，薄壁圆底，网孔表面平滑，传墨性能优良。其线宽与网孔容积有较宽的选择范围，能满足各种用途需要。更重要的是激光雕刻出的网孔有三种角度（30°、45°、60°）和两种网孔形状（六角形和菱形）可供选择。相比之下，喷涂陶瓷网纹辊的传墨、释墨性能较差。

4. 性价比

金属网纹辊有镀层，墨穴不易堵塞，加工成本比较低廉，但耐磨性不如陶瓷辊。激光雕刻陶瓷网纹辊虽然价格偏高，在印刷高精度的网线版、印刷速度达到 200m/min 时，陶瓷网纹辊更能显示出其耐磨、耐热的优势，具有良好的性价比。因此，激光雕刻陶瓷网纹辊的应用，代表了今后的发展方向。但陶瓷辊的网孔易堵塞，应用时必须注意清洗及保养。

三、网纹辊的传墨性能

网纹辊的传墨性能是指其接受、传递油墨的能力与均匀性。网纹辊的传墨性能与网孔的结构、网纹辊的线数、网孔的排列角度、网孔的开口度及网孔结构及输墨系统形式的配合等因素有关。

1. 网孔的形状和结构对传墨性能的影响

（1）网孔的形状对传墨性能的影响　网孔形状有多种，从截面积看有六角形、四方形、菱形、棱台形的凹点和凸点型、斜纹形和其他特定设计形状，如图4-23所示。

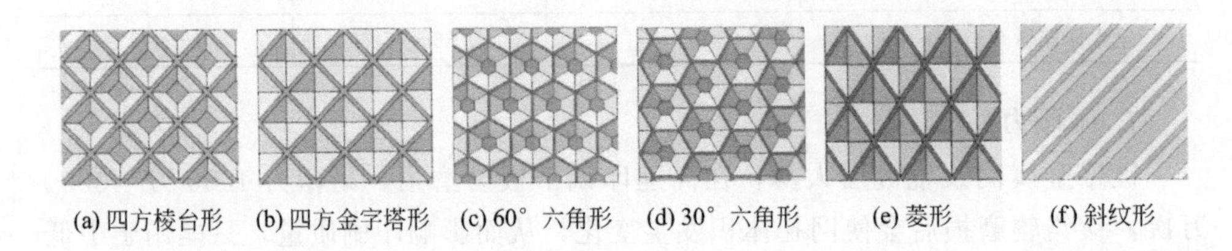

(a) 四方棱台形　(b) 四方金字塔形　(c) 60° 六角形　(d) 30° 六角形　(e) 菱形　(f) 斜纹形

图 4-23　网孔的形状

四棱锥形网纹线数范围为30～300LPI，网孔角度一般为30°和45°。四棱锥形网孔在生产中应用较多，缺点是网孔底部面积小，油墨难以完全传出，给清洗带来一定的难度。一般只适合于采用橡胶墨斗辊的输墨装置。六棱锥形与四棱锥形相似。

四棱台形网墙宽度大于四棱锥形，使释墨性能得到改善，属于通用型网孔形状，可与橡胶墨斗辊或刮墨刀配合使用，网纹线数在10～550LPI之间。

六棱台形开口度较大（90°～110°），故着墨、传墨性能都好于前两种，油墨传递过程中不易产生龟纹。另外，网墙具有较高的强度，可有效地减少刮墨刀的磨损。现代激光雕刻网纹辊多采用正六边形的开口。实践证明，正六边形的开口供墨方式可以有效避免莫尔条纹的产生。

斜纹形墨槽网孔，沿网纹辊轴向截面为梯形，其螺旋角$\beta=45°$，网孔内油墨的流动性较好，具有良好的传墨性能，网纹线数范围为10～200LPI。主要用于黏度高的油墨，也可用于上光涂布工艺。

附加通道形是四棱台网孔的改进型。在沿垂直网纹辊轴向方向，将相邻网孔之间雕刻出通道，以提高网孔内油墨的流动性，具有良好的传墨性能，网纹线数范围为10～200LPI，适用于网目调印刷。

另外，利用激光雕刻等先进加工方法，加工出的半球形网孔及其他异形网孔的网纹传墨辊，其传墨性能进一步提高。

(2) 网孔的结构对传墨性能的影响　网孔的结构主要是指网孔的开口、网墙、深度等参数，这些参数均会直接影响网纹辊的传墨性能。如图4-24所示为一个四棱锥形网孔剖面示意图，图中所标出的几个参数将确定网孔的几何形状和尺寸。四棱锥形网孔的容积可按式(4-1)计算：

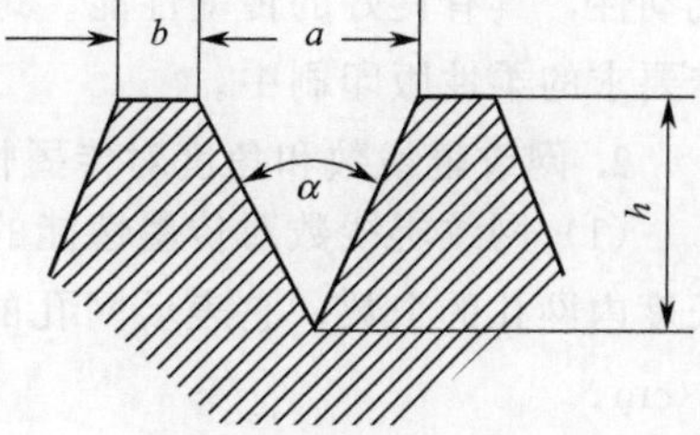

图4-24　网孔的几何参数
b—网墙宽度；α—网孔角度

$$V=1/3a^2h \qquad (4\text{-}1)$$

式中　V——网孔的容积；

a——网孔表面的开口宽度，250LPI的开口宽度约为100μm；

h——网孔的深度，在25～35μm之间比较理想。

根据公式(4-1)，可以得出以下结论：

① 网孔的容积与网孔的开口面积（a^2）、网孔深度（h）成正比。

② 网孔开口面积大小是决定传墨单元墨量大小的主要因素。

③ 网孔开口宽度与网墙宽度比值（a/b）决定传墨量的均匀性。

④ 网孔开口宽度 a 与网孔深度的比值（a/h）决定油墨的传墨释墨性能，即在网纹线数一定的条件下，网孔开口越大，网孔深度越小，则 α 越大，网孔的传墨释墨性能越好，反之则越差。

如果一个四棱锥形网孔和一个四棱台形网孔，它们底面积相等，高也相等，则 $V_{台}>V_{锥}$，即四棱台形网孔比四棱锥网孔容墨量多。网孔的边角对传墨的阻碍作用，称之为“边角效应”，四棱锥形网孔底部的边角效应最严重，约为网孔1/3高度的锥部不能释放油墨，因此，四棱锥形网孔的网纹辊释放油墨性较差。此外，因四棱台形网孔的隔墙在网纹辊表面上的尺寸比四棱锥形网孔的宽，故隔墙的强度高且耐磨。

网纹辊在长期使用过程中，由于墨斗辊（刮墨刀）的作用将被磨损，致使网孔的开口变小，深度变浅，造成网纹辊传墨单元（网孔）容积减小，总传墨量也相应减少。深度的减小对网孔容积的影响很大。四棱台形网孔深度变化对容积变化的影响比四棱锥形网孔小，由此可知，四棱台形网纹辊的输墨性能比四棱锥形的网纹辊稳定。

六棱台形网孔是对四棱台形网孔的改进。网孔的开口角度大，网孔间的隔墙具有更高的强度，故着墨、释墨性能、耐磨性能均优于前两种形状的网孔，是柔性版印刷网纹辊最常用的网孔形状之一。现代激光雕刻网纹辊多采用正六边形的开口。实践证明，正六边形的开口供墨方式可以有效地避免龟纹的产生。

螺旋线形网孔的法向截面为等腰梯形，这种网孔可保证油墨或（涂布液）的流动性，具有良好的传墨性能。螺旋线形网孔的网线辊通常用于涂布、上胶及特殊要求的柔性版印刷中。

2. 网纹辊线数和角度对传墨性能的影响

（1）网纹辊线数对传墨性能的影响　网纹辊线数是指沿网纹辊轴向方向单位长度内网孔的个数，它表示网孔的分布密度。常用的单位是L(线)/in(英寸)或L/cm。

一般来讲，网纹辊的供墨量随网线数的增加而降低，即网纹辊线数越高，传墨量越小。在进行彩色印刷时，为使印版各个色调层次的网点准确再现，必须保证印版上每个网点准确着墨。为此，网纹辊网孔开口部分的面积应小于网点面积，这样就能有一个或几个网孔为一个网点供墨，不致让网点陷入网孔内，使印品网点出现扩大现象。所以网纹辊的网线数一般较高时，才能保证网孔的开口面积小于印版上最小网点的面积。具体分析如下：通常将一块实地版看成是100%的网点组成。假设：印版加网线数/网纹传墨辊线数=1/4，则印版上一个100%的网点对应在网纹辊上有16个网孔供墨，如图4-25所示，其中$A \times A$为一个实地网点即100%的网点，$A/4 \times A/4$为网纹辊一个网孔的大小。如果印版上网点减小到6.25%（1/16）时，网纹辊上刚好有一个网孔完整地向它供墨。当网点小于6.25%，网纹辊与印版接触时，网点可能会陷入网孔中，从而使网点侧面也带上油墨。在转移到承印物上时，网点扩大异常，久之还会糊版。另外，由于柔性版油墨稀薄，黏度低，这种网点有时会与相邻网点粘连。当网点太小，网点部分区域可能与网墙接触，由于网墙上几乎没有油墨，那么与网墙接触的部分就会发花。通过上面的分析，我们可以得出印版加网线数与网纹辊线数之比也可更高些。经实际应用证明，一般情况下，印版加网线数：网纹辊线数=1：(3.5～7)以上较合适。

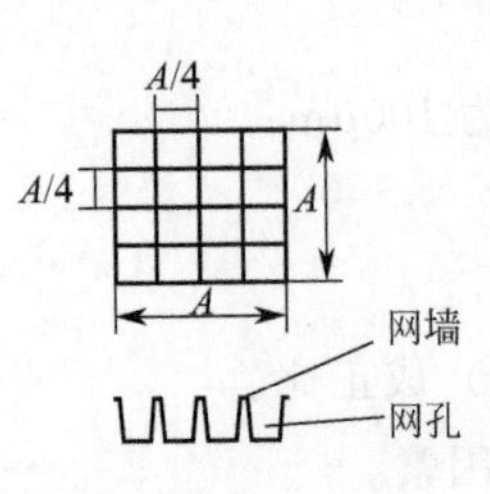

图4-25　网纹辊传墨示意图

（2）网纹辊角度对传墨性能的影响　网纹辊角度是指网孔的排列方向与轴线方向的夹角，也称网孔的角度。若印版图文的角度与网纹辊网孔的角度不匹配，印品上就容易出现龟纹现象。常用的网孔排列角度为30°、45°、60°和斜纹1°～89°。

30°六边形网孔有较好的传墨性，但网纹辊表面的水平网墙容易使刮墨刀和网纹辊表面受到磨损。随着机器的高速旋转，网纹辊的水平网墙会破坏油墨流动的均匀性，使30°六边形网孔难以形成均匀的油墨层。30°的网孔比较适合于上光涂布工艺以及不采用刮墨刀结构的机器上，适用于印刷实地版、线条版或文字版产品。

45°菱形网孔的工作性能较好，印刷网目版的产品时，可有效地避免龟纹现象。但其网墙一般为 15～20μm，网孔空隙较大，传递的墨层不太均匀，而且45°菱形网孔的沟通管路形状具有过深的倾向。太深会减少油墨的释放，不利于油墨的转移，增加油墨在网孔底部的栓塞，从而加大了清洗的难度，所以，这种网孔不适于印刷精细的彩印产品。

60°六边形的网孔排列方式单位面积内的面积利用率最高。在给定的面积上，网孔的数量最多，其网墙窄，余留面积小，且网孔具有较浅的深度与较宽的开口，传墨量明显增大，油墨传递也比较顺畅，清洗比较容易。另外，排列的正六边形网孔可以避免出现沟渠，不会由此造成墨痕；网纹辊雕刻更容易，稳定性更好。

3. 网孔的开口度和容积对传墨性能的影响

(1) 网孔的开口度对传墨性能的影响　网孔开口是指网孔表面的开口宽度。网孔开口度是指网孔的开口（a）与其深度（h）的百分比。

油墨从网孔中向印版上转移的墨量与网孔的宽度与深度的比值有关。显然，如果网孔开口窄而深，网孔底部的油墨就无法转移，这样不仅降低了网孔中的油墨向印版上的转移率，而且也不利于网纹辊的清洗，由此造成网孔的永久堵塞。实践证明：网孔开口度 $a/h \times 100\% = 23\% \sim 33\%$时，油墨转移较流畅，最佳值为 28%。

(2) 网孔容积对传墨性能的影响　网孔容积是指单位表面积可容纳的油墨量，用 BCM 表示，$1\text{BCM} = 1.55\text{cm}^3/\text{m}^2$。

网纹辊在长期使用过程中，当表面磨损后，其网孔开口和网孔深度必然减少，将导致网孔容积的减少，从而影响总传墨量。

网纹辊角度、线数、网孔形状及网孔宽度和深度决定了网孔的容积，网纹辊正是靠这些凹下的网孔来传墨。网孔容积一般用于理论分析，实际工作中很难测量出其精确值。目前测量网孔尺寸的方法是用网孔的平均数量来表示。

不同的网孔形状、线数、角度可组合成不同网孔容积的网纹辊，表 4-6 表示不同线数网纹辊的网孔容积与应用。由于网纹辊的磨损和堵塞，实际传墨量为理论值的 70%～80%。

表 4-6　网纹辊的网孔容积与应用

线数/LPI	网孔容积/BCM	应用示例
80～100	35.0～8.0	白色涂布
110～180	32.0～6.0	瓦楞纸印刷及纸板涂布

续表

线数/LPI	网孔容积/BCM	应用示例
180～250	19.0～3.0	实地印刷
300～400	9.0～1.5	一般色调及层次版印刷
440～550	6.0～1.0	高质量色调及层次版印刷
550～1000	3.0～0.71	非常精细的层次版印刷

4. 印刷速度及其他方面对传墨性能的影响

（1）印刷速度对传墨性能的影响　柔性版印刷机的油墨传递虽然主要靠网纹辊来完成，但改变印刷速度，不同输墨系统的传墨量也发生变化。如图 4-26 所示：印刷速度对传墨性能的影响和印刷机的输墨系统有关，对双辊式影响最大，正向刮刀式次之，而对反向刮刀式几乎没有影响。因此，对于网点印刷应采用反向刮刀式输墨系统。

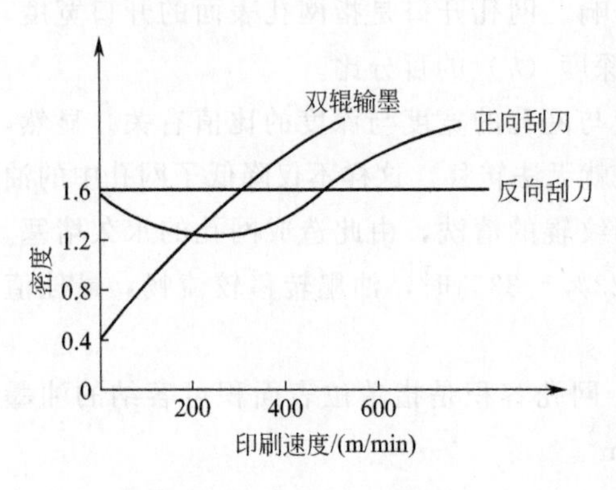

图 4-26　印刷速度与传墨量关系图

（2）网孔表面镀（涂）层厚度对传墨性能的影响　网纹辊镀（涂）层过厚，虽然受墨性能有所提高，但因其表面高低不平加剧，释墨性能会明显下降。当使用刮墨刀时，网纹辊表面越是粗糙，其传墨量就越会明显加大。

实际应用中，影响载墨量的因素是多方面的，如雕刻方法、油墨的类型及特性、承印材料的表面性能、刮墨刀的形式等。其中，雕刻方法对载墨量的影响更为明显。不同的雕刻方法，网孔的容积与网线数有不同的对应关系。一般地讲，由于 YAG 雕刻的网孔可采用多次脉冲雕刻一个网孔的加工方法，即第一次脉冲时形成网孔，而后几次脉冲可用来增加网孔容积。因此，当雕刻中低线数的网纹辊时，不宜采用 YAG 雕刻方式，而应选用 CO_2 雕刻方式；对于中高线数的网纹辊，采用 YAG 雕刻方式可以获得良好的效果。大量实践证明，不同雕刻方式的网纹线数与其对应的载墨量有不同的对应关系，如表 4-7 所示。

表 4-7　不同雕刻方式与其载墨量关系

网纹线数/LPI	200～250	300～360	400	500	600	700	800	900	1000	1600
网孔载墨量/BCM	7.0～11.0	4.0～8.0	3.5～6.0	2.0～4.5	2.0～4.0	2.0～3.5	1.0～3.0	1.0～2.6	1.0～2.2	1.0～1.9
雕刻方式	CO_2 雕刻					YAG 雕刻				

四、网纹辊的选配

网纹辊的选配主要是指网纹辊线数的选择，总原则是：当需要大传墨量时，取低网纹线数；反之，则取高网纹线数。同时应根据不同的印品质量要求、承印材料种类、油墨类型、印版的线数和各色组传墨量、传墨方式的基本要求，合理选用不同网线数的网纹辊，即各色组网纹辊的网线数应有所不同。

1. 根据印版的网目线数与承印物的特点选择

网纹辊网孔的开口面积应小于网点面积，即网纹辊线数要大于网目线数，确保印版上每个网点有一个或几个网纹辊的网孔来提供油墨。对于吸收性强的瓦楞纸板材料，表面粗糙，需要的墨量多，在确定网纹辊线数时应取低网线数。网纹辊线数与印版线数之比应取较低值，可取（2.5∶1）～(4∶1)，精细的柔印可取(6∶1)～(7∶1)。至于网纹辊的线数是取高限，还是取低限，可参考各色版不同的要求决定，具体要根据印品的精细程度而定。

2. 根据图文类型及印品的精细程度选择

由于绝大多数印品都是既有实地，又有线条或网点；或者既有大满版，又有细小字体。因此，为满足不同层次产品的要求，最理想的解决办法就是在一组柔印机上配备不同线数的网纹辊，以满足不同精度印品的需要。

实地、大色块印刷时，因所需墨量大，网纹辊线数宜选择 180～300LPI；小色块、大字、粗线条印刷时，网纹辊线数宜选择 220～400LPI；小字、细线条印刷时，网纹辊线数宜选择 250～450LPI。

在网目调印刷中，网纹辊的线数主要根据柔印版的加网线数来确定。选择的原则是印版上的网点能够得到足够的墨量，网纹辊上应有多个网孔覆盖印版上的一个网点。随着印版加网线数的增大，网纹辊线数与印版加网线数之比值应相应增大。

目前，国内使用的柔印版加网线数大都为 100LPI 或者 120LPI，最高 133LPI，只有在特殊场合下才能达到 150LPI。因此，柔印机所配置的网纹辊的最高网纹线数是有一定限度，适合于瓦楞纸板印刷的激光雕刻陶瓷网纹辊的技术参数见表 4-8。另外，在确定印版加网线数与网纹辊的网纹线数之比值时，应以 M 版和 K 版为基准，然后按照墨量的不同要求来定，C 版的网纹辊线数可取低些，Y 版因其所需要的墨量比较大，网纹辊线数可再取低一些。

3. 根据不同的机型和输墨装置选择

对于不同的印刷设备，网纹辊线数与柔性版的网线数之比应选用不同的比值。对于宽幅柔印机，比值可选（4.5：1)～(5：1)；窄幅柔印机取（3.5：1)～(4.0：1)；机组式柔印机各个机组网纹辊的网纹线数应依次递增。

表 4-8 适合于瓦楞纸板印刷的激光雕刻陶瓷网纹辊的技术参数

印刷品类型	上光	满版实地（刮刀式）	实地/满版（双辊式）	线条/文字（刮刀式）	线条/文字（双辊式）	层次版（<85 LPI）	层次版（>85 LPI）
网纹辊线数/ LPI	200～250	200～250	200～250	250～300	250～330	300～400	360～500
网孔容积/BCM	7.～12.0	8.5～11.0	7.0～9.5	6.5～8.5	5.5～6.5	3.5～4.5	3.0～4.0

在相同网纹线数的条件下，棱锥形网孔的传墨量一般比棱台形的要小，且锥形网孔的容积会因磨损而减少，所以，棱锥形网孔的网纹辊适用于双辊式输墨系统，同时网纹辊与墨斗辊的硬度要正确匹配才能使传墨顺利进行。棱台形网孔的网纹辊适用于刮刀式输墨系统，为了使刮墨刀在刮除网纹辊表面油墨时能够刮干净，要求所用的网纹辊网孔容积率必须大一点，而且网纹辊的网纹线数要求在 500 LPI 以上。

4. 根据网纹辊墨穴容量选择

网纹辊墨穴容量的选择是由在印刷机上印刷的印件来决定。印刷加网的彩色套印件时，通常使用的墨穴容量范围在 1.6～4BCM 之间；印刷线条印件时，应该选择有 3～7BCM 的网纹辊；印刷实地使用的容量通常在 5～8BCM 的范围内；更高墨穴容量的网纹辊应该用于往印版上涂布涂料、黏合剂和亮光油。

第六节 柔性版印刷机的输墨系统

柔性版印刷机采用网纹辊定量供墨，墨路短，输墨装置结构简单。墨量的多少取决于网纹辊的网纹线数、网孔尺寸、刮墨方式，柔性版印刷机的输墨系统主要有以下四种类型。

一、墨斗辊-网纹辊输墨系统（双辊式）

双辊式系统基本上是由一个墨斗辊和一个网纹传墨辊（简称网纹辊）组成，如图 4-27 所示。墨斗辊在墨槽中作旋转运动，将油墨传给网纹辊，通过墨斗辊与网纹辊的相互挤压，刮去网墙上多余的油墨，再通过网纹辊与印版滚筒的接触，将吸附在网纹辊网孔中的油墨转移到印版上。

为了得到良好的刮墨效果，两辊在接触处的表面线速度方向一致，但大小存

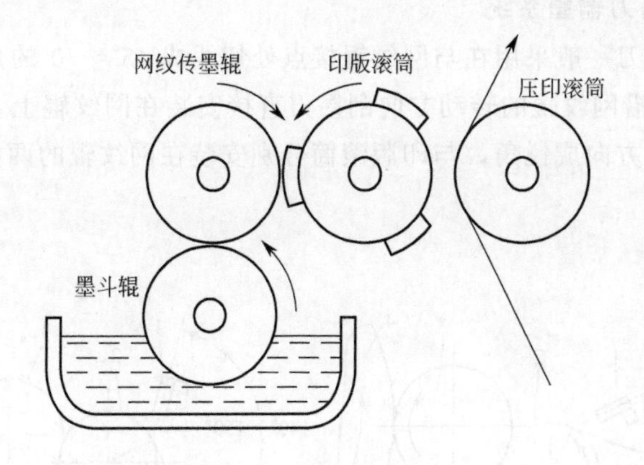

图 4-27　双辊式输墨系统

在一定的速差，即通过两个辊之间的滑动摩擦将多余的油墨刮干净。其中，墨斗辊由单独的动力驱动，网纹辊的转动通过压印滚筒齿轮带动印版滚筒的齿轮，印版滚筒齿轮再带动网纹辊的齿轮。

当墨斗辊与网纹辊接触时，墨斗辊表面的油墨便被转移到网纹辊的网孔中。由于墨斗辊的表面线速度低于网纹辊的表面线速度，所以墨斗辊实际起到了刮墨的作用，能够将网纹辊表面多余的油墨刮掉，仅留下一层均匀的墨膜。两者的转速差取决于印刷机的运行速度，印刷速度越高，则速差应该越大。

对于中、低速的柔性版印刷机，双辊式输墨系统的传墨质量可以满足大多数印刷品的要求。但在高速印刷时，会出现传墨量过多的故障，且很难保证小墨量油墨传递的均匀性，不适合较高网线的彩色印刷。

双辊式的传墨量为网纹辊网孔中油墨和两辊间残余墨量之和，想要精确控制墨量，印出更好印品，要借助刮刀的作用。

二、网纹辊-刮墨刀输墨系统（刮刀式）

网纹辊直接浸在墨槽中，由刮墨刀刮去网墙上多余的油墨，并流回墨槽内。当网纹辊与印版滚筒接触时，网孔内的油墨便转移到印版上。

由于刮墨刀对网纹辊的压力比墨斗辊对网纹辊的压力要大得多，所以其输墨量的变化要比墨斗辊输墨小得多，从而使柔印机在各种运行速度下都能很好地控制墨膜的转移。

根据刮墨刀相对于网纹辊的安装位置不同，分为正向刮刀输墨系统和反向刮刀输墨系统。

1. 正向刮墨刀输墨系统

正向式刮墨刀一般采用在与网纹辊接点处切线成45°～70°的角度刮墨，如图4-28(a) 所示。沿网纹辊的转动方向刮墨刀直接安装在网纹辊上，刀刃与网纹辊在接触处与切线方向成锐角，与印版滚筒分别安装在网纹辊的两侧，余墨由刀内流去。

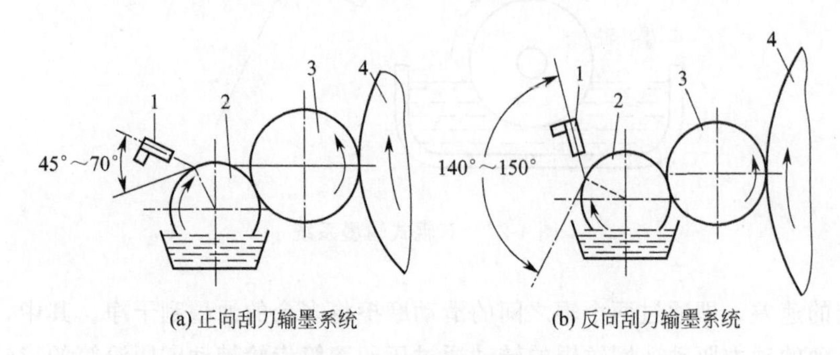

(a) 正向刮刀输墨系统　(b) 反向刮刀输墨系统

图 4-28　刮刀输墨系统

1—刮墨刀；2—网纹辊；3—印版滚筒；4—压印滚筒

在印刷过程中，刮墨刀和网纹辊表面之间形成了一个楔形的积墨区，由于流体动压力的作用，刮墨刀有被抬离滚筒表面的趋势，所以必须对刮墨刀施加压力。积墨区内易积累一些杂质颗粒或纸毛，增加了网纹辊的磨损。同时需要刮墨刀左右移动，作用是防止印墨中的杂质堆积影响印墨的均匀。

2. 反向刮墨刀输墨系统

反向式刮墨刀一般采用在与网纹辊接点处切线成140°～150°的钝角刮墨，如图4-28(b) 所示，刮墨刀的安装方向与网纹辊的转动方向相反。

与正向刮刀式相比，余墨由刀外流出，不必再额外施加压力，不损伤网纹辊。墨斗辊表面油墨对刮墨刀的压力使其有压向网纹辊表面的趋势。因此，对刮墨刀只需施加很轻的压紧力，也能将网纹传墨辊表面的油墨刮去。所以，工作时刮墨刀与网纹辊之间的压力较轻，磨损较小，更能准确地传递和控制印墨，以满足高质量印刷的要求。目前的高速柔性版印刷机中，一般都采用反向刮刀输墨系统。

三、墨斗辊-网纹辊-刮墨刀输墨系统（综合式）

该系统同时装有墨斗辊、网纹辊和刮墨刀，故称综合式输墨系统，如图4-29所示。墨槽中的油墨由墨斗辊传给网纹辊，由刮墨刀精确地控制和调节网纹辊传给印版滚筒上的油墨。在本系统中，墨斗辊的作用仅限于向网纹辊传递充分的油墨，墨量则由刮墨刀来控制。如刮刀式输墨系统相同，刮墨刀的安装方向会影响系统的传墨性能。正向刮墨刀会受到印刷速度的影响而改变其传墨量的大小，反向刮墨刀的传墨量则基本不受印刷速度的影响。

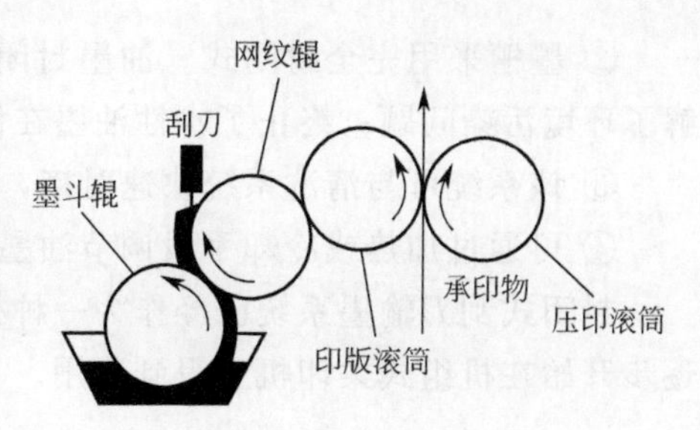

图 4-29　综合式输墨系统

综合式输墨系统的性解要优于双辊式和刮刀式，尤其适用于大型和高速的柔版印刷机。

四、墨槽-刮墨刀系统（全封闭式双刮刀装置）

双辊式、刮刀式、综合式三种输墨系统都属于敞开式供墨装置。在这种状况下，印刷环境中温度、湿度的变化，各种杂质的混入，溶剂型油墨中溶剂的挥发，水性油墨气泡的产生等因素，都会造成油墨性能的不稳定，影响印刷品质，甚至造成环境污染。

封闭式刮刀输墨系统采用完全封闭的方式进行供墨。由网纹辊、两把刮刀（正向刮刀和反向刮刀）、储墨容器、墨泵等部件组成。图 4-30 中的刮刀、侧面密封垫和网纹辊构成一个密闭的墨腔，油墨经墨口喷射到网纹辊表面，储存在墨室中，通过反向刮刀刮去多余的油墨，正向刮墨刀起密封作用。

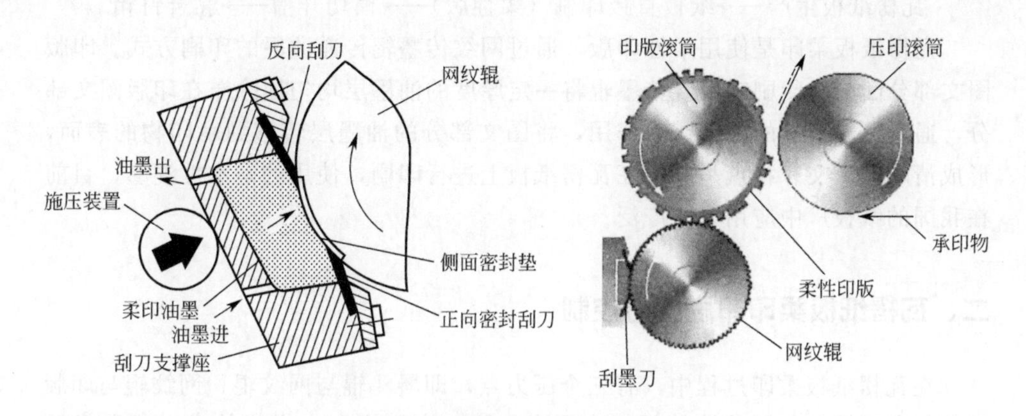

图 4-30　封闭式刮刀输墨系统

封闭式刮刀输墨系统的优点如下：

① 定量供墨系统中采用反向刮刀结构，适合高速状态下运转。

② 墨槽采用完全封闭式。油墨封闭在墨腔内，避免了溶剂型油墨挥发，缓解了环境污染问题；终止了水性油墨在使用过程中出现的泡沫问题。

③ 该系统可与清洗系统快速对接，缩短了清洗时间，减少换墨和停机时间。

④ 可通过加热或冷却手段调节油墨黏度。

封闭式刮刀输墨系统已经作为一种标准配置安装在卫星式柔版印刷机中，并逐步开始在机组式柔印机上得到应用。

第七节 瓦楞纸箱柔性版印刷工艺

目前，瓦楞纸板印刷应用最为广泛的方式是柔性版印刷，优势在于：柔性版印刷属于轻压印刷，可减少对瓦楞强度的破坏，既能印刷实地版也能印刷网目版；柔印版材能在印刷过程中以本身压缩变形弥补瓦楞纸板的厚薄误差与表面不足；柔性版印刷使用水性油墨，易被吸收，又无毒环保。此外，柔印机械结构简单，操作维修容易，并能与其他工序联动生产，可将开槽、模切等工序联线，实现纸板生产的自动化。因此，经济、环保、简便、快速的柔性版印刷成为瓦楞纸板的最佳印刷方式。

一、瓦楞纸箱柔印生产工艺流程

柔印瓦楞纸箱生产的工艺流程：

瓦楞纸板生产——→纸板直接印刷（柔性版）——→模切开槽——→黏合钉箱

瓦楞纸板柔印是使用柔性印版，通过网纹传墨辊传递油墨的印刷方式。印版图文部分凸起，印刷时网纹传墨辊将一定厚度的油墨层均匀地涂布在印版图文部分，通过压印滚筒的印刷压力作用，将图文部分的油墨层转移到承印物的表面，形成清晰的图文。特点是直接在瓦楞纸板上进行印刷，使用的是水性油墨，目前在我国的纸板厂中应用非常广泛。

二、瓦楞纸板柔印印刷压力控制

在瓦楞纸板柔印过程中，有三个压力点，即墨斗辊与网纹辊、网纹辊与印版滚筒、印版滚筒与压印滚筒间存在压力。这三个压力点在操作技术上都非常重要，印刷过程中要非常注意，不能仅凭经验操作，而应在受控情况下进行印刷。

1. 墨斗辊与网纹辊间的接触压力

墨斗辊与网纹辊之间压力的主要作用是控制印刷的传墨量，并均匀传递油墨。相对于其他两个压力来说，由于墨斗辊的作用是把网纹辊表面的油墨挤掉，因此其压力可以略大些。若两辊间压力大，网纹辊上的墨量就少，反之则墨量多。但若两辊压力太大，网纹辊上墨量相对减少，同时压力太大会引起网纹辊与墨斗辊两端弯曲，印刷机齿轮跳动，齿牙断裂等故障。两辊间压力若太小，一旦达到网纹高度的临界点，就失去了网纹辊传墨的作用，导致传墨不均，墨量不易控制，最终使印品出现印膜过厚、清晰度差、网点虚糊、线条铺展、字迹虚毛等弊病。一般印刷面积较大的，压力可小一些，以增加油墨量，从而提高实地密度、鲜艳度、光亮度。而印刷面积较小或较为细腻的，压力则要略大一些，以降低油墨量，提高印刷的清晰度。具体来说，印刷网线产品、细小文字和线条时，两辊间压力相对可大一些；大字及实地产品压力可相对小些。

2. 网纹辊与印版滚筒的接触压力

网纹辊与印版滚筒的接触压力主要作用是把网纹辊上的墨均匀传递到印版的表面，它直接影响印刷网点的清晰度。一般来说，该接触压力要小，即保证网纹辊与印版刚好接触，印版变形小。压力过大，不仅影响印版的使用寿命，而且印后的图像网点会增大，出现字、线条变粗或双影，阶调层次损失，图像清晰度差，色调还原不好，容易产生堆墨、脏点等问题。但压力太小，印版上吃不上墨，就无法印刷。因此，在实际操作中要视实际情况而灵活掌握，如果机器精度差，可适当加大压力；反之，可以减少压力。例如，印版厚度为3.94mm，包衬厚度为3.05mm，双面胶为0.11mm，挂版涤纶为0.10mm，总厚度是7.20mm。按照压力要轻的要求，最好是两辊相切刚好接触，即网纹辊与印版滚筒间距保持在7.20mm。但实际上由于网纹辊、印版滚筒都有形位误差，所以相切状态是不可能的。经测试网纹辊不直度与径跳0.02～0.04mm，印版辊径跳0.01～0.02mm，印版厚度误差为±0.02mm，最大误差是0.08mm，再加上0.02mm的印刷压力，总量是0.1mm。在正常印刷过程中，网纹辊与印版滚筒之间的压力增大，油墨转移量就小。最佳的印刷压力是调整网纹辊与印版滚筒两端压力，使之大小一致，并使网纹辊上的墨层正好和印版面圆切水平接触。

3. 印版滚筒与压印滚筒之间的压力

印版滚筒与压印滚筒之间的压力主要是使印版上的墨层正确无误地转印到承印材料上，它直接关系到印品的质量。总的来说，印版滚筒与压印滚筒之间的接触压力也要小。但在实际印刷过程中，由于瓦楞纸板不如一般纸张平整光滑，所以在印刷中很难做到这一点，但也要严格控制压力，尽量做到轻压。两滚筒间压力过大，印出的网点会呈铺展状，中间色浅，四周呈深圈，影响图像层次，使暗调层次模糊，而文字、线条则铺展印迹；压力过小，则承印材料上印不出图像。最佳的压力控制是让压印滚筒与印版滚筒两端压力大小一致，两者呈圆切水平接触，网点基本不扩大，图像全部清晰印出，字迹、线条清晰。印版滚筒与压印滚筒的距离是印版总厚度加瓦楞纸板的厚度，印版的总厚度可以控制，但瓦楞纸板的厚度却难以控制。瓦楞纸板的印刷品质与瓦楞纸板本身的厚度误差、平整度有很大关系。

印版滚筒与压印滚筒间隙，根据实践经验，要达到如下要求：

间隙＝印版总厚度＋瓦楞纸板厚度－瓦楞纸板厚度的误差量(0.5mm)－辊与版材的误差量(0.1mm)

在调机试印时，如果出现局部印不出的现象，最好不要采取加压力的方法。正确的做法应该是采用垫版的方法来解决，即按照实际情况在挂版薄膜后面垫纸张。印刷过程中，应根据印刷的具体情况随时加以调节，使之保持最佳和稳定的状态。另外，要注意印版滚筒和压印滚筒的清洁，滚筒表面粘上了单面胶、纸张和油墨等，都会影响印刷压力，并会影响印品的质量。

第八节 瓦楞纸板机组式柔印机

机组式柔性版印刷机一般应用于折叠纸盒、瓦楞纸板后印。目前国内外最常用的直接柔印机是印刷模切机，主要由送纸部、印刷部、模切部、送纸装置（位于每单元组之间）组成，其结构如图 4-31 所示。纸板经送纸部拖纸架，按设定参数，每张纸板经吸风送纸装置和送纸辊牵引送到印刷部，经多个印刷部精准套印后，再经送纸辊进入模切部进行压痕、开槽，按照模切版模型切除多余部分，完成瓦楞纸箱的印刷与成型生产。

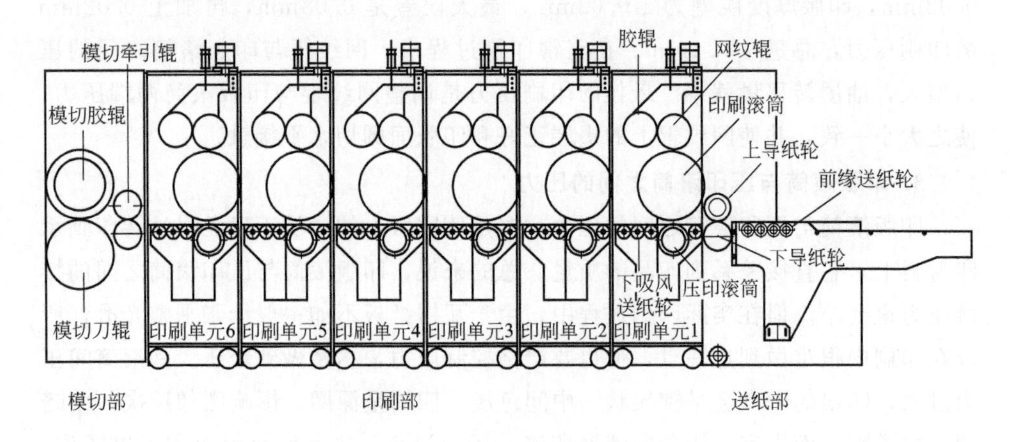

图 4-31 印刷模切机结构示意图

送纸部采用前缘送纸装置，主要由前缘送纸轮和上、下导纸轮组成。前缘送纸轮可以按设定要求，自动、准确、平稳、有节奏地从瓦楞纸堆中逐张分离出来瓦楞纸板，并按照一定的输纸形式，经上、下导纸轮输送到印刷部进行印刷。

印刷部根据色组的个数不同，由若干个印刷单元组成，每个印刷单元分别由印版滚筒、压印滚筒、胶辊和网纹辊等部件组成。各印刷单元分别完成指定色组的套印，所有印刷单元通过指定的程序，协同实现瓦楞纸板的套印功能，并通过下吸风送纸轮过渡到送纸装置，将瓦楞纸板输送至模切部进行模切加工。

模切部由模切胶辊、磨切刀辊及模切牵引辊组成。模切刀辊可以挂附不同的刀版，模切胶辊贴附模切胶垫，通过模切牵引辊将瓦楞纸板送入到磨切刀辊与模切胶辊之间，利用固定在模切刀辊模板上的切刀，按照一定要求滚切模切胶辊胶垫上托着的瓦楞纸板，切除瓦楞纸板多余部分，以获得所需要的形状。

该机集印刷、模切压痕为一体，采用PC整机统一控制，通过触摸屏进行人机对话，主电机变频控制，自动归零，能生产高质量的瓦楞纸箱，生产效率高，可极大地满足用户对异形纸板、彩箱的生产要求。

一、印刷模切机的工作原理

一般印刷模切机的进纸部、印刷部等作为单独的机组安装在两条平行导轨上，并可借助带有齿轮减速器或蜗轮减速器的电机移动机构前后移动。正常工作时，几台机组合并在一起工作并通过锁紧机构与最后一台机组锁合在一起，最后一台机组一般是固定在导轨上的，但少数印刷模切机最后一台机组也可移动。导轨可埋在地面之下，也可高出地面一定高度。机组通过导轨移出后可在两机组之间留出足够的空间，方便操作人员进入机器内部进行调整和维修。

国产印刷模切机都采用机组的移动来满足机器调整的方便性和工作状态的紧凑性之间的矛盾。国外有些印刷模切机也有采用机组都固定的结构形式，如法国基尔公司生产的印刷模切机各机组都固定在地面上，中间采用可翻转的输送带输送纸板，当操作人员要进行调整或维修时，翻下输送带装置就可方便地进入。

二、送纸部

印刷模切机最前端为送纸部，主要由进纸工作台、真空吸附装置、送纸装置、前门移动装置、侧挡板移动装置、弹性送纸辊等组成，如图 4-32 所示。

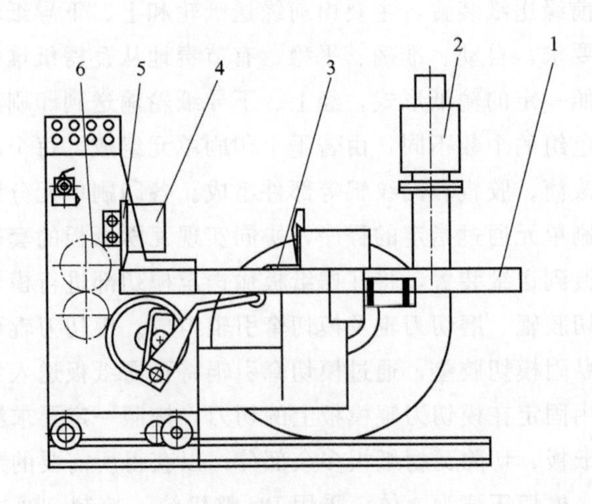

图 4-32　送纸部

1—进纸工作台；2—真空吸附装置；3—送纸装置；4—侧挡板移动装置；5—前门移动装置；6—弹性送纸辊

从生产线下来的瓦楞纸板由人工或自动喂料机，送到送纸装置的工作台上并依靠前门及左右侧挡板进行定位。纸板放置的方向应使需要印刷的一面朝着印版滚筒，即一般是印刷面朝上放置，因此当送来的纸板若是正反交错堆叠置放时(生产线下来的纸板为防止翘曲或进行翘曲纸板的矫正，往往正反交错堆叠)，操作者必须注意放正。

1. 送纸装置

送纸装置有两种结构形式，一是利用曲柄摇杆机构带动推纸板作往复运动进行送纸，二是采用滚轮旋转运动进行送纸。图 4-33 为推纸板进纸的工作原理，由主传动通过齿轮带动曲柄摇杆机构 2 运动，运动过程中通过连杆 3 带动推纸板 4 作往复运动。推纸板回到最右端开始向前运动时，利用推纸板上的小平面推动

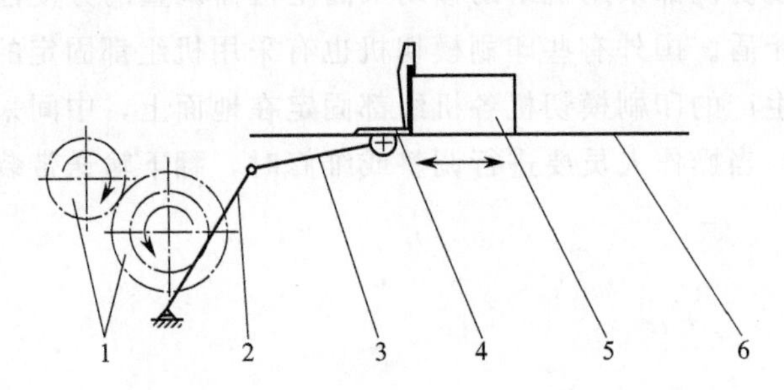

图 4-33　推纸板进纸的工作原理

1—主、从传动齿轮；2—曲柄摇杆机构；3—连杆；4—推纸板；5—后门；6—滑动导轨

瓦楞纸板进入印刷部，对于不同厚度（三层或五层）的纸板，推纸板上小平面的高度是不同的。推三层纸板时其高度一般为 1.5mm［图 4-34(a)］，推五层纸板时其高度为 2.5mm［图 4-34(b)］。若推较薄纸板时采用较厚的推纸板的高度时往往会同时送入两张纸板，造成纸板报废或进纸前门被卡死等设备事故。因此，印刷模切机一般配备两块推纸板以适应不同厚度的纸板，也可采用调换推纸板上具有推纸小平面的镶片来实现。推纸板推纸时，工作台上的纸板不能堆叠得过高，否则会使最下面的纸板压力加大，从而增加了纸板的摩擦阻力，进而影响推纸板的正常工作。

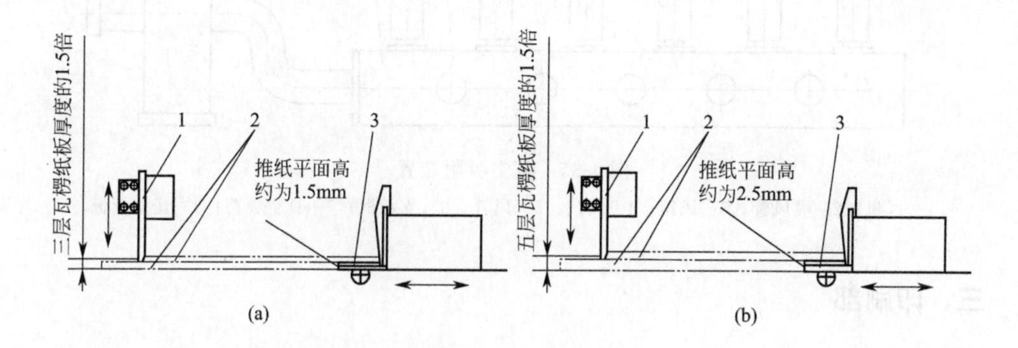

图 4-34　推纸板

1—前门装置；2—瓦楞纸板；3—推纸板

2. 真空吸附装置

真空吸附装置主要由风机、风箱、风门及真空吸箱、风管等组成（图 4-35)。开启风机后，通过风箱、吸风管等将工作台上纸板下面吸箱内的空气抽去形成负压而吸平纸板，在风箱或吸箱处有吸力控制旁通风门，通过手动控制调整吸风量的大小。旁通风门全闭时吸力最大，不需要全部吸力时可开启部分泄风，使用时应尽可能采用较小的风力，以减小进纸阻力。

真空吸附装置的使用不仅使快速送纸变得稳定可靠，而且还适用于产生翘曲的纸板。当然过分弯曲的纸板使用时会不尽如人意，同样使用向下弯曲的纸板比使用向上翘曲的纸板效果要好。

3. 送纸辊

由推纸板或送纸滚轮送来的纸板通过前门间隙送入送纸辊，其上辊为橡胶辊，上面开有圆弧形凹槽。上辊一般用气缸加压，少数也有用弹簧进行加压。下辊一般为钢辊，两辊间有略小于纸板厚度的间隙 δ，当纸板经过时，上辊会因纸板而抬起。

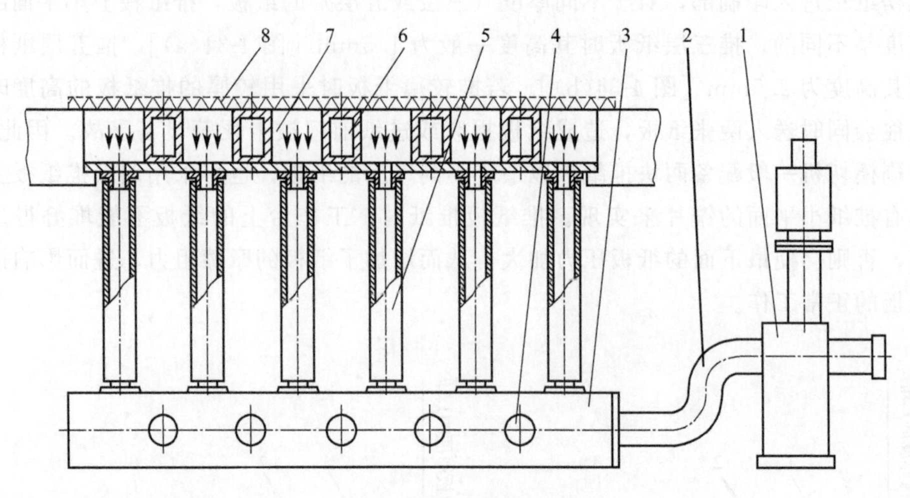

图 4-35　真空吸附装置

1—风机；2—吸风管；3—风箱；4—风门；5—风管；6—支承框；7—真空吸箱；8—瓦楞纸板

三、印刷部

印刷部分为上印刷和下印刷。上印刷的印刷辊在纸箱上侧，印刷辊沿圆周装挂印版，上侧为网纹辊和刮刀匀墨机构，配有供墨装置和刮刀清洗系统。纸板下侧为吸风风室，风室平台开有方孔，送纸轮在孔中凸出，风室上凹处为压印辊，压印辊在纸板下侧、风室外侧。印刷时，纸板被吸附在风室平台，紧贴送纸轮和压印辊，供墨装置将墨送到网纹辊，刮刀与网纹辊紧密贴合进行匀墨，网纹辊再将墨涂到印版上，纸板经过压印辊和印刷辊之间间隙进行印刷。印刷结束后，打开刮刀清洗系统进行清洗。下印刷与上印刷各结构上下位置相反。

1. 印刷单元

印刷单元主要由原动部件、传动部件、控制部件和工作部件组成，结构如图 4-36 所示。其中，原动部件一般是电机，为印刷单元提供运转所需要的动力；传动部件的作用是将电机输出的动力传输到印刷单元的工作部件中，如齿轮传动的方式；控制部件用于调节其他各个部件的工作状态，一般为 PLC 或单片机等控制器；印刷单元中的主要工作部件包括印版滚筒、压印滚筒、胶辊、网纹辊、行星齿轮和墙板等结构（图 4-37）。

2. 印刷单元传动系统

印刷单元传动系统由主传动机构以及相位调整机构组成，主传动机构主要用来传动主动力，相位调整机构采用行星齿轮机构，主要用来调整印刷单元各个滚筒之间的相位。

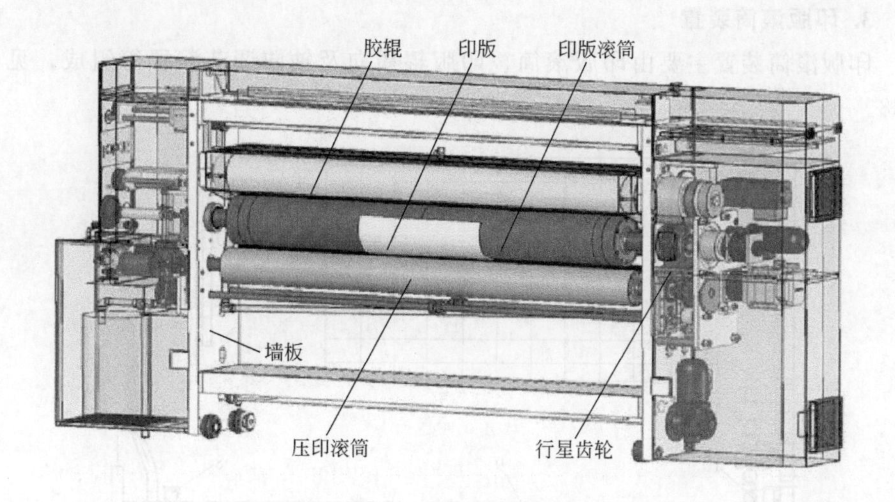

图 4-36　印刷单元结构示意图

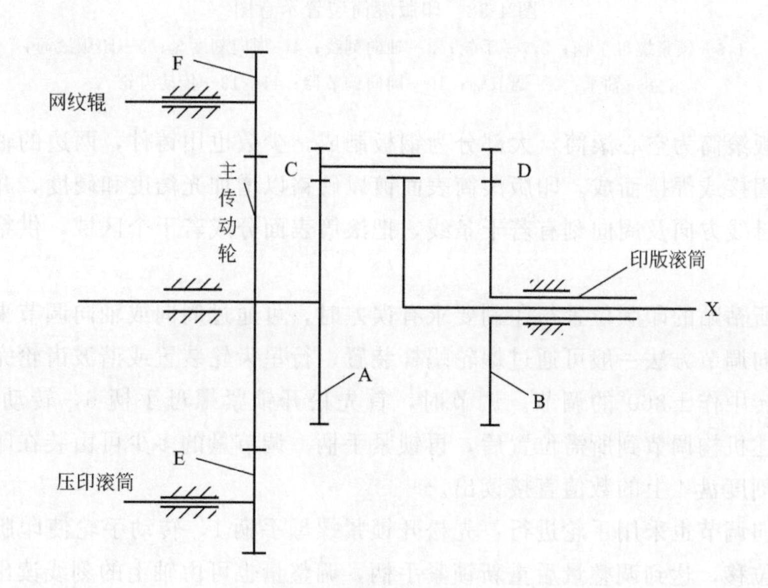

图 4-37　印刷单元传动示意图

如图 4-37 所示，主传动机构由主传动轮从上一动力源获取主传动力，主传动轮与齿轮 A 相对固定，齿轮 X 与相位调整电机连接，印刷模切机工作时，齿轮 X 固定不转动，主传动轮带动齿轮 A 一起转动，将动力传到齿轮 C 与齿轮 D，由齿轮 D 带动齿轮 B，齿轮 B 与印刷辊连接，驱动印版滚筒运转。网纹辊以及下压辊将由主传动轮带动齿轮 F 以及齿轮 E，由齿轮 F 以及齿轮 E 分别驱动其运转。

3. 印版滚筒装置

印版滚筒装置主要由印版滚筒、印版辊周向及轴向调节装置等组成，见图4-38。

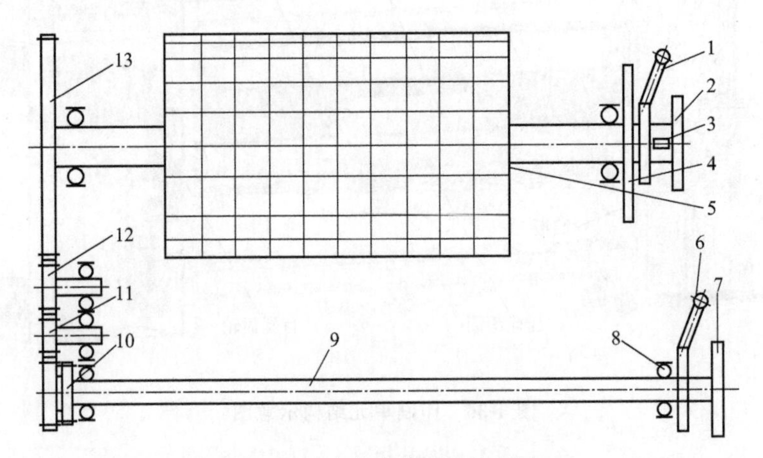

图 4-38　印版滚筒装置示意图

1，6—锁紧螺母手柄；2，7—手轮；3—轴向刻线；4—周向刻度盘；5—印版滚筒；
8—轴承；9—调节轴；10—周向调节器；11～13—传动齿轮

印版滚筒为空心滚筒，大部分为钢板制成，少数也用铸件，两边的轴头可采用螺栓固接或焊接而成。印版滚筒表面镀以硬铬以增加光洁度和硬度，并且辊表面还沿母线方向及周向刻有若干条线，把滚筒表面分成若干个区域，供粘贴印版时参考。

当所粘贴的印版位置与印刷要求有误差时，可通过周向或轴向调节来消除误差。周向调节方法一般可通过蜗轮蜗杆装置、行星齿轮装置或谐波齿轮完成，并可在运转中作±360°的调节。调节时，首先松开锁紧螺母手柄 6，转动手轮 7，通过上述机构调节到所需位置后，再锁紧手柄。调节量的多少可由装在印版滚筒侧面的刻度盘 4 上的数值直接读出。

轴向调节也采用手轮进行：先松开锁紧螺母手柄 1，转动手轮使印版滚筒产生轴向位移，达到调整量后重新锁紧手柄，调整量也可由轴上的刻线读出。

4. 印刷装置

印刷装置主要由印版滚筒、送纸辊装置、印刷着力辊升降调节装置、油墨循环装置、墨辊、传墨辊、墨辊电机、墨量调节装置等组成。

送纸辊装置主要由送纸上辊、送纸下辊、下辊升降装置等组成。送纸上辊上有两个送纸轮，送纸轮可在送纸上辊上左右移动，根据纸板宽度、印刷开槽位置确定送纸轮位置，然后用螺钉固定在轴上。

为保证送纸的准确性又不至于间隙过小而损坏瓦楞纸板，上、下送纸辊之间的间隙根据纸板的厚度是可调节的。图 4-40 为下辊升降装置示意图，通过手轮带动蜗杆 5、蜗轮 4 转动，蜗轮内部的螺母 6 带动丝杆 3 上下移动，使得送纸下辊与送纸上辊的间隙发生变化，根据纸板的厚度调节到合适的间隙，获得恰当的夹送力。

印刷着力辊又称压印辊，作用是调节与印版间的间隙，从而获得合适的着印力和夹送力，以达到完美的印刷效果，并保证把纸板正确传送到下一个工位。着力辊的升降调节方法与上、下送纸辊之间的间隙调整方法相同，如图 4-39 所示。

图 4-40 所示的油墨循环装置是通过隔膜泵进行油墨的循环。由图可见，先打开旁通阀 3，启动隔膜泵 1，油墨从进墨管 4 进入墨辊 7 和传墨辊 6 上方，然后沿轴向扩散，通过两端的接墨斗 8 经回墨管 9 回到油箱内，一般油墨量不宜过大，从漏斗 5 中或从进墨管中流出的直径约 10～15mm 为好。自动进纸印刷模切机与链条进纸印刷模切机中的着墨调整装置、油墨循环装置以及夹送装置、印版着力辊等工作原理基本相同，不过前者比后者在结构上复杂得多。

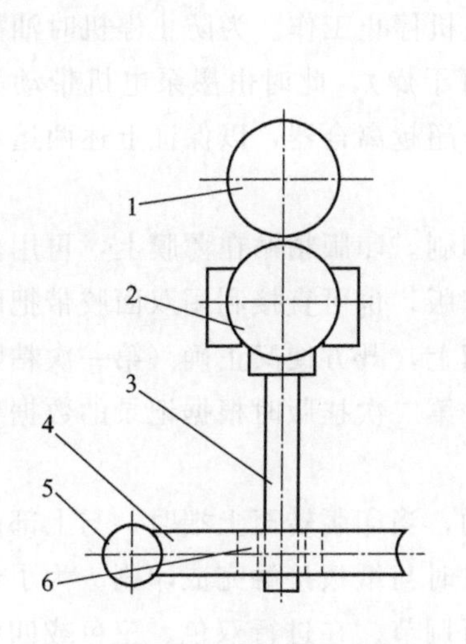

图 4-39　下辊升降装置示意图

1—送纸上辊；2—送纸下辊；
3—丝杆；4—蜗轮；5—蜗杆；
6—螺母

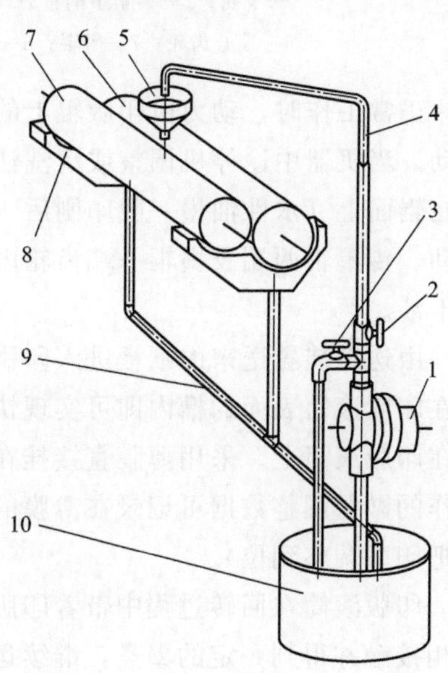

图 4-40　油墨循环装置示意图

1—隔膜泵；2—截止阀；3—旁通阀；
4—进墨管；5—漏斗；6—传墨辊；7—墨辊；
8—接墨斗；9—回墨管；10—墨桶

墨量调节装置如图 4-41 示。传墨辊是整个印刷部的关键部件，表面刻有极精细的网纹，油墨非常均匀地储存在网纹内。工作过程中，传墨辊辊面与印版接触过程中，将油墨均匀地涂到印版上，完成着墨工作。

传墨辊的两端装有偏心齿轮，松开墨量调节辊上的锁紧手柄 2，转动手轮 1，使调偏齿轮带动偏心齿轮转动，从而调整墨辊与传墨辊之间的间隙。通过墨辊与传墨辊之间间隙的变化及相对转动，完成匀墨工作。

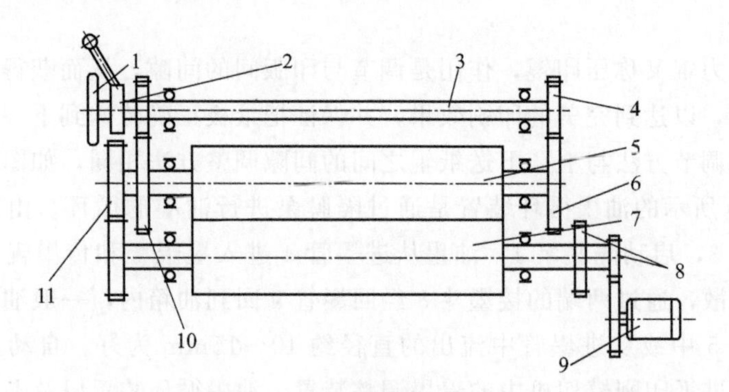

图 4-41 墨量调节装置

1—手轮；2—锁紧手柄；3—墨量调节轴；4—调节齿轮；5—传墨辊；6—偏心齿轮；7—墨辊；8—调偏齿轮；9—墨辊电机；10,11—齿轮

正常工作时，动力由印版辊上的齿轮传到传墨辊齿轮上，带动传墨辊及墨辊转动。当机器中途停机调整或清洗油墨时，整机停止工作。为防止停机时油墨凝结在辊面上（水性油墨一般印刷后 1～2s 便可干燥），此时由墨泵电机带动墨辊转动。传墨辊两端及墨辊一端齿轮内各有一个超越离合器，以保证上述两运动互不干涉。

由送纸装置送来的纸板进入印刷部进行印刷。印版粘贴在薄膜上，再用薄膜挂在印版滚筒表面的槽内即可实现快速安装印版，也可直接利用双面胶带把印版贴在印版滚筒上。采用薄膜直接挂在印版滚筒上，既方便又正确（第一次粘贴后所作的微量调整数据可记录在薄膜的空档处，第二次挂版时根据记录的数据事先就把印版调整到位）。

印版滚筒在回转过程中带着印版一起转动，当印版转至上端时，与上部的墨辊相接触并得到一定的墨量，继续运转到下方时与纸板接触完成印刷。为了保证印版能获得合适的着墨量，传墨辊可上下进行调节。在进行双色、三色或四色印刷时，纸板经过第一印刷色组后即进入第二印刷色组，再进入第三、第四印刷色组，每个印刷色组都是相同的，当然也有部分印刷模切机第一印刷色组与进纸部是连在一起的。各印刷色组的套印精度可通过调节印版滚筒的周向相位调节机构与轴向调节机构来实现。

如图 4-42 所示，着墨量的调节是依靠调节传墨辊 6 与印版滚筒 1 间的间距大小来进行的。在气缸作用下，活塞杆向下运动，通过拉杆带着墨辊架向下运动直至调节螺钉 9 与偏心轴 10 接触，传墨辊、墨辊随之一同下降，传墨辊与印版

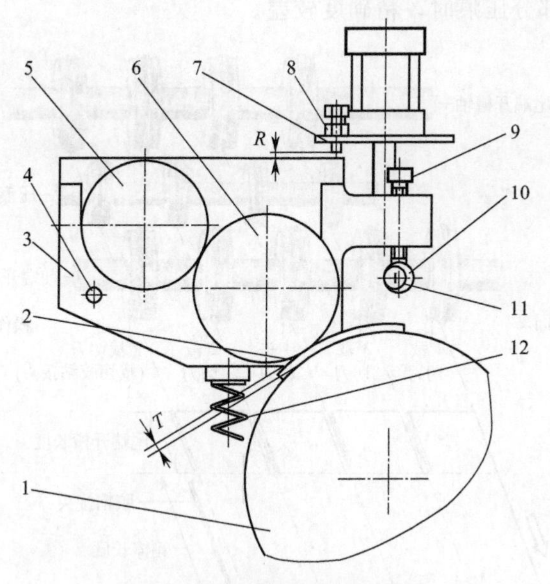

图 4-42　着墨过程示意图

1—印刷滚筒；2—印版；3—墨辊架；4—销轴；5—墨辊；
6—传墨辊；7—调节螺栓；8—螺母；9—调节螺钉；
10—偏心轴；11—着墨调节轴；12—弹簧

接触，接触量的大小可通过调节螺钉 9 的上下位移来进行调整。当不需要着墨时，气缸往上运动抬起墨辊架及传墨辊等，或靠安装在下端的弹簧（也有把弹簧安装在气缸处的）的弹性使墨辊架上升，使上墨辊与印版脱开。一般工作中传墨辊抬起 1～3mm 即可，不宜过大，过大不仅易使机器产生振动，也有可能使齿轮脱离不能正常啮合。

四、模切部

模切部即机器的压痕-开槽机组，包括压痕装置（上、下压痕轴）、开槽装置（前端和尾端）、纸屑回收系统。印好的纸板经压痕和开槽成为纸箱箱坯，见图 4-43。压痕的主要作用是通过压力使瓦楞纸板按预定位置准确地加工出折痕，以实现精确的纸板内部尺寸。开槽则是裁切出纸箱活动折板。上胶接头也被裁切好，用来将纸箱板两端连接在一起。

按压痕线方向与瓦楞楞向的不同关系，压痕可分为纵压线（与瓦楞楞向平行的压痕线）和横压线（与瓦楞楞向垂直的压痕线）。横压线对瓦楞纸板的强度有很大影响；而纵压线因瓦楞纸板的结构特点，往往很难保证达到预定尺寸。图 4-44 所示为纵压线的几个典型位置，在楞峰和楞谷处压痕时，尺寸的精度易于保证，但在楞腰部分压痕时，精确度较差。

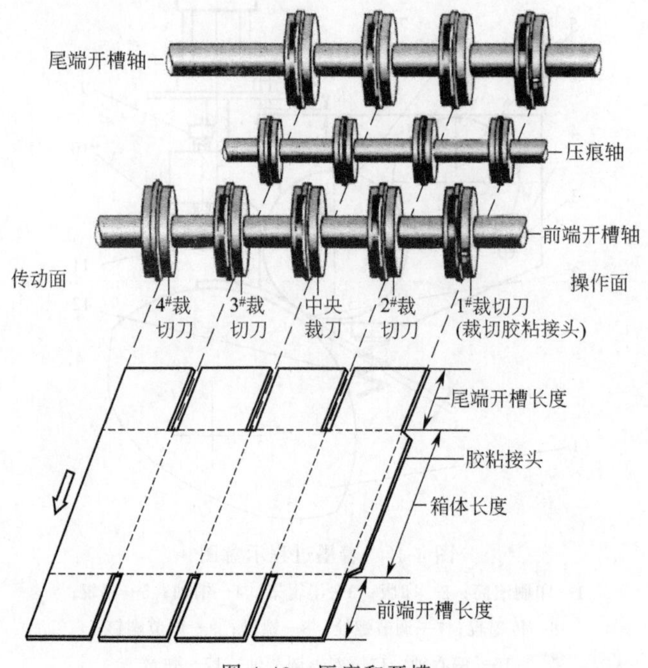

图 4-43　压痕和开槽

纸板经牵引辊被送入压线装置，进行纵向压线，纵向压痕限定纸板的宽度与长度。压痕装置由转轴和压痕滚轮构成。压痕滚轮数目根据一片纸板成箱或是两片纸板成箱的要求而定，前者使用四对滚轮（图 4-44），后者只用两对压痕滚轮即可。操作前，上下滚轮要对准及调好间隙，运转中若发现纸板压扁有破裂或深度不足，应立即停机，重新调校。

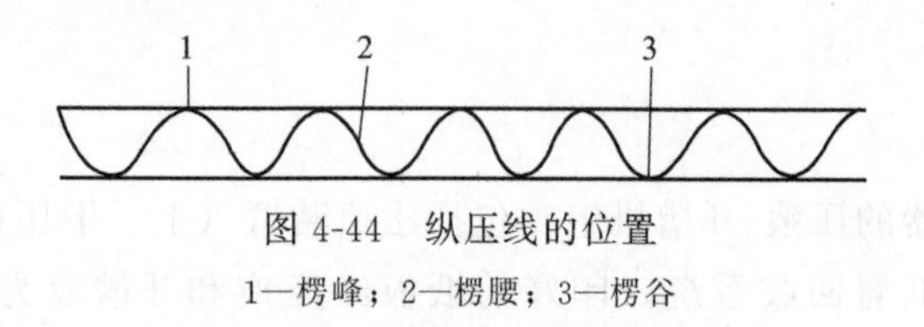

图 4-44　纵压线的位置

1—楞峰；2—楞腰；3—楞谷

裁断、压线作业，最值得注意的是切边质量和压痕适度。两者均与纸板本身的含水量有关。当含水量在 10%～13%时，纸板挺度好，锋利的切刀可分切出边缘整齐、笔直的切口。如含水量超过 13%，瓦楞纸板的挺度会急剧下降，切口处会起毛边，甚至出现所谓“闭口”故障，即纸边边缘被压扁，瓦楞顶部被压溃，见图 4-45。“闭口”故障不仅影响纸板外观，而且因纸板边缘厚度大大减小，导致向印刷模切机送料时发生双重进纸故障，轻者产生废品，重者则损坏设备。瓦楞纸板含水量过小，低于7%时，则导致纸纤维脆化，最终造成压痕不明显或压线破裂。另外，应认真校准压线凹凸滚轮的安装位置。位置出现微小的偏差，会造成瓦楞纸板破裂。

操作者必须根据要加工纸板的厚度手动调节上、下压痕头之间的间隙。如果间隙太小、夹口的压力太大，就会在折痕上产生裂纹。如果间隙太大，则达不到折痕深度甚至没有折痕，浅的折痕会造成纸板误折或可能出现圆弧折。裁断和压线加工是根据纸板的设计尺寸进行的，同时还应考虑瓦楞纸板的压线允差，如图4-46所示。压线允差指压线成箱后内壁实际尺寸会小于设计尺寸，其差值相当于瓦楞纸板的厚度。因此，在校定压线盘时，要增加所用瓦楞纸板的厚度值。

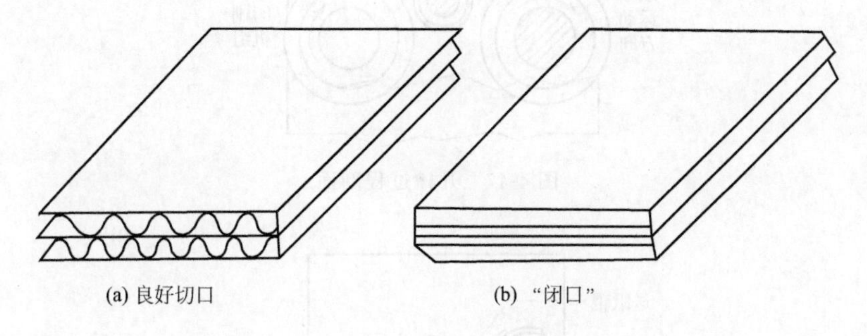
(a) 良好切口 (b) “闭口”

图4-45 良好切口与“闭口”

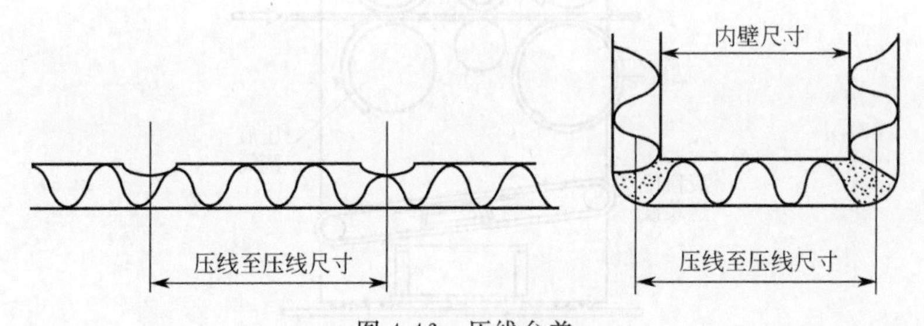

图4-46 压线允差

开槽过程（前端和尾端）见图4-47，前端开槽装置还要把纸板推送进入机器的下一机组。模切压痕装置由压痕滚筒及其砧辊、一系列送纸辊、模切滚筒及其砧辊组成，见图4-48。在柔性版印刷部分也可以有一个模切压痕装置。如果客户有具体要求，更多切口或所需要的全部裁口（如纸箱上的手提孔、通气孔、附加活动折板或其他类型的孔）都可以在模切压痕装置上加工出来。

模切与清废过程非常复杂、缓慢。而且，任何纸板堵塞都会造成全线停机，其后果是一段时间的停工、长时间地清洗印版及每次重新开机时的废品。有一定倾斜角度的废料传送装置将裁切下来的废纸板从模切装置下面运走。在某些机器上，给模切压痕装置安装了电动侧面移出装置，以便在不使用时将模切压痕装置从柔性版印刷机上移开。

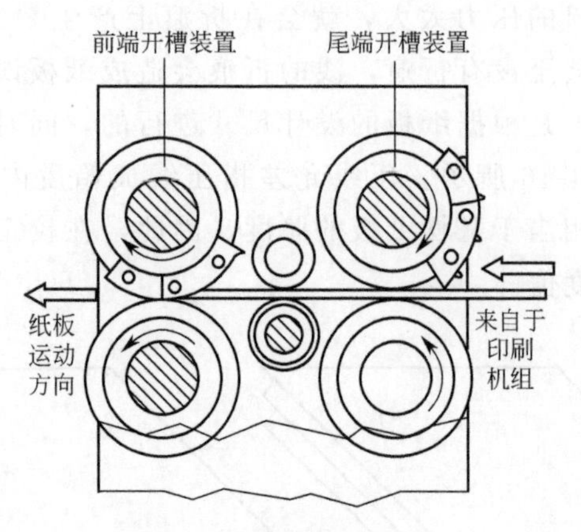

图 4-47　开槽过程剖面

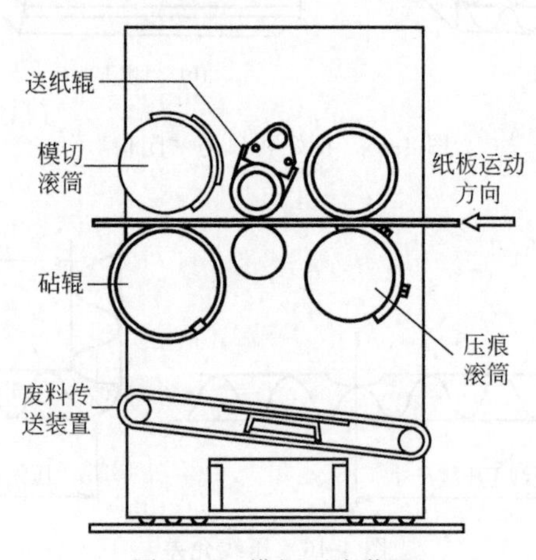

图 4-48　模切压痕装置

机器的折叠装置见图 4-49，黏合剂按照需要被涂到胶粘接头上或者涂在第四个面板的底部。随后，纸板由一组真空带输送经过折叠装置。在这里，首先用锥形折叠杆将纸板的外侧活动折板折成 90°，然后由螺旋式折叠带完成折叠工作。

为了完成纸箱的折叠，折叠带把胶粘接头与纸板所对应的另一面粘接起来，以形成真正的纸箱。对折叠后纸箱的重叠面施加压力，使胶粘接头与第四面板牢固地粘接在一起，以形成待打开成型的纸箱。

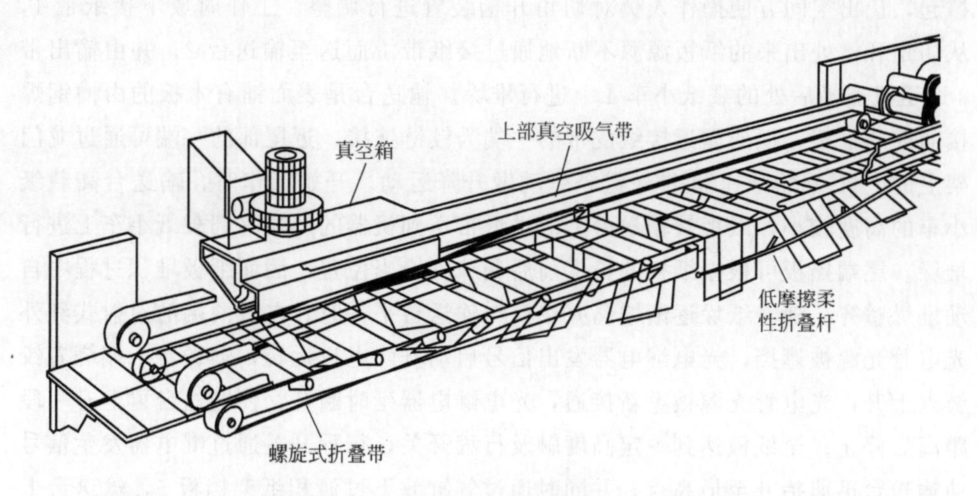

图 4-49　折叠装置

压平传送输出带装置对纸箱堆的顶部施加一定的压力，来帮助胶粘接头产生较强的粘接力。经过压平装置后，纸箱堆从柔性版印刷机上送出。

五、纸板堆积机

单独的印刷机、轮转模切机、平压模切机和柔性版印刷模切机都需要某种方式将成品或印张堆叠成垛。很多印刷机供应商采用收纸台式堆积机，并用于多种场合。纸板堆积机又称堆积架，主要用来收集堆垛印刷模切机下来的纸板，这是由于印刷模切机的速度快、生产率高，靠人工收纸根本不能满足生产的要求。

1. 渐升式堆积机

对于纸板传送路线位置较低的机器，通常采用渐升式堆积机。这种结构简单的堆积机由带式输送装置组成，其输出端逐渐升高，使所输送的纸板由下而上形成纸堆，直至达到预先设定的高度。大多数制造商提供双向闯齐式堆积机，并配备一个简单的不停机收集装置。这一操作通常需要操作人员来控制。

2. 渐落式堆积机

对于纸板传送路线位置较高的机器（不低于 200mm），通常采用渐落式堆积机。印张既可用斜面输送带也可用处于纸板传送高度的真空传送带输送到渐落式堆积机上。堆积机的悬挂式纸堆台呈周期性下降，直至达到预定的纸堆高度。不停机堆积装置是采用滚轮滑动架或者带式承接装置的设施，暂时承接持续到达的纸板，为下一次堆积操作做准备。

图 4-50 为纸板堆积机。接纸带 1 紧跟在印刷模切机后端，停机时由撑杆 10

撑起，让出空间方便操作人员对切角开槽装置进行调整。工作时放下接纸带 1，从切角开槽处出来的纸板源源不断地通过接纸带 1 而送至输送台 2，并由输出带 3 送至机器最后处的载纸小车 4 上进行堆垛。输送台是表面铺有木板的由槽钢焊接而成的框架，框架靠近接纸皮带的一端为铰链连接，近尾部的一端可通过龙门架上的电机-蜗轮减速器-链轮链条带动做升降运动。开始工作时，输送台高载纸小车的高度较小，纸板被输送台上的送纸带送到机器的尾端落到载纸小车上进行堆垛。尾端挡板可根据纸板的长度前后调节到恰当位置，因而纸板堆积过程中自动堆垛整齐。随着纸垛逐渐增高并快要与输送台平齐时，左右两端的对射式红外光电管光源被遮挡，光电继电器发出信号启动升降电机运转，输送台末端绕着铰链点上升，光电管光源被重新接通，光电继电器延时断开，使输送台再上升一段距离后停止；至纸板达到一定高度触及行程开关，行程开关通过继电器发生信号使输送台迅速抬升至最高点，并同时通过气缸放下过渡积纸架挡板 5，输送台上的纸板落入过渡积纸架上进行堆积，操作者把载纸小车拉走换上新的载纸小车。启动按钮，升降电机反向旋转使输送台迅速下降碰到最下边的行程开关后停止，通过气缸收起过渡积纸架 5。过渡积纸架上的纸板落在载纸小车上，而输纸台上的纸板也源源不断地落在载纸小车上，第二个工作循环开始。纸板堆积机的工作过程可采用自动操作，也可采用手动操作，许多纸板厂采用堆垛纸板用的托盘来替代载纸小车，搬运时用铲车进行搬运。

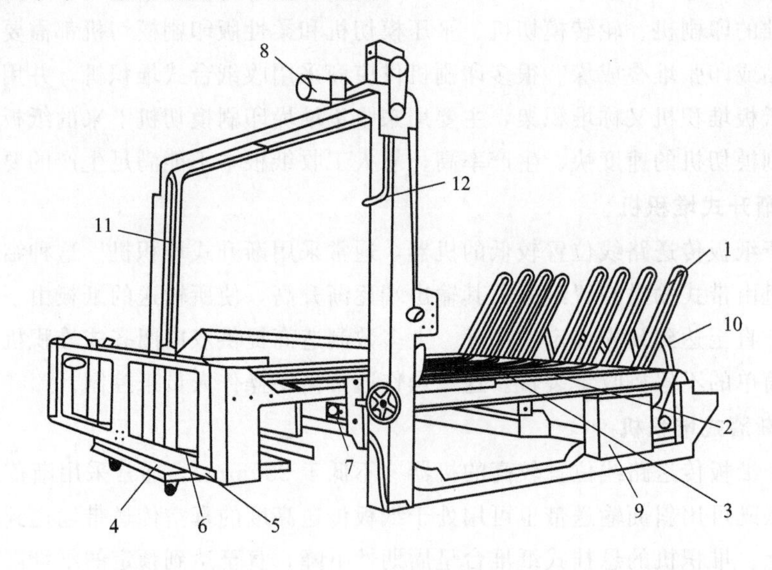

图 4-50 纸板堆积机

1—接纸带；2—输送台；3—输送带；4—载纸小车；
5—过渡积纸架；6—闸门；7—光电管；8—升降电机；
9—动力箱；10—撑杆；11—链轮；12—行程开关

六、气缸及电气控制系统

这是由两部分组成的系统，一部分为控制气缸的气路控制系统，另一部分为控制电机的电气控制系统。气路控制系统控制气缸的抬起或拉下。电路控制系统上装有各种电气控制元件，控制电机的运转以及各部分的动作。通过操作控制面板上的各种按钮，就可操作机器正常运行。

纸板加工设备中，印刷模切机是最复杂的大型设备之一，结构复杂，精度高，操作难度大，设备价格昂贵，因此对操作人员的要求也高。

第五章

瓦楞纸板柔性版预印技术

目前，瓦楞纸板印刷加工有两类工艺，一是后印（Post-print）工艺，即在已经成型的瓦楞纸板上直接印刷；二是预印（Pre-print）工艺，即在瓦楞纸板生产之前先对其面纸进行印刷，然后再将印好的面纸送到瓦楞纸板生产线上与芯纸及里纸贴合，形成瓦楞纸板。

瓦楞纸板的预印刷开始于20世纪80年代的美国，当时可口可乐和百事可乐都大量使用纸箱进行饮料瓶的外包装，纸箱厂为提高生产效率，要求开发一种能在卷筒纸上快速印刷彩色图案的印刷机，这一需求推动了预印工艺的迅速发展。

预印工艺是瓦楞纸箱行业的一次重要变革。预印工艺克服了纸板后印造成的瓦楞受损、抗压强度明显下降的缺陷。如原后印工艺采用250g/m^{2}牛卡在纸板上直接印刷，新工艺则先在170g/m^{2}牛卡上作面纸印刷，然后同其他层瓦楞芯纸和里纸共同生成纸板。没有经压印过的瓦楞纸板，其强度比印刷过的纸板要高出约30%。预印工艺又克服了瓦楞纸箱后印因纸板的空心结构形成的表面不平整，谷半径处和谷峰处受压不一致产生的“搓衣板”现象。同时，预印直接挑战了已经风行多年的单张纸胶印对裱成型工艺。如百威啤酒包装箱，在保持纸箱相同抗压强度下，面纸从350g/m^{2}白底白板改成了250g/m^{2}灰底白板。预印将瓦楞纸箱的纸张克重下降了20%～30%，将传输方式由单张改为轮转，又降低了约3%的纸张消耗。近10年，柔印预印工艺在印刷质量上的进步并不大，由于成本的制约，凹印预印工艺乘虚而入，形成了瓦楞纸箱印刷的三大工艺并存局面。

第一节 瓦楞纸板的预印

一、瓦楞纸板预印的类型

根据预印设备的不同，瓦楞纸板预印分为胶印预印、凹印预印和柔印预印。表 5-1 对这三种预印方式的印刷质量、制版成本、印版耐印率等问题进行了对比分析。

表 5-1 三种预印方式对比

对比项目	胶印预印	凹印预印	柔印预印
印刷质量	高	高	良好
制版成本	低	高	中等
印版耐印率	几十万印张	400 万印张	100 万印张
油墨类型	溶剂型油墨	溶剂型油墨	水性油墨

胶印预印是先用胶版印刷瓦楞纸箱面纸，然后使用单机复裱瓦楞。胶印预印可获得图案精美的纸箱，但相对而言，其工艺繁复，生产成本高，生产周期长，纸箱强度低，印刷材料受限制，印刷幅面有限，纸箱废品率高，生产场地大，劳动强度高，尤其不适于大批量生产。

总体来说，胶印预印使用 PS 版的加网线数为 150～200LPI，分辨率高；柔印预印的印版加网线数能达到 150LPI，但其阶调再现范围仅为 8%～85%；凹印预印的印版加网线数能达到 300LPI（一般较少使用），印品具有墨色饱满、立体感强的优点。

这三种预印方式各有优势，但从长远来看，柔印预印的前景更为广阔。因为柔印预印不仅能以高品质的产品满足客户的质量要求，而且其使用无毒无害的水性油墨，顺应了环保趋势，有利于消费者和一线工人的身体健康。

二、瓦楞纸板预印的条件要求

预印是高质量、大批量生产瓦楞纸板的理想方式。目前瓦楞纸板预印常用两种方式：柔印预印和凹印预印。

1. 对纸张的要求

涂布白板纸虽有很好的色彩表现力，但在高温烘干过程中，色彩会产生变化，影响图案效果；挂浆白板纸，虽然能够满足瓦楞高温烘道黏合过程的要求，但其表面粗糙不平，会令印刷图案丢网点、不实、显现力差，同时油墨消耗量大。而白卡纸平滑度高，印刷网点图像质量好，又能经受瓦楞高温烘道黏合过程的考验，是理想的预印用纸。

2. 对油墨性能的要求

预印对油墨的耐热性和耐摩擦性有特殊要求。预印油墨以水性油墨为主，具有无毒、无味、操作简便、绿色环保等特点。由于预印的面纸要在瓦楞纸板生产线上进行压平并通过烘道工段，故其要求使用的油墨要耐高温、耐磨性好。如柔印预印后的瓦楞面纸，要经过温度达 170～180℃的瓦楞纸板生产线才能形成瓦楞纸板，因此水性油墨应具备一定的耐高温性能，否则会出现脱墨现象。

3. 对印刷设备的要求

凹印预印使用的设备主要是卷筒纸凹版印刷机，其中机组式凹版印刷机由于布局更合理，具有较高的技术水平，故在预印中使用颇多。柔印预印使用的设备主要是卷到卷柔版印刷机，其中卫星式柔版印刷机能满足幅宽及重复长度的要求，且中央压印滚筒恒温，可以保证承印材料涨缩的稳定性，在预印中使用较多。预印的瓦楞没有受到印刷压力的作用，所以成型后的瓦楞纸箱外观理想，纸箱的印刷质量和成型质量都比较高，但投资比较大，不适于小批量生产。

4. 对瓦楞纸板生产线的要求

预印必须先印刷好图案，然后上瓦楞纸板生产线进行瓦楞复裱黏合，再进行切断，此时就要考虑图案的因素。以前，瓦楞纸板生产线电脑横切多数只是定长横切，因此就必须在横切刀上加装光电跟踪横切控制系统，主要是由光电眼识别瓦楞纸板印刷图案上的横切标识，将横切标识到达光电眼的时刻传送给控制电脑，由控制电脑控制横切刀的裁切时间，从而实现在图案的分界处准确切断瓦楞纸板。目前，国内外横切机的横切精度可控制在 1mm 以内。电脑纵切和电脑横切是同样的原理。

三、瓦楞纸板预印工艺的优势

预印工艺：首先使用凹版或柔性版印刷卷筒纸，复卷后再上瓦线裱贴成为瓦楞纸板，最后模切得到纸箱的技术。预印好的面纸在裱贴时要考虑图案对齐的问题，一般在横切刀上加装光电跟踪控制系统，以实现在图案处的精确切断。与后印相比，预印能提供更加精美的产品，且印刷质量更易稳定可靠，纸箱成型后的质量也比较好。从生产效率来看，采用卷筒纸的印刷方式，可实现不停机换纸操作，对于数量大、印刷质量要求比较高的纸箱产品特别适合。

预印工艺避免了直接印刷对纸箱强度造成的损伤，纸箱的印刷和成型质量都比较高。采用卷筒纸印刷方式，可以实现不停机换纸，适合于高质量、大批量产品的生产。图 5-1 为瓦楞纸箱后印和预印的工艺流程图。与后印相比，预印具有明显的优势，主要体现在以下几个方面。

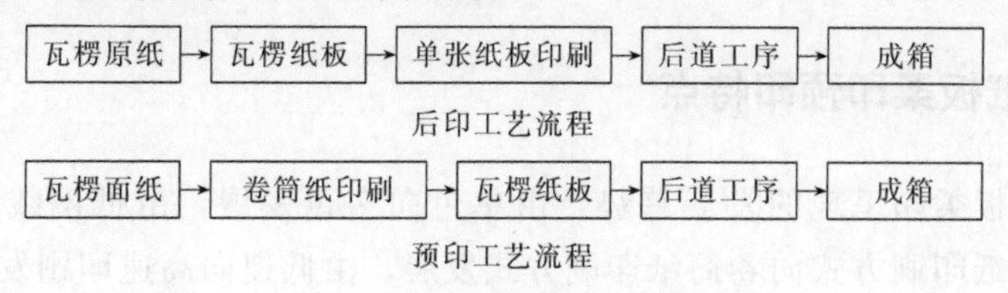

图 5-1　后印和预印的工艺流程图

1. 速度快，效率高

由于后印为单张纸印刷，而预印为卷筒纸印刷，因此预印的生产速度远高于后印。

预印设备主要以卷对卷柔印机或凹印机为主，卷筒面纸经过印刷后收料成卷，然后直接送至瓦楞纸板生产线上的面纸工位，与瓦楞纸板进行一次性复裱黏合，这样便可充分发挥预印设备与瓦楞纸板印后生产线自动、高效的优势。采用预印工艺，提高了生产效率，质量更稳定，产能也得到了有效保证。如卫星式柔性版印刷机的速度通常在 200～400m/min，可与高速瓦楞纸板生产线相匹配。相比之下，胶印工艺采用的是单张纸印刷设备，在速度方面无法与卷对卷印刷方式比拟，而且胶印设备在与瓦楞纸板印后生产线的连接上相比柔印预印、凹印预印较为麻烦。

2. 抗压强度好

后印是在瓦楞纸板上进行印刷，即使采用较小的印刷压力，瓦楞的变形也是不可避免的，从而会对瓦楞纸箱的抗压强度产生不利影响，而且印刷色数越多，对瓦楞纸箱抗压强度的影响就越大。相比之下，预印是先印刷瓦楞面纸后复裱黏合成瓦楞纸板，因此其最终加工的瓦楞纸箱能够保持较高的抗压强度。

3. 印刷质量高

预印瓦楞纸板在色彩还原、层次表现、清晰度等方面都要高于后印瓦楞纸板。这是因为后印是在瓦楞纸板上进行印刷，为了不破坏瓦楞纸箱的物理强度，必须采用较轻的印刷压力。由于瓦楞纸板表面凹凸不平，表面印刷效果自然不会太理想，因此后印瓦楞纸板的图案容易出现“排骨纹”。而预印在表面平滑的纸张上进行印刷，印刷压力均匀，不受瓦楞高低的影响，印刷效果好；印刷色数可达 8 组，可采用 150LPI 以上制版，网点细腻、色彩鲜艳，图案精细；在版材选择合理，分色、网线角度、网点形状和油墨使用正确时，柔性版印刷质量可以和凹版印刷相媲美。

第二节 瓦楞纸板柔性版预印技术

一、瓦楞纸板柔印预印特点

瓦楞纸板柔印呈现的发展趋势：由单色向多色发展，由低网线向高网线发展，由单张纸印刷方式向卷筒纸印刷方式发展，由低速向高速印刷发展，由小幅面印刷向大幅面印刷发展。柔性版印刷已在瓦楞纸板印刷中占据主要位置。

1. 柔印预印的质量特点

（1）综合成本低

① 生产成本降低　柔印成本低在国外已经达成广泛共识，但国内目前所用的柔性版印刷机及版材大部分需要依赖进口，因此成本偏高。随着我国开发柔印设备及版材步伐的加快，及其在中国本土化生产与销售的发展，柔印预印的生产成本会逐步降低。

② 降低对纸张的要求　柔印预印过程中对瓦楞纸板破坏小，瓦楞纸板的水分控制比较稳定。在相同指标要求下，经过柔印预印后的瓦楞纸板与采用胶印工艺印后的瓦楞纸板相比：平压强度高20%～50%，边压强度高10%～30%，最终成型瓦楞纸箱的抗压强度高10%～30%。因此，在保证印刷效果、瓦楞纸箱强度满足要求的前提下，采用柔印预印可以降低纸张的等级和定量。综合算下来，应用柔印预印可节约20%的用纸成本。

③ 节约用工成本　一条胶印机生产线需要配备4名操作人员，而一条卷筒纸卫星式柔印机生产线只需配备2～3名操作人员。由于柔印设备和制版费用较高，订单较少时，柔印预印的综合成本要高于胶印工艺。当生产长单时，应用柔印预印的综合成本优势会凸显出来。例如，当订单达到6万张时，柔印预印与胶印工艺的综合成本相当，而当订单达到10万张以上时，采用柔印预印的综合成本就会比胶印工艺的综合成本低，且订单量越大，成本节约指数就越高。

④ 印刷调节时间短和印刷材料损耗少　卫星式柔印机的色间干燥距离为550～950mm，较凹版印刷机距离小很多，在调整套印时所消耗的原材料较少，同时在整个印刷过程中，套印变化很少，废品率低。

（2）色差控制精准　纸箱预印立足于销售包装市场，色差控制是印刷质量的一个重要方面。

柔印用网纹辊上墨，网纹辊的最大特点是计量准确。只要油墨黏度没有变化，上墨量不变，墨膜厚度不变，颜色密度也不会变，同批同色色差ΔE控制在1.0～1.5。尤其是柔印预印采用水墨，稳定的pH值不会影响油墨黏度，也不会因水墨蒸发而提升黏度，柔印预印的色差控制十分稳定。

凹印预印采用溶剂型油墨较多，油墨中的溶剂在敞开式凹印上墨单元挥发很厉害，黏度变化很大。黏度越高，印刷品的颜色越深，色差变化较大。为了避免溶剂挥发造成油墨黏度变化而产生色差，凹印一般需要每 15～20min 测一次黏度，或者采用黏度自动控制装置自动补偿。凹印对色差的控制比柔印差些，同批同色色差 $\Delta E2.5$ 在业界已是凤毛麟角。凹印采用水墨容易产生刀丝，目前应用还很少见。

胶印的色差控制比较难（同批同色胶印国标色差要求 $\Delta E5.0$）。原因如下：一是随印刷速度的上升墨膜会减薄，颜色密度会下降。虽然现在的胶印机已经通过用一排步进电机控制墨斗间隙来精准控制下墨量，但由于胶印使用的油墨内聚力较大，从下墨、匀墨再到靠版上墨过程所需要的时间恰恰是色差不稳定的节点。二是水墨平衡，因水墨平衡问题使胶印的网点没法印完整，网点表面因墨膜不平服而深浅不一，不能有效控制色差。胶印的 G7 控制强调色度，其实正是对这一缺陷无可奈何的承认。

柔印一般采用圆形网点，中调区域的层次展示是其最大优点。由于没有胶印水墨平衡的问题，也就没有网点不完整的缺陷，柔印只要控制住印版受压后的变形，在中调区域的层次可以做得很细腻。实地厚实也是柔印的特点，欧美柔印的设计特点往往采用色块印刷，利用柔印实地的厚实来突出图案设计的重点。因此，经典的柔印图案设计往往强调底色厚重，中调采用渐变网，层次拉开，颜色柔和。这种设计将柔印工艺的优点发挥到极致。

2. 柔印预印的缺陷

柔印预印的缺陷归纳起来，有以下几点：印版线数较低，距离胶印工艺的水平相差较大；高光要求渐变到零而无硬口，暗调要求层次拉开而不并级，现在的柔印很难达到这个标准；胶印四色叠印可以达到多种色彩，而柔印多专色与两次叠印，印刷成本过高，版费高昂。

柔印的网点增大是主要问题。柔印过程中需控制两个压力：一是印版对网纹辊的上墨压力，二是印版对压印辊的印刷压力。由于预印采用柔性版的硬度一般在肖氏 70°左右，在各辊相切造成机械误差时，印版因硬度原因必然造成网点的增大，因此柔印采用的印版线数一般不超过 133LPI，最小网点 2%，同凹印与胶印的 175LPI 相比，在高光层次展现上明显不足。急需解决的问题如下。

① 印版线数与网纹辊线数的匹配。目前印刷行业通用的网纹辊线数与印版线数的配比应遵循的基本原则为：印版最小网点直径≥网纹辊网穴开口直径，通常情况下，印版线数与网纹辊线数常用配比为 1∶(3.5～4)，如今二者配比已经提高到了(1∶5)～(1∶6)，甚至到了 1∶7，尤其针对个别精细印刷品，有时二者的配比会更高。但提高网纹辊线数不仅会提高网纹辊的制造成本，还会因为载

墨量变小而降低印品的颜色密度。因此，网纹辊线数的提高与载墨量之间的矛盾就成为柔印预印发展中亟待解决的问题。荷兰Apex集团通过改善网纹辊的加工工艺，研发出了GTT网纹辊，其最大的贡献就在于能够提供标准的供墨载体，从供墨开始逐步减少印刷中的变量。最大的好处在于，在网纹辊线数较高的情况下，还能保证一定的载墨量，从而保证印品的颜色密度不会下降。

② 柔印网点增大曲线的选择，即选择网点形状的问题。采用的方、圆网点，在50％网点即扩张临界点附近的细节处理上，必须避免临界点附近的并级，即因柔性版网点增大造成的阶调跳跃故障。

③ 柔印如何控制印刷过程中的灰平衡。柔印的灰平衡只存在于制版公司的分色范畴，在印刷机上极难达到。因为每次印刷，柔印的上墨压力与印刷压力都会有变动，网点增大都会有变化，如何控制柔印过程中的灰平衡，柔印还原曲线的制定、检测与修正将是一项必不可少的工作。

④ 降低柔印版费。国产柔性版的顺利推广，在厚版领域柔性版价格已得到明显平抑。但在薄版领域，尤其在激光柔性版领域，价格还是很高。

柔印预印目前在质量方面做到极致的主要是色差控制。但在高光小网点印刷、暗调的层次展现、灰平衡控制等方面，以达到像胶印一样用原色相叠印来降低专色成本方面，尤其是在降低版费方面都有明显瑕疵，存在着极大的改善可能。

3. VOCs危机给水墨柔印带来的机遇

瓦楞纸箱柔性版预印面临的一个重要问题是版费高，同胶印相比，差不多要好几倍。虽然柔印一直强调印版耐印力高，但是客观上市场的特点是短单，印量并不大，耐印力高没有用。据此，用胶印印刷彩卷，然后制成预印瓦楞纸箱已经成为了市场热点。大幅面胶印直接在E瓦楞纸板上印刷，同样也对柔性版预印构成挑战。精细瓦楞市场主要是销售包装，产品利润空间很大。

2016年，国家环保部门对目前印刷业的VOCs排放提出必须进行排污处理，并交纳排污费的要求，给柔性版预印带来了极大利好。因胶印油墨中含有有机溶剂，以及胶印工艺中很难避免的酒精润版液、洗车水等挥发性有机物污染，受政策影响，使用溶剂型油墨的用户首当其冲。使用UV油墨的用户虽然在VOCs排放方面暂时麻烦不大，只是油墨价格涨了几倍。而使用柔印水性油墨，溶剂含量一般都不超过5％，这就构成了不同印刷工艺制造成本在比较时的新因素：柔印与胶印比排污处理及收费、比污水处理、比固废的总量与处理成本。柔印采用水性油墨，国内已有成熟的水墨污水处理装置，处理过的中水（即还含有弱碱成分的水）可以回用，清洗用水已经形成闭环，企业用水成本大幅降低。墨槽中的水墨在换墨时只要墨槽表面涂布特氟隆，水墨将很少残留，既减少了油墨耗用，也减少了固废的产生。涵盖环保因素的柔印成本考量将给柔印带来新的市场机遇，柔印得到的是巨大发展机遇。

二、瓦楞纸板柔性版预印设备

瓦楞纸板柔性版预印目前使用的设备主要以机组式和卫星式印刷机为主。

1. 机组式柔性版印刷机

如图 5-2 所示，若干个互相独立的印刷机组沿水平方向排列在一条直线上，印刷色数可任意组合。柔版预印机的机组式是现代柔版印刷机的标准机型，具有以下特点。

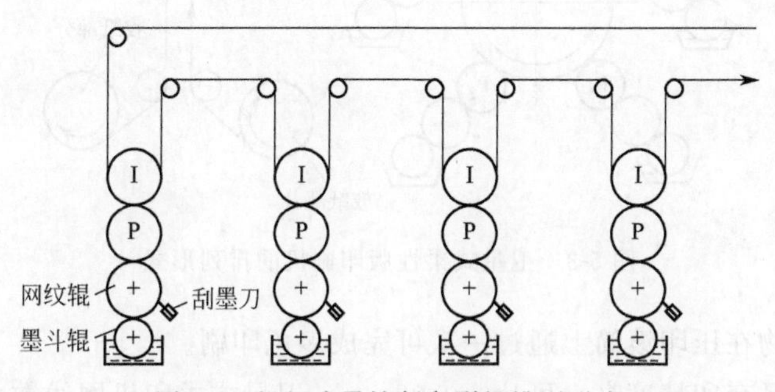

图 5-2　机组式柔性版印刷机排列形式

① 可进行单色、多色印刷。通过变换承印物的传送路线可实现双面印刷。

② 承印材料范围广。既可以是单张的纸张、纸板、瓦楞纸等硬质材料，也可以是卷筒纸及报纸等材料。

③ 机组式柔印机有很强的印后加工能力。印刷单元和加工功能可根据用户的需要灵活配置，适合各种材料的长版、短版活印刷和加工。柔印机组便于安装辅助设备，如上光、模切压痕、排废以及和丝网印刷工艺组合等。

④ 机组工位多，一机多用。对批量少、变货周期短、印刷色数多的特殊印品比较适应。

⑤ 零件标准化、部件通用化、产品系列化程度较高，在设计上具有先进性。诸如附设张力、边位、套准等自动控制系统，可实现高速多色印刷。

机组式柔印机是国内柔版印刷的主流机型，比同色数同规格的凹版印刷机和卫星式柔性版印刷机的投资低，操作方便、工艺简单。机组式柔印机的套印精度和产品的印刷品质都优于瓦楞纸箱印刷开槽机，但不及卫星式柔印机。

2. 卫星式柔性版印刷机

如图 5-3 所示，所有的印刷色组共用一个大直径的压印滚筒，以压印滚筒为中心，周围配置多个印刷色组，共同组成一个印刷装置。印刷机组以偶数对称排列，如双色、四色、六色、八色。目前也有一些是奇数，就是说在卫星式柔性版印刷机主机外再接一组凹版印刷机组或机组式柔性版印刷机组，用于上紫外线光油或上普通光油。目前世界上卫星式柔性版印刷机最多色数为10色。卫星式柔性版印刷机优点如下。

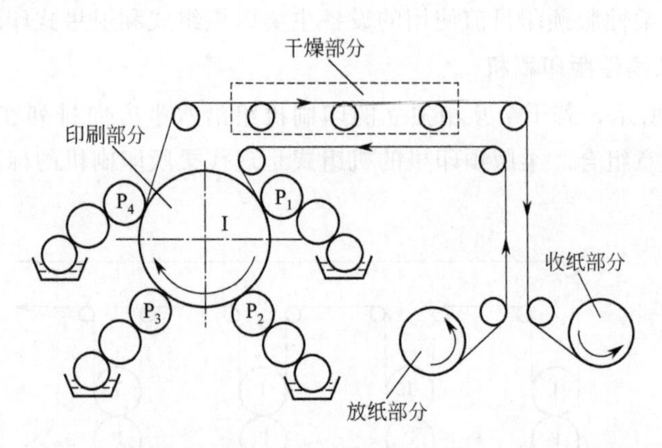

图5-3　卫星式柔性版印刷机的排列形式

① 承印物在压印滚筒上通过一次可完成多色印刷。

② 印刷品套印精度高，可达±0.02mm。卫星式柔印机网线数可达175LPI，尤其是柔性薄型板材的出现和高线数的激光雕刻陶瓷网纹辊的发展，更提高了套印精度。

③ 承印材料广泛。适用的纸张克重在28～700g/m^2之间。这种机型特别适用于印刷产品图案固定、批量大、精度要求较高、伸缩性较大的承印材料。

④ 印刷速度快，产量高。卫星式柔印机的印刷速度一般可达250～400m/min。

⑤ 色间干燥距离短，调节套印时间短，材料损耗也少。

⑥ 只能完成单面印刷，色组间距离短，油墨干燥不良，最好采用UV油墨。

卫星式柔印机相比机组式柔印机，因为具有品质好，效率高和稳定性好的特点，特别适合批量大、精度要求高、承印材料伸缩性较大的产品，在瓦楞纸板预印中应用较为广泛，其工艺流程为：

卷筒纸→开卷装置→开卷张力控制系统→辅助张力辊（预热辊）→纸带导向装置（纠偏装置）→导纸辊→中心压印滚筒→第1色印刷→色间干燥→第2色印刷→色间干燥→第3色，第4色……依次类推→整体干燥（最后干燥）→冷却辊→收卷张力控制系统→纠偏装置→收卷装置→形成卷筒印刷品后上瓦楞纸板生产线进行复瓦楞。

3. 赛鲁迪生产的各种瓦楞预印机的一般技术规格

世界上能够生产卫星式柔性版印刷机的制造公司以意大利 UTECO、赛鲁迪(Cerutti) 等少数几家公司为主。意大利赛鲁迪下属的 Flexoiecnich 公司生产的两种用于瓦楞纸板预印的机型"EKATON (纸箱型)"和"MEGAS (巨幅卷筒纸印刷、裁边及纵切、模切压痕成型打包/存储钉箱、粘箱面纸上瓦楞线型)",分别用于普通尺寸瓦楞纸箱和特大尺寸瓦楞纸箱的预印。赛鲁迪公司生产的各种瓦楞预印机的一般技术规格见表 5-2。

表 5-2 赛鲁迪公司生产的各种瓦楞预印机的一般技术规格

印刷色组(单元)数	四色或六色,特殊要求时可达八色;当印刷幅面大到一定值时,常采用二色或四色
纸张宽度范围	1600～3200mm,常见为 2000～2800mm;与瓦楞纸板宽度匹配 1500～3150m
印刷宽度范围	一般比纸张宽度小 50mm
纸张定量	一般最大 350g/m^2,也可达到 600g/m^2
印刷重复长度范围	700～2000mm,取决于所需的印刷幅面
生产速度	200m/min、250m/min、300m/min
最大纸卷(收/放卷)直径	1500mm 或 1800mm

第三节 卷筒纸张力系统

纸带张力的控制对任何进行纸带加工的机器来说都是一个非常重要的功能,因为它在很大程度上决定了机器的生产效率和产品质量,张力控制欠佳可能会严重地限制一台机器的性能。本节以柔性版印刷机为例进行纸带张力的讨论,主要是针对卷筒纸印刷机,也适用于涂布机、覆膜机、纵切机、卷纸机、裁单张机等机器。

一、张力区域

一台典型的柔性版印刷机具有几个张力区域。每个张力区域中,加工工艺所要求的张力水平或张紧的方式都可能与其他区域中的加工工艺要求不相同。

张力区域就是从一个影响张力的装置 (TAD) 延伸到下一个此类装置之间的纸带长度的范围。典型的影响张力的装置有开卷或复卷的纸卷轴、主动辊、可制动的辊、送纸压力辊 (其中至少有一根辊是有动力驱动的或可制动的)、拉纸杆及其他可以使纸带上明显地增加或减少张力的任何装置。尽管印刷机组、涂布机组或纵切机组中都有动力的驱动辊，但通常不把它们视为影响张力的装置，因为这些装置没有紧紧地夹持住纸带。凹印机组是一个例外，因为它使用了压力非常大的送纸压力辊和有动力的驱动辊。

1. 开卷张力区域

从满卷变为纸卷芯的整个开卷过程中都要求张力是恒定的。每次明显地偏离恒定的张力，都会在下一个张力区域中反映出来。开卷时的张力水平应该等于或小于缠绕纸卷时所用的张力。张力过大会使纸卷本身收紧并出现窜边现象。尤其在使用光滑、摩擦力小的承印材料时，会比使用粗糙、有黏性的材料更为严重。可扩展的料带（如聚乙烯和无载体的乙烯基薄膜）运行时的张力比不可扩展的料带（如纸张或箔）低得多，这样可以防止出现折皱、拉伸和宽度的缩减。

2. 中间张力区域

中间张力区域同样要求张力恒定，但是张力水平可以比开卷张力高些或低些。加工工艺、料带的材料及其厚度和宽度通常是确定正确张力的因素。

3. 复卷张力区域

复卷张力区域要么使用恒定的张力，要么使用递减的张力。选择哪种张力是由料带的材料、纸卷盈亏比率（满卷直径除以纸卷芯直径）和复卷驱动装置的张紧能力来决定。一般来说，当纸卷盈亏比率大于5：1时，需要使用递减的张力。也就是说在张力的分布曲线上，满卷时的张力比纸卷芯时的张力要小，例如张力下降40%的分布曲线被称为有40%的递减，即满卷时的复卷张力是芯轴复卷时张力的60%。

复卷张力的分布曲线几乎总是按照高质量的复卷需要，而不是根据机群中前一个加工工序的需要来确定，但是只有当一个有效的送纸压力辊系统把这个复卷张力区域与前一个张力区域有效的分开时，才能做到这一点。如果该送纸压力辊系统不能有效地隔绝两个张力区域，复卷张力就会影响前一个区域的张力，并且可能不得不对复卷张力分布曲线进行调整来迁就前一个张力区域的需要，从而可能影响复卷的质量。

摩擦力小的料带材料，如塑料和高光泽纸张，通常都用较大的递减（50%或以上）张力进行卷绕，而具有延展性的卷筒材料则使用较小的递减张力，或使用恒定的张力。要求较大张力和较大纸卷盈亏比率的料带需要较大的递减张力，以防超过复卷驱动装置的驱动功率。例如，要用50%递减张力卷绕一个纸卷所需的功率是采用恒定张力卷绕相同纸卷所需功率的一半。

张力经常被用来校正纸带操作中出现的故障。例如纸带出现一边边缘松垂，或者纸带不能沿着正确的路线通过机器时，可增大张力使纸带受拉伸，从而消除故障。但这种调整方法可能会产生诸如纸带断裂、伸长、产生折皱和印刷长度变化等问题。

二、张力驱动装置

张力驱动装置分为两类，即电动机类或制动器和离合器类。

1. 电动机类

交流（AC）电动机和直流（DC）电动机都可用作张力驱动装置。直流电动机在所有的张力区域中都可使用，但经常用于中间张力区域、涡流离合器或复卷操作的选择方式，很少用于开卷张力区域。在复卷区域中，当纸卷接近最大直径时直流电动机就要以大转矩、低速度进行工作，因此需要添加吹风机给电动机冷却。

交流电动机越来越多地被用在开卷张力区域，优点是成本低、维修简单（无整流子、滑环或电刷）。现在趋向使用双盘式气动制动器来产生开卷张力，因为它们的转矩范围大，并且有很高的热容量。

2. 制动器和离合器类

制动器通常被用来在开卷区域产生张力。

电动磁粉制动器依靠旋转和静止部件间隙中的磁粉，形成类似于铁屑的键合来产生转矩。在两部件的间隙中，磁粉沿着制动器线圈内电流所产生的磁通线的方向自行排列。键合的强度（也就是转矩）随着磁场的强度变化，而磁场的强度则是由电流决定的。

磁粉制动器特别适合于从非常低到中等速度的应用，在低速状态下转矩的输出非常平稳。制动器也可做成离合器的形式，用于复卷区域产生转矩。

涡流离合器是一种非接触式、转矩可变的电动离合器，规格为1～80kW，并配备有交流电动机，通常用于复卷操作。用一个简单的可变电压电源就可方便地控制这些离合器。

三、张力控制系统

制动器、离合器和电动机只能产生张力，需要张力控制系统调整这些装置的转矩，以便产生正确的纸带张力。

1. 中间张力区域或拉纸系统

拉力控制器只用在中间张力区域。处于该区域上游一端的送纸压力辊由主传动装置控制，送纸压力辊接触区的速度微量超前于纸带，这样就对纸带产生拉伸作用，从而在这个区域中产生了张力（或称拉力）。

电动拉纸系统使用速度可调的直流电动机，按照从主传动机构传送过来的速度参照信号驱动送纸压力辊，操作者可调整送纸压力辊使其产生超前的速度，从而完成拉纸功能。该系统使用数字技术实现了精确的速度控制，拉力的精确度可达到0.05%或更高。

利用试验的方法可以找到正确的拉力。当纸带的厚度、宽度、速度或材料改变时，必须重新设置拉力。另外，还必须考虑纸带的水分含量，并做出相应的调整。拉力过大会造成纸带断裂、拉伸和起皱；拉力不足则会导致折皱和漂移或横向偏移。

2. 自动控制系统

张力传感器系统是用于对纸带的实际张力进行测量的力传感器。张力传感器通常成对使用，安装在一根普通的惰性辊的两端。大多数的传感器使用应变仪或可变电感线圈生成与张力成比例的电压，其精确度在1%之内。

传感器系统本身不直接控制张力。控制器除了把张力信号显示在仪表上外，还把信号输送到一个调整电路中，与机器操作者设置的所需要的张力信号进行比较。调节器把一个电压或电流输出给伺服阀、电动轨、制动器或离合器，在一种闭环控制模式中自动地控制张力。闭环张力系统非常精确，它在连续不断地测量实际纸带张力，并将其与操作者设置的所需张力进行比较。调整电路自动地调整输出来消除实际张力和所需张力之间的任何差别。闭环系统的输出（这里为张力）被反馈到输入端。这一输出形成了通过调节器并返回到输入装置的连续通路，在不间断的环路中持续进行循环。

传感器系统有两种，即张力控制式和张力修整式。张力控制系统有完全由传感器信号决定的转矩输出，见图5-4。如果张力非常高，输出就会变为零。这种类型的控制系统用在开卷和复卷装置中，但不用于中间张力区域。

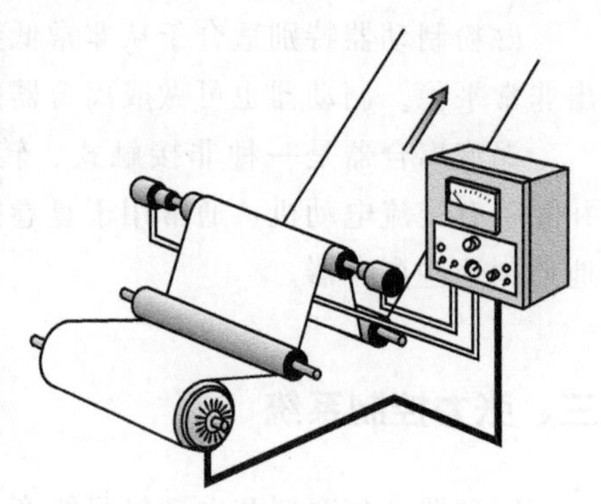

图5-4　张力控制式传感器

张力修整系统用于中间张力区域，该系统使用传感器信号使电动机、离合器或制动器的转矩在一个很窄的范围内变化，通常为操作转矩的±10%，具体数值由另一个信号（通常为速度）决定，见图5-5。传感器的信号使系统对张力进行控制，并且能够对速度、传动的精确度和纸带厚度的变化进行自动补偿，从而保持正确的张力。

另一种张力修整系统用在复卷装置上，使用传感器信号在一个很窄的范围内控制转矩，但是操作转矩的大小是由纸卷的直径和速度确定的。纸卷的直径是由一个如前所述的纸卷直径跟踪器计算得出的。

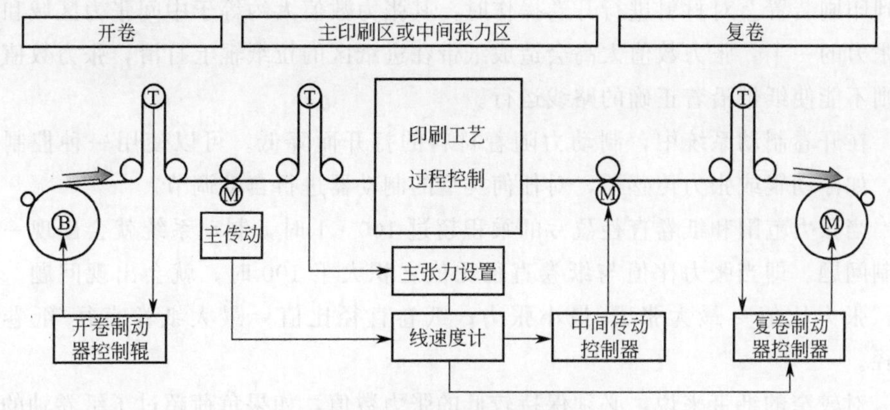

图 5-5　张力修整式传感器

在连续纸带加工过程中，张力的控制至关重要，通过改善张力的控制，可以获得更好的质量并获得更大的利润。

封闭的张力回路能够对影响张力的各种因素进行自动的快速补偿。影响因素包括速度的变化、纸卷直径的变化、纸带特性的变化和制动效率的降低。系统控制的精度高，精确度达到 2%～3%。张力的设置简便，操作者可以方便地为每一印件在任何时候重复使用正确的张力。传感器系统能在较大范围内有效地操控张力，原因在于该系统的运动小到可以忽略不计，惯性非常低，而且传感器本身的精度和灵敏度很好。其控制范围可以达到 25∶1。实际上，这个工作范围经常受到电动机、离合器或制动器的限制，而不是受到张力设备的限制。

任何自动控制系统都不能消除机械缺陷或纸带材料质量差造成的张力故障，精度不高的轴承、弯曲的轴、磨损了的齿轮及机器设计本身的缺陷所造成的影响，都不能简单地靠安装一个自动的张力控制系统来消除。

四、开卷张力系统

开卷制动系统的根本目的就是要给正在进行开卷过程的纸卷施加刚好足够的阻力，从而使进入印刷部分的纸带保持恒定的张力。

一般来说，开卷张力控制系统有两种基本类型，这两种系统均可以使用相同的张力检测装置。最常用的张力控制装置是开卷制动装置，该装置配备有可通过气动、电动或手动调整的制动器。另一种系统用气动马达、电动机或液压马达来驱动纸卷轴，并按照预定数量释放料带材料进入到张力检测装置中。

为了取得良好的套准精度，必须对开卷张力进行控制。张力的控制对卫星式印刷机尤为必要。必须施加足够的开卷纸带张力，才能保证把承印材料均匀地输送到印刷装置。对材料进行开卷操作时，其张力数值大约等于中间张力区域和复卷张力的一半。张力数值太高会造成纸带在进纸区的拉纸辊上打滑，张力数值过低则不能使纸带沿着正确的路线运行。

在开卷制动系统中，制动力随着材料的打开而降低。可以使用一种控制装置，如浮动辊或张力传感器，对任何类型的制动器进行自动调节。

当张力范围和纸卷直径盈亏的乘积超过 100∶1 时，制动系统就会出现一些控制问题。即当张力比值与纸卷直径比值之积大于 100 时，就会出现问题。说明：张力比值＝最大张力/最小张力；纸卷直径比值＝最大纸卷直径/纸卷芯直径。

对较窄的纸带来说，必须保持较低的张力数值，如果负荷超过了纸卷轴的惯性和传动装置的摩擦力，就可能会使制动器的灵敏度完全丧失，并妨碍制动器对纸带张力的正确控制。此外，如果印刷机的速度快，而且纸卷轴和制动器传动装置的惯性数值大，那么随着纸卷直径的减小，可以把制动器的设置变为零。即使在设置为零的情况下，纸带的张力数值可能仍然很高，从而能够拉动纸带克服很大的惯性值。

最常用的开卷张力系统是有驱动力的系统。使用直流电动机驱动原始纸卷的纸卷轴，把纸带输送到控制系统中。来自张力检测装置的反馈信号控制电动机的速度，从而把张力保持在预先设定的数值上。驱动装置驱动开卷纸卷所需功率的计算公式与计算复卷驱动装置所用的公式基本一样，只是纸卷的惯性是一个需要考虑的因素。然而，因为其张力数值大约在复卷数值的 50％的范围之内，可见功率要求是比较低的。

最基本的控制装置是浮动辊。在浮动辊上施加一个由重物、气缸或张力传感器产生的力，用于确定纸带的预定张力。机器运行时，纸卷被打开。随着纸卷直径变小，纸卷形成的力臂半径变短，这意味着最初为了抵消浮动辊装置的重力而施加在纸卷上的基本制动力的数值变大，并在纸带上施加了更大的张力。这个不平衡的条件改变了浮动辊的位置，且调整了电力制动器的变阻器。如使用的是气动制动器，则要调节气压阀。控制装置再次有效地降低制动力，使系统处于平衡状态，保持初始的张力数值。在印刷大质量的纸卷时，则需要添加一个辅助的控制电路，用来在停机时使大纸卷停止转动。这一辅助控制装置被称为防纸卷失控装置。

图 5-6 所示为一个典型的重力负荷或气动负荷的浮动辊系统。另一种控制装置则是用张力传感器控制的张力系统。张力传感器系统广泛用于开卷张力的控

制。该系统的缺点是浮动辊的行程短，因而没有能量存储能力来吸收接纸时产生的冲击。基于这一原因，张力传感器控制系统通常用在单纸卷支架上或用在自动接纸装置上，因为自动接纸装置需要对新纸卷驱动，也就避免了手动下落式接纸会产生的冲击负荷。纸带张力对惰性辊施力，然后把这个力依次传递给张力传感器。张力中最微小的变化都会使应变仪改变其电信号的输出。该信号被放大，并被发送给开卷制动器，使它们的制动功率得到调节。市场上还提供有其他类似的装置，只要有微量的位移，这些装置就产生相应的气压信号，信号被放大后再回传给气压制动器或电动制动器。

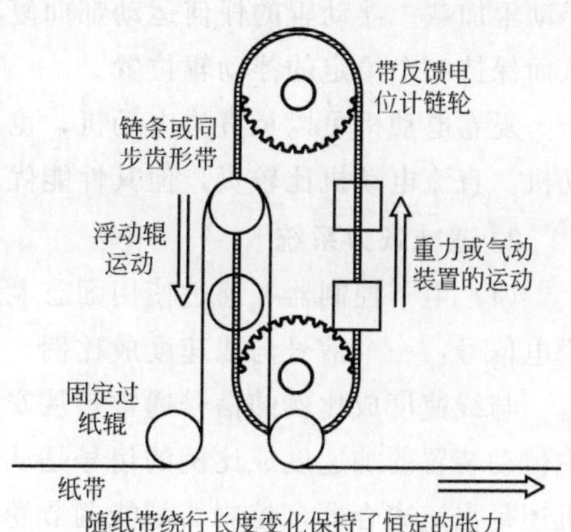

图 5-6　典型的重力负荷或气动负荷浮动辊系统

五、复卷张力控制系统

复卷张力控制系统有两种基本类型：恒定张力和递减张力控制系统。在张力恒定的复卷系统中，纸带开始被卷绕在纸卷芯上的张力与最后卷绕在纸卷上的张力是相同的。在递减张力系统中，最后在纸卷上卷绕时的张力比纸带在纸卷芯上卷绕时的张力要小。例如，如果纸带在纸卷芯上卷绕时承受的张力是 3.92N/cm，而最终在纸卷上卷绕时为 1.96N/cm，那么就称其所承受的张力为 2：1 递减。

中心复卷装置既可以提供恒定张力，又可提供递减张力，辊式复卷装置只能提供恒定的张力。大多数的柔性版印刷机都使用中心轴复卷装置。

性能良好的复卷张力控制系统应该能够使卷绕的纸卷有平直的边缘和均匀的密度，同时能够保证印刷机组的套准精度和图文重复长度。为了满足这些要求，该装置必须能够对印刷机的加速和减速做出快速反应，能够对所卷绕纸卷直径的变化做出补偿，当使用高速接纸复卷装置时还能快速完成纸卷的速度转换。传动装置必须能够加工宽幅或窄幅纸带，加工柔性的、刚性的或可延展性材料，而且在某些情况下还应能处理已经打孔的纸带。

1. 恒定张力系统

恒定张力系统最常用的控制器是浮动辊，可以用重物、气压或力矩电动机给浮动辊加载。浮动辊的任何运动都向复卷驱动装置发出信号，使其加速或减速，从而保持一个给定的浮动辊位置。

复卷电动机可以是直流电动机，也可以是配备涡流离合器的恒定速度交流电动机。直流电动机比较贵，但其性能优越，现在已成为设备上的标准配置。

2. 递减张力系统

（1）电子控制器　通过使用固态电路的电子控制器接收来自主传动系统的两个电信号：一个信号与线速度成比例，另一个信号与加速度成比例。

与线速度成比例的信号通常是从安装在主传动装置上的测速发电机得到，与主传动装置的加速度成比例的信号是从主传动控制系统得到。无论使用直流电动机还是涡流离合器，控制器都能调节卷绕装置传动轴的输出功率。在控制器的内部配备有调整装置，使张力能够随着纸卷尺寸的增大而减小，从而提供一个递减的张力。使用这种类型的设备时，只需一个单独的卷绕驱动装置和控制器，即可获得较大的张力控制范围。

操作者可以改变张力的大小，以适应不同组合的材料厚度和宽度。首先设定一个张力数值，调节器就会根据在系统中为递减模式所编制的程序使之减小，操作者可以按照任何给定的运行状态通过选择开关选择递减模式。由于这种类型的复卷驱动装置只产生转矩，所以无法知道哪一部分用于克服摩擦和风阻，哪一部分用于产生纸带张力。因此，操作者经验是否丰富是非常重要的。

（2）张力传感器　张力传感器与浮动辊位置驱动装置类似，不同点是浮动辊被一个与张力传感器装置（应变仪放大器）相连的固定辊所取代。该系统具有非常精确的线性位移/负荷关系特性，传感器的偏转与施加在它上面的纸带张力成正比关系，微小的偏转（0.02mm）就能够涵盖全部所需的张力范围。该系统可以用一个电位计（张力设定装置）随时对递减比率进行调整，且在仪表上显示张力的读数。由于该系统没有料带材料存储，不能吸收偏心纸卷、接纸操作或其他非正常情况造成的张力冲击，设计时应加入补偿系统以应付此类问题。

由浮动辊位置控制的系统其控制复杂程度低，张力范围中等，对需要小张力的卷绕材料可进行良好的控制。递减张力驱动系统具有中等张力范围，能够对要求较大张力的卷绕材料进行较好的控制，该系统要求与主传动装置结合为一体，控制复杂性为中等，而且比浮动辊位置控制系统的成本高。

采用递减张力和浮动辊位置组合控制的系统也被广泛使用，这样可以得到更大的张力控制范围。当卷绕较重的材料时，就避开浮动辊，驱动装置以张力递减的方式进行卷绕。当卷绕较轻的材料时，则使用浮动辊，控制装置通过电路转换变为浮动辊位置控制模式。

张力传感器控制系统的张力范围大，而且能够直接读出张力值。这种系统不要求与主传动装置结合为一体，而且可以随时调整为递减控制模式，该系统在复杂程度和购置花费上都列为“较高”。

如果复卷驱动装置采用高速接纸方式时，既可配置单个电动机也可配置双电动机。双电动机的驱动装置有多个优点，并可以对两个纸卷轴都进行电气制动，不需要辅助的纸卷轴离合器就可以很容易地完成从满卷到空纸卷芯的高效率、高速度转换。在与高速接纸的复卷装置结合为一体的单个电动机系统上，必须使用离合器把驱动电动机与各纸卷轴结合在一起。尽管能够用“滑动”新纸卷离合器的方法使空纸卷轴的速度与运行速度匹配，但还是不如双电动机系统可靠或平稳。现在大多数先进的设备上都把双电动机系统作为标准配置。

六、表面卷绕复卷张力控制系统

双辊或单辊表面卷绕复卷装置通常用齿轮与主传动装置相连，使卷绕辊以与线速度成正比的速度进行驱动。为了确定给定的张力，通常使用一个变速驱动装置。操作者对复卷装置进行调整，使它的运行比印刷机快些。由于被卷绕的材料在复卷辊上的滑移，从而建立了纸带的张力。

在某些应用场合，表面卷绕装置由一个随动型直流电动机或涡流离合器＋驱动电动机的组合装置来驱动。由操作者在一根卷绕辊上设定基本的卷绕张力，而另一根辊则持续工作使纸卷卷紧。两根卷绕辊之间的差速通过传动装置得到。现在有使用双直流电动机的装置，操作者可为两根卷绕辊选择不同的速度设置，按照设置的不同速度获得差别很大的纸卷硬度。

在单辊系统中没有通过差速卷紧的效果，卷绕的张力由操作者通过机械或电气的速度控制器来设置。

第四节　纸带纠偏机构

控制纸带最简单的方法是利用其边缘为基准进行纠偏。当希望纸带的边缘位置相对于印刷机保持恒定，且要求传感器位置能够根据纸带宽度的变化进行重新定位的场合，通常都使用这种方法。对纸带边缘的自动检测通常用气压检测传感器来完成，它提供与纸带位置成比例的低气压信号。

操作过程中，当纸带的宽度有变化，且希望保持纸带的中心与印刷机相对不变，则使用按纸带的中心为基准进行纠偏的方法。一般采用在纸带的两个边缘上各安装一个固定的传感器，或使用能够根据纸带宽度的变化连续对传感器位置进行自动调整的系统来完成纠偏。选择固定式或可移动式传感器取决于纸带宽度变化的程度，以纸带中心为基准进行纠偏的系统硬件设置要复杂。

通常只有在需要按照由印刷图像所确定的纠偏引导线进行纠偏，从而满足在印刷机上进行高精度纵向裁切的要求时，才使用光电检测的纠偏方法。

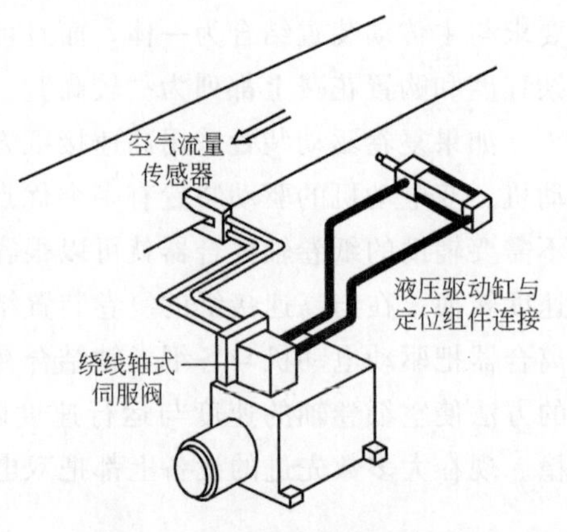

图 5-7　典型的纸带纠偏系统

一、纸带纠偏

典型的纸带纠偏系统由集成在一个闭环控制回路中的多个部件组成。图 5-7 所描述的系统包含了空气流量传感器、控制器、液压驱动缸和纸带等。此图没有给出纠偏装置的具体类型，因为装置的类型取决于设备的具体情况。

在典型的闭环控制系统中，位置设定（或位置命令）是为了确定纠偏位置而在印刷机上进行的传感器预定位。传感器产生的出错信号被发送到控制器中，由伺服阀把低压的错误信号转变为高压的液压输出，发送给纠偏液压缸，纠偏机构产生一个输出。这个输出是对来自控制器的气流做出响应的沿纸带横向的速差。该速差经由纠偏装置传递给纸带，纸带在传感器所在位置上进行重新定位，并提供必要的反馈。

需要注意的是，给传感器的反馈是通过纸带进行的。因此，纸带的动作情况与回路中其他部件联合在一起，对控制系统的正确工作起到至关重要的作用。不仅各个部件的特性非常重要，而且还要小心地确定各特性之间的关系，才能确保系统正常工作。当高速运行的印刷机需要纠偏系统进行快速反应并具有稳定性，从而实现精确的纸带位置控制和套准时，该反馈的精确度尤为重要。

现在有多种专用辅助控制系统可以与自动纠偏系统一起使用。对于中间张力区域中的纠偏装置来说，最常用的专用辅助控制系统具有必要时把自动纠偏系统闲置，并能把中间张力区域的纠偏装置放置于它的行程中心的性能。当印刷机必须再次穿纸的时候，这个性能最有用。对于开卷和复卷的纠偏装置来说，最常用的专用辅助控制系统具有既能够手动控制，又能以自动纠偏方式进行操作的性能。利用这个系统在对印刷机进行设置时，操作者可以对开卷或复卷装置进行手动定位，然后在印刷时，可以把系统转换为正常的自动操作方式。

柔性版印刷机上使用纠偏装置通常有三个部位：开卷、印刷机组前和复卷。在送纸压力辊部分进行的纠偏，与开卷部位的纠偏或中间张力区域的纠偏一起，形成了对纸卷位置偏离、窜边和卷绕不佳等缺陷的良好矫正。

1. 自动纸带纠偏系统

纠偏自动控制系统都是闭环比例控制系统，其校正输出的调节与所检测到的

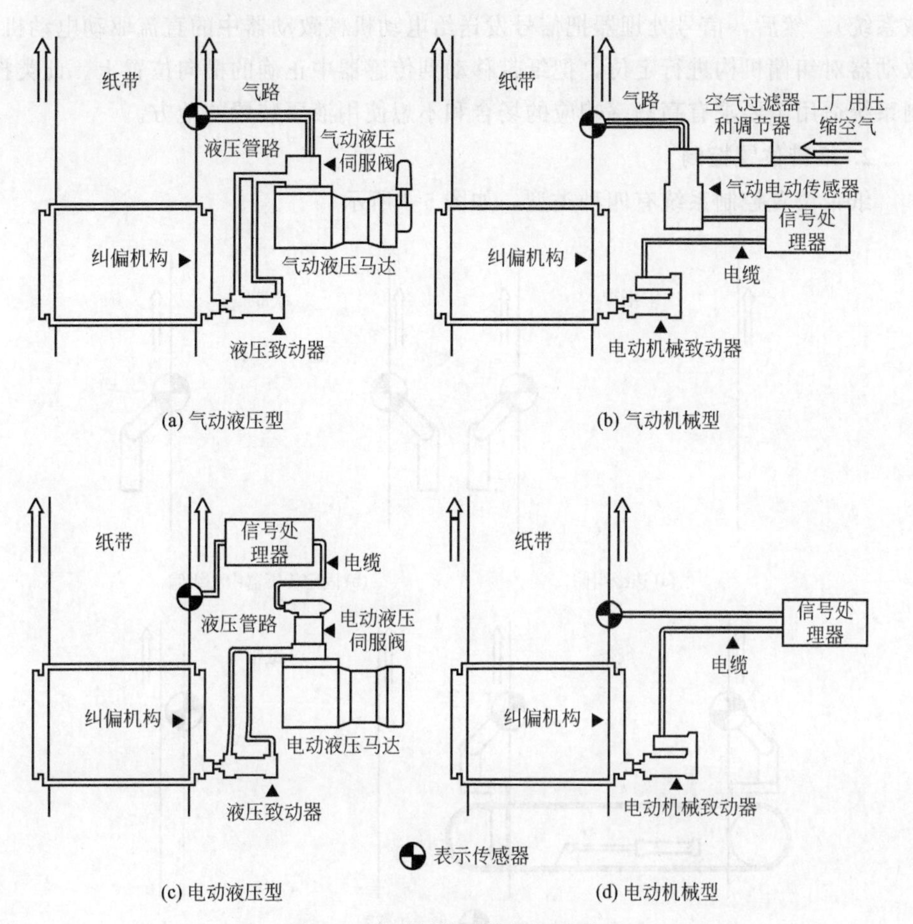

图 5-8　自动纠偏系统的四种类型

误差成反比。这些系统都使用一个传感器监视纸带的位置，并把检测的偏移传递给伺服阀（液压系统）或直流驱动电动机（机械系统）。常见有四种基本类型，如图 5-8 所示。

（1）液压型　两种液压型自动控制系统以相似的方式运行。传感器用来监视纸带的位置，检测的信号直接传递给动力马达的伺服阀（气动液压系统）；或是传递给信号处理器，由信号处理器把信号发送给动力马达的伺服阀（电动液压系统）。通过伺服阀生成的动力马达的液压输出与纸带的横向误差成比例，对纠偏机构进行定位，把纸带移动到传感器中正确的横向位置上。该类控制系统适用于负荷非常大、环境恶劣的场合。

（2）机械型　两种机械型自动控制系统也是以相似的方式运行。传感器（电子传感器或气动传感器）用来监视纸带的横向位置。传感器的信号直接传递给信号处理器（电动机械系统）；或是先用转换器把气压信号转换为电信号（气动机械系统）。然后，信号处理器把信号发送给电动机械致动器中的直流驱动电动机，致动器对纠偏机构进行定位，把纸带移动到传感器中正确的横向位置上。此类控制系统适用于要求有高频率响应的场合和不想使用液压装置的地方。

2. 纸带位置控制

纸带位置控制系统有四种类型，如图 5-9 所示。

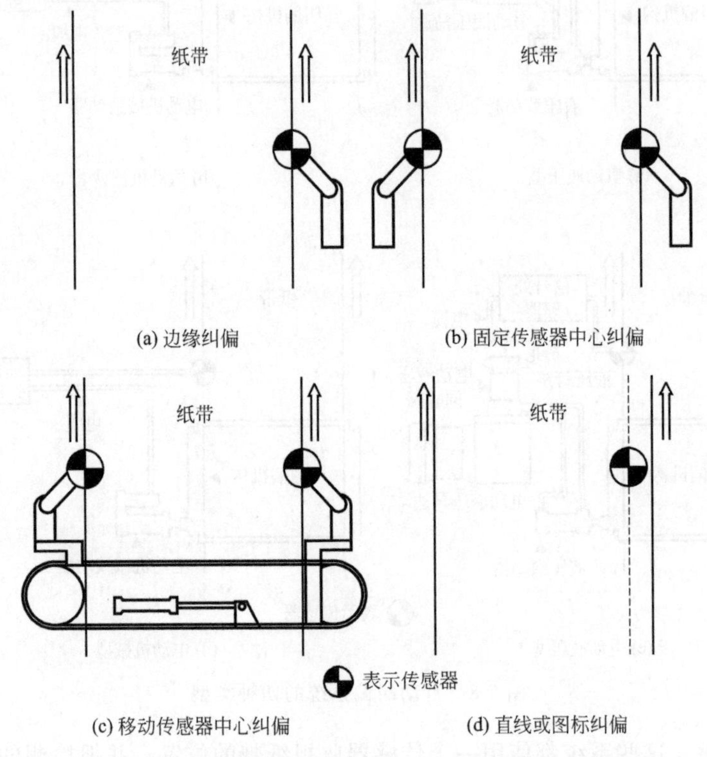

图 5-9　纸带位置控制系统的四种类型（注意传感器位置的变化）

（1）边缘纠偏　传感器检测纸带的边缘，纠偏系统则使该边缘保持在所需的横向位置上。

（2）固定传感器中心纠偏　固定传感器以纸带中心为基准纠偏　该系统使用的两个传感器被保持在固定位置上，对纸带的两个边缘都进行检测。纠偏系统把纸带的中心线保持在一个精确的位置上，并允许纸带的宽度有少量的变化。

（3）移动传感器中心纠偏　移动传感器以纸带中心为基准纠偏。当生产运行中纸带宽度有很大变化时，传感器本身不断地自动进行重新定位，以便探测纸带的两个边缘，并把纸带的中心线保持在一个精确的位置上。

（4）直线或图标纠偏　传感器检测纸带上已印刷的直线、图标或某些可以辨别的特征。该控制系统则把已印刷的直线、图标或特征保持在精确的横向位置上，与纸带的边缘位置无关。

3. 传感器的安装

传感器安装位置应处于纸带输出跨距范围内尽可能接近纸带输出导纸辊的地方，而且在纸带运行下游所处位置与该导纸辊的距离不能大于纸带输出跨距范围的一半。可以使用一根固定辊或惰性辊（空转辊）来稳定纸带，并防止纸带与传感器接触。固定辊或惰性辊应该置于传感器的后面紧靠传感器的位置，形成的纸带包角不大于10°。传感器的选择与料带材料和系统的要求有关。

二、开卷纠偏

如图 5-10 所示为典型的开卷边缘纠偏系统。开卷的纸带沿横向移动，传感器固定，纸带边缘与相对于印刷机的正确位置对正。系统应该配备一根惰性辊与开卷装置一起横向移动，从而在检测点处维持一个恒定的平面。

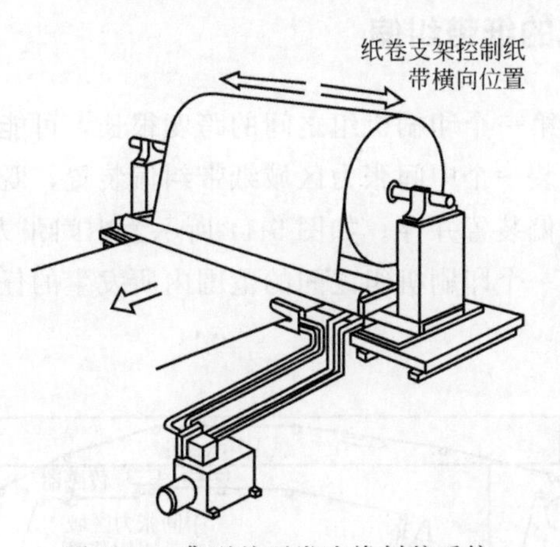

图 5-10　典型的开卷边缘纠偏系统

由于开卷纸卷上的切线位置和印刷机第一根惰性辊之间的纸带平面在不断地改变，所以在这一区域中放置传感器进行检测是不现实的。系统使用了可以横向移动的惰性辊，因而形成一个适于传感器检测的固定纸带平面。此外，由于该惰性辊与纸卷支架一起移动，所以控制器传给液压缸的输出就会立即传送给传感器附近的纸带。这种结构消除了不必要的延时，使传感器即时感测到液压缸的控制输出。

由于大多数纸卷支架的机械结构及相应的质量都要参与运动，所以考虑机械和液压系统的共振问题对能否成功地设计开卷纠偏装置起到重要的作用。纸卷支架立柱的柔韧性会导致横向弯曲，纸卷支架中的拉伸部件也有柔性变形，这些因素都是造成弹性系数相对较低、机械固有频率较低的原因。因此，所有可以横向移动的纸卷支架在设计时都要考虑控制器的固有频率，使其固有频率是控制器的2～3倍。

开卷纠偏装置把纸带边缘与一个预先确定的纠偏位置对正。根据所选择传感器的不同，开卷纠偏装置有时需要有一个直接安装的，或从动的惰性辊（空转辊），以便正常工作。当使用小间隙传感器或使用的是以一条直线为基准进行纠偏的传感器时，就要求使用惰性辊。惰性辊使被纠偏的材料维持一个恒定的平面，纸卷支架的放置位置应使它与机器第一根惰性辊的距离小于一个纸带宽度。

操作者把纸卷放置在纸卷支架上，然后把传感器放置在纸带边缘所在的位置上。在自动控制模式下，纸卷架就会横向移动，把纸带的边缘保持在传感器的纠偏位置上。

传感器的理想位置要尽可能靠近移动的纸卷架，这个位置具有最好的动态性能和精度。有些系统可以把传感器安装在第一根固定惰性辊的后面，这样虽然可以对纸带进行纠偏，但纠偏性能会打折扣。

三、中间张力区域的纸带纠偏

如果纸卷支架与第一个印刷机组之间的跨度很长，可能就需要在紧靠着第一个印刷机组的前面安装一个中间张力区域纸带纠偏装置，既可用它代替开卷纠偏装置，也可与开卷纠偏装置并存。如图5-11所示为中间张力区域纸带纠偏装置，可以对纸卷支架和第一个印刷机组之间的范围内所发生的任何纸带位置的偏移进行校正。

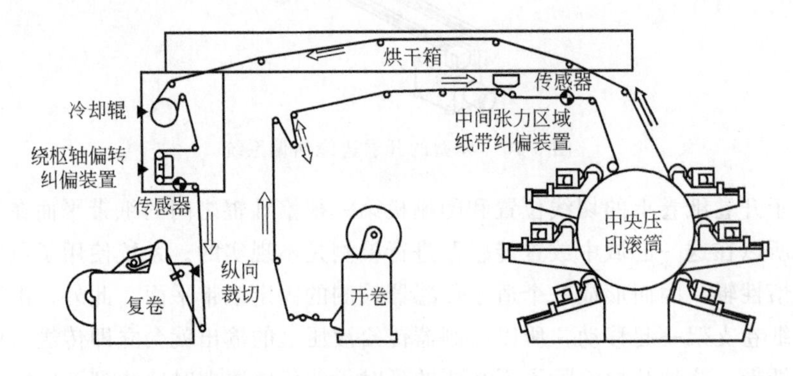

图5-11　中间张力区域纸带纠偏装置

中间张力区域纸带纠偏装置通常有两类。一是转向纠偏装置，由一根能够

（在纸带运行平面内）围绕瞬心精确运动的辊完成纠偏，该瞬心位于纠偏装置前面，与纠偏装置的距离等于纸带宽度的数倍。二是一种位移纠偏装置，或称绕枢轴偏转的纠偏装置。该装置是双辊组件，两根辊沿着一条与进纸辊表面相切的直线绕枢轴转动。

1. 转向纠偏装置

转向纠偏装置通过在很长的进纸跨距上使纸带弯曲来实现纸带位置的校正，应用这种装置需要有很长的自由进纸跨距来分布纠偏运动造成的应力扭曲，跨距的确定因为纸带力学性能不同而改变。

如图 5-12 所示为转向式中间张力区域纸带纠偏装置。当纸带材料刚性非常高，或遇到了非常薄且在极低的张力下即可延展的材料时，就需要使用与转向纠偏装置相对的绕枢轴偏转的纠偏装置，以便在有限的纠偏进纸和出纸跨距内把纸带应力分布减至最小。绕枢轴偏转纠偏装置的两根纠偏辊之间的距离很大，要求的进纸及出纸的跨距非常短。因此，可把该装置安装在烘干通道下面，或复卷装置前面的纸带扫描仪观察平台的下面。

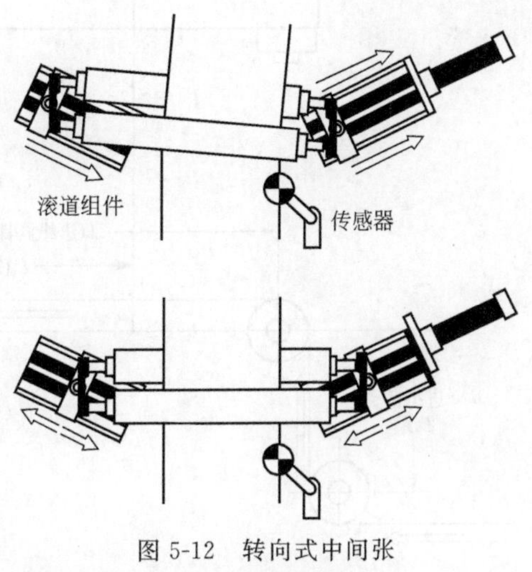

图 5-12　转向式中间张力区域纸带纠偏装置

转向纠偏装置是机械装置，由一根或多根辊围绕位于该装置上游且距离很远的旋转中心（瞬心）转动。其原理是利用改变纸卷相对于机器中心线角度的方法，在纠偏装置的进纸跨距内对纸带进行转向。角度的改变校正稳态误差，远距离瞬心造成的平移则校正瞬态误差。

转向纠偏装置由一个或一对固定的滚道座和一个移动机构组成。该移动机构（枢轴托架）支撑纸带，并围绕远距离的旋转中心转动。纠偏辊装在枢轴框架上，枢轴框架由枢轴托架支撑。

旋转中心通常位于纠偏辊的前面，与辊的距离约为进纸跨距的 2/3～3/4。处于这个位置时机构具有良好的动态特性，纠偏辊转动的角度非常小，通常小于 3°。对大多数转向纠偏装置来说，在安装过程中通过调节底座正确的放置角度来达到调整旋转中心位置的目的。在纠偏装置上游紧靠着纠偏装置的跨距称为进纸跨距，进纸跨距上游的跨距称为进纸前跨距。这两个跨距的相对长度非常重要，位于纠偏辊前面距离最近的一根固定辊称为进纸辊。

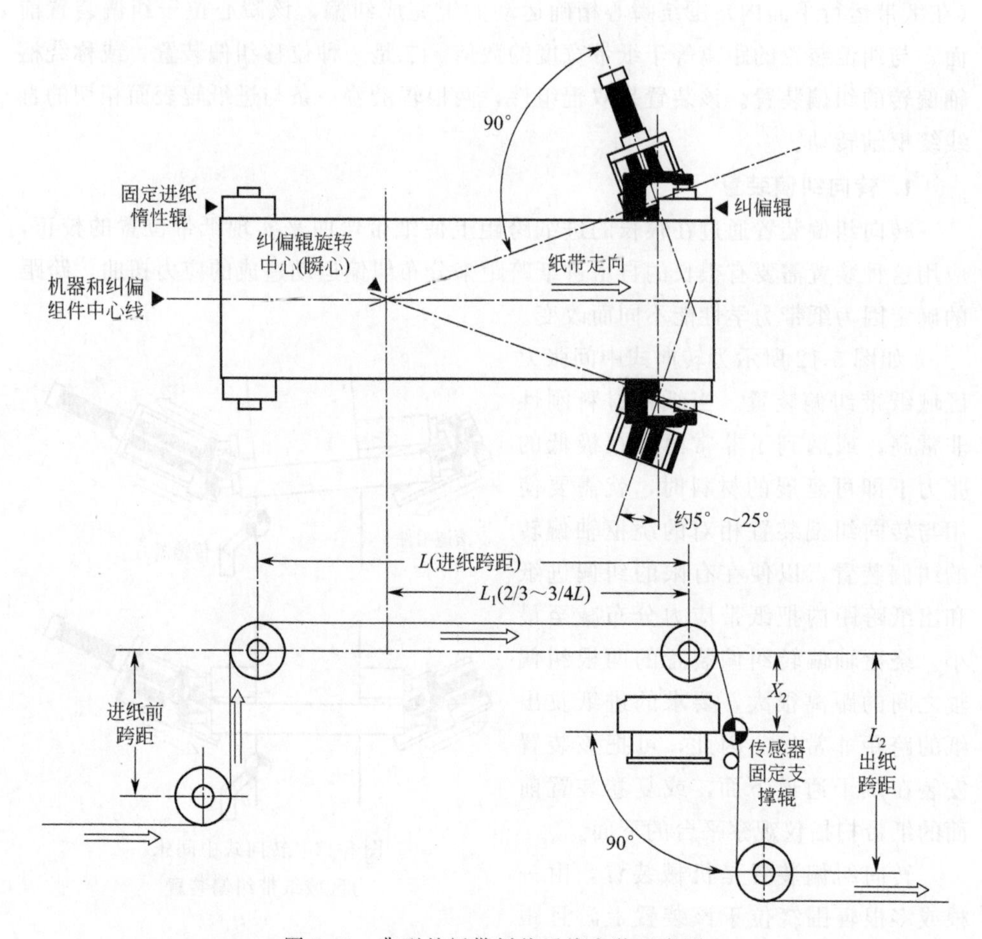

图 5-13　典型的纸带纠偏系统安装示意图

2. 转向纠偏装置的操作

转向纠偏装置的运动平面通常与进纸跨距的平面平行，如图 5-13 所示为典型的纸带纠偏系统安装示意图。如果进纸辊上纸带的位置从所要求的纠偏位置上偏移了，枢轴托架即转动，使纸带的位置重新回到正确的位置。在枢轴托架转动时，使纸带产生横向弯曲。当纸带经过进纸辊之后，产生的弯曲程度最大，纸带跨过进纸辊时是发生最大应力扭曲的区域。

在转动的临界点上，纸带一个边缘上的应力将为零，另一个边缘上的应力约为纸带平均应力的 13 倍。这里纸带产生的横向弯曲和相关的应力扭曲，是转向纠偏装置需要很长的进纸跨距的主要原因。如果转向纠偏装置的转动超过了临界角度，其中一个边缘上的应力可以成为负值，这就意味着该纸带边缘会出现松垂。由于纸带中的实际张力将保持不变，因而如果纸带承受张力的部分减小，那么应力就会变大，松垂的边缘会导致在纸带中产生波纹和皱褶。

进纸跨距最好能够与纠偏装置的运动平面平行。依最坏的情况考虑，纸带运动平面相对于纠偏装置运动平面的偏移不应超过30°。

（1）瞬心的位置　旋转中心（瞬心）最好处于纠偏辊的上游，约为进纸跨距长度的2/3～3/4处。如果旋转中心位置小于理想的距离，就会使纠偏装置转动角度过大。超量转动的程度与旋转中心在上游位置的距离成反比。随着超量转动的增大，纠偏控制系统会变得越来越不稳定，结果导致系统不停地振动，使得纠偏装置产生的误差比它所校正的误差还要大。

（2）进纸跨距　进纸前跨距的长度应该小于进纸跨距的长度。如果进纸前跨距等于进纸跨距或更长些，进纸跨距范围中的应力扭曲就会越过进纸辊传递到进纸前跨距的范围。

在进纸前跨距中，应力扭曲会造成纸带的偏移，引起误差。接着，纠偏装置将试图对加大了的误差进行校正，同时又出现更大的误差。最终结果造成纠偏装置支架试图校正被放大了的误差。这种连锁反应被认为是确定进纸前跨距的一个条件，使进纸前跨距小于进纸跨距即可预防这个问题。通常纸张和纸板进行正常校正所用的典型进纸跨距长度为纸带宽度的2～5倍。

（3）纸带平面　转向纠偏装置出纸跨距内的纸带平面，最好与纠偏装置的运动平面垂直，这样的安排将能把出纸跨距中的应力保持在可接受的水平。此时，出纸跨距中的纸带被扭转。

在某些情况下，使用直线通道的转向纠偏装置时，出纸跨距的平面与纠偏装置的运动平面平行。但是，由于纸带在出纸跨距中弯曲，使得出纸跨距中的应力扭曲增加，纠偏精度不高，可能高达输入误差的20%。具体误差大小与料带材料和出纸跨距的长度有关。

出纸跨距长度的计算方程把纸带边缘应力的放大限制在平均应力的3倍，这个限制防止了可能出现的纸带断裂。规则要求：如果不知道材料的性质，或者计算出的出纸跨距小于纸带宽度的一半，那么出纸跨距的长度应该大于纸带宽度的一半。采用这个跨距可以减少转向纠偏装置造成纸带折皱的可能性。

如果料带材料刚性较高，则应该使用先前的计算方程来确定进纸和出纸跨距的最小长度。

3. 绕枢轴偏转的纠偏装置

如图5-14所示的绕枢轴偏转纠偏装置（OPG）是一个机械装置，用于对某一运行工序的纸带进行横向误差的校正。此种纠偏装置是一种位移型纠偏装置，在保持最小进纸和出纸跨距的情况下对纸带的位置进行校正。该装置的结构设计采用的是平行辊，并绕枢轴转动使纸带产生扭转，从而最大限度地减少纸带的应力。

绕枢轴偏转的纠偏装置由一个固定的底座和含有一根或多根辊的绕枢轴转动的机构组成。枢轴托架绕枢轴转动的机构绕着一个位置固定的枢轴点转动，最大旋转角度限制在7.5°以内。该枢轴点最好处于进纸跨距的平面之中，或者在进纸跨距平面上位于纠偏跨距的10%之内。

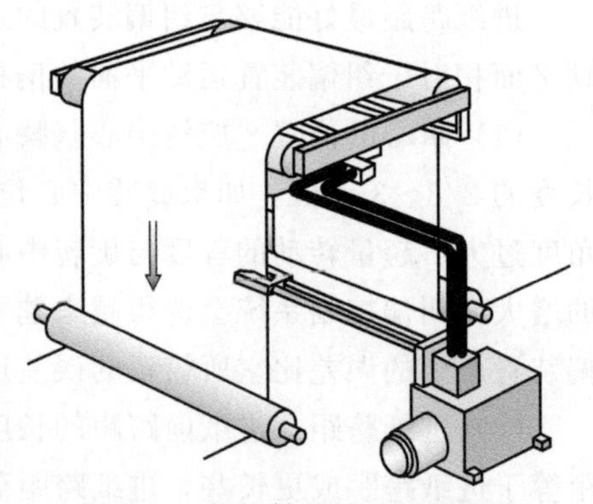

图 5-14　绕枢轴偏转的纠偏装置

如果进纸辊上的纸带偏离了所希望的纠偏位置，枢轴托架就会转动使纸带重新定位到预定位置。当枢轴托架旋转时，进纸和出纸跨距中的纸带产生扭转。这个扭转把纸带应力重新分布，使得纸带边缘上的应力比纸带中心的应力要大。

纸带进入纠偏装置时，应该垂直于该装置的运动平面，这一运动平面就是枢轴托架的旋转平面。如果纸带不是以与运动平面垂直的角度进入纠偏装置，就会使应力扭曲增大，并在纸带中产生错误的转向效果，会在纠偏闭环控制回路中造成不稳定或导致纠偏精度下降，还可能因应力扭曲造成纸带断裂。

当枢轴托架处于中心位置时，枢轴托架上各个辊子与生产线中其他辊子平行，不会对纸带的横向位置产生影响。纠偏跨距（进纸纠偏辊表面的外侧与出纸纠偏辊表面的外侧之间的距离）和辊子工作面宽度是不同型号纠偏装置的可变参数，纠偏跨距最好等于纸带的宽度，绝不能小于纸带宽度的一半。

四、复卷纠偏

复卷纠偏不是真正的纸带横向控制，实际上是一个跟踪控制系统。复卷时，把传感器装在复卷支架上并根据来自于印刷机组的纸带，移动纸卷支架使之跟踪纸带来完成纠偏操作。实际上是对复卷芯轴进行定位，使其能够跟随纸带的正常摆动，从而使纸带的边缘始终与复卷芯轴保持一个固定的横向位置关系，见图5-15。

在活动的传感器和复卷支架之间有一根固定的惰性辊，把纸带与纸卷支架的运动分隔开来，并为传感器探测点提供一个固定的纸带平面。开卷纠偏装置中关于机械和液压系统共振频率的考虑，同样也适用于复卷纠偏。除此之外，传感器支架要有足够的刚性，避免机器结构出现变形和机械共振。

对复卷纸卷进行定位，使其边缘与机器运行中的纸带边缘对齐。传感器放置在机器最后一根固定惰性辊的前面，紧靠该辊的位置，并且通常采用机械支撑臂安装在复卷支架上。传感器跟踪纸带的边缘，当纸带有横向移动时，复卷控制系统使复卷支架做横向移动，从而保持纸卷边缘平齐。

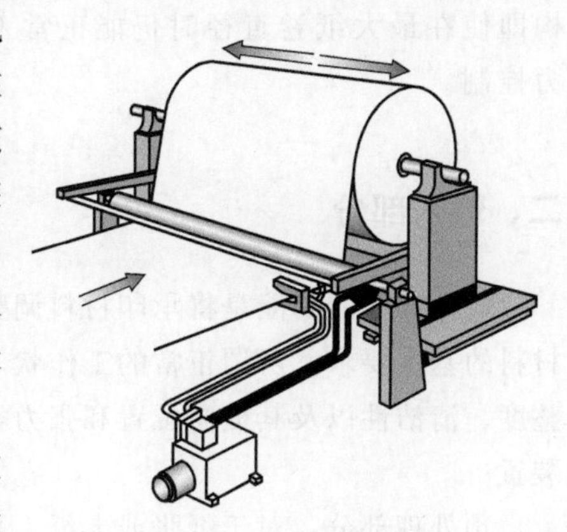

图 5-15　复卷边缘纠偏

在复卷纠偏中，如果把传感器放置在最后惰性辊的下游，或者纸带与最后惰性辊没有足够的摩擦力，卷绕出的纸卷边缘就会参差不齐或出现喇叭形窜边现象，原因是卷绕纸卷时张力不足，无法避免被卷绕纸卷的层间横向滑移。无论是在卷绕过程中，还是在纸卷卸下一段时间后，都会由于纸卷内圈多层卷绕张力不足而发生窜边问题。

第五节　瓦楞纸板卫星式柔印机

瓦楞纸板预印主要应用宽幅卫星式柔性版印刷机。与机组式相比，卫星式柔印机最主要的优点是可获得更高的套印精度，且机器的结构刚性好，使用性能更稳定。卫星式柔印机主要由输墨系统、网纹传墨辊、放卷部分、输入部分、印刷部分（CI 型）、干燥和冷却部分、输出部分、收卷或堆码部分、控制和管理部分及辅助设备部分组成，其基本结构如图 5-3 所示。

柔性版预印的承印物多是卷筒状的供料形式，放卷装置、烘干装置、套准机构和张力控制机构和凹印机的基本相同，部分相关内容参见第六章。

一、放卷部分

放卷架：放卷架一般只有 1 个（称主放卷架），但在连线复合时还有第 2 个放卷架（称副放卷架）。料卷的固定有芯轴和无芯轴两种方式。根据料卷数量和交接纸方式不同，有单料卷、独立双料卷两种形式，相应的裁切机构也有所不同，较厚的纸张可采用搭接、对接或两种方式同时采用。

不停机快速换卷装置：压辊装置和断带装置以气动方式工作，采用气电式张力测量和调节装置确保张力恒定，实现不停机换卷/收卷。自动接纸机构即使在最大纸卷直径时仍能正常工作，因而保证了在最高印刷速度下的张力控制。

二、输入部分

输入部分的功能是将承印材料调整到正常的状态下，以满足印刷单元对承印材料的基本要求。所谓正常的工作状态是指承印材料的湿度对油墨的附着性、平整度、清洁性以及其横向位置和张力等处于合理的范围内。为此，一般应设以下装置。

预处理部分：对于纸张或卡纸，采用温度和湿度调节处理。预处理器（为预处理辊或预处理箱）有单面和双面处理两种形式，双面处理能获得更均匀的处理效果。

纸张展平系统：用于对卷筒纸放卷到印刷或印刷到模切之间的展平处理，对于较厚的纸张非常必要。

纸面清洁装置：包括单面或双面清洁纸面，并排除纸灰的系统。

纠偏装置（又称正位装置）：位于印刷部之前，以保证承印材料进入印刷部分的边缘位置始终正确，保证印品的横向套印精度。对于纸张等不透明材料，多采用光电扫描头。

张力控制单元：包括牵引辊组在内，是整个印刷机最重要的组成部分之一，是获得高质量印刷产品的基础。整个印刷机张力采用分段独立的控制系统，一般包括放卷、输入、输出和收卷 4 个控制单元，也有一些厂家将放卷和输入或输出和收卷控制单元合二为一，即采用 3 个张力控制单元。

输入部分的张力控制主要是以保证承印材料进入印刷部之前所要求的运行速度，确保承印物保持在正确的纵向位置上。另外，送纸辊的表面应有一定的粗糙度，以产生足够的摩擦力。橡胶压纸辊一般设在送纸辊上方，并设有压力调整装置，以适应承印物的不同厚度。

三、印刷部分

1. 压印滚筒

中心压印滚筒是印刷机的核心部件，为双层结构铸件，其直径依不同色数和图文重复长度而异，一般为 1400～2200mm，特殊机型可达 3000mm。压印滚筒安装在滚柱轴承上，要经过动、静平衡处理。压印滚筒的偏心允差一般为 0.008～0.012mm；其表面有一个镀镍保护层，镍层厚度为 0.3mm 左右。

压印滚筒还配有冷却水循环系统，以保持其外表面温度的恒定，从而防止滚筒的受热膨胀。温度自动控制系统保证压印滚筒外表面的温度在一个设定值（通常为32℃），而有些系统还有超温保护功能，当温度超过某个最大值（通常为40℃）时，整个印刷机的电源将自动切断。

滚筒体直径大小取决于印刷色组数和印刷图文重复长度，即印刷色组数越多，印刷图文重复长度越大、压印滚筒体的直径则越大。对于六色印刷，压印滚筒的直径一般为1200～1520mm，瓦楞纸板预印刷机的滚筒直径则可达2400mm；对于八色印刷，压印滚筒直径一般为1700～2000mm，瓦楞纸板预印刷机的滚筒直径可达3000mm；对于十色印刷，压印滚筒的直径一般为2900mm。

2. 印刷单元

若干个印刷色组（包括除压印滚筒外的其他印刷部件）分布在中心压印滚筒周围，色组间距为700～900mm。印版滚筒与料带、印版滚筒与网纹辊的离合压多采取在水平导轨上移动的方式来实现，这样系统可保证最大的刚性，避免跳动和印品上出现墨杠。预啮合（预套准）、横向套准和纵向套准调节范围一般为10～15mm，纵向套准调节范围可达30mm。印刷压力的调节各个单元独立进行。

印版滚筒和网纹辊都有整体式和套筒式两种。整体式结构简单，刚性好，适应范围广，但更换较复杂。套筒式更换方便，但结构复杂，每个组件带有气动快速夹紧松开装置。一般套筒式适合于宽度较小（如不超过1000mm）且经常更换的场合。常见的网纹辊直径为150mm、165mm、175mm，但有些机器的网纹辊直径达到300mm。

3. 自动清洗系统

此系统为上墨系统（刮墨刀、网纹辊、墨泵和墨管等）提供全自动清洗，可大大减轻劳动强度。使用该系统可在5min内完成所有色组的清洗工作，可显著提高效率，减少更换停机时间。由于此系统结构较复杂，成本较高，因此通常只用在全自动机型中。

四、干燥和冷却部分

1. 干燥系统

一般由三部分组成：色间干燥、主干燥和连线后干燥。在不采用连线作业时，则只由前两部分组成，此时常将其称为色间干燥和终干燥。色间干燥指两个相邻印刷单元之间的干燥。主（终）干燥指印刷之后的干燥，采用桥式干燥箱。而连线后干燥是指对连线印刷、复合、涂布或上光等的干燥。色间干燥一般干燥长度为300～700mm，高速热风的速度为40～50m/s；桥式干燥箱的长度为4.5～6.5m，热风干燥速度比色间干燥稍低，通常为35～40m/s。

干燥热源可采用蒸汽、电、热油及燃气四种，其中电热源使用最多。干燥系统控制有各色组分散控制和一体化控制两种方式，较先进的机型多采用一体化控制，大多数机型采用电子温控器。

2. 冷却系统

除起冷却作用外，其冷却辊通常还担当牵引辊，成为张力控制系统的一部分。冷却辊由直流电机驱动，提供从最后一个色组，经过桥式干燥通道到冷却辊出口这一区段的精确张力控制。

冷却辊直径一般为270～400mm，也都经过动、静平衡处理。

五、后加工部分

后加工部分主要包括连线印刷部分和连线印后加工部分。

1. 连线印刷部分

连线柔印的适用范围较广，一般为层叠式或机组式单元。

2. 连线印后加工部分

连线印后加工部分主要包括横切、复合和模切三个组成部分。

横切部分主要技术参数：最大工作速度300m/min，纸张克重范围50～450g/m^2，裁切滚筒重复长度范围或最小/最大裁切长度500～1400mm，裁切误差（印刷到裁切）±0.2mm，最大纸堆高度（采用单收纸堆或双收纸堆）1200mm。

连线复合部分可采用不同的复合工艺，如干法、湿法复合或干法、湿法并用复合等。

连线模切部的主要技术参数：最大工作速度250m/min，最大裁切长度1000mm以上，模切、压痕载荷约700t，模切/压痕精度±0.2mm。

六、输出、复卷或堆码部分

与一般凹版印刷机上的输出、复卷和堆码功能和结构相似。

输出部分主要由张力控制单元（包括牵引辊组）、纠偏装置组成；复卷或堆码部分主要由收卷架、张力控制单元、堆码单元（输送、堆码、计数、捆扎打包等）组成。

七、印刷机控制和管理系统

现代宽幅卫星式柔印机的主要控制、管理功能：模块化自动操作系统既可预选菜单、集中操作放卷/收卷单元、印刷单元、烘干单元，又可选用摄像印刷观察模块，在显示屏幕上检视整个印刷过程。

智能化传动系统和定位系统，保证了各色组印版滚筒和网纹辊的准确运动和横向套准。

电子同步调节及计算机控制快进系统。通过步进电机测速，确保高度准确地设置印刷压力、印刷长度、印版及承印材料厚度等参数，保证设备在停机状态下进行套准设置时不会产生废料，实现印刷单元以及网纹辊之间的协调。

机械手换辊系统，用于自动更换印版滚筒、网纹辊系统。

供墨及清洗系统，用于向印刷部件定量供应油墨并自动清洗网纹辊、腔式刮墨系统、油墨泵以及油墨管，清洗顺序由计算机控制，大大减少了劳动强度，显著提高了效率，减少了更换停机时间。

远程遥控系统远距离调节和控制印刷压力、张力控制、横向及纵向的自动套准等。采用 CAN 通信技术将功能模块连成网络以交换信息，借助调制解调器选择远程故障诊断装置，为客户提供帮助。

第六章

瓦楞纸板凹版预印技术

瓦楞纸箱正不断向销售包装过渡，这要求其产品印刷质量越来越高，当然，绿色印刷的要求使其色彩艳丽的同时还要满足绿色环保的要求。这就对印刷设备、印刷用辅助材料提出了更高的要求。另外，纸箱新产品的开发应用，如微型瓦楞纸箱、重型瓦楞纸箱、瓦楞延展制品等，其特点各不相同，对印刷工艺也提高了相应的要求。在印刷方式的选择上，相当长的一段时间内，各种印刷方式还会同时存在。从长远来说，预印工艺具有较高的印刷质量和效果，避免了印刷对纸板强度的影响；从效率上看，与瓦线联动生产，可使生产周期大为缩短，满足了客户及时供货的要求。对高质量、大批量的产品制作，预印刷无疑是最好的方式。

凹版预印是采用凹版印刷机在卷筒纸上进行印刷，收料成卷筒纸后作为纸箱面纸与芯纸贴合制成瓦楞纸板，再模切成箱。凹版预印制作的纸箱印刷品质和成型品质都比较高，适合于高品质、大批量生产。但投资比较大，不适于小批量生产。

第一节　凹版印刷的基本原理

一、凹版印刷的基本原理

凹版印刷属于直接印刷。印版的图文部分凹下，且凹陷程度随图像的层次有深浅的不同，印版的空白部分凸起，并在同一平面上。印刷时，先使整个印版表面涂满油墨，然后用特制的刮墨机构，把空白部分的油墨去除干净，使油墨只存留在图文部分的网穴之中，再在较大的压力作用下，将油墨转移到承印物表面，获得印刷品。

凹版印刷的基本原理如图 6-1 所示。因版面上图案部分凹陷的深浅不同，印刷的油墨量不等，印刷成品上的墨层厚度也不一致，油墨多的部分颜色较浓，油墨少的部分颜色较淡，这样可使图像显现出浓淡不同的色调层次。

一般凹版的图文部分都是由大小、深浅不同的网穴组成。网穴内储墨量的多少，决定了印刷品的层次和密度。网穴之间的部分称为“网墙”，它除了分隔网穴外，还起着支撑刮墨刀的作用。当图文部分的面积较大时，网墙可以防止刮墨刀在压力作用下弯曲，而刮去图文处的油墨。

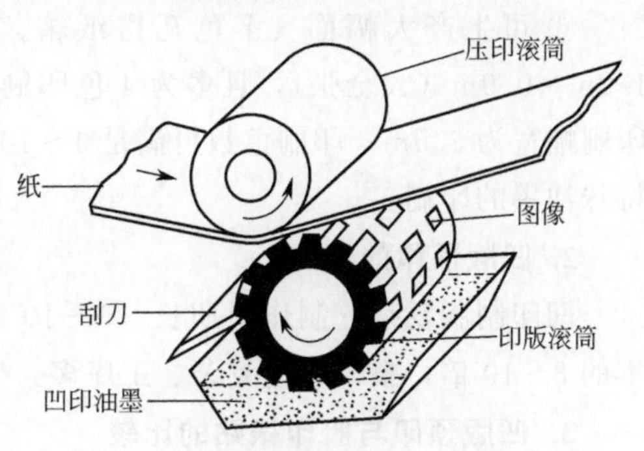

图 6-1　凹版印刷原理示意图

凹印过程中的油墨转移，主要是借助于毛细现象而完成。印版与承印物脱离接触的瞬间，在网穴上方偏向压印区处产生了一个小的间隙。由于毛细管的作用，网穴内的油墨会上升到承印物的表面。同时，凹版版辊在印刷时做旋转运动，离心力也使得版辊表面的油墨加速转移。而在与压印滚筒接触以前，毛细现象则使得油墨能够克服离心力，附着在网穴内。

二、凹版预印的特点

1. 凹版预印的优势

① 凹版预印可以制得高质量、绿色环保的水性油墨彩色纸箱。凹印上墨量大，最高可达 4.5～6g/m^2，印刷品墨色饱满、墨层厚、有立体感、色彩艳丽、层次丰富、清晰度高。凹版印刷机的张力控制系统可控制机器稳定工作，自动套色控制系统可以保证套印精度在±0.1 mm。采用色间干燥，每色印刷后充分烘干，印品墨层附着更牢固。普通凹版印刷后的印品网线数可达 200LPI。目前，国内生产的纸张凹版印刷油墨比较成熟，已经制造出能满足瓦楞纸板线预印用的水性纸张凹印油墨，完全可以承受瓦楞纸板生产线上 180℃高温和热板的摩擦。

② 印版耐印力高，适合纸箱大批量印刷生产的要求。凹印版耐印力可达 300 万～400 万印，特别适合于长版活印刷。

③ 适合连续的图案印刷。印版滚筒可做到无缝拼接，即套筒技术，使图像连续绵延。

④ 具有较高的耐冲击强度。凹版预印生产瓦楞纸板时有一定的加热成型时间，所以比采用传统贴面机的方法得到的瓦楞纸箱强度更高。

⑤ 印刷速度快，生产效率高。凹版预印方式采用卷筒纸凹版印刷机印刷，每一色印完后都有干燥装置，不需喷粉即可进入到下一道工序，印刷速度可达150～200m/min。

⑥ 可生产大幅面、多色瓦楞纸箱。传统的彩色胶印最大幅面一般可达1.2m×0.9m（大全张），且多为4色印刷。纸箱预印用机组式凹版印刷机最大印刷幅宽为2.5m，印刷色数可满足4～10色组，同时还可以进行金墨、银墨等特殊油墨的印刷。

2. 凹版预印的不足

凹印制版复杂，制作周期长（5～10天），价格贵。凹版印版是柔性印版成本的8～10倍，整个工艺复杂、工序多，生产线投资大。

3. 凹版预印与胶印裱贴的比较

在纸张配材、结构相同的情况下，凹版预印的瓦楞纸箱比胶印裱贴的瓦楞纸箱抗压强度更高，而生产相同强度的瓦楞纸箱，胶印则需通过提高原纸定量来实现。表6-1是某包装企业采用胶印裱贴和凹版预印生产的瓦楞纸箱在达到相同抗压强度的情况下，纸张配材的差异情况。

表6-1　胶印裱贴与凹版预印的纸张配材差异

项目	面纸	瓦楞纸	里纸
胶印裱贴/(g/m^2)	230	145	175
凹版预印/(g/m^2)	200	105	170
定量差值/(g/m^2)	30	40	5
年产1亿平方米瓦楞纸箱的重量差值/t	3000	5440	500

采用凹版预印工艺印刷瓦楞纸板，能增强瓦楞纸箱的承压能力，减少瓦楞纸箱在运输和包装过程的损坏，提高瓦楞纸箱的品质。相比胶印裱贴工艺，在达到相同抗压强度条件下，凹版预印工艺可使材料定量下降25%，材料成本下降18%左右，从而更好地实现瓦楞纸箱的减量化，瓦楞纸箱性价比更高。

采用凹版预印工艺印刷瓦楞纸板，能充分发挥了凹印墨层厚实、色彩鲜艳、层次丰富、立体感强、套印精确、图案形象逼真的特性，提高了产品质量，适合高档印刷品。同时，凹版预印生产效率是现有较高水平柔印机的3倍、胶印机的5倍，极大地提高了瓦楞纸板的复合速度，提高了生产效率。此外，采用凹版预印还可以实现联机上水性光油，降低了瓦楞纸箱废纸回收时的难度。

第二节　凹版预印工艺

一、凹版预印工艺流程

瓦楞纸板凹版预印的工艺流程：

卷筒纸→开卷装置→开卷张力控制系统→纸带导向装置（纠偏装置）→导纸辊→ 第 1 色印刷→色间干燥→第 2 色印刷→色间干燥→第 3、4 色……依次类推→整体干燥（最后干燥）→收卷张力控制系统→纠偏装置→收卷装置→形成卷筒印刷品后上瓦楞纸板生产线进行复瓦楞。

多色套印原理：套印分为两个方面，一是轴向套印，轴向套印一般通过每个色组的印版滚筒轴向调节装置，进行精确套印，通常按照标尺或图标实现。二是周向套印，主要通过每一色的轴向印版调节装置进行粗调套印，再通过光电控制系统进行图标跟踪调节，直到完全套准。

周向套印基本工作过程：当承印材料上的套印标记通过光电扫描头，产生脉冲信号，该信号传递给电子控制器，如果后一色套色标记超前或滞后前一色套色标记，发生脉冲信号的时间会参差不齐，于是电子控制器启动调节电极，使二色间的张力调节辊有少量位移，从而消除套色误差。在自动套色检测中，脉冲发生器和印版滚筒同时旋转，预先用脉冲发生器在光电扫描头检测到套印标记时打开，其余过程为关闭。每个光电扫描头均是以前一色为基准，确定当前色标的位置。距离正确时，脉冲发生器中两个脉冲是同步的。如果不同步意味着当前色标对应的脉冲超前或滞后，表明套印误差的出现、误差的大小与超前或滞后的时间有关。该时间的多少将转化成电压值来控制调节电机的旋转时间，旋转时间的多少决定张力调节辊的位移量，最终完成套色标记位置的检测和调节。

二、凹版预印对工艺的要求

采用凹版预印工艺的主要原因：一是凹印能够轻松地提供高品质的彩色印品；二是电子雕版技术使金属版辊的制作周期和成本大幅度下降，接近于柔性版。而且国内厂家已生产出高速宽幅凹印机，价格只及进口柔性版印刷的三分之一。凹版预印产品的特点是设计精美、色彩鲜艳，需求量大。

目前国内大多数彩色纸箱采用平张纸胶印预印方式，卷筒纸预印优于平张胶印预印。厚卷筒纸预印方式生产高档彩色瓦楞纸箱将成为未来包装业发展的趋势。凹版预印工艺的要点包括以下几个方面。

1. 对印刷机的要求

凹版预印的主要设备是大型机组式凹版印刷机，辅助设备是瓦楞纸生产线电脑控制横切与纵切。设备机组应配置静电吸墨装置和零速接纸系统。

静电吸墨装置：静电吸墨装置在压印区域产生一个电场，在该电场的电场力作用下，印版网穴里的油墨表面会发生轻微变形，部分油墨的液面高于印版滚筒表面，增加了与承印物接触的概率，一旦发生接触，在毛细管作用下，油墨就会发生转移。但是，在水性油墨凹版印刷中使用静电吸墨装置比在溶剂型油墨凹版印刷中使用更为复杂，因为压印区域对电流有一定的阻力才可使静电吸墨装置产生有效的电场，溶剂型油墨相对不导电，较容易建立电场；而与大多数溶剂相比，水是一种较好的导体，不利于电场的建立，同时水性油墨轻微地湿润了承印物，导致承印物不容易保持电荷。所以，在压印区域，水性油墨所要求的电流比溶剂型油墨所要求的电流要大。

零速接纸系统：零速接纸系统是指在接纸过程中，接纸部位保持零速，而主机仍可以根据设定的速度运行。最大的特点是在凹印设备运行状态保持不变的情况下，能够自动粘贴新旧卷料，向设备不间断地输送料带，从而最大限度地发挥设备的整体工作效率，避免接纸时因凹印设备降低车速而产生的套印废品和效率降低。

2. 对油墨的要求

预印的凹版印刷机所采用的油墨主要是醇溶性油墨，也有用水性纸张专用凹印油墨。预印生产的纸在瓦楞纸生产线上进行压平和烘干工序时，要求使用的油墨耐高温、耐摩擦性好，否则彩面会被拉花或出现拖墨现象。国内厂家已生产出醇溶性油墨和水性纸张专用凹印油墨，满足了生产实际要求，也符合国家环保要求。水性油墨的特性主要取决于其连接料水性树脂，其中丙烯酸树脂因色浅、涂膜具有良好的透明性和光泽度等优点，成为高档水性油墨不可或缺的组分。然而，目前我国水性油墨常用的连接料水性丙烯酸树脂主要依赖进口，这直接影响着水性油墨的生产成本。而且，不管进口还是国产水性油墨，都存在不抗碱、不抗乙醇和水、干燥慢、光泽度差、易造成纸张收缩的弊端，要解决这些问题，就要进一步加强水性油墨的开发和研究。

3. 对瓦楞纸板生产线的要求

纵横切线调整：凹版预印必须要考虑印刷图案的因素，必须在横切刀上加装光电跟踪横切控制系统，由电脑控制横切刀的裁切时间，实现在印刷图案的分界处准确切断瓦楞纸板。目前，横切误差可控制在±0.5mm 以内。电脑纵切也是同样的原理。

双面机调整：在生产过程中，瓦楞纸板印刷面常会出现条杠或白点，甚至整个表面都被刮掉，严重影响瓦楞纸板质量。这主要是由于印好的印刷面作为瓦楞纸板的面纸进入瓦楞纸板生产线的双面机后，若牵引带和热板之间的间隙过紧，或牵引带表面有污斑和针刺物存在，就会致使瓦楞纸板印刷面被拉毛或破坏。此外，热板的温度和湿度也必须要严加控制。双面机在黏合瓦楞纸板过程中由于黏合剂干燥时有大量水蒸气挥发，如果不能及时将其排除，极易引起印刷层膨胀松动，导致预印面纸被刮花。

4. 印版

预印的印版采用钢制的镀铬电雕凹版，凹版的网线数可达 300LPI 以上，完全可适合实地版印刷和色调过渡的网点层次版印刷，只是纸板印刷的网穴雕得更深些，印数可达 300 万～400 万印，上光辊可使用固定线数的网线辊，采用无轴传动。

5. 承印物（纸张）

凹版预印的承印材料要使用表面平滑度好、印刷适应性强、含水分稳定（6%～7%）的涂布白面纸。进口涂布牛卡和国产灰底白板能满足高档彩色瓦楞纸箱面纸的配纸要求。

第三节　凹版预印制版工艺

一、电子雕刻凹印版制版工艺

凹版电子雕刻机是由电子、光学与机械等方面的高新技术所组成，利用电子与光学原理，通过机械等物理方法进行制版，把原稿或阳图片经由全自动的电子扫描、阶调控制及雕刻系统，直接在印版滚筒上雕刻出与原稿相对应的网孔来。

1. 电子雕刻凹印版

电子雕刻制版是将光信号或数字信号，通过光电转换和电磁转换变成雕刻刀机械运动的过程。电子雕刻机在雕刻时，利用频率发生器产生一定频率和适当振幅的震荡，震荡频率决定了每秒雕刻的网穴数，由图像存储器传送过来的数字信号，经数/模转换器转换成模拟信号，再与前项振幅结合，控制雕刻刀在匀速转动的版辊的制版铜层表面，雕刻出不同大小和深度的网穴。

如图 6-2（a）所示，根据原稿的密度不同，扫描头通过扫描原稿反射回来光信号的强弱不同，经过光电转换器使光信号转换成相对应的电信号；电信号经过调制放大器和数据处理，使光的强弱转换成电流的大小，再经过信号参数转移、串并联交换、层次选择和磁芯存储器及通道选择等，做出层次修正与参数转换后，输出放大的信号以控制雕刻头在铜滚筒上进行雕刻。

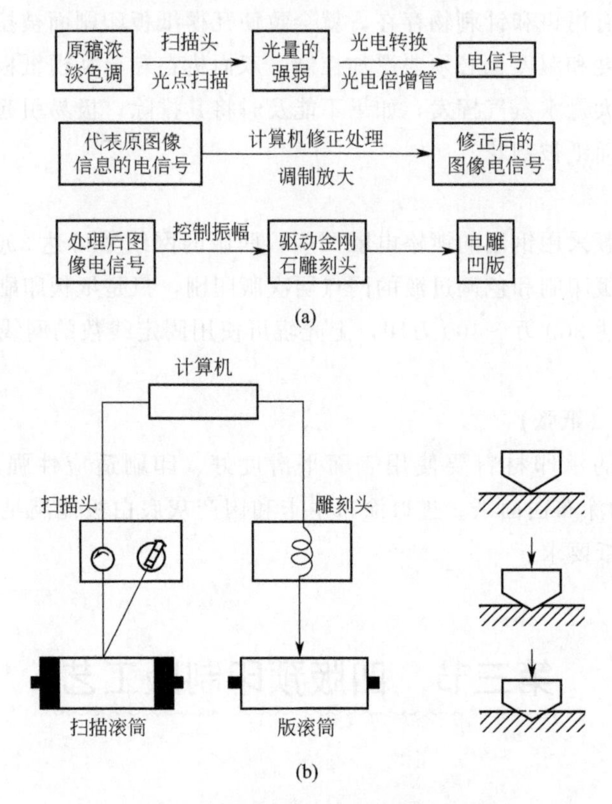

图 6-2　电子雕刻机的工作原理示意图

如图 6-2（b）所示，扫描接收部为一具有光源的装置，由光学系统感应原稿的浓淡层次，反应出强弱不同的信号，经放大处理后送入电脑雕刻部。电脑控制部为数据处理的硬件设备，它将所扫描的信息输入并将其变为数位的数据资料，将其输出作为雕刻机的信息。雕刻部由支承滑行部、雕刻刀、理平装置组成。支承滑行部用来支承雕刻刀，并使雕刻刀沿水平方向移动；雕刻头是雕刻凹版的执行机构，装有金刚石雕刻刀，雕刻范围在 105°～140°之间；理平刀的作用是铲平雕刻刀所留下的铜屑，并由吸尘装置将其清除。

由此可见，传统的电子雕刻机工作时，原稿滚筒和雕刻滚筒同步运转，同时，雕刻系统沿着滚筒轴向移动，用钻石刀在雕刻滚筒上按信号雕刻出网穴。雕刻系统由扫描系统通过计算机来控制，铜滚筒上形成的网穴是由计算机依据图像的信号生成。此信号能使刻刀连续有规则地振动，网穴的大小及深度由原稿的密度来决定，被扫描原稿的密度和被刻出的网穴深度之间的数量关系，可以在计算机上调整。

雕刻刀沿滚筒轴向的运动方式有两种：连续进给与间歇进给，前者比后者雕刻效率略高，而在雕刻沿滚筒圆周方向的直线条状图案时，后者比前者的雕刻质量略好。

传统电子雕刻机的功能可以进行圆周方向倍率的变化，圆周方向无缝雕刻，自动选择层次，调整网穴角度等。

2. 无软片电雕凹版

（1）无软片电雕系统基本原理　本系统包括与网络连接的彩色整页拼版及无软片雕刻两个系统。彩色整页拼版系统为与无软片雕刻系统配套增设了曲线校正软件和分辨率变换软件。采用此系统后，原来凹印制版工艺中的修版、拼版、翻晒、显影等工序，可全部由彩色整页拼版系统来完成，其结果为黄、品红、青、黑四个 TIFF 格式文件。一般的彩色整页拼版系统是将这四个 TIFF 文件返回电分机的记录部分输出软片，而在本系统中则将四个 TIFF 文件经过适合于电雕机的层次校正及分辨率变换软件处理后，经网络传送给无软片雕刻系统，再经接口卡和适配卡送给电雕机，真正实现无软片雕刻。

（2）无软片电雕系统工艺流程　电分机接口系统将电分机与整页拼版系统相连，电雕机接口与电雕机控制工作站构成无软片雕刻系统，并通过网络与整页拼版系统连接，工艺流程为：

原稿 —电分扫描→ 彩色图像文件 —修拼版→ 整页图文文件 —雕刻→ 凹印滚筒

电分机将彩色原稿进行扫描，将数据送入计算机，计算机使用各种软件如 Photoshop、Coreldraw 等对图片进行修版、色彩校正、层次校正、剪切等处理，图片拼贴、排字、分色均在拼版系统中完成，最终生成四个或多个分色文件，经由网络送到电雕控制工作站。

电雕控制工作站与电雕机一起完成雕刻工作。由电雕控制工作站调入要雕刻的色版文件，同时给出指定雕刻参数、网角、网线等，电雕机的计算机根据参数编制相应的雕刻程序，然后启动电雕机开始雕刻。电雕控制工作站根据电雕机的状态，自动将不同的分色文件数据送给雕刻头进行雕刻，直至完成全套凹版。

二、激光雕刻凹版制版工艺

所谓激光雕刻凹版是指应用一路或多路高能量激光束，在滚筒表面的待雕材料（金属层或基漆层）上，烧蚀出网穴或露铜的网穴形状直接形成网穴印版，或为后续加工网穴做好准备。实际应用中主要有两种基本工艺。

1. 激光直接雕刻凹版

激光直接雕刻凹版就是采用波长非常短（接近于 1μm）的激光脉冲直接轰击版滚筒表面并产生网穴。其雕刻原理是使用高能射线束作用于凹版滚筒表面的镀层，使镀层熔化和部分汽化，以形成凹版网穴。一个网穴由一个或两个脉冲形成，脉冲正好对准网穴的中心，这一技术的关键是为了保证图像层次再现与对激光曝光强度的精确控制。如果图像数字信号为 8 位，可以携带 256 级图像层次信息，要求激光能量也精确地控制为 256 等级，且在数十至数百微米范围内雕刻出多级深度的网穴。图像层次的再现依赖于激光雕刻精度控制，由于网线数在 70～200L/cm，在此雕刻分辨率下，文字和图形的轮廓精度尚可，但并不是很高。

直接激光雕版有 2 束多模式激光，每束激光的能量都为 400J，频率 35kHz，在外部由一个声光控制器控制其能量，调制后其最大利用率为 75%，也就是能量为 600J，频率为 70kHz。再通过一个透射率为 92%的光纤系统透射后，平均有大于 500J 的能量聚集于滚筒表面。为了精确地定位网穴，减少热量的相互作用，滚筒表面的图文部分被蒸汽直接去除，使网穴周围融化的部分及其毛边的厚度都可以不超 2～3μm。为了实现这个目的，可以利用一种添加了有机物的特殊的电镀锌材料降低热量的产生，同时又与蒸汽结合，使这种雕刻技术效率更高。因为只需要较低的能量就能融化网穴，而其余的部分可以由汽化产生的压力去除。

网穴的形状取决于激光束的形状，大小取决于激光束的能量。由于直接激光制版的频率很高，并且可做到 1 束激光 1 个网穴，所以这种方法雕刻比电子机械雕刻要快 9 倍。

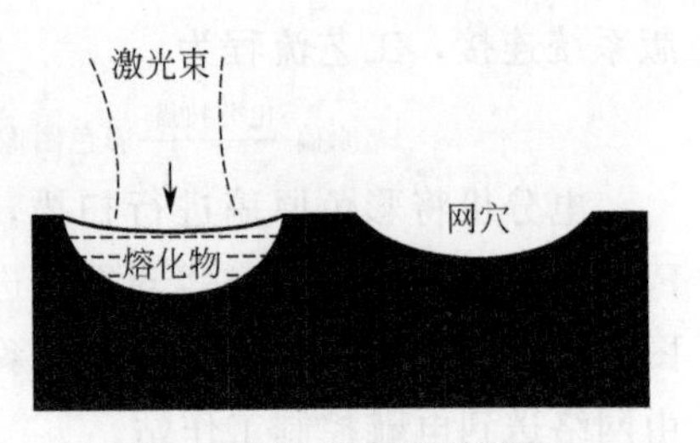

图 6-3　激光束雕刻网穴

由于镀铜层对光线有较强的反射能力，要达到镀铜层能量的吸收，用激光进行镀铜凹版的雕刻就需要高强度激光的支持。该方法的致命问题就是对激光器的能力要求过高，激光直接雕刻铜需要用激光将铜汽化掉。而凹印版中使用的铜版辊表面是经过抛光的，光洁度非常高，反射率达到 90%以上。激光打到版辊上，大量能量将被反射而损失掉，剩余能量难以使铜汽化，而只能熔化，这使得普通二氧化碳激光的能量输出无法满足要求。

解决方法之一是在锌层上进行雕刻，锌在 420℃时完全汽化，且用唯一的激光束就能达到机电雕刻效率的 8.5 倍。此外，锌的成本只有铜的一半，激光束射向镀锌层表面，使其部分熔化成液滴，部分汽化成金属蒸气而逸出。雕刻完成后，剩余的氧化锌用刮刀刮除，形成网穴，如图 6-3 所示。但直接雕刻锌滚筒制版时会产生固体废料，回收和处理比较麻烦，而微量废料残留在版滚筒上又会对印刷造成灾难性的影响。

图 6-4 是激光电子雕刻机的构成示意图。在雕刻过程中，激光发生器发出强度恒定的激光，激光受到调制器的调制，而调制器受图像信号的控制。根据电信号值调节激光的通过强度。这样，就可以使雕刻每个网穴的能量随图像明暗的变化而不同，借此雕刻出深度不同的网穴。目前，这种激光雕刻机还不能雕刻出开口面积和凹下深度同时可变的网穴，因为光学聚焦透镜无法以很高的频率调节激光光斑的直径大小。

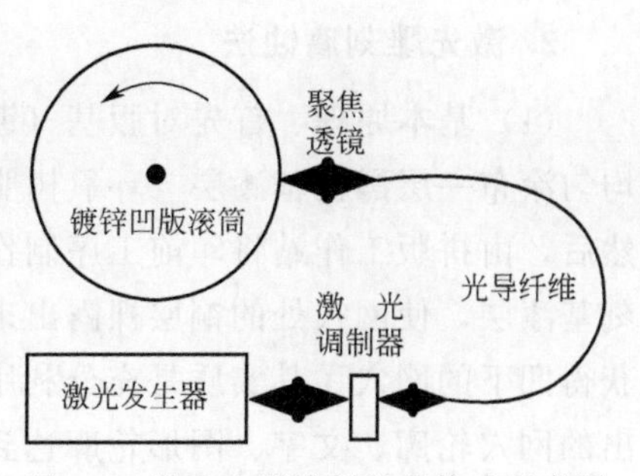

图 6-4　激光电子雕刻机的构成示意图

瑞士 Daetwyler 公司采取了雕刻锌层的方法，实现其激光雕刻的目标。目前，瑞士 Daetwyler 公司生产雕刻锌的 Laserstar 激光雕刻机比机电雕刻设备的生产速度快 7 倍，同时 Laserstar 激光雕刻机的控制系统大大加快了雕刻速度，明显地缩短了雕刻的处理时间。

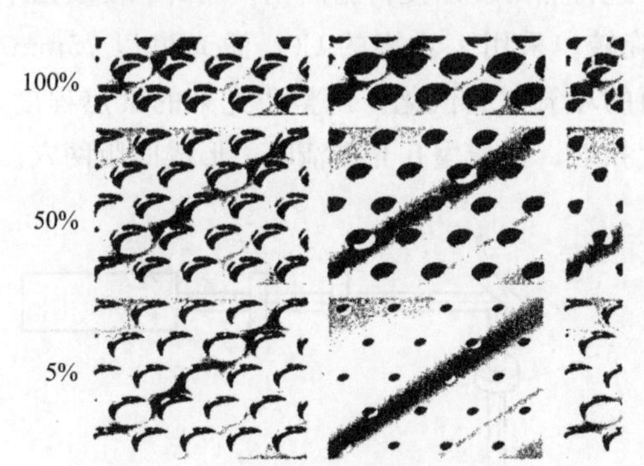

图 6-5　Laserstar 激光雕刻机雕刻的产品

Laserstar 激光雕刻机雕刻的产品没有雕刻束的差异（图 6-5）；可重复的高质量；图像阶调从 2.5％就开始，在网穴直径和深度之间可以自由选择任何阶调值。此外，由于对每个印张的调节时间较短，大大缩短雕刻时间；具有较高的过程可靠性。因此，在很大程度上保证订单按计划完成。所有这些优点意味着凹印也可以卓有成效和快速地印刷短版活，并能从迄今只有胶印承担的短版活件中获利，因此凹印获得了新的市场商机。

Laserstar 激光雕刻机选用更高效的材料。传统的凹版印刷的滚筒都是镀铜的，而事实证明镀锌的表面对于激光去除来讲效率更高，由于热量的扩散使铜的能量的损失大约是锌的 3～4 倍。用铜还有一个问题是随着从固态向液态的转变，其反射率会有很大的变化，这样控制光的灰度就很难。所以在应用材料时要尽量选用镀锌层，以降低成本，提高效率。

Laserstar 激光雕刻机选用其他的激光光源。如果是在比锌硬的表面雕刻，激光束能量的聚集度就要提高，这可通过比较好的几何聚焦或者是激光沿着时间轴聚焦来实现，这种方法还有待进一步研究。

2. 激光雕刻腐蚀法

（1）基本原理　首先对版基（镀铜滚筒）表面进行彻底的脱脂清洗处理，并均匀涂布一层黑色基漆层（环氧树脂层），基漆层厚度可根据工艺要求不同而定。然后，由拼版工作站将印前工序制作好的文件转换成雕刻数据，使用激光直接雕刻基漆层，使网穴处的铜层裸露出来，非网穴处由基漆保护抗蚀，待腐蚀后即可获得凹下的网穴。其实质是充分利用激光记录的高分辨率，使激光在基漆上烧蚀出的网穴轮廓、文字、图形轮廓达到高精度，其网穴轮廓面积随图像颜色的深浅明暗而变化，且可完美再现任意圆弧、倾斜线条等，质量和效率较电子雕刻有更大提高。

激光雕刻腐蚀法技术是目前凹印制版前沿高端技术中应用最广泛的一种，下面以激光雕刻机 Laser gravure 700 为例简要介绍一下激光雕刻机的工作过程。

雕刻前，首先对凹版滚筒进行全面腐蚀，使其表面形成传统的着墨孔（孔深约 50μm），同时确定网格的角度和套印标记。然后，采用静电喷涂工艺，将特定配方的环氧树脂涂布在凹印滚筒表面，进行热处理以使树脂固化，经研磨使表面平滑。雕刻时，滚筒以 1000r/min 速度旋转。采用大功率的 CO_2 激光束以 75mm/min 的速度横向扫射滚筒表面，使表面的环氧树脂汽化。调整激光束的聚焦程度，使着墨孔达到所需深度和大小。经多次扫射，使着墨孔光滑清晰，形成凹版网穴。

图 6-6 是激光电子雕刻机的构成示意图。在雕刻过程中，激光发生器发生强度恒定的激光。激光受到调制器的调制，而调制器受图像信号的控制，根据图像信号调节激光的通过强度。这样，就可以使雕刻每个网穴的能量随图像明暗的变化而有所不同，借此雕刻出深度各异的网穴，网孔形状有圆柱形和圆锥形两种。

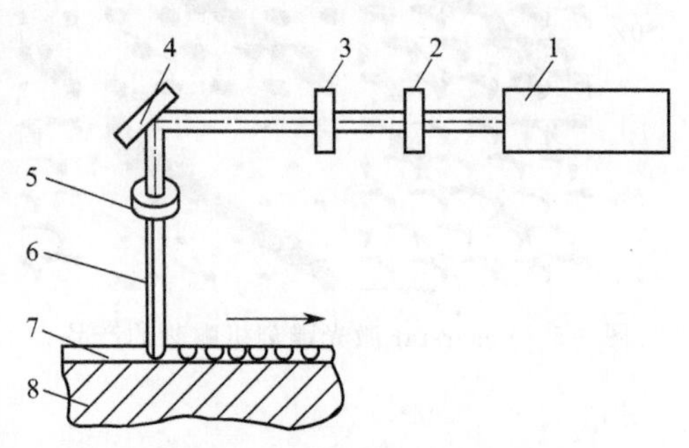

图 6-6　激光电子雕刻机的构成示意图

1—二氧化碳激光器；2—调制器；3—能量调节器；4—反射镜；5—聚光镜；6—能量可变激光束；7—环氧树脂；8—凹版铜滚筒

（2）工艺流程　腐蚀铜滚筒按照传统的腐蚀方法，将经过精细加工的凹版滚筒表面腐蚀成所需要的网格状，供喷涂用。采用静电喷射法喷射特别配制的环氧树脂粉末料，使滚筒表面涂布环氧树脂，为使滚筒达到足够的涂层厚度，可进行第二次喷涂。滚筒转速雕刻速度根据滚筒周长而定。雕刻好的凹版滚筒进行清洗检查合格后，再镀一层铬以提高耐磨性。印刷完成后，可将滚筒上的镀层剥去，再用环氧树脂填充网格，以备下次雕刻用。一只滚筒可以重复使用十次以上。

激光雕刻与化学腐蚀相结合的凹版滚筒制版法是先在加工好的光亮滚筒表面均匀地涂上一层石蜡保护层，然后用小功率的 CO_2 气体激光器在计算机的控制下在蜡层上进行雕刻。图文部分的蜡层被蒸发掉露出铜层表面，蒸发量的大小与激光束的能量大小有关；而非图文部分仍有蜡层保护，然后进行滚筒表面腐蚀得到凹版印版。该方法是在蜡层上进行雕刻，所用激光器的功率很小，雕刻速度快，滚筒表面制作工艺简单，但由于最终采用腐蚀方法得到图文版面，质量稍差。

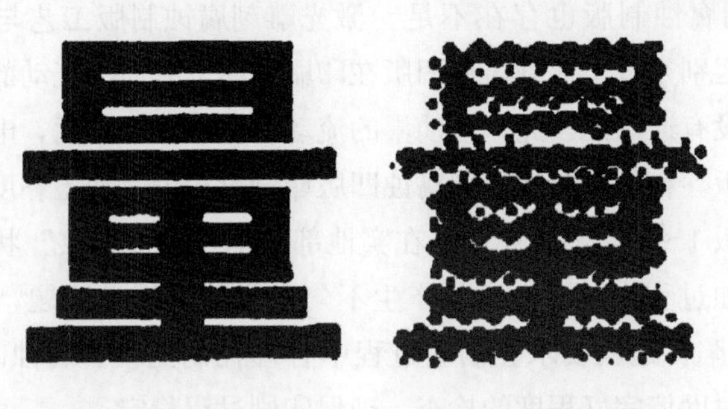

(a) 激光雕刻机雕刻文字　　(b) 电雕机雕刻文字

图 6-7　雕刻文字

3. 激光雕刻制版工艺特点

电子雕刻制版工艺受雕刻刀的影响，网点形状单一且边缘不光洁，呈现“锯齿”状［图 6-7(b)］，加网线数的高低决定了“锯齿”程度，但不可能完全消除。为此，电子雕刻制版工艺广泛应用于大面积实地版、层次版的印刷，不适用于特殊网点形状、精细线条版的图文印刷。相反，激光雕刻腐蚀制版工艺的应用，弥补了电子雕刻制版工艺的缺点，见图 6-7(a)。两种制版工艺的有机结合使得凹印印刷品的质量不断提高，广泛应用在高档印刷品中。

① 激光雕刻腐蚀制版工艺采用激光曝光加药液腐蚀的特殊工艺，因此没有雕刻刀形状的限制，同时网点边缘可以进行“钩边”处理，从而保证了网点边缘的光洁和细腻。在精细线条、文字尤其是阴字的印刷中，激光雕刻腐蚀版可以保证图文的高品质复制，确保字体、线条粗细程度的均匀、一致性，文字最小 0.25mm，线条最细 0.02mm。

② 激光雕刻腐蚀版的网穴形状为“U”形，电子雕刻版的网穴形状为“V”形，如图 6-8 所示。因此在相同深度的条件下，激光雕刻腐蚀版的上墨量比电子雕刻印版多 40％左右；激光雕刻可以达到电子雕刻无法达到深度，现最深可以达 0.1mm 的深度。

③ 激光雕刻腐蚀制版工艺的制版过程无雕刻刀，因此可以制作比较多的网

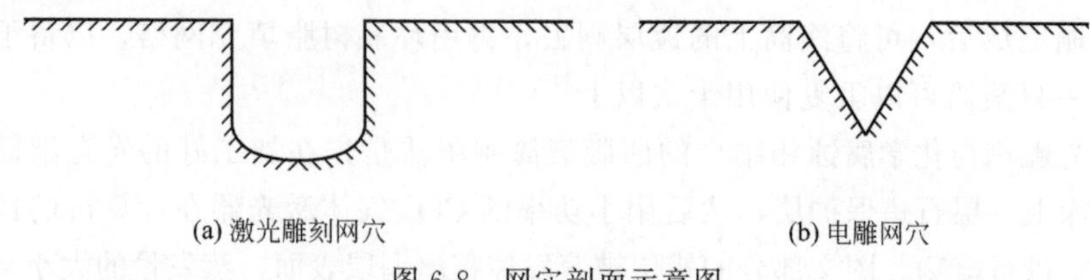

图 6-8　网穴剖面示意图

点形状，如圆形、六边形、方形，以及客户要求的各类特殊精细网点形状等，而电子雕刻只能采用菱形网点。

④ 激光雕刻腐蚀制版也存在不足。激光雕刻腐蚀制版工艺与电子雕刻制版工艺相比，最大的区别是电子雕刻实地凹版在印刷方向上有油墨流动的通沟，而激光雕刻腐蚀实地凹版没有通沟。因此，在油墨的流动、流平性能方面，电子雕刻凹版优于激光雕刻腐蚀凹版。在使用激光雕刻腐蚀凹版印刷过程中，油墨黏度要严格控制，通常高于电子雕刻版 1～2s，黏度偏低易在实地部位呈现细“斜纹”状，影响产品外观质量。同时在腐蚀过程中，网墙容易产生不匀，局部破损等问题，印刷过程中造成“刀丝”等质量缺陷。这就要求在制版过程中合理控制药液、腐蚀时间等工艺条件，上机使用前加强对网墙完好程度的检查，确保印刷过程稳定。

第四节　瓦楞纸板机组式凹版印刷机

机组式凹版印刷机的结构如图 6-9 所示，各印刷机组水平排列，每一个印刷单元都有独立的压印滚筒和供墨系统，承印材料依次通过各印刷单元完成多色印刷。操作简便，供墨方便，容易控制，但占地面积大。目前较为常用的凹版印刷机为 7～12 色组，按照 12 色组的配置，设备至少在 15m 以上，车间长度必须在 20m 以上，技术水平要求高，造价成本高，对承印材料要求高。

国内凹版印刷机的种类较多，用途也不尽相同，但其组成结构基本相似，主要包括放卷装置、放卷裁切装置、放卷牵引装置、印刷装置、收卷牵引装置、收卷裁切装置、收卷装置、主传动装置、干燥装置、走料系统、张力控制系统、光电套准系统、自动纠偏系统、气路系统、冷却系统、供墨系统等，部分设备还设有联机模切、计数等后续工艺。

一、传动系统

传动系统把电动机的动力通过各种传动机构分配到凹版印刷机的各个部分，

确保各部分协调完成各种运动。在这些运动中，印版滚筒与压印滚筒的旋转运动是主运动，其余机构的运动是配合主运动的辅助运动。卷筒纸凹印机的传动系统由放卷传动、收卷传动、放卷牵引传动、收卷牵引传动和主传动组成。

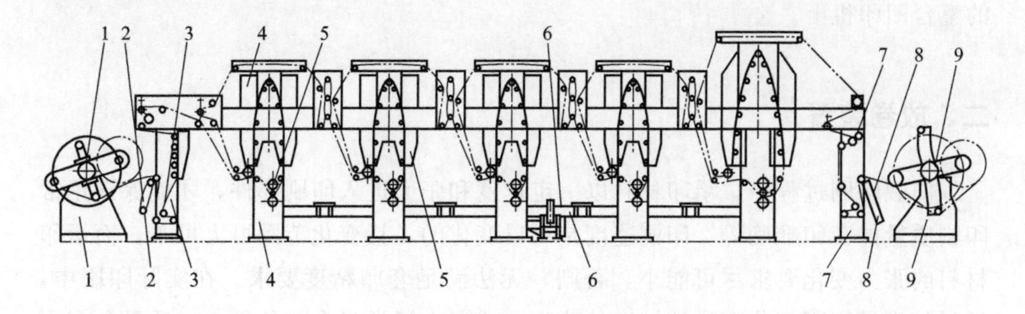

图 6-9　机组式凹版印刷机的结构

1—放卷装置；2—放卷裁切装置；3—放卷牵引装置；4—印刷装置；5—干燥装置；6—主传动装置；7—收卷牵引装置；8—收卷裁切装置；9—收卷装置

主传动装置担负着各印刷机组的动力驱动，图 6-10 所示为主传动示意图。主电机 6 的动力由电机带轮 7、传动带 8 和大带轮 9 传递到主传动轴 5 上，主传动轴 5 将各印刷单元齿轮箱串联在一起，齿轮箱中的一对螺旋齿轮 1 和 2 将动力传输给印版滚筒，各印刷单元齿轮箱分别将动力传输给各色印版滚筒进行印刷。

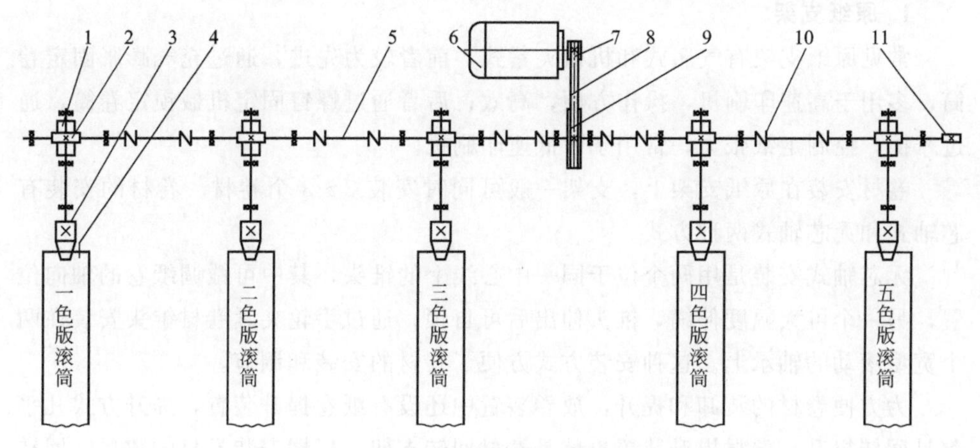

图 6-10　主传动示意图

1,2—螺旋齿轮；3—印版滚筒轴；4—印版滚筒；5—主传动轴；6—主电机；7—电机带轮；8—传动带；9—大带轮；10—联轴器；11—脉冲发生器

主电机功率与纸张规格、印刷压力、印版滚筒直径等主要技术指标相关，目前多使用三相异步变频调速电机。

无轴传动印刷机在每个印刷单元都有独立电机驱动，各电机间由专门控制系统进行平衡和跟踪，各印刷单元在压印过程中实现纵向套准，横向套准依靠步进电机来完成，无需套准补偿辊装置。其实，无轴传动技术在凹印机上已使用多年，但只局限在牵引、涂布、复合和横切等单元上，现已发展到不需要机械传动的整台凹印机上。

二、放卷装置

凹版印刷过程中，承印材料以一定速度和张力进入印刷部件，才能保证正常印刷质量如套印准确等。印刷速度是可以变化的，且变化范围可大可小，而承印材料的张力变化要求尽可能小，否则，无法满足套印精度要求。在实际印刷中，卷材的直径不断变化而导致转速的改变；或者由于卷材自身的偏心、质量分布不匀而导致运动状态的改变，这些不可抗拒的原因使承印材料所受张力在不断变化。为了克服这种状况，凹版印刷机上均装有专门的放卷装置。

放卷装置的作用是将卷材展开，稳定并连续地将材料送入第一印刷部件，在材料到达第一印刷部件之前控制其速度、张力和横向位置，以满足印刷的需要；同时完成材料的自动拼接。

放卷装置由原纸支架、自动换卷装置、放卷牵引装置、张力控制检测装置等组成。

1. 原纸支架

常见原纸支架有气胀式和机械夹紧式。前者较为先进，通过充气膨胀固定卷筒，多用于高速印刷机，操作方便，高效；后者通过螺钉固定机械锁定卷筒，通过摩擦，控制走纸张力，常用于中低速印刷机。

卷材安装在原纸支架上，支架一般可同时安装 2～3 个卷材。卷材的安装有芯轴式和无芯轴式两种方式。

无芯轴式安装是用两个位于同一中心线上的锥头，其中可微调纸卷的轴向位置，另一个可大幅度伸缩，锥头伸出后可自锁，通过手轮夹紧卷材锥头安装在两个宽型滚动的轴承上。这种安装方式方便了卷材的安装和调节。

为方便卷材的装卸和提升，放卷装置中还设有纸卷提升装置，提升方式几乎都是回转提升。卷材提升装置也就是卷材回转支架，根据安装卷材的数目，回转支架有单臂、双臂、三臂等形式，如图 6-11 所示。

2. 自动换卷装置

卷筒纸轮转印刷机属于高速印刷机，一般一个纸卷 15～20min 即可以印完，如果停机更换料卷则会大大降低机器的生产效率，同时在机器停机和启动过程中破坏了正常的印刷工作状态，而导致印刷品质量不一致，甚至产生废品，每次损

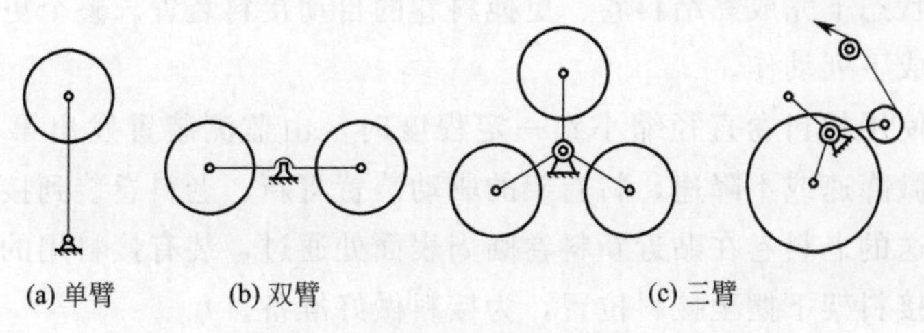

图 6-11　回转支架示意图

失的纸带多达 20～30m，所以最好在机器运行过程中更换料卷，接好纸带，此时纸带的消耗可降低至 5～6m。自动换卷过程如图 6-12 所示。

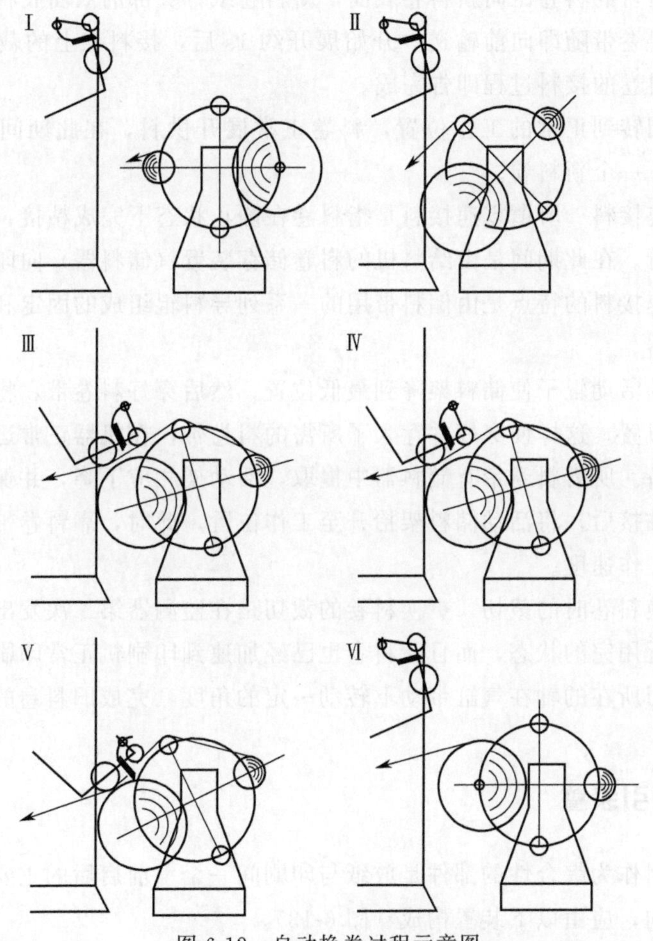

图 6-12　自动换卷过程示意图

Ⅰ，Ⅱ，Ⅲ，Ⅳ，Ⅴ，Ⅵ—自动换卷 6 步过程

（1）高速接料 高速自动接料装置是指机器在全速或略微降速的运行过程中，

在料卷运行状态下完成黏结料卷、更换料卷的自动接料装置。整个更换料卷接料工艺过程完成下列动作。

当正在使用的料卷直径缩小到一定程度时，由监测装置发出第一次接料信号，主机略微降速或不降速，料卷架的驱动装置将新、老料卷装到接料位置，使正在继续输送的老料卷在贴近新料卷圆周表面处通过，装有接料用的压纸毛刷以及断料刀的接料架下摆至接料位置，为接料做好准备。

由料卷的驱动装置对新料卷进行加速，使新料卷的表面速度等于正在印刷的原有料卷的线速度。

在老料卷消耗到预定最小尺寸时，监测装置发出第二次接料信号，接纸毛刷立即将正在运行的料卷压向新料卷表面，新料卷纸带头部的双面胶将两纸带连接在一起，新料卷带随即向前输送，开始展开约 1s 后，接料架上的裁刀切断旧的料卷，新老料卷的接料过程即告完成。

料卷架回转到正常的工作位置，料卷正常展开供料，在此期间可卸下旧料卷，安装好下一个新料卷。

(2) 零速接料　所谓零速接料是指料卷在静止状态下完成粘接，而机器仍在正常高速运行。在此期间是由给料机的料卷储存装置（储料器）向印刷机供给输送料带。零速接料的特点是由储料带用的一系列导料辊组成的固定和活动储料架组成的储料器。

储料器的活动辊子使储料架降到最低位置，然后穿好料卷带，将活动储料架抬升至工作位置，这样便穿好并存入了所需的料卷带，在机器正常运行过程中完成新料卷准备。所需料卷带有储料器中提取，活动架相应下降，并保持料卷张力不变。完成粘接后，将活动储料架抬升至工作位置，此时，靠料卷带拉力将料卷加速至张开工作速度。

(3) 更换料卷时的裁切　更换料卷的裁切是在监测器第二次发出信号后，旧料卷已经接近用完的状态，而且新料卷也已经加速到印刷机正常印刷所需要的速度。此时裁刀所在的轴在气缸带动下转动一定的角度，完成旧料卷的裁切工作。

三、放卷牵引装置

放卷牵引作为综合性的部件是放纸与印刷间一个承前启后的重要环节，按走纸路线的方向，应由以下装置构成（图 6-13）。

机架 1 是由底座、牵引墙板、牵引上墙板和撑挡构成。

导向辊 2 在图中共六组，摆辊装置 3 用于放卷和放卷牵引之间的张力控制检测。摆辊装置 6 用于放卷牵引和印刷之间的张力控制检测。撑挡 4 和 8 既是撑

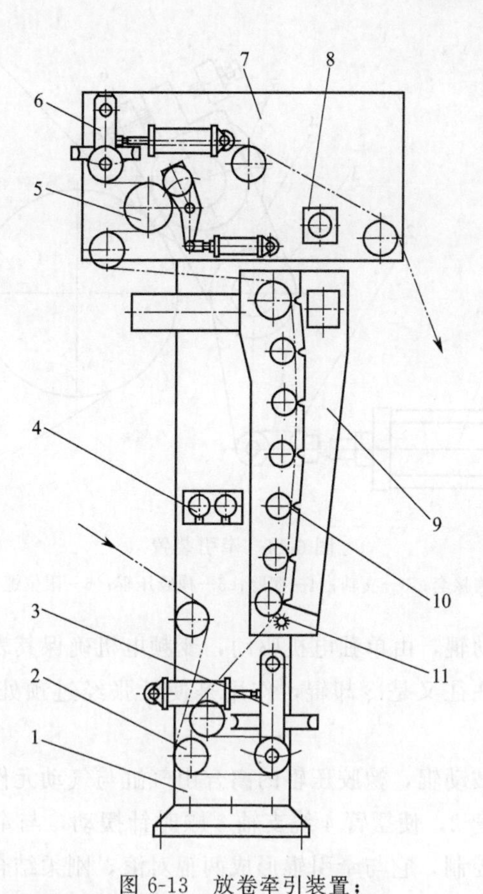

图 6-13　放卷牵引装置；
1—机架；2—导向辊；3,6—摆辊装置；
4,8—撑挡；5—牵引装置；7—牵引上墙板；
9—预热箱；10—导向辊组；11—除尘装置

挡，又是用于气路压力平衡的蓄能罐，常称作“气包撑挡”。放卷牵引装置也是第一段张力（放卷与放卷牵引之间）和第二段张力（放卷牵引与印刷之间）的分界点。7 是牵引上墙板，9 是预热箱，用于卷筒纸的预处理。导向辊组 10 的配置因机型而异，11 是除尘装置，属于预处理机构。

1. 纸张预处理机构

纸张预处理机构因机型不同配置也不同，基本包括预热、除尘、加湿等几项设备。预处理可以使卷筒纸在印前消除纸毛、灰尘、卷曲、皱褶、变形等，调节含水量，增强油墨的附着力，使印品更精美。

2. 放卷牵引机构

放卷牵引机构主要由牵引辊、牵引辊传动装置、橡胶压辊、气动离合装置等组成，结构如图 6-14 所示。

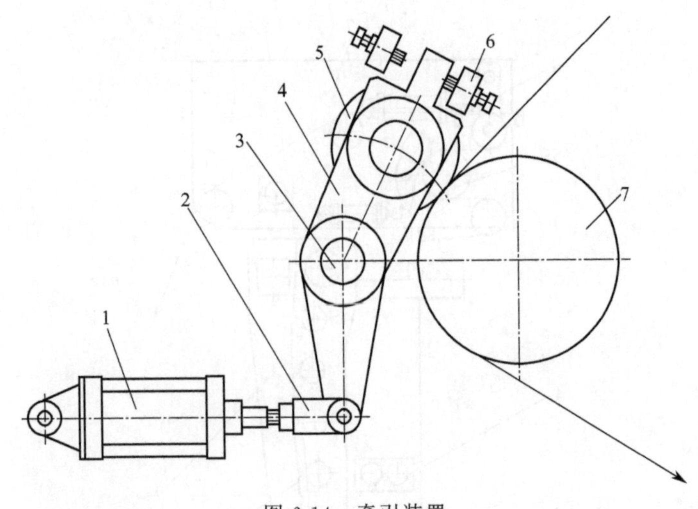

图 6-14 牵引装置

1—气缸；2—连接套；3—支轴；4—摆臂；5—橡胶压辊；6—限位螺钉；7—牵引辊

牵引辊 7 是主动辊，由单独电机驱动，变频电机确保其表面线速度和印刷速度相一致。牵引辊往往又是冷却辊，作用是使纸张经过预处理后迅速恢复到常温，准备进入印刷。

橡胶压辊 5 是被动辊，橡胶压辊的离合由气缸与气动元件完成，当气缸活塞左移时，拉动连接套 2，使摆臂 4 绕支轴 3 顺时针摆动，与牵引辊 7 合压。而压力调整是由调压阀控制，它与牵引辊形成两辊对滚，刚柔结合。牵引辊直径一般为 ϕ200mm，橡胶压辊直径一般为 ϕ125mm，胶质为丁腈橡胶，硬度邵氏 A60±5。图中两个限位螺钉 6 起到压力恒定的作用。

牵引辊的传动装置如图 6-15 所示。牵引辊的动力来自于变频电机 11，经同步带轮 12、同步带 8、同步带轮 7 传递给转轴 10，转轴 10 由两个带座轴承 9 支撑，转轴轴端的同步带轮 5 又经同步带 6 把动力传给牵引辊轴端的同步带轮 13，同步带轮 13 与牵引辊轴用键相连，牵引辊由两端轴承 2 支撑在墙板 1 和 4 上。因此，牵引辊得到与纸带相同的速度旋转，完成牵引纸带运行的任务。

3. 张力控制检测装置

中档以上卷筒纸凹印机的张力控制和检测主要使用摆辊装置，它既是张力信号采集机构，又是张力控制的执行机构，如图 6-16 所示。

印刷机在印刷过程中，当张力稳定时，纸带上的张力与气缸 4 的作用力保持平衡（开机印刷前已调整好），使摆辊处于中央位置。当张力发生变化时，张力与气缸作用力的平衡被破坏，随着张力的不断变化，卷筒纸带动摆辊 1 在其垂直线左右不停地摆动。摆辊轴端装有一个电位器 10，摆辊 1 在摆动过程中通过轴 9

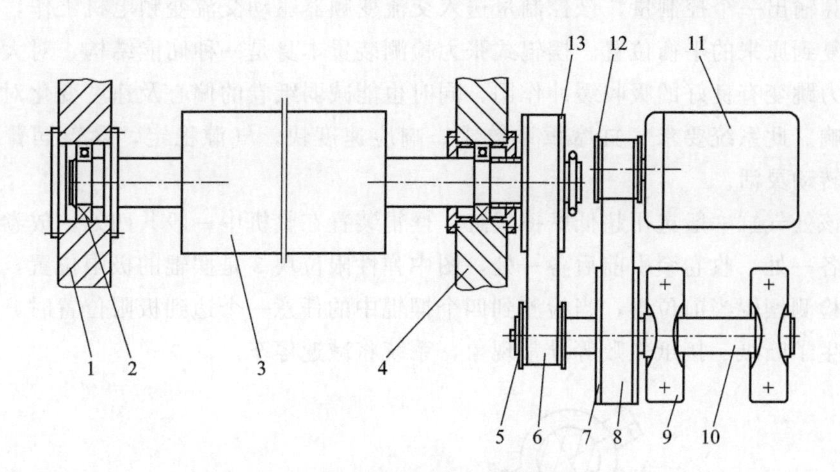

图 6-15　牵引辊传动装置

1—操作侧墙板；2—轴承；3—牵引辊筒；4—传动侧墙板；

5,7,12,13—同步带轮；6，8—同步带；9—带座轴承；10—转轴；11—变频电机

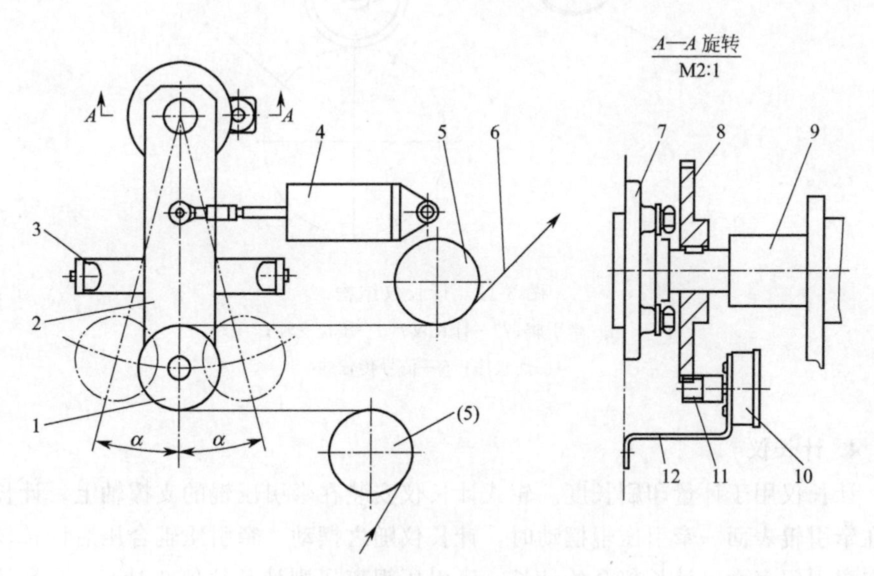

图 6-16　摆辊装置和摆辊电位器

1—摆辊；2—摆臂；3—弹性限位块；4—气缸；

5—导向辊；6—走纸路线 7—带座轴承；8—大齿轮；

9—轴；10—电位器；11—小齿轮；12—支架

使大齿轮 8 转动，电位器 10 通过小齿轮 11 和大齿轮 8 相啮合，通过采集电位器上的电压变化就可得知摆辊的位置。张力信号采集到中央控制器 PLC 以后，通过内

部计算输出一个控制量，该控制量送入交流变频器驱动交流变频电机工作，使摆辊恢复到原来的平衡位置。摆辊式张力检测装置本身是一种储能结构，对大范围的张力跳变有良好的吸收缓冲作用，同时也能减弱纸卷的偏心及速度变化对张力的影响。此系统要求气缸摩擦系数小，响应速度快，气源稳定，摆辊摆臂重量轻，转动灵活。

该处气缸一般选用超低摩擦气缸。摆辊装置在整机中一般共四处，放卷牵引前后各一处，收卷牵引前后各一处，图中弹性限位块 3 是摆辊的极限位置，系统随时检测摆辊当前位置，当检测到四个摆辊中的任意一个达到极限位置时，即认为发生了断纸、接纸失败等异常现象，系统将减速停车。

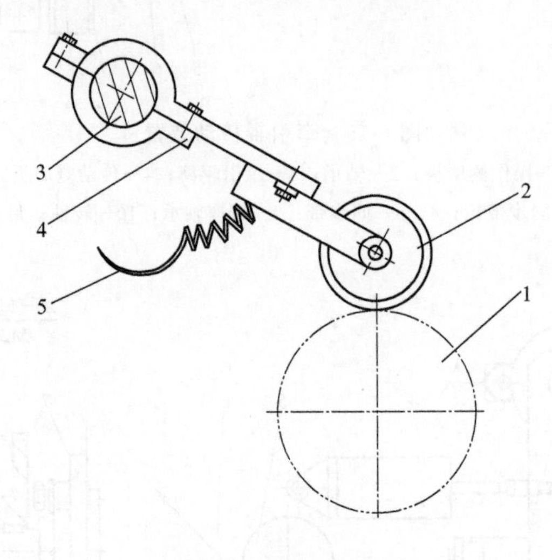

图 6-17　计长仪结构

1—牵引辊；2—计长仪；3—压辊支轴；
4—连接座；5—信号传输线

4. 计长仪

计长仪用于计量印刷长度。轮式计长仪安装在牵引压辊的支撑轴上，计长仪压在牵引辊表面。牵引压辊摆动时，计长仪随之摆动。牵引压辊合压后计长仪便压在牵引辊表面，计长仪开始计长；牵引压辊离压则计长仪停止计长。5 是信号传输线，数值显示设置在中央控制板上，如图 6-17 所示。

四、印刷系统

印刷速度的高低、印刷质量的优劣，作为设备主体的印刷系统是关键。该系统按走纸路线方向主要有纵向调版机构、可调导向辊、刮墨和供墨机构、压印机构、静电吸墨装置、光电头、双面干燥箱、冷却辊、冷风装置，以及由上中下墙板、底座、顶桥、撑挡构成的机架。各种型号卷筒纸凹印机因用途和档次不同可能略有差异，如图 6-18 所示。

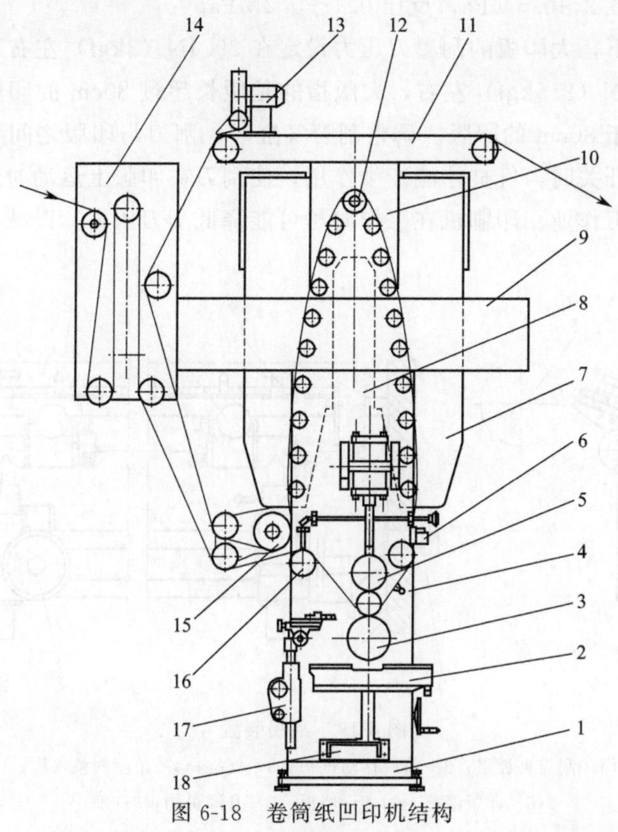

图 6-18　卷筒纸凹印机结构

1—底座；2—供墨装置；3—印版滚筒；4—静电消除刷；5—压印装置；6—光电头；7—干燥箱；8—下墙板；9—中墙板；10—上墙板；11—顶梁；12—导向辊组；13—冷风装置；14—纵向调版机构；15—水冷却辊；16—可调导向辊；17—刮墨装置；18—撑挡

1. 输墨装置的结构与调节

卷筒纸凹印机的输墨装置主要由刮墨和供墨两部分构成。

(1) 刮墨装置　纸张凹印机常用双缸气动加压刮墨装置。刮墨装置由气动加压机构、角度调整机构、升降机构、轴间窜动机构等组成，如图 6-19 所示。

① 气动加压机构　任何刮墨系统都需要施加一定的压力，以确保沿滚筒长度方向（径向）接触的一致性，刮刀压力的大小与印刷速度相关。刮刀压力过大，将会完全改变“接触角度”，严重的还会造成接触角度非常小，不能很好地刮干净版滚筒上多余的油墨，需要进一步增大压力。这样一来，过大的压力会造

成印版滚筒的迅速磨损，并且极大地削弱刮墨刀的刮墨作用。

正常印刷中刮刀由气缸加压，特殊情况也可用手轮适当加压，但不能过大，否则可能出现径向振动。在满足刮墨要求的情况下，刮刀压力愈小愈好。刮刀的压力一般正压 0.2～0.5MPa，反压 0.1～0.2MPa。

一般情况下，大印版的刮墨刀压力设定在 29.4N（3kgf）左右，中、小印版的压力在 24.5N（2.5kgf）左右，大版指的是版长超过 80cm 的印版，中、小版指的是版长小于 80cm 的印版。调整刮刀气缸时，刮刀与印版之间要保持一定距离，启动刮刀开关时，气缸才能产生作用，使刮刀在印版上运动时保持一定的弹性，有利于刮刀作业。印刷机在工作时尽可能降低刮刀压力，以减少刮刀对印版无谓的磨损。

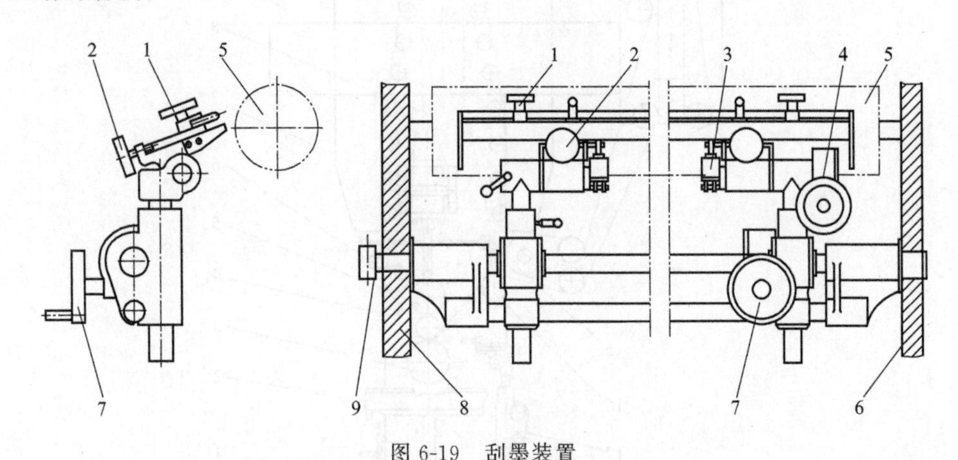

图 6-19　刮墨装置

1—刮刀夹板组；2—前后移动机构；3—气缸；4—角度调整机构；
5—印版滚筒；6，8—墙板；7—升降机构；9—轴

② 角度调整机构　不论是直线型刮墨刀还是曲线型刮墨刀，刮墨刀角度都相同的，一般可控制在刮墨刀与印版的夹角在 60°～70°之间较合适，最佳接触角度为 60°，这个角度能够保证刮刀将印版滚筒表面多余的油墨刮干净。夹角变大时刀刃力量集中，刮墨较重，印出来的颜色就会变浅。反之，夹角变小时，刀刃与版的接触面积增大，刀刃力量分散，印出来的颜色就会变深。

图 6-20 所示为刮刀角度调整机构。转动手轮 1，通过蜗杆 2 和蜗轮 3 使轴 4 转动，刮刀座安装在轴 4 上，轴转动时通过气动加压机构使刮刀座围绕轴心转动，达到调整角度的目的。实际生产过程中应根据情况调整角度，只要能保证印品质量，不影响正常生产就行。刮刀角度调整好以后，尽量不要随意再调，避免因刮刀角度变化引起印刷品颜色的变化。

③ 刮刀升降机构　刮刀相对于印版滚筒做圆周运动，印版滚筒着墨以后，用刮刀架上的刮刀将印版滚筒表面部分多余的油墨刮掉。刮墨刀位置是由刮刀和

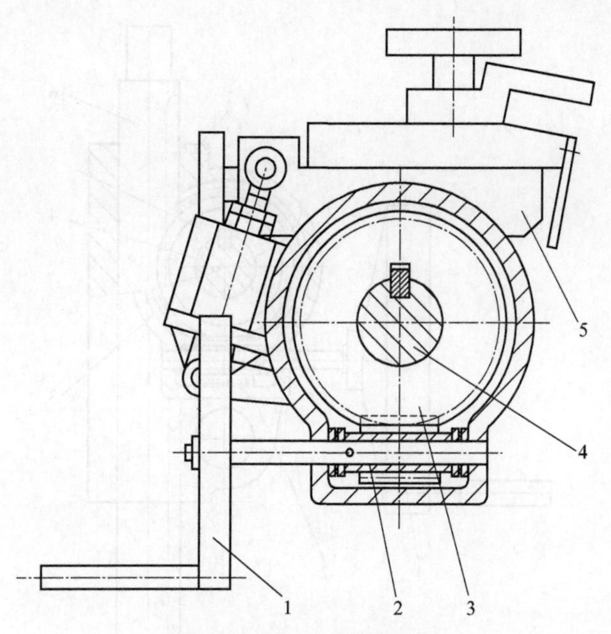

图 6-20　刮刀角度调整机构

1—手轮；2—蜗杆；3—蜗轮；4—轴；5—刮刀座

压印点共同决定，刮墨刀位置就是印版滚筒上从刮墨刀接触点到压印点之间的距离。不同类型的凹版印刷机，刮墨刀的安装位置各不相同，但大多数刮墨刀安装在印版滚筒上部 1/4 位置上。决定刮墨刀位置的因素很多，比如速度（与油墨干燥速度有关），印刷速度慢，油墨干燥快，刮墨刀和压印点距离就应近一些。实践表明，刮墨刀离压印线距离越大，印品颜色过于浓深的现象较少，浅色调再现性较差。故根据印刷图像阶调再现要求，刮墨刀可以安装在比印版滚筒上部 1/4 稍高一些的位置上。

调节刮墨刀支架高度，使刮墨刀的位置适中，方便刮刀靠近滚筒时形成合适角度。图 6-21 所示为刮刀升降机构。转动手轮 1，通过蜗杆 2 和蜗轮 3 使轴 4 转动，固定在轴 4 上的小齿轮 5 使齿条轴 6 在支座 7 中上下移动，刮刀架固定在齿条轴上，齿条轴的上下升降调节了刮刀架与印版滚筒的相对位置。

④ 刮刀轴向窜动机构　刮刀相对于印版滚筒做轴向往复移动。印刷时，由于印版滚筒转动与刮刀之间产生一定的摩擦，为增加印版和刮刀片的使用寿命，不使刮刀只停留在印版的某一处将印版或刮刀片磨坏，设计了刮刀架在印版滚筒转动的同时，进行左右往复移动机构，使刮刀片的磨损基本保持在一个平行线上。刮刀的轴向往复运动一般为 0～20mm，刮刀的轴向往复次数与印版滚筒转速的关系一般为 1∶10。

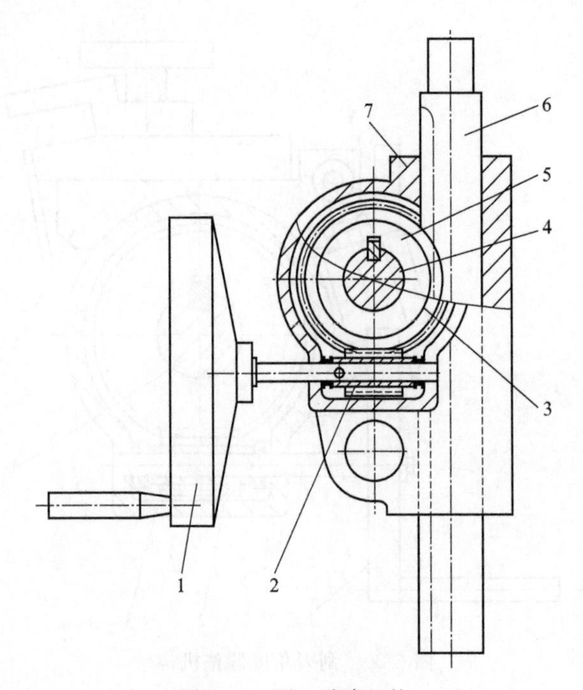

图 6-21 刮刀升降机构

1—手轮；2—蜗杆；3—蜗轮；4—轴；
5—小齿轮；6—齿条轴；7—支座

图 6-22 所示为刮刀窜动结构，刮墨刀横向往复移动能更有效地刮除多余油墨，对刮墨刀磨损较均匀，刮墨刀的位移量一般为 10mm，位移量的调整是无级的。该装置使用偏心凸轮的蜗轮蜗杆来驱动，可确保刮墨刀每分钟往复行程次数与印版滚筒的每分钟转速比值为除不尽小数，这样不会产生刀线，并能够避免油墨在刮墨刀底部的聚积。在图 6-22 中，传动主轴 1 转动时斜齿轮 2 一起转动，斜齿轮 2 把动力传递给与其相啮合的蜗轮 3，蜗轮通过偏心轴 4、关节轴承 5 和 7、可调连杆 6、连接轴 8 使旋转运动转变成平面运动，连接轴 8 或推或拉使刮刀轴 9 做轴向往复移动（刮刀轴 9 是通过滚针轴承 10 支撑在堵板上的），从而实现刮刀轴向窜动的目的。

(2) 供墨装置　供墨装置主要由墨斗、墨斗升降机构、墨泵站等组成。

① 墨斗升降机构　图 6-23 所示为墨斗升降机构。当盛满油墨的墨斗上升至一定高度后，印版滚筒浸泡在墨斗的油墨之中，印版滚筒在不断旋转中使图文网点沾满油墨。常用墨斗结构是敞开式的。

墨斗的升降运动是由一对蜗轮副和一对齿轮副的啮合实现的。图中支撑座 4 安装在撑挡 5 上，手轮 7 及其蜗轮副 3 通过带座轴承固定在操作面墙板 6 上，转动手轮使蜗轮同轴的齿轮转动，齿轮通过安装在支撑座 4 中的齿条推动墨斗 2 上

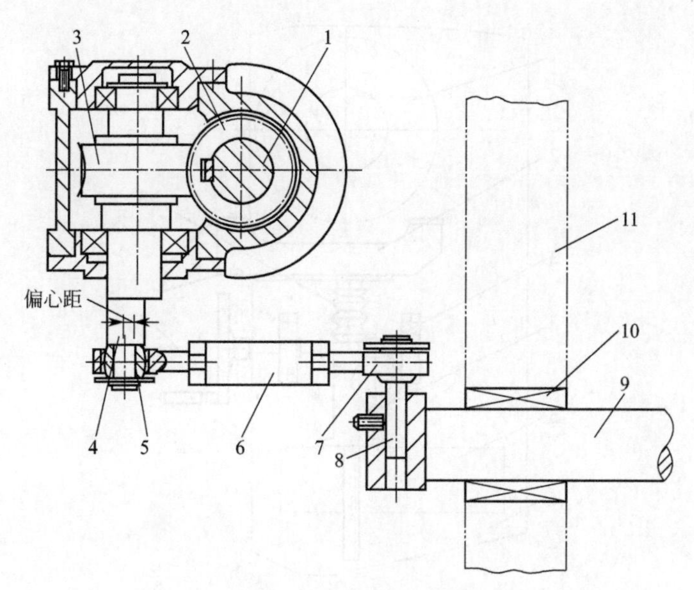

图 6-22　刮刀窜动结构

1—传动主轴；2—斜齿轮；3—蜗轮；4—偏心轴；5,7—关节轴承；
6—可调连杆；8—连接轴；9—刮刀轴；10—滚针轴承；11—传动侧墙板

升，所以能够方便地将墨斗调整在适当的位置。

② 墨泵站　墨泵站与墨斗相连，墨泵有齿轮泵、叶片泵、隔膜泵等。隔膜泵有单、双隔膜泵之分，双隔膜泵的性能优于单隔膜泵，较常用的是气动隔膜泵。

气动隔膜泵适用于各种易燃、易挥发液体。气动隔膜泵以压缩空气为动力源，泵的流速可根据生产情况进行调整。图 6-24 所示墨泵站主要由气动隔膜泵 3 和盛墨桶 4 组成，盛墨桶 4 的容积根据设备需要配置。同墨斗一样，制作盛墨桶应使用不锈钢板材，墨泵的进气管 2 可以很方便接在传动侧的气路插座上。

2. 印刷装置的结构与调节

卷筒型凹版印刷机的印刷装置包含印版滚筒、压印滚筒和离合压装置，在此装置中完成油墨往承印材料上的转移。印刷装置是凹印机构的核心，是完成印刷的关键部件，其结构合理性、制造精度、安装调节是非常严格的。

(1) 印版滚筒结构　凹版印刷的特点之一是可印刷纵向长度的图文，因此在机器上通常配有一套可变直径的印版滚筒用于与印件规格相对应。印版滚筒分为 3 种：卷绕式、固定式、活动式，固定式和活动式是现在常见的两种。

固定式印版滚筒是实心滚筒，轴与滚筒体连接在一起。印刷前直接将滚筒安装在印版座的轴承上，此类滚筒套印精度高，但质量较大、成本高。活动式印版滚筒的轴与滚筒体采用分离结构，滚筒体为空心，质量较轻。印刷前先将轴插入

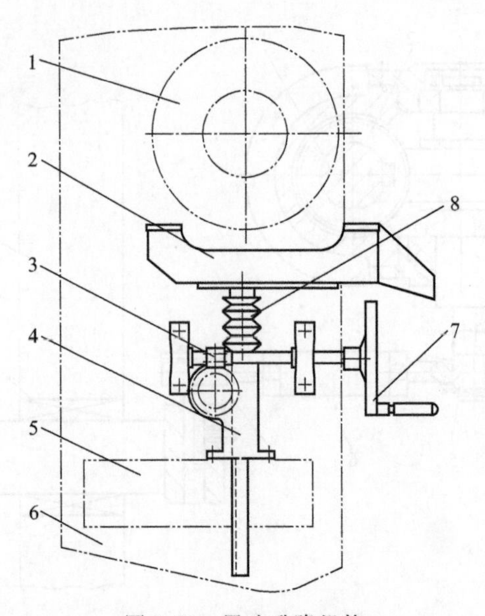

图 6-23　墨斗升降机构

1—印版滚筒；2—墨斗；3—蜗轮副；4—支撑座；
5—撑挡；6—墙板；7—手轮；8—防护套

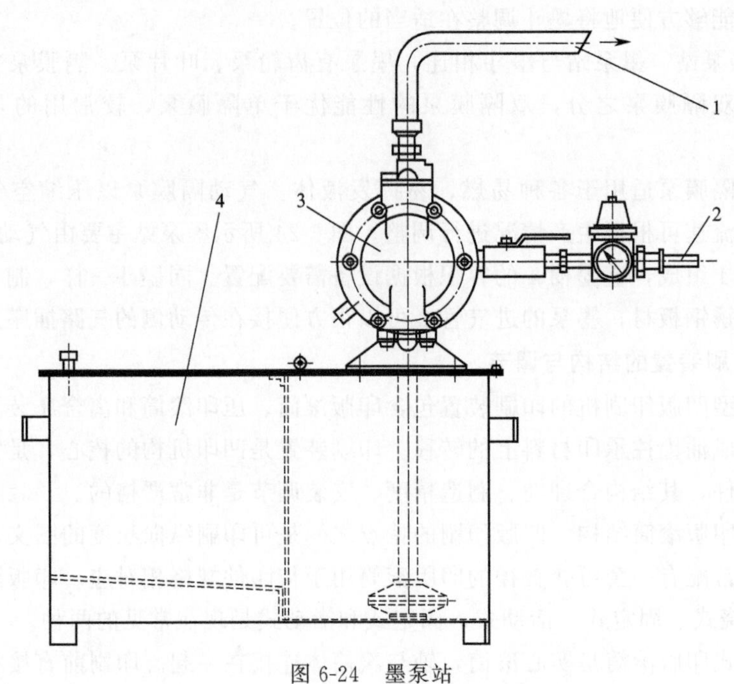

图 6-24　墨泵站

1—出墨管；2—进气管；3—气动隔膜泵；4—盛墨桶

滚筒体内，根据印刷要求确定滚筒体在轴上的位置，用锁紧螺母把两头固定，最后安装在印版座的轴承上。

传统的印版滚筒体是钢制版辊上镀铜后经雕刻、镀铬而成，如图 6-25 所示。如今出现了在塑料版辊上镀铜的工艺，这种轻量的印版滚筒，可降低版辊的制造成本。

印版滚筒采用齿轮传动。如果改变印版滚筒的直径，其轴端安装的传动齿轮也要相应更换，并调整好齿轮支架。

(2) 压印滚筒结构　印版滚筒的表面为金属结构，并雕刻有着墨孔用于填充油墨。着墨孔中油墨的转移是通过压印滚筒实现，且卷筒型凹版印刷机的印刷速度快，印刷压力大，所以对压印滚筒要求耐压坚固、具有弹性。通常是在钢制铁芯上浇铸一定厚度和硬度的橡胶层，橡胶层的厚度一般为 12～15mm，硬度随承印材料的不同而不同，如图 6-26 所示。压印滚筒衬有橡胶，图中滚筒 4 是钢制滚筒，由两端轴头 3 和中间的筒体焊接后加工而成，滚筒 4 两端配有轴承 2，而筒体表面刻有左右旋螺纹以增加与橡胶层结合强度，胶层应耐溶剂，如甲苯、丙酮、乙酸乙酯等的腐蚀，用于纸张、纸板及粗面牛皮纸印刷的橡胶硬度是 HS85～90。压印滚筒的结构与印版滚筒一样，分固定式、活动式。从精度和强度来说，固定式比活动式好。

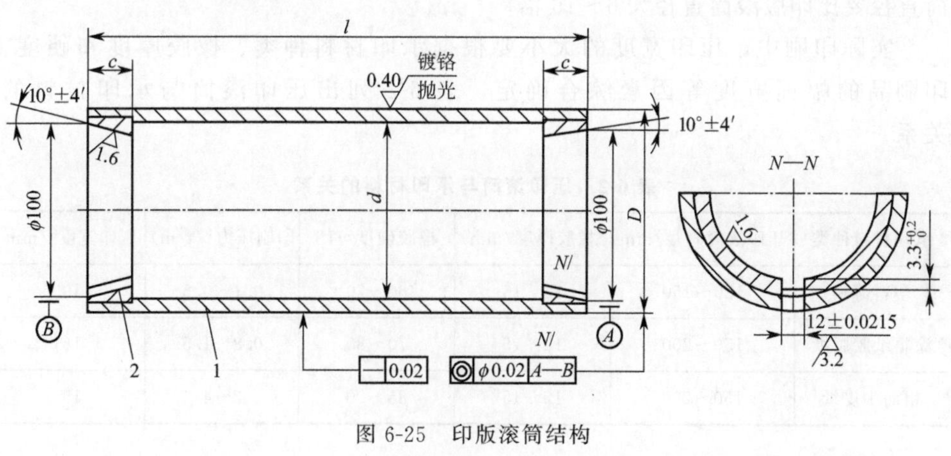

图 6-25　印版滚筒结构

1—印版滚筒；2—堵头

在凹版印刷中常见高调部分空白点的问题，此时可采用静电压印滚筒来提高油墨的转移量。即以压印滚筒为正极，印版滚筒为负极，在电场力作用下，带正电荷的承印材料能将带负电荷的油墨吸引。

与印版滚筒的传动不同，压印滚筒不采用齿轮传动，而是通过与印版滚筒接触产生的摩擦力而转动，从而使印版滚筒直径实现无级选择。

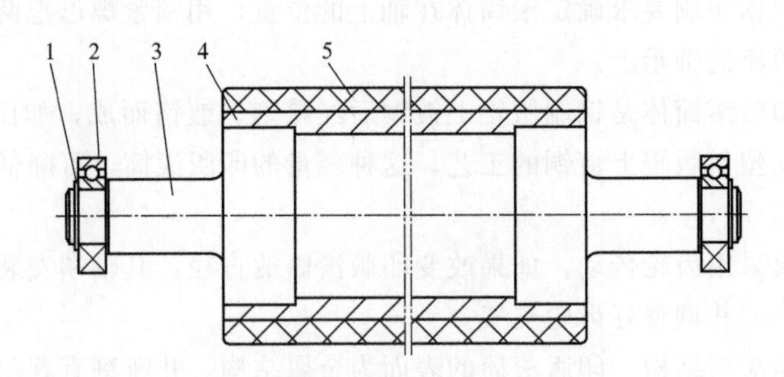

图 6-26 压印滚筒结构

1—挡圈；2—轴承；3—轴头；
4—滚筒；5—橡胶层

印版滚筒与压印滚筒之间的印刷压力是由两个气缸控制，压力大小是通过调节二者间的中心距来获得，调节两边的压力相一致才能满足印刷的要求。压力使油墨得以转移，压力导致橡胶变形，压力保持了一定压印宽度。在相同印刷压力下，直径小的压印滚筒印刷质量好，橡胶硬度高的压印滚筒印刷质量好，因为所得压印宽度小。机组式凹印机印刷质量高于卫星式凹印机，一个主要原因是机组式凹印机的压印滚筒直径小于或略大于印版滚筒直径，而卫星式凹印机的压印滚筒直径要比印版滚筒直径大 6～16 倍。

实际印刷中，压印宽度的大小要根据承印材料种类、橡胶厚度和硬度、印刷品的幅面宽度等因素综合确定，表 6-2 列出压印滚筒与承印材料的关系。

表 6-2 压印滚筒与承印材料的关系

承印材料种类	压印滚筒直径/mm	橡胶厚度/mm	橡胶硬度/HS	印刷压力/(t/m)	压印宽度 /mm
塑料薄膜	120～150	12～15	60～70	0.1～0.5	10
涂料纸胶版纸	150～200	12～15	70～80	0.8～1.5	13
粗面牛皮纸	150～200	12～15	85～90	2～4	15

卷筒纸凹印机普遍采用直压式压印结构，最大印刷压力可达数吨（在气压 0.7MPa 时）。如图 6-27 所示，当需要印刷时，气缸 5 的活塞下移，推动背压滚筒 4，背压滚筒 4 压在压印滚筒 2 的上面使其下移，完成与印版滚筒 1 的合压。此时纸带通过压印滚筒 2 与印版滚筒 1 之间完成印刷。

背压滚筒由气缸控制离、合压。采用背压滚筒是为了加大印刷压力，同时又防止压印滚筒弯曲变形，使压力更加均匀。印刷压力的大小应根据被印材料的不同而确定。背压滚筒为钢制滚筒，由轴头、轴套、筒体三者焊接后加工而成，背压滚筒外表面镀铬。

(3) 离合压机构　印版滚筒和压印滚筒之间装有离合压机构，该机构控制两滚筒的分离或合压。机组式凹印机的离合压机构是控制压印滚筒的动作，逐个使各印刷单元上的压印滚筒与印版滚筒离压或合压。无论是哪种机型，都要求离合压机构在工作过程中，被控制滚筒要平行位移，离压、合压的位置要准确、稳定。大多数凹版印刷机都采用偏心机构来控制。

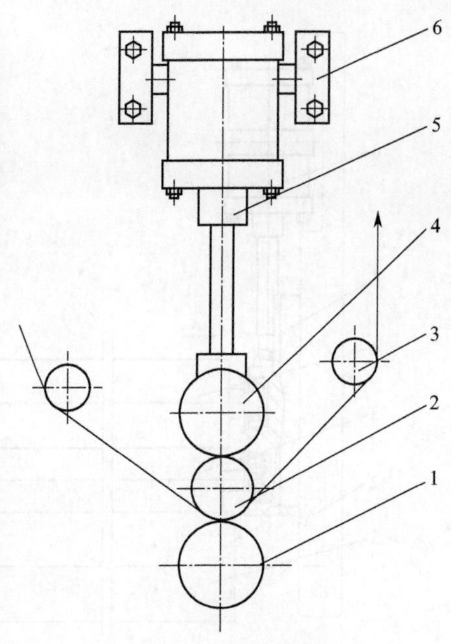

图 6-27　直压式压印机构

1—印版滚筒；2—压印滚筒；3—导向辊；4—背压滚筒；5—气缸；6—支座

图 6-28 所示为离合压机构。在离合压装置中，气缸 6 和直线导轨 5 安装在墙板 2 内侧，滑座 11 安装在直线导轨上，背压滚筒 4 轴端轴承固定在滑座上，压印滚筒 3 轴端轴承装配在滑座的长孔中，可以上下移动。合压时，气缸加压推动滑座 11，滑座带动背压和压印滚筒一起向印版滚筒施压，实现图文的转移。离压时，气缸活塞杆拉动滑座向上移动，滑座带动两滚筒上移，压印与背压滚筒靠自重脱开，两滚筒与印版滚筒轴线平行度由气缸活塞杆与滑座间的调整螺母 10 完成，离合压压力的大小由气缸上的调压阀调整。

3. 纵向调版机构

印刷过程中，由于各种因素影响，往往使彩色套印出现误差。为了使几种颜色快速准确地套印在一起，现代凹印机都配有一套自动对版套印系统，利用套准检测标记进行套准误差检测及控制。该装置由电子控制装置、扫描头、脉冲发生器、套印调节辊、调节电机等几部分组成。由扫描头测试光标的距离，再由对版套印系统控制调整。当光标发生变化时，印刷单元上的扫描头将信号传输到对版控制主机内，对版系统将调整信号再反馈给印刷单元上的执行机构，即套印调节辊和调节电机组成的纵向调版机构，以达到套印的要求。

图 6-29 所示为纵向调版机构。调节电机 1 通过联轴节 2 使蜗轮副 4 正转或反转，滚珠丝杠 9 随之转动，该运动由于联轴节 5 和轴 6 连接，使左右两端滚珠丝杠副同时动作，调节辊在两端丝母的作用下，上下进行浮动，故该辊又叫浮动辊或补偿辊。通过调节纸带长度达到套准的目的。调节辊安装在第二印刷单元以

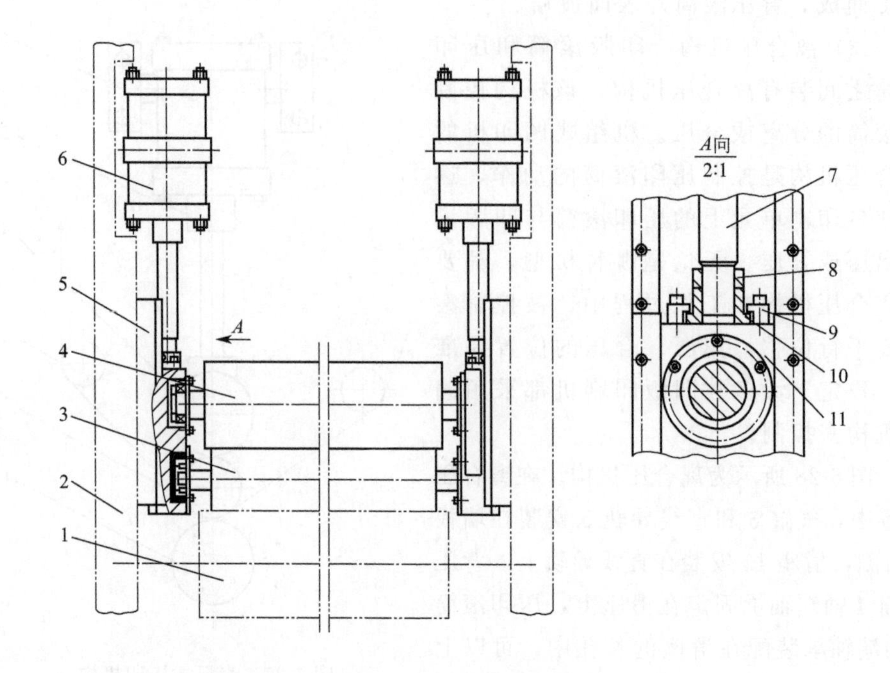

图 6-28　离合压机构

1—印版滚筒；2—墙板；3—压印滚筒；4—背压滚筒；5—直线导轨；
6—气缸；7—气缸活塞杆；8—紧固螺母；9—压板；10—调整螺母；11—滑座

后的各单元中，也可以用手动控制，在各印刷单元操作侧均设置有手动开关。11是与自动对版套印系统配套的编码器。

4. 印刷干燥箱

图 6-30 所示为双面干燥箱。左箱 1 和右箱 8 是活动箱，活动的方式采用气动导轨式自动开合。

中箱 2 呈马鞍形固定在机架的上下撑挡 6 和 7 上。进风口 4 和出风口 5 分别与热风烘干系统和排除废气系统相连。

导向辊组对卷筒纸起着托扶和导向的作用，导向辊的数量与纸张的张力大小有关。在印刷 $100g/m^2$ 以下的纸张时，一般每一根都与风嘴相对应；但如被印纸张张力较大时，导向辊过多也无必要。

温度对凹版印刷油墨的干燥影响很大，它与承印纸张定量、印刷速度、印刷图文面积等都有关。温度过低油墨干燥不良，过高引起纸张收缩，特别是水性油墨印刷。所以干燥温度范围设定较宽，一般为 80～180℃。

5. 可调节导向辊

纸张进入印刷之前设有可调节导向辊，用于展平和纠正纸带的不规则现象。

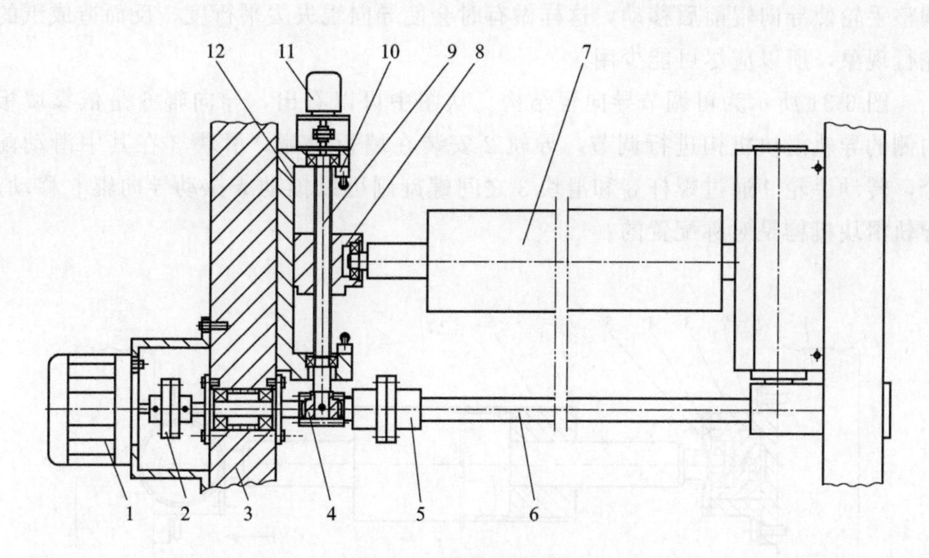

图 6-29 纵向调版机构

1—调节电机；2,5—联轴节；3—墙板；4—蜗轮副；6—轴；7—调节辊；8—滚珠丝母座；9—滚珠丝杠；10—行程开关；11—编码器；12—支座

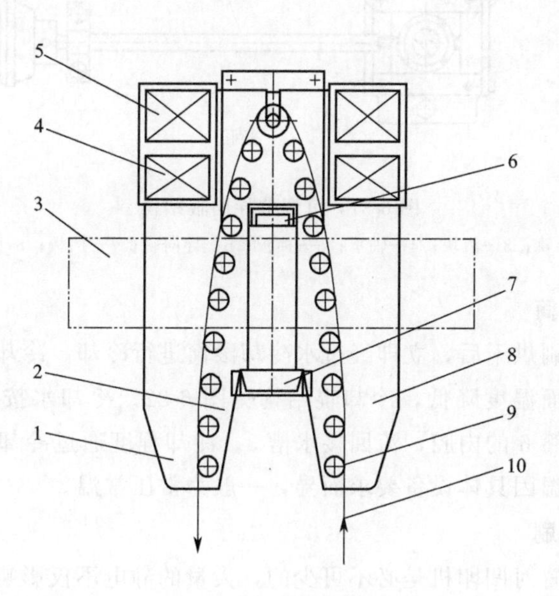

图 6-30 双面干燥箱

1—左箱；2—中箱；3—中墙板；4—进风口；5—出风口；6—上撑挡；7—下撑挡；8—右箱；9—导向辊组；10—走纸路线

调整手轮使导向辊前后移动，这样做有时会使导向辊失去平行度，反而造成纸的蛇行现象，所以应尽可能少用。

图 6-31 所示为可调节导向辊结构。从图中可以看出，导向辊 6 是依靠墙板内侧的导轨滑块机构进行调节，导轨 2 安装在墙板内侧，滑块 3 在其中滑动配合，转动手轮 9 通过螺杆 8 和滑块 3 之间螺旋副可以推动或拉动导向辊 6 移动。导轨滑块机构是对称配置的。

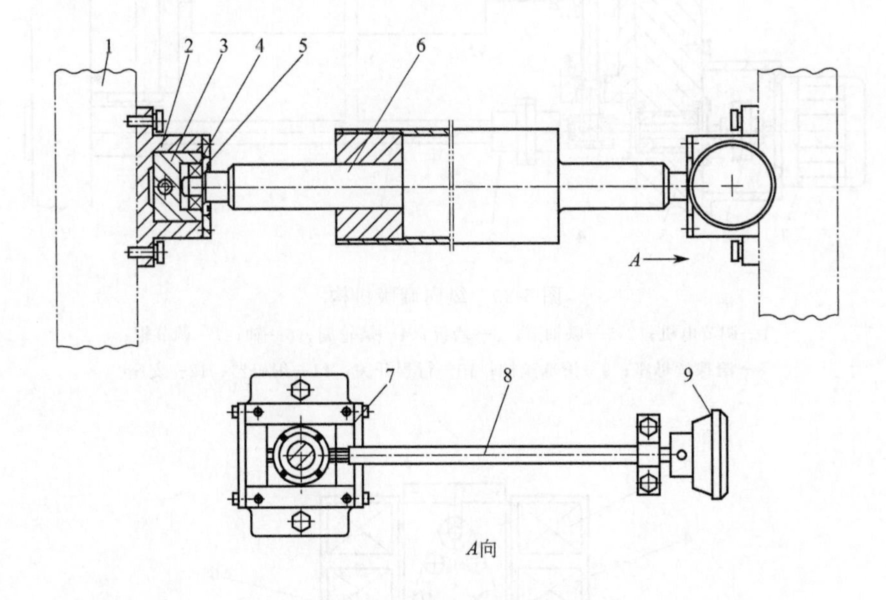

图 6-31　可调节导向辊结构

1—墙板；2—导轨；3—滑块；4—轴承；5—挡板；6—导向辊；7—挡板；8—螺杆；9—手轮

6. 水冷却滚筒

纸带经过印刷烘干后，立即经过水冷却滚筒进行冷却。冷却是通冷却水使印刷之后的纸张表面温度降低，冷却辊结构见图 6-32。冷却水按箭头方向由进水管 1 流入冷却滚筒 6 的内腔，流回接水槽 3。冷却程度通过冷却水阀门控制水量来实现。水压水温因具体设备要求而异，一般为常压常温。

7. 静电消除刷

静电消除装置对凹印机是必不可少的，大量的静电不仅影响印刷质量，有时直接威胁操作人员和设备的安全而不容忽视。卷筒纸凹印机每个印刷单元都配有自感式静电消除刷。静电消除刷用碳素纤维制成，挂在纸张经过的通道上和纸张摩擦产生正电，不仅可以中和原来纸张上的负电，还可以利用碳素纤维的导电性将纸张上的静电携走，以减少电荷的聚集。

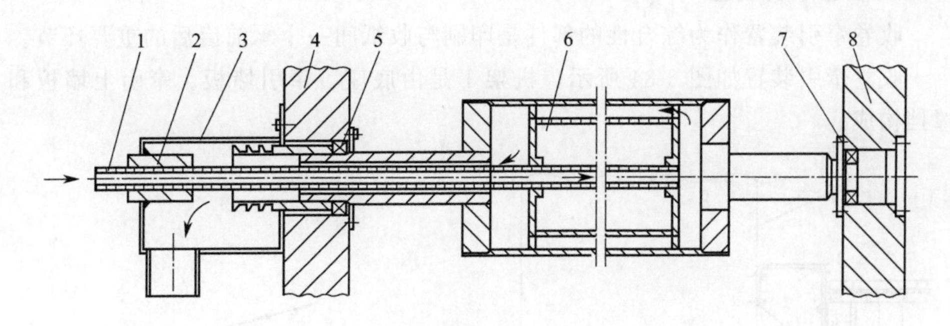

图 6-32　冷却辊结构

1—进水管；2—支撑套；3—接水槽；4,8—墙板；5,7—轴承；6—冷却滚筒

8. 版面吹风装置

版面吹风装置虽属于印刷单元的辅助机构，对于提高印刷质量也极为有用。图 6-33 中风机 3 布置在印刷单元传动墙板侧面，通过风管 4 连接到印版滚筒 9 附近，由连接板 7 固定在离合压滑座 8 的侧面，连接板 7 上吹风管 6 与印版滚筒平行，吹风管上钻有一排风孔 10 直对着印版滚筒，操作者根据需要调节挡风套 11 的位置，以满足印刷工艺的要求。

五、收卷机构

承印材料经印刷、干燥后进入凹印机的最后一个部分——收卷机构，在此承印物被复卷成松紧适度、外形规则的卷材，为上瓦楞机加工覆面做准备。根据不同的机型，有的凹印机收卷机构和开卷机构分别位于机器两端，有的位于同一端，甚至有的凹印机的印刷装置和收卷机构分离。但无论哪种机型，其收卷机构的作用基本相同，都是起牵引卷材、复卷、张力调节的作用。通常收卷机构由收卷轴、张力控制装置、轴向调节装置等组成。

收卷机构一般有专用电机或传动系统带动，卷材所用的收卷轴通常是双轴，分有芯轴式和无芯轴式。与开卷轴不同，它们在动力作用下主动旋转，旋转速度的改变可调节卷材印刷时的张力。因此，收卷机构也是张力控制系统中的重要组成部分，参与整个机器的张力调节。同时收卷轴也能做到不停机自动换卷。轴向调节装置用于调节卷材的轴向位置，以免收卷跑偏，保证卷材端面整齐。低速凹印机上由人工调节，高速凹印机上有轴向自动纠偏装置（EPC）来控制。张力控制装置用来调节承印材料在收卷时的张力，同时与机器上其他的张力调节装置配合，完成整体的张力调节。

1. 收卷牵引装置

收卷牵引装置作为综合性的部件是印刷与收纸间一个承前启后的重要环节。

收卷牵引装置如图 6-34 所示，机架 1 是由底座、牵引堵板、牵引上墙板和撑挡构成。

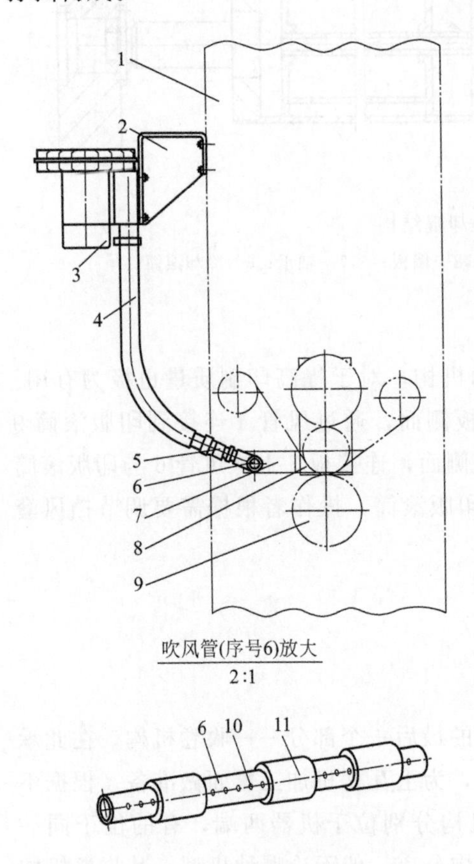

图 6-33 版面吹风装置

1—墙板；2—支座；3—风机；4—风管；5—接头；6—吹风管；7—连接板；8—离合压滑座；9—印版滚筒；10—风孔；11—挡风套

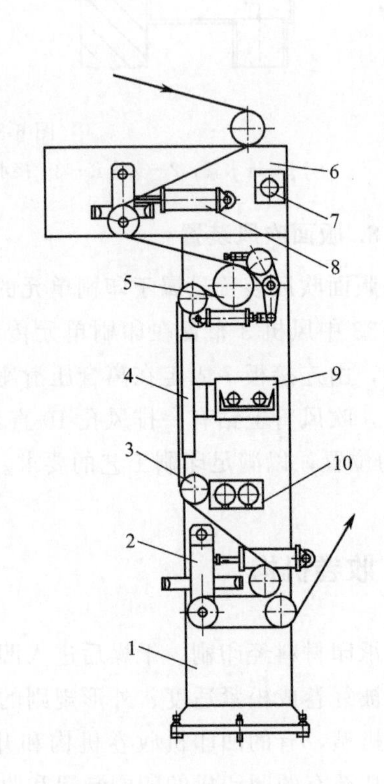

图 6-34 收卷牵引装置

1—机架；2，8—摆辊装置；3—导向辊；4—观察板；5—牵引装置；6—牵引上墙板；7，9，10—撑挡

收卷牵引装置也是第三段张力（印刷与收卷牵引之间）和第四段张力（收卷牵引与收卷之间）的分界点。导向辊 3 图中共五组，摆辊装置 2 用于收卷牵引和收卷之间的张力控制检测，摆辊装置 8 用于印刷和收卷牵引之间的张力控制检测，撑挡 7 和 10 既是撑挡，又是用于气路压力平衡的蓄能罐，常称作“气包撑挡”。

摆辊装置的结构与放卷摆辊装置相同，此处不再重复。

2. 收卷裁切装置

收卷裁切装置设置在收卷牵引堵板上，有上下裁刀之分，上下裁刀的选择通过控制面板上的开关设定。

图 6-35 为收卷摆臂式连接裁切装置，采用的是下裁刀结构。

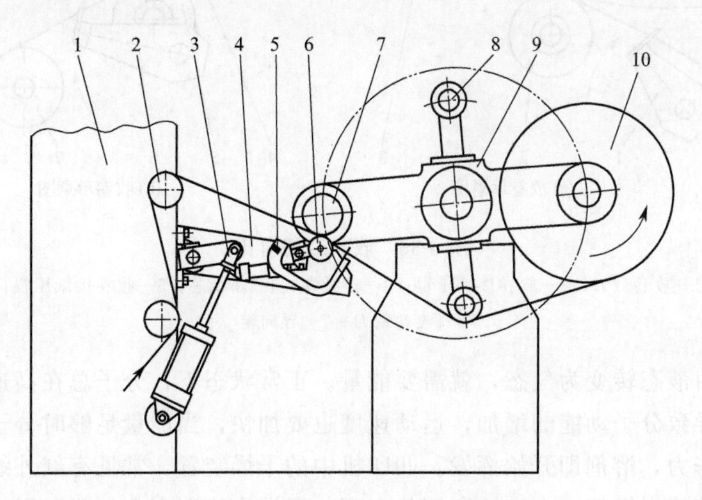

图 6-35　收卷摆臂式连接裁切装置

1—牵引墙板；2，8—导向辊；3—大臂气缸；4—裁切大臂；5—裁切刀；
6—接纸压辊；7—新纸芯；9—回转臂；10—旧纸卷

换卷时先在回转架上装好气胀轴和新纸芯 7，在纸芯上贴好双面胶带以作接纸准备，按下“预备换卷”按钮，回转臂逆时针转动到达换卷位置后停止，此时裁切大臂抬起，新轴开始转动，当新轴速度与主机线速度同步时，指示灯亮，按下“换卷”接钮后换纸压辊压上并延时一定时刻后切刀动作，新轴开始卷纸，同时张力控制切换到新轴，旧轴停止运转。接着旋臂自动回转到收纸位置时停止，完成一次换卷过程。

图 6-36 是放卷与收卷时裁切动作的对比。

六、干燥装置

凹版印刷机的印刷速度很快，为使油墨能迅速干燥，凹版印刷机上都装有干燥装置。凹印油墨的干燥主要依靠溶剂的挥发，当溶剂从色料、固体连结料中彻底逸出时意味着油墨完全干燥。干燥装置的作用就是加速溶剂的挥发，为印刷的下一步提供便利。

色料、树脂、溶剂之所以能混合甚至互相溶解，其中一个重要因素为分子间作用力（范德华力），溶剂分子在油墨中与其他物质分子间存在作用力，要想克

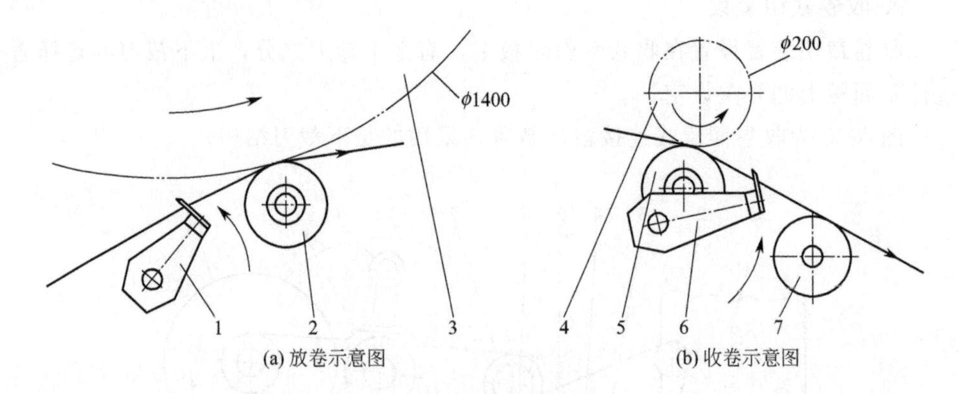

图 6-36　收放裁切对比

1—放卷裁刀；2—放卷接纸压辊；3—新纸卷；4—新纸芯；5—收卷接纸压辊；6—收卷裁刀；7—导向辊

服这种力由液态转变为气态，就需要能量。正常状态下，分子总在高速运动，温度的升高导致分子动能的增加，运动速度也要加快，当能量足够时分子的运动会克服范德华力，溶剂即开始挥发。凹印机中的干燥装置，常见有红外线干燥、电热干燥、蒸汽干燥等。在高速印刷状态下，墨层表面存在空气附着层，此附着层中气体具有层流性质，溶剂从油墨中挥发首先到达附着层，并很快达到饱和，使溶剂的继续挥发造成阻碍。

1. 干燥装置的干燥机理

（1）能量的转移　干燥装置中，能量的转移有两种：一是空气分子被电加热或蒸汽加热后，加快运动，其中部分与油墨中溶剂分子碰撞后，能量发生转移，促使溶剂分子运动加快，逃离墨层，即开始挥发；二是红外线电磁波既有波动性，又有粒子性，当红外线照射在油墨上，光子携带着能量撞击分子，并将能量传递给分子，且分子将所得能量转化成热能，导致温度升高，溶剂离开油墨进入气相。

（2）减低空气附着层　干燥装置对应承印材料间的局部空气温度上升后，与周围空气形成对流，减低空气附着层的厚度，使溶剂突破附着层进入对流层。

（3）降低局部溶剂浓度　溶剂突破附着层进入对流层后，造成局部溶剂浓度降低，油墨中溶剂会加快挥发用于补充附着层中溶剂的损失，最终达到油墨干燥的目的。

无论哪种干燥方式，都要注意控制干燥温度，大多数承印材料的温度控制在60℃。温度过高，对纸张造成含湿量下降，机械强度下降，导致套印不准。温度过低，油墨干燥不够彻底，产生反粘和背面沾脏。

印刷色组间、最后一色与收卷装置之间均设有干燥装置，分别称为色间干燥装置和终干燥装置（顶桥干燥装置）。色间干燥装置的作用是保证承印材料进入下一印刷色组前，前色油墨尽可能固化而非固着；顶桥干燥装置的作用是保证承印材料在复卷或分切堆叠前，所用色墨完全干燥，尽可能排除油墨中溶剂，以免产生粘连。

现代的卷筒型凹版印刷机通过不同加热装置，使墨膜周围的空气加热，形成冷热对流，同时配有红外干燥装置。加热的温度可在机器上的指示调节计设置并调节，干燥后的承印材料经过冷却辊后进行降温，以保证材料的变形达到最小，冷却辊中流动着循环冷却水，用于维持导辊表面的低温。

2. 加热干燥装置

多色凹版印刷机通常每个色组都有一个配套的干燥系统，对印刷出来的油墨进行瞬间干燥，并转移到下一色印刷。一般干燥系统有加热装置（电加热、蒸汽加热等）、排气装置（将挥发的有机溶剂集中排放）、除尘装置。

加热干燥装置主要由加热装置、抽风装置和除尘装置组成，一般位于每个印刷色组的上方，加热温度可以调节，一般为 0～150℃。

卷筒纸凹印机加热干燥系统采用热风通道式整体结构，每组印刷单元对应一组加热装置，并有热风循环再利用辅助结构，即二次回风结构。在每个进风管道和排风管道上都有一个风量调节器用于调节空气流量。

图 6-37 所示为加热干燥装置。卷筒纸凹印机中，每个印刷单元对应一组，并保证油墨的干燥速度与印刷速度相匹配。烘干装置布置在设备传动外侧，由风

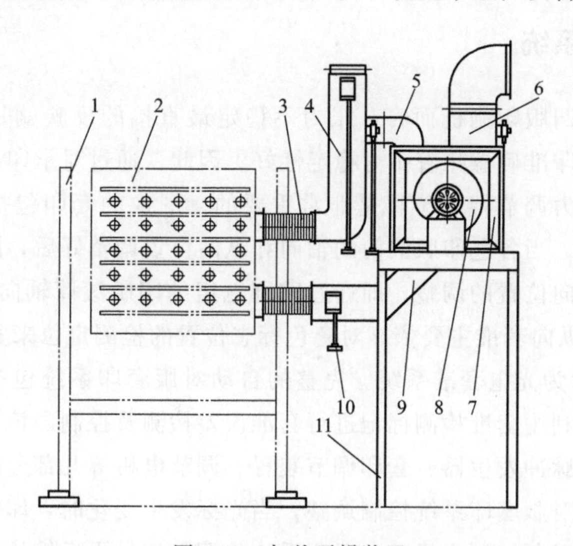

图 6-37 加热干燥装置

1—机架；2—印刷干燥箱；3—风管接头；4—抽风管；5—回风管；
6，9—进风管；7—热交换器；8—风机；10—风量调节器；11—支架

管接头3与印刷单元的干燥箱连通，抽风管4和进风管6的布置便于与进排风总管道相接，各风量调节器的调节手轮以方便操作使用为原则设置。

卷筒纸凹印机工作时的总体噪声80%源自干燥装置，因此选用低噪声风机并采用减震降噪结构，最大限度地降低噪声对环境的污染是非常必要的。

加热干燥装置的热源可选电加热、热水、蒸汽、导热油加热、天然气加热等。

七、张力控制系统

卷材印刷时，需要一定的张力将卷材张紧进入印刷单元，才能保证套印准确。产生张力的方式很多，无论何种方式都不能让卷材自由拉开。因为在自由开料情况下，印刷机加速时，张力会变大，卷材加速运动；而当减速时卷材的惯性会使张力变小，导致张力的改变，这种情况是不希望的。张力过小，卷材的动力不足会产生堆积、褶皱，正常印刷无法进行；张力过大，卷材变形甚至断裂。张力控制系统是凹版印刷机的核心，控制系统稳定工作，张力变化小，机器的套印精度、印刷速度就高。

卷筒材料凹版印刷机张力控制系统和柔印张力控制系统基本相似，见第五章相关内容。

八、光电套准系统

对于卷筒型凹版印刷机而言，张力不稳定最直接的反映就是印品的套印不准，时时刻刻套印准确意味着张力稳定性好。因此，通过对承印材料套印精度的控制，来完成张力调节辊的位移是非常重要的。图像的套印包括两个方向的套印：横向与纵向。当各色印版滚筒的轴向和纵向位置调整好后，图像的横向套准主要依靠卷材横向位置的调整，即通过印刷色组的印版滚筒轴向移动距离（1～2cm）来实现。纵向套准主要依靠对套色标志位置的检测定位来实现。

图6-38所示为光电套准系统。完整的自动对版套印系统包括横向对版和纵向对版两部分，利用套准检测标记进行套准误差检测及控制。该装置由电子控制装置、扫描头、脉冲发生器、套印调节装置、调节电机等几部分组成。扫描头测试光标的距离，对版套印系统控制调整。当光标发生变化时，印刷单元上的扫描头将信号传输到对版控制主机内，对版系统将调整信号再反馈给印刷单元上的执行机构，即横向对版或纵向对版调节装置，以达到套印的要求。

套准检测标记又叫马克线，检测方法分平行和垂直式两种。检测原理是通过

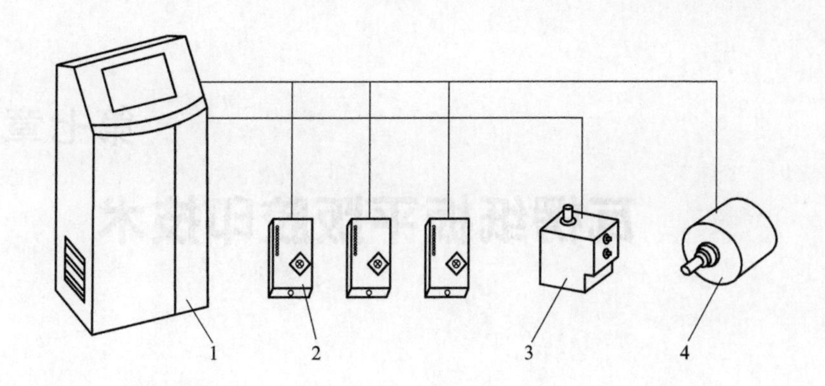

图 6-38　光电套准系统

1—控制柜；2—单元控制器；3—光电头；4—脉冲发生器

扫描头的反射波来测量马克线的水平度误差和间隔间的误差。扫描头又叫光电眼，由光源、透镜和光电池组成。

在印刷过程中，各印刷单元的扫描头监视着马克线。当马克线在扫描头下通过时，光电池受光量发生变化，这个变化转换成脉冲信号，该信号又被送入电子控制装置中。如果第二印刷单元的马克线相对于第一印刷单元的马克线推迟或提前到达扫描头时，就会产生电脉冲相对时间的偏移，此信号输入第二印刷单元的电子控制装置后，就直接驱动调节电机，使第一单元和第二单元之中的套准调节装置微动，进行套准调节。

目前较新一代的自动对版套印系统普遍使用高解析度的液晶触摸屏，即可以用于显示数字示波器的波形，也可以显示当前套准的位置，通过数字键盘和液晶触摸屏进行套准及编程控制。

第七章

瓦楞纸板平版胶印技术

瓦楞纸板后印工艺主要包括柔性版印刷、胶版印刷、丝网印刷和数字印刷四种。

柔性版印刷工艺符合快速、方便、环保、经济的原则，目前在我国纸箱生产中应用最为广泛，占到80%以上。但由于受技术、设备等的限制，只适用印刷质量要求不高、图文简单的纸箱印刷，不适应印版线数高的4色、6色精美印刷。而且直接在瓦楞纸上印刷，还难于避免产生“搓衣板”条纹现象。近年来，我国很多厂家如蒙牛、百威、青岛啤酒等已将目光投向预印新技术，用卷筒纸预印方式生产高档彩色瓦楞纸箱，将成为未来包装业发展的趋势。

胶印是目前应用最广泛、技术最成熟的印刷方式，目前在国内占所有印刷份额的50%以上，并以纸板印刷为主。胶印技术虽然比较成熟，印刷速度快，但不适合纸板联动生产线，成品生产效率较低，工序复杂，周期长。由于胶印印刷过程中用到润版液，会加大原纸的水分含量，控制不当也易产生套印不准的故障。加之胶印印刷压力较大，印刷幅面有限等因素，不能满足大批量纸箱生产的需要。

目前由于瓦楞纸板表面平整度较差，而且外层颜色比较深暗，对于一般印刷质量要求不是很高的产品包装，如图案简单、加网线数在60～80LPI以下的产品，可以直接采用丝网印刷。但丝网印刷图像精度差，套色彩印比较困难，色调表现力差，生产效率较低，不适合联动生产，仅可作为纸箱装饰印刷的一部分，用在小批量或是单机生产瓦楞纸箱的情况下。

第一节　瓦楞纸板的平版胶印

一、平版胶印原理

平版胶印是利用油水互斥原理，在印版的同一平面上构成图文区和非图文区。印版图文部分亲油斥（疏）水，非图文部分亲水拒油。印刷时，先向印版版面供给润版液（主要成分是水），使印版的空白部分吸附水分，建立一层抗拒油墨浸润的水膜；然后给印版上墨，在印刷压力作用下将油墨转印到橡皮布上，再转印至承印物，完成一个印刷过程。

二、平版胶印的印版制作

1. PS 版制版工艺

阳图型 PS 版是在感光性涂层上用阳图片曝光，显影后获得与阳图片一致的图像，制版原理如图 7-1 所示。光线透过低密度的非图文部位到达感光版的感光层上被感光剂吸收，使这一部位感光层的颜色由绿色变为蓝灰色，其溶解性能也由稀碱不溶变为稀碱可溶，即曝光使阳图型预涂感光版感光层的颜色和溶解性能发生了显著改变，显影后获得阳图印版。

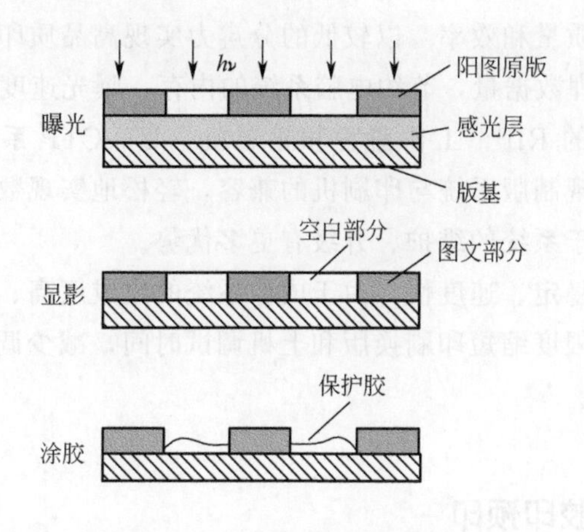

图 7-1　阳图型 PS 版制版原理

阳图型 PS 版制版的工艺流程：

装版──→抽真空──→曝光──→显影──→除脏──→修补──→烤版──→涂显影墨──→上胶

阳图型 PS 版是包装印刷中的主要版材，采用光分解型树脂版材，使用阳图底片晒版；阴图型 PS 版和阳图型 PS 版制版的主要区别是采用阴图底片，感光层是光聚合型。

2. UV-CTP 制版工艺

UV-CTP 制版技术是指利用 UV 或 UV 激光在传统 PS 版上进行计算机直接制版的一种方式。

工作原理：直接制版机由精确而复杂的光学系统、电路系统以及机械系统三大部分构成。由激光器产生的单束原始激光，经多路光学纤维或复杂的高速旋转光学裂束系统分裂成多束（通常是 200～500 束）极细的激光束，每束光分别经声光调制器按计算机中图像信息的明暗等特征，对激光束的明暗变化加以调制后，变成受控光束。再经聚焦后，几百束微激光直接射到印版表面进行刻版工作。通过扫描刻版后，在印版上形成图像的潜像。经显影后，计算机屏幕上的图像信息就还原在印版上可供胶印机直接印刷。每束微激光束的直径及光束的光强分布形状，决定了在印版上形成图像潜像的清晰度及分辨率。

工艺流程：计算机数字文件→CTP 工作站→补漏白/色彩管理/OPI（Open Prepress Interface，开放式印前界面）/电子拼版→数字打样→CTP 版材→印刷（CIP3/CIP4）。

UV-CTP 技术优点如下。

（1）显著的经济性　系统适用于任何传统的 PS 版材，易于与现有的印前环境集成，大幅度降低印前生产成本。

（2）提高印刷质量和效率　以较低的分辨力实现高品质印刷，并可明显缩短 RIP 时间，减少处理数据量，节约电脑系统的内存，曝光速度更快等。

（3）兼容现有的 RIP、工作流程和显影机　UV-CTP 系统使用普通 PS 版材，从而良好地实现制版系统与印刷机的兼容，轻松地实现数字制版过程和开放式的工作流程，对于系统的维护、升级有更多优势。

（4）处理过程稳定、速度快　由于成像系统的集成度高、成像过程简单、稳定性极好，能最大限度缩短印刷换版和上机调试时间，减少调试时水、纸板、油墨等耗材的使用量。

三、瓦楞纸板的胶印预印

胶印瓦楞纸板印刷分为间接印刷（预印）和直接印刷（后印）两种方式。从纸板的加工工艺来看，胶印后对裱的过程也会因压力和胶体中遗留过多水分，使纸箱的平压强度、黏合强度等技术指标难以满足高档产品对包装的要求。另外，胶印目前还没有相对环保的油墨使用，影响其推广与使用。

1. 瓦楞纸板的胶印预印

常规胶印瓦楞纸板采用的是间接印刷方式，即先印刷瓦楞面纸，然后使用单机复裱瓦楞。胶印产品加网线数可达 200LPI，图案精美，品质稳定，质量高。胶印具有制版工艺简单、成本低、速度快的优势，还可进行覆膜、上光等表面整饰工艺，目前我国用于销售包装的高档瓦楞纸箱绝大多数都为胶印产品。

纸箱制作基本工艺流程：单面瓦楞纸板（单张）＋胶印彩色印刷面纸（单张纸）⟶对裱黏合成纸板⟶模切开槽⟶黏合钉箱

如果单看印刷成品的效果，胶印目前仍然处于金字塔的塔尖处，这也是印刷厂家固守胶印的根本原因之所在。间接印刷制作方法需要设备虽然简单，但是制作工序比较复杂，而且从印刷到裱贴加工之间所需要等待印料的干燥时间较长；胶印贴面纸板印刷得到的精美印刷效果是以纸箱强度的牺牲来交换的，为了弥补强度损失，纸板定量居高不下，与业内提倡的“低定量、高强度”工艺不符；印刷制作的过程不环保，而且消耗比较大。实际上，国内现在的柔版预印生产线已经达到了 150LPI 的加网线数，目视的效果其实与胶印的效果根本不分伯仲，基于环保理念，展望其前景有可能会被柔性版预印所取代。

2. 瓦楞纸板间接胶印机

用来间接印刷瓦楞纸板的胶印机和普通胶印机一样，主要由输纸机构、印刷机构、供墨机构、润湿机构和收纸机构五大部分组成。

其中输纸机构主要由存纸和送纸装置组成，印刷机构包括印版滚筒、橡皮滚筒和压印滚筒，供墨机构包括墨斗、墨斗辊、墨量调节装置、传墨辊、匀墨辊、串墨辊、着墨辊等，润湿机构包括水斗、水斗辊、传水辊、匀水辊、着水辊等。

3. 胶印预印瓦楞纸板的不足

瓦楞纸板预印与一般的胶印工艺无太大差别，在此就不作介绍。胶印预印瓦楞纸板具有以下不足：

① 不适合采用纸板联动生产线，仅适合采用单面瓦楞机，生产效率较低。

② 生产工序复杂，生产周期长。

③ 纸板强度下降、废品率高、生产成本高。

④ 生产场地大、劳动强度高。

⑤ 印刷幅面有限，交货期不够灵活等。

⑥ 油墨一般含苯，有一定污染。

因此，胶印预印瓦楞纸板对一个企业来说，经济上是不合算的。尤其是对大批量纸箱的生产和出口包装纸箱生产，由于生产成本高、效率低、周期长，不能满足生产的需要。

第二节 微型瓦楞纸板直接胶印

瓦楞纸板直接胶印工艺目前在国外已经比较成熟，它是将瓦楞纸板直接上到特殊的胶印机上进行印刷，适于加工薄型瓦楞纸箱。瓦楞纸板直接胶印具有生产效率高、材料消耗少、制作成本低、产品规格大、应用范围广、纸箱强度高、外观整齐、有利于环保等优越性，该工艺既能保证纸箱的成型性好，又能完成精美的面纸印刷。但所采用的印刷机价格比较昂贵，是我国高档纸箱印刷新的发展方向。

一、微型瓦楞胶印技术

预印刷可以使用柔印和凹印等印刷方式加工，这种方法可以保证很高的印刷质量和套印精度，印刷速度快、产量高，但印刷后需复卷形成卷筒印刷品，再上瓦楞纸板生产线复瓦楞，因而对微型瓦楞纸板生产线上的裁切装置的裁切精度要求较高，而且这种方法适应同批量的产品数量大。如果产品品种多，而单品种的批量不大时，采用预印就不够理想。

胶印能够进入微型瓦楞纸板直接彩色印刷领域得益于以下两个方面：

首先，微型瓦楞纸板直接胶印技术随着新型细瓦楞纸板、特制橡皮布和油墨的开发成功而日渐成熟。作为一种新型的包装材料，微型瓦楞纸板与相同克重的折叠纸板相比，具有较好的堆叠强度和吸震性能。胶印在我国是应用最普及、技术最成熟的一种印刷方式，印刷质量也广为大家认可，相信这种胶印直接印刷的方式会在我国成为一种市场号召力非常强的加工手段。

其次，胶印迎合了微型瓦楞纸板彩色印刷发展的需要，而微细瓦楞纸板也很适合胶印机直接印刷。其中G型和F型微型瓦楞纸板的稳定性良好，也可进行实地印刷。尤其是现在胶印机已配置了柔印上光单元，不再只是用来印刷，这也更有助于微型瓦楞纸板直接胶印的发展。

二、微型瓦楞纸板直接胶印的特点

相对传统的彩色柔印工艺，直接胶印具有明显优势：

① 印刷质量高。可以印刷出极细的文字稿和复杂的网目调图像，加网线数可以达到200LPI。

② 印刷成本低。胶印制版成本低，胶印的高度标准化也有助于降低印刷成本。

③ 装版调机时间短。对于短版活更为经济适用。

④ 各种特殊信息可印刷性能提高。可以进行表面整饰如覆膜、上光等，印刷品质较为稳定。

而在与面纸胶印后再与瓦楞纸对裱的加工方式相比，胶印直接印刷瓦楞纸板具有以下优点：

① 省去了对裱费用，工序的减少使得材料的浪费也相应减少。

② 无须另外的工作过程，整个印刷加工时间相对缩短，提高了生产效率。

③ 纸板的加放量少。

三、微型瓦楞纸板直接胶印存在的问题

① 不能像柔性版印刷设备那样实现纸板联动生产，生产效率相对较低。

② 目前直接胶印瓦楞纸板主要还是印刷细瓦楞，对于克重较大的厚纸板还不能上机直接印刷。

③ 胶印印刷幅面相对有限，能印刷的幅面种类相对较少。

④ 胶印对不平整承印物的印刷很难进行，印刷质量也很难得到保障。

与普通纸板的印刷不同，微型瓦楞纸板的印刷必须在由瓦楞波峰和波谷所造成的不平表面上进行。

⑤ 容易发生搓衣板效应。印刷过程中若不能很好地控制压力和墨量就可能产生“搓衣板”现象。微型瓦楞纸板的印刷可通过橡皮布的可压缩性补偿纸板背脊和凹槽间印刷压力的变化。然而，剩余的压力差仍能不同程度地导致脊部和凹部网点扩大及油墨叠印，这在微型瓦楞纸板印刷时需要通过油墨来补偿。印刷测试表明，优化油墨可明显扩大颜色色域，减少搓衣板效应。

⑥ 瓦楞纸板强度下降。胶印较大的压力会使瓦楞纸板的抗压强度有所下降；使用润版液会使纸板的表面强度和抗压强度因吸水而下降。印刷对微型瓦楞纸板强度的影响主要表现在印刷的面积和印刷的位置。一般说来，随着印刷面积的增加，纸板强度按比例下降：全印刷约下降 40%；横向带状印刷，在中心幅宽 50mm 约下降 35%；在下沿幅宽 50mm 约下降 30%；在上下两边各印宽 50mm 约下降 37%；而在纸箱侧面、端面中心部均纵向印刷 50mm 约下降 5%。但是，随着胶印技术和设备的更新和相应新材料的发明，以上的局限都能在一定程度上缓解，甚至消除。

通过以上分析我们可以看出，彩色包装箱印刷中，胶印直接印刷将成为微型

瓦楞纸箱的主要印刷方式。对于造型和图案相对简单、批量较大的纸板以及厚纸板则仍以柔性版印刷为主；对于顶级印刷品质的彩色包装箱则使用先胶印再对裱的方式加工。

四、微型瓦楞纸板直接胶印工艺的关键因素

微型瓦楞纸板直接胶印同时具有胶印与柔印的特点，是两种印刷技术叠加的全新技术。印刷产品层次清晰、网点再现性好，而且打破了胶印只能印薄纸、一般纸板、卡纸的局限性，因此产品具有独特的生产工艺流程，在印刷材料、设备和工艺上都有一定的要求。以下就这三方面因素作一探讨。

1. 挑选符合印刷要求的微型瓦楞纸板材料

瓦楞纸板直接胶印中，瓦楞纸的选材是影响印刷质量的一个重要因素。因为直接胶印瓦楞纸板是有水印刷，因此要选择质量好的原材料，否则会使瓦楞纸板软化，无法进行准确印刷。瓦楞纸的原料大致分为一次纤维纸和两次纤维纸（再生纸）两类。高质量的一次纤维纸使用化学纸浆生产，而二次纤维是用回收废纸制成。这两种纸都可得到不同克重的产品，为了保证印刷质量和瓦楞纸板的特殊重量，要选用一次纤维纸制成的瓦楞纸板。

（1）适合微型瓦楞直接胶印的纸板厚度　为了适应包装印刷的需要，现在单张纸胶印机扩大了印刷纸板和纸板的厚度，并且能直接印刷微型瓦楞纸板。一般机器可以印刷 1mm 以下的纸板和瓦楞纸板，少数胶印机可以直接印刷 1.6mm 的瓦楞纸板。

常用的微型瓦楞纸板有 F 型、G 型、N 型、O 型等。微型瓦楞纸板具有以下特点：强度高，可增强产品的保护功能，比厚纸板强度提高 40%；重量轻，比厚纸板轻 40%，比覆裱瓦楞纸板轻 20%；表面平滑，图案精美，色彩艳丽，有较强烈的视觉效果。

微型瓦楞纸板主要通过两个参数——楞高（以英寸或毫米表示）和楞距（以每英尺或每米的瓦楞数表示）来对其进行定义。通常选择的微型瓦楞有 F 型、G 型。一般 F 楞印前厚度为 1.10mm，印后厚度为 1.07mm；G 楞印前厚度为 0.80mm，印后厚度为 0.78mm。

（2）瓦楞纸板的丝缕性　胶印印刷分离瞬间，油墨、橡皮布对纸面的剥离张力非常大，往往会引起脱粉、掉毛现象，印刷要求纸面平滑、压印下瓦楞的变形小、表面张力强度高、印刷面纸质地均匀。

微型瓦楞纸板受压后塑性变形大，如何减少印刷时的塑性变形非常重要。实践证明，印刷时采用横丝瓦楞纸板时，由于瓦楞方向与印刷线压力一致，产生塑

性变形大，严重时有压溃瓦楞现象；采用直丝瓦楞纸板时，由于瓦楞方向与印刷线压力方向纵横交错，分散了印刷线压力，瓦楞纸板塑性变形大大减少，不会有瓦楞压溃现象的发生，且印刷网点转移性能良好。因此，在胶印印刷中采用直丝微型瓦楞纸板作为印刷材料，尽可能避免使用横丝瓦楞纸板。

(3) 微型瓦楞纸板厚度的均一性　微型瓦楞纸板厚度不一致会造成印刷压力的变化，引起网点的变异。因此，微型瓦楞纸板厚度的均一性是直接胶印高档彩色微型瓦楞纸板对材料的要求。

2. 选择满足耐摩擦、高流动性、高着色力的油墨

瓦楞纸板不同于普通的纸板，表面有凹凸楞形，印刷时表面受力不均，因此要选择流动性好、着色力强、黏性低、光泽度高的油墨。印刷时若油墨选择有误，将导致在高出瓦楞峰顶的油墨网点被完全还原，而处于峰谷的网点将只会与承印材料的表面部分接触。因此，如果要避免出现亮和暗的斑点，必须要确保即使在不完全接触的地方油墨也能完全传递过来。因此要选择弹性更大的油墨来满足这一要求。

3. 选择满足微型瓦楞纸板胶印工艺的设备

由于微型瓦楞纸板层间支撑点是瓦楞，易受压变形造成印刷网点的变异，故印刷时，要求对印刷压力的控制非常准确。印刷压力太大，瓦楞变形且网点扩大；印刷压力小，网点转移残缺不全或网点发虚，最终印刷还原效果差，普通的胶印机不适合瓦楞纸板直接胶印。

在胶印机上直接印刷瓦楞纸板是一种独特的印刷工艺。对胶印机和橡皮布、油墨、纸板等原辅材料要求严格，选择正确与否非常重要。对于胶印机来说，首先给纸机必须能正确分离和输送瓦楞纸板，给纸机侧规一般由拉规改成推规。为使瓦楞纸板进入印刷机组之后尽量少变形，压印滚筒和传纸滚筒应尽可能大，一般采用倍径或三倍径的压印滚筒和传纸滚筒。

微型瓦楞纸板直接胶印应选用满足印刷 1mm 纸板的印刷机，目前市场上能满足此要求的印刷机有高宝 KBA-Rapida 单张纸胶印机，该机可以在厚度为 0.04～1.6mm 的承印物上印刷，完全可以印刷微型瓦楞纸板；曼·罗兰 R905-6LV 胶印机可以直接印刷厚度为 1.2mm 的微型瓦楞纸板；海德堡 CD74 和 CD102 胶印机可以直接印刷 0.8mm 和 1.0mm 的瓦楞纸板；日本三菱 DIAMOND3000Lc 和 DIAMOND3000LXEp-J 可以印刷厚度为 0.8mm 和 1.0mm 的瓦楞纸板。

要印出精美的瓦楞纸板，需要注意以下方面：

(1) 输纸部分的调节　由于微型瓦楞纸板比正常的印刷用纸厚，不能像普通纸印刷那样调节输纸部分、定位装置，因此要选择真空吸附、气动定位功能来调整输纸和定位装置。

(2) 润版液的要求　润版液的作用是通过适度的 pH 值及时清除非图文部分上的墨脏。润版液中加入表面活性剂，或经强电磁处理，可大大提高润版液的润湿性，以达到版面水膜厚度较小时就可使非图文部分得到良好的保护效果。润版液中亲水胶体在感胶离子的作用下，凝聚成大胶团，以亲水性极强的溶胶状的胶层吸附在非图文部分上使其不着墨。润版液 pH 值及表面张力的稳定，有助于保持良好的水墨平衡。

润版液的 pH 值控制为 5.2～5.6，导电率在 1600～1800μS/cm 的范围内为佳。

(3) 印刷压力的控制　相对柔印来说，胶印的印刷压力较大。如果在印刷过程中压力控制不当，易产生网点扩大严重、瓦楞压溃等现象。因此，选择适合的印刷压力是能否准确还原原稿的关键。通常压缩量控制在 0.15～0.18mm 范围内的印刷压力较适宜。

(4) 水墨平衡的控制　印刷时水墨平衡的控制至关重要，它直接影响印刷品的印刷质量与外观质量。印刷时水墨平衡实质是水在油墨中乳化的过程，而微型瓦楞纸板胶印的润版液量的控制要小于正常胶印印刷中使用润版液的量。因为水的加入会引起微型瓦楞纸板印刷后“搓衣板”问题，所以，印刷时对油墨乳化率的控制非常关键。印刷中“搓衣板”问题的控制是胶印印刷过程中水墨平衡与印刷压力结合点的控制，是微型瓦楞纸板厚度一致性、含水率控制最佳点的控制。正常的胶印油墨乳化率控制 15%～26%，而微型瓦楞纸板胶印的油墨乳化率要小于正常胶印，控制在 15%～18%比较合适。

(5) 选择适合微型瓦楞纸板印刷的特种橡皮布　印刷网点的准确转移需要优质的橡皮布来实现。进行传统的胶版印刷时，印刷压力产生于橡皮布与承印物两者压缩变形后的回弹力之和，橡皮布压缩变形量小、回弹力大而快，易造成瓦楞压溃、网点扩大的现象。因此，寻找适应直接胶版印刷微型瓦楞纸板的特殊橡皮布是工艺关键之一。

由于微型瓦楞纸板材质的特殊性，微型瓦楞纸板在直接胶印时应采用高弹性、高油墨传递性能的特殊气垫橡皮布。借助橡皮布良好的承压性能来缓解印刷时急剧增大的压力，使微型瓦楞纸板的受压变形降到最低限度，同时使印版网点的还原效果达到最好。特殊气垫橡皮布选用时需考虑以下几个方面。

① 硬度的选择　橡皮布的硬度是印刷网点转移完整性的关键。硬度过高，易磨损印版，但网点转移清晰；硬度过低，网点易变形。

② 压缩变形小　高速印刷过程中，橡皮布长期经受周期性的压缩变形，产生压缩疲劳，长久会造成永久变形，使橡皮布厚度减少，弹性减少，硬度增加。

通常采用的特殊气垫橡皮布可压缩层厚度为1.55mm，而普通气垫橡皮布为0.50mm。

③ 良好的油墨传递性能　橡皮布作为网点传递的中间载体，必须具备良好的油墨吸附能力、油墨传递性能和较强的斥水性能。

④ 表面耐油、耐溶剂性　橡皮布的表面胶层必须具有良好的耐油、耐溶剂能力，防止因接触印刷过程中的化学品而发生膨胀，造成网点变形。

⑤ 伸长率适当　橡皮布底部织物要求细密均匀、光洁牢固、伸缩率小、与内胶层交叠黏合性能好、不易龟裂、纵横方向绝对垂直。这样才能避免印刷过程中橡皮布易被拉伸，胶层减薄，弹性降低，造成网点扩大变形、套印不准等现象。

(6) CTP版材及CAD设计软件的运用　CTP制版技术的运用，弥补了传统制版工艺的缺陷，并针对微型瓦楞纸板直接胶印印刷曲线作调整，使印刷品更贴近原稿。激光刀模切割机以及CAD设计软件的应用，使微型瓦楞印刷品后道加工工序所产生的误差降到最低，使包装从整体上能达到预期效果，真正成为高档次的产品外包装。

微型瓦楞纸板直接胶印的技术关键是纸板材料的选择、印刷机器的调试、油墨的选择、特种橡皮布的转印、CTP版材的运用等。只有合理控制好这些因素，才能达到预期的印刷效果，获得高档次的印刷产品。

第三节　海德堡CD102胶印机

海德堡CD指的是SM（速霸Speed Master）系列中用于厚纸印刷的一种机型，其中“C”是“carton”的第一个字母，指的是纸板的意思。“D”是“Durchmesser”的第一个字母，意思是直径，即该机型使用了双倍径的压印滚筒和三倍径的传纸滚筒，现有CD74和CD102两种机型，主要针对的是包装印刷。

一、CD102胶印机的特点及组成

1. CD102胶印机的特点

CD102胶印机驱动主电动机一般采用直流电动机和一套将交流电转换为供直流电动机使用的电路系统，具有调速性、传动平稳性，以及电动机特性都能满足机器高速负载运行的要求。气路和气动机构采用集中供气系统，将空气冷冻、液化、自动排水、除漏和干燥空气；还设置有形成防护气垫的导纸板，不但能消除纸板在传输过程中的划伤，还与红外干燥器结合，及时地对已印刷的印刷品进行干燥处理。输纸系统飞达头的设计理念是准确、精确，满足高速工作的要求和能与CP2000兼容的预置功解。供水系统为酒精润版和CPC自动控制。供墨系统设计了快速区间墨键调整和无边缘效应等功能，也可选配墨线供墨系统。递纸装置为定心下摆式叼牙接纸后，交付给旋转递纸滚筒，再传送到压印滚角的递纸形式。印刷装置为倍径压印滚筒和三倍径传纸滚筒，在CD102机型上增设了斜拉版装置。

2. CD102胶印机的组成

CD102胶印机配置了最先进的装置，具有很高的自动化程度。如海德堡CD102-6LY（x）胶印机结构组成：增强型预置飞达、自动换版装置、遥控匀墨调节、空气导纸系统、墨线直接供墨系统、模块化橡皮布清洗装置、供墨单元温度控制、自动套准系统、遥控对角套准、上光系统、干燥系统、加强增强型收纸、叼纸牙排、气垫导纸系统、吸粉清废装置、增强型喷粉装置。

二、输纸装置

1. 飞达头的结构和功能

在海德堡胶印机上根据要求可以配置预置飞达和增强型预置飞达。

在输纸装置中，纸板最初通过位于纸堆后边的分纸吸嘴分离。如图7-2所示，飞达头不停地对着纸堆吹风，在吹风和纸板分纸部件的作用下，分纸吸嘴吸起纸板的后缘。此时，循环吹风吹入被分离的纸板和纸堆之间，并导致纸堆上已分离的纸板飘浮在一个气垫之上，然后递纸吸嘴将纸板传递到输送带上，当前一张纸约1/3送离纸堆时，后一张纸又被吸起。

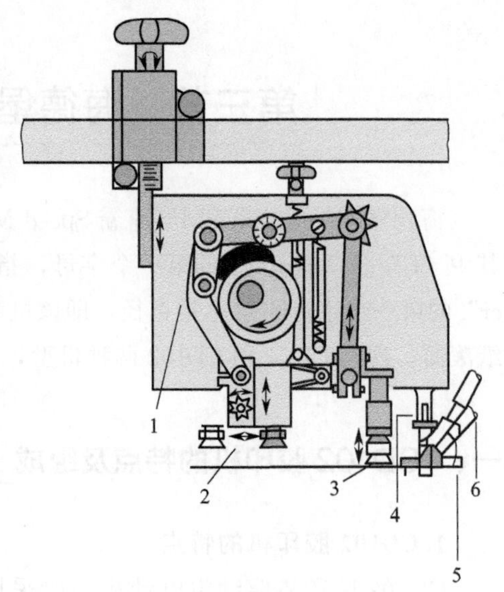

图7-2 输纸装置的飞达头

1—递纸吸嘴驱动曲柄；2—递纸吸嘴；3—分纸吸嘴；4—松纸吹嘴；5—分纸毛刷；6—压纸吹脚

在输纸台上，输纸辊与印刷机同步运转，当纸板到达纸台时，输纸压轮立即压住纸板，纸板进入输纸带（或中央吸气带）的控制中，使纸板与输送带一起同步移动（图7-3）。由于在纸板分离过程以及纸板在输纸台的传输过程中，纸板的表面性质、厚度、重量、孔隙度、静电都有可能影响到纸板的传输。因此，在增强型预置输纸装置中设置了检测装置和跟踪监视装置，在监控过程中如出现偶尔走歪的纸板，递纸吸嘴也能将它自动调整回正确的位置。

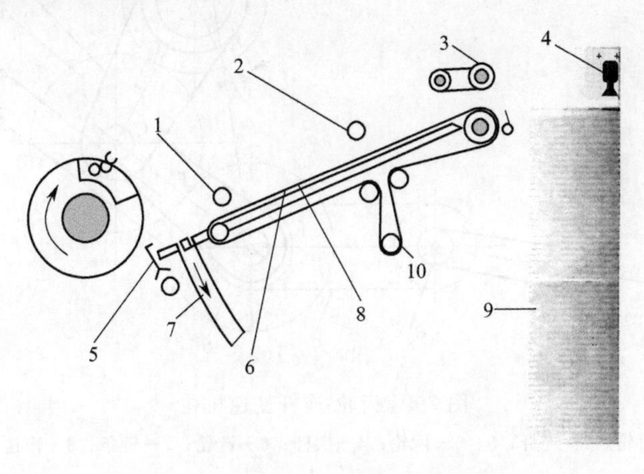

图 7-3　纸板输送

1—毛刷轮；2—压轮；3—给纸压轮；4—递纸吸嘴；5—前规；6—输纸台；7—吸气管；8—传送带；9—纸堆；10—张紧调节轮

现代胶印机的印刷速度达 15000 张/h 以上，高速运行的纸板抵达前规定位时，所产生的冲击力会影响到定位精度，为了避免这个现象，在输送带中增设变速装置，使所输送的纸板在抵近前规时，达到较低的速度，增加定位置的稳定性。

图 7-4 所示为齿轮-连杆变速机构。偏心齿轮 1 装在主轴 A 上，偏心距为 e，动力由主轴 A 传入，齿轮 3 与偏心齿轮 1 啮合，它们的内孔分别与连杆 2 的两个铰链 B、C 活套。齿轮 3 又与齿轮 5 啮合，摆杆 4 与齿轮 5 是活套的。齿轮 5 是齿轮-连杆机构的从动轮，它的轴上装有链轮 6，通过链条 7 带动输送带主动辊做周期性变速转动，从而使传送带做周期性变速运动。

2. 飞达头的调节

（1）对称原则　飞达上几乎所有的调节元件都是成对出现的，以压脚为中心成对称分布，因此这些部件必须工作在对称状态，即必须要遵守对称原则。对称原则包括位置对称、力量对称和调节对称。位置对称指的是相对应的两个部件前后、左右、高低三维空间上以压脚所在的竖直平面空间对称。力量对称指的是相对应的两个部件的力度要一样，即吸气大小、吹气大小、气量的分布应呈对称状态。调节对称指的是在调节过程中，调节一个部件时，同时要考虑到其对称部件进行调节。对称原则是飞达处于正确工作状态的前提之一。

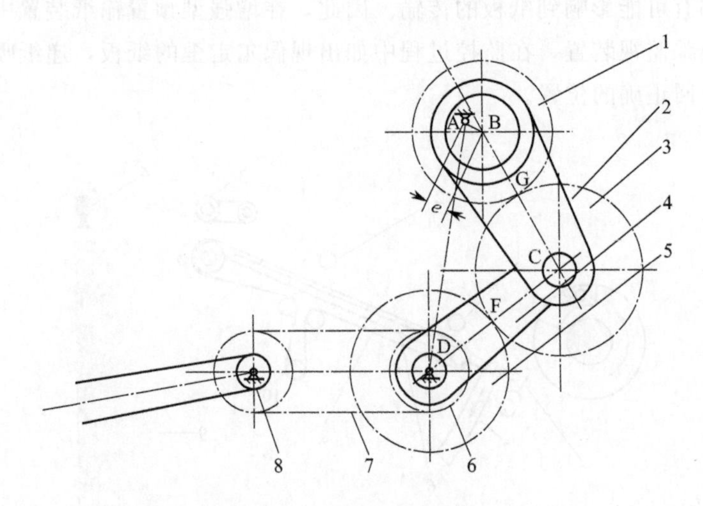

图 7-4　齿轮-连杆变速机构

1—偏心齿轮；2—连杆；3，5—齿轮；4—摆杆；6—链轮；7—链条；8—输送带驱动辊

（2）纸板、递纸吸嘴、接纸辊和压辊之间的最佳配合　纸板、递纸吸嘴、接纸辊、压辊间的配合情况对纸板向前传送有着重要影响。纸板必须过了接纸辊后，压纸轮才能下压，但是又不能过得太多。理想的情况下纸板应在到接纸辊与压纸辊的接触点时，压纸轮压住纸。不过考虑到裁切、闯纸误差及递纸吸嘴的非对称性，纸板的前口不能与接纸辊的轴线完全平行。因此必须使所有的纸板前口能全部跨过接触点，一般数值为 5mm 左右，这个距离同时还为纸板前口由弯曲恢复水平创造了条件。

纸板、递纸吸嘴、纸堆的高低（即压脚的高低）和接纸辊之间的最佳配合是：①纸板处于自由状态；②调节压脚的高低使纸板水平进入接纸辊；③调节压纸轮和递纸吸嘴之间的运动关系使纸板过了接纸辊 5mm 左右，压纸轮下压。

3. 输纸装置的设定

（1）飞达头的设定

① 飞达头位置的调整　根据纸板幅面尺寸和纸台高度状况，飞达头的前后、高低位置可在规定范围内按要求调整。首先，点动印刷机直至压纸脚降到最低位置，移动飞达头将压纸脚的横向标记调整至纸堆后边缘，将手杆锁紧即可，飞达头的高低位置可以由压纸脚决定。通过调整飞达头高度来调节纸堆高度，一般是旋转手轮，收纸堆调至前挡纸片下方 5～8mm 的位置，如果纸堆咬口处起荷叶边，通常以纸堆中间为准。

② 飞达头辅助部件的调整　将纸板准确地分离和传递依靠飞达头上各辅助部件的正确调整来实现。飞达头上两个气阀调整旋钮分别控制位于飞达纸堆、飞

达纸堆前角、飞达纸堆后边缘的吹风，使从纸堆分离出的纸板浮在一层气垫上与纸堆完全分离传输。当有双张出现时可以调整分纸吸嘴倾斜角度来提升分纸吸嘴而不必减少吸风量，转动控制旋钮可以改变递纸吸嘴的高度，正常状况递纸吸嘴到纸堆的高度为5mm。后挡纸板可以根据不同的印刷用纸换置相应的挡片，后挡纸板距纸堆两侧边缘约10mm，距纸堆后缘应为1mm，如顶得太紧会影响出纸。分纸毛刷和分纸片的作用是最大限度地分开纸板以避免双张和多张。

（2）输纸传送带的调整　输纸传送带的位置应设置在输纸轮下方，紧邻输纸压轮和双张检测器，不能紧靠所输送纸板的边缘，皮带不要调得太紧，否则会造成皮带磨损过快，其松紧程度应能用手提起约20mm。

在输纸台板上通过输纸轮与传送带的压力将纸板输送到前规。毛刷轮可以使纸板紧贴前规，使之定位准确，还可以防止高速印刷时定好位的纸板反弹。毛刷轮须放在输送带上，当纸板到达前规定位后，毛刷轮的中线应在纸板后缘之正上方。随输纸板上最前面一张纸一转一停转动，毛刷轮之毛刷应能顶住纸尾，同时定位好的纸板前缘在前规处又不会拱起。驱动轮应压在输纸带上，略微向飞达两侧边靠，以防止纸板前边缘出现波浪状。输纸轮的接触压力必须全部一致，沿走纸方向运行。

（3）交接时间的调节

① 递纸吸嘴与输纸压轮交接的调整　当递纸吸嘴从分纸吸嘴接过纸板向前输送到驱动传送带的输纸辊时，输纸压轮应先抬起让纸通过，待纸板通过一段距离后再放下，借助输纸压轮和传送带的摩擦力继续向前输送纸板。在不同机器上，输纸压轮抬起让纸通过的时间不太一样，CD102的规范调整如下：打开飞达吸气，吸起一张纸，使用手动轮将飞达向左转，直至递纸吸嘴可以吸上纸板，继续转动飞达，直至吸纸嘴刚刚松开纸板，检查递纸压轮至输纸皮带驱动轴之间的间隙（纸板，2mm；卡纸，3mm）。否则，需要重新设置递纸吸嘴与输纸压轮的交接时间。

② 输纸装置与主机同步调节　当纸板过早或过晚传至规矩处时，应调节主机与给纸机之间纸板的传送时间。

印刷机两机构相对工作位置调节的一般规律：所谓印刷机两个机构相对工作位置的调节，均指主动件和从动件在某一点相对位置的改变，无论是联轴器，还是紧固在轴上的齿轮、链轮及凸轮等，都是松开它们之间的紧固螺钉，使主动件不动，从动件逆时针或顺时针旋转一个角度，相对位置便得以调节。

（4）输纸压轮与双张检测的调节

① 输纸压轮的调节　调节时，必须使两输纸压轮同时接触飞达皮带驱动轴，并且使两压轮的压力一样大。

使用手动轮转动飞达直至预设输纸压轮与输纸皮带驱动轴轻微接触，将手轮再转动半圈，松开递纸轮上的锁紧螺母，将调整螺钉向下调整，松开另一只输纸压轮的锁紧螺母，调节输纸压轮的螺钉，直至输纸压轮压力合适，重新拧紧锁紧螺母。调整螺钉和底座之间必须留有一定孔隙。

② 双张检测器　印刷机配有两套独立系统用来检测双张纸和多张纸，飞达台板上的机械双张检测器用来检测 3 张或 3 张以上纸板，此检测器必须始终保持工作状态。递纸牙前方的超声波双张检测器，用来检测双张纸，也应当总是处于开启状态。只有通过机械双张检测器的检测才能防止几张纸同时进入印刷机。所以不管是否使用超声波双张检测器，机械双张检测器都要处于工作状态。

如图 7-5 所示，如果出现双张时，纸板会将检测轮推向双张检测器上的控制轮 9，飞达停止，印刷机离压并以最低速度空转。调节如下：让印刷机走纸，慢慢向左拧动双张调整螺母 7，直至飞达脱开（出现双张状态），再将螺母向右转动半圈，飞达能继续走纸，将三张纸条从辊子下经过。如果设置正确，飞达会停下来，取走纸板继续运行飞达。

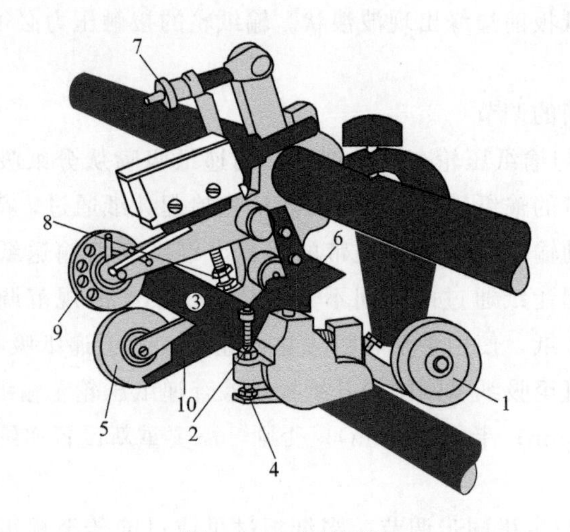

图 7-5　双张检测器

1—输纸压轮；2—锁紧螺母；3，6—调节螺钉；4—紧固螺钉；5—检测轮；7—双张调整螺母；8—调整螺钉；9—控制轮；10—弹簧片

双张机械检测器的测量辊是由弹簧片 10 控制离合的，如果弹簧压力过小，或导板安装不正确，尽管没有双张，飞达都会停止。如果要改变弹簧的压力，可以用调整螺钉 8 调节，也可以根据承印材料的厚度设置导板和飞达台板之间的距离。超声波双张检测器必须和机械双张检测器同时使用，否则的话，极有可能损坏纸板电眼检测系统和印刷单元（印刷多层纸印件时，必须关闭超声波双张检测器）。

4. 侧规矩调整

（1）拉规盖板高度设定　拉规盖板至拉规最低点的距离应设置为0.1mm（图7-6），标准设置适用印刷0.1～0.4mm厚度的印刷材料。微型瓦楞纸板印刷，必须根据材料重新设定厚度，代替原有的0.1mm。

设置：向前点动印刷机直至拉规球降到最低点，拉轴可调范围在305°～345°；拉开安全杠；在横向挡纸片2之间插入一张约5mm宽的纸片，如果承印材料厚度小于0.4mm的印刷材料，使用0.1mm厚度的纸条；厚度大于0.4mm的承印材料，使用与印刷纸板厚度相同的纸条。

转动拉规帽下面的调整螺丝3，直至纸条和拉规盖板接触；将螺钉往回拧，直至纸条可以轻微拉出，再沿此方向转动一个刻度，此时纸条和拉规盖板无接触；取出纸条，合上安全杠。

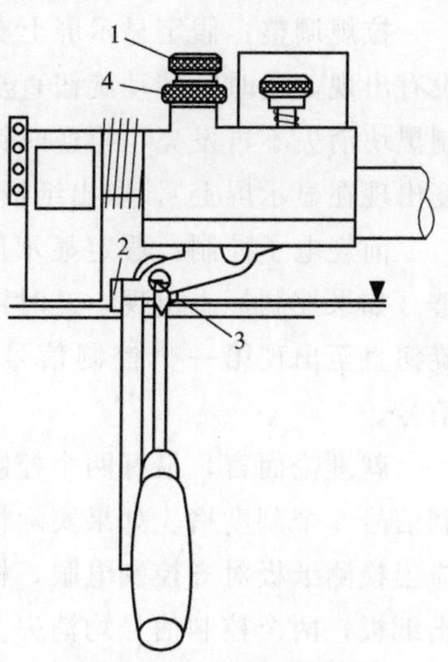

图7-6　拉规盖板调整

1—调节螺丝；2—挡纸片；3—调整螺丝；4—紧固螺钉

（2）拉规弹簧力的调整　如果拉规盖板的高度正确，每一张纸都应当正确无误地拉到拉规挡纸片处，还需要设置一个合适的拉规弹簧压力，主要通过调节压簧的调节螺丝来达到目的。一般可以根据承印材料的厚薄，更换不同硬度的弹簧。

（3）规矩的电子检测装置

① 拉规和前规的检测功能　先准备几张裁切为20cm×100cm大小的纸条，抬起平纸器和飞达台板，取下封挡护板，按开飞达按键。将印刷机设置在安全模式，并向前点动，直至前规移到最上端，此时拉轴和拉规条不可接触。CD系列印刷机显示滚筒角度为180°。

将准备好的纸条插入，距拉规挡纸片约5mm的位置与挡纸片横向对齐，继续点动印刷机，直至拉规将纸板完全拉抵至拉规挡纸片，CD系列印刷机显示角度为330°。

如果纸板靠近拉规挡纸片的位置正确，显示屏上会出现一个控制信息（一个黑块），否则需重新调整拉规电眼。如果生产过程中拉规控制系统出现故障，不管测试中的显示屏上是否显示控制信息，拉规均需重新调整。

前规的电子控制功能与拉规略同，只是当收纸准备裁切好的纸条接触到前规时，有两个控制标志会出现在显示屏上。如果只出现一个控制或者根本没有控制标志出现，则需要重新调整纸板对齐电眼。同样，在生产过程中纸板对齐控制系统出现故障，不管测试中显示屏上是否显示标志，控制系统均需重新调整。

② 规矩检测的调整

拉规调整：假定显示屏上有控制黑块的情况下进行设置程序。如果控制黑块没有出现，逆时针转动旋钮直至控制黑块出现。然后慢慢顺时针转动旋钮直至控制黑块消失不再发亮，再逆时针转动旋钮 10 个刻度格（旋转时，控制黑块会重复出现在显示屏上），取出纸板，控制黑块消失，调整完毕。

前规电子控制：假定显示屏上没有控制信号（黑色方块）的情况下进行调整。如果控制标志出现，逆时针转动旋钮直至控制杆全部消失。慢慢顺时针旋转旋钮直至出现第一个控制信号，继续慢慢顺时针转动旋钮直至出第二个控制信号。

就理论而言，最好两个控制信号同时出现，第二个的出现不能晚于第一个控制信号 5 个刻度格。如果实际情况不是这样，那么到纸控制很可能会出现故障。应当检测纸板对齐控制电眼，标记下旋钮所在位置，再继续顺时针旋转两周，取出纸板，两个控制信号均消失。

5. 递纸装置

(1) CD102 机递纸牙递纸形式　CD102 胶印机递纸牙机构的递纸方式为定心下摆式递纸。从输纸台上接过纸板后再交付给传纸滚筒，由传纸滚筒输送到压印滚筒中去，如图 7-7 所示。

采用下摆式间接递纸方式能使加工、安装、调节相对简单一些，最重要的是，由于增加了一个传纸滚筒，使这种交接方式不受纸尾离开输纸板时间的影响，可以使递纸牙排提前返回到输纸台取纸位置，充分保证了所需要的稳纸时间，这对于高速胶印机是十分有利的。

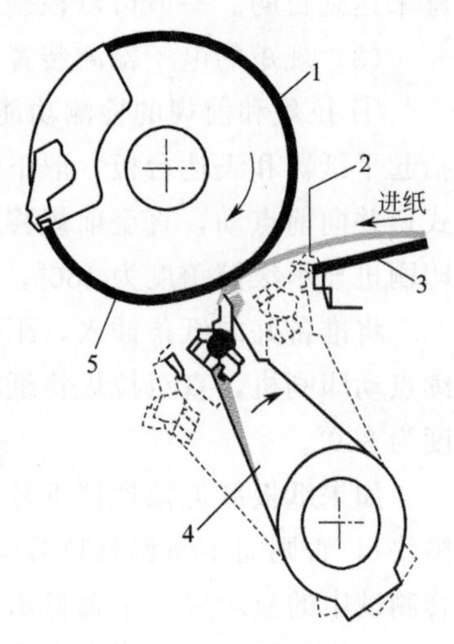

图 7-7　递纸装置

1—传纸滚筒；2—前规；3—输纸台；4—摆动递纸牙；5—纸张

(2) 递纸牙牙片与牙垫的调整　根据不同的印刷材料来调整牙片与牙垫之间的距离。随机基本设置印刷最大纸板厚度可以为 0.3mm。如果使用更厚的印刷版材，需要重新设定：打开飞达安全开关；向前点动印刷机，直至可以调节到锁紧螺钉 1（图 7-8）；打开递纸滚筒前方的护罩；松开所有的锁紧螺钉；继续点动印刷机，直至露出标尺 2；使用套筒扳手将标尺旋转到标记线 3，标尺上每一格代表 0.1mm 纸板厚度；修正完毕后，继续点动印刷机，直至回到调节锁紧螺钉的位置；

拧紧锁紧螺钉；关上护罩；释放飞达。

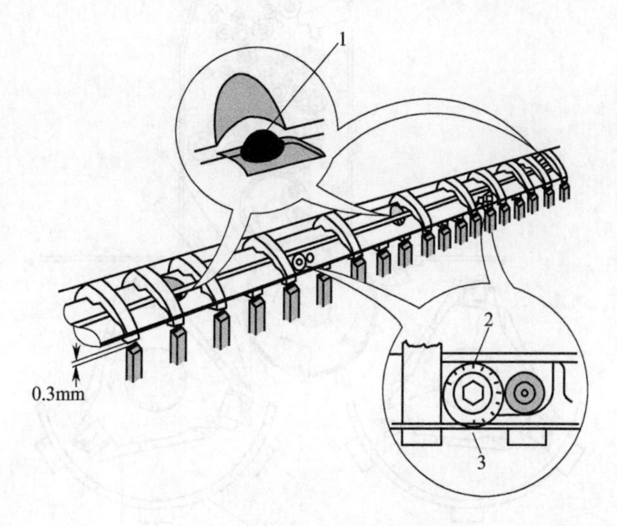

图 7-8　递纸牙牙片与牙垫的调整

1—锁紧螺钉；2—标尺；3—标记线

三、印刷系统

1. 印刷系统的工作原理

CD102 胶印机的印刷系统由印刷滚筒、橡皮滚筒和压印滚筒组成，如图 7-9 所示。将多个这样的单元结构组装在一起，各单元之间用传纸系统连接，组成多色机组式胶印机。按此方式组成的印刷机，各印刷单元的大部分结构和操作部件都相同，印版滚筒与橡皮滚筒的滚枕在合压运行中始终保持接触，即印版滚筒和橡皮滚筒之间的距离不能调节，之间的印刷压力由滚筒衬垫来决定。橡皮滚筒和压印滚筒之间的距离可以通过三点悬浮式离合压系统中的偏心轮装置加以调节，为了使橡皮布的压力适应承印材料质量和厚度的变化，橡皮滚筒可适当调整。在不改变橡皮滚筒与压印滚筒压力比情况下，使橡皮滚筒适应置放承印材料的压印滚筒，在 CD102 胶印机中采用的是倍径压印滚筒，三个印刷滚筒按“7 点钟”形式排列。

所谓倍径滚筒即压印滚筒直径比其余两个印刷滚筒直径大一倍。在印刷运行时，因彼此之间的传动是由滚筒轴端的齿轮相互啮合进行的，也就意味着压印滚筒旋转一周时，其他印刷滚筒需要旋转两周。因此在压印滚上设置了两排叼纸牙排。采用倍径压印滚筒的好处是有利于印刷较厚的承印物，因滚筒直径大，相对等径滚筒来说，弯曲半径小，更能适应厚纸印刷的挠曲强度和印刷压力，同时因

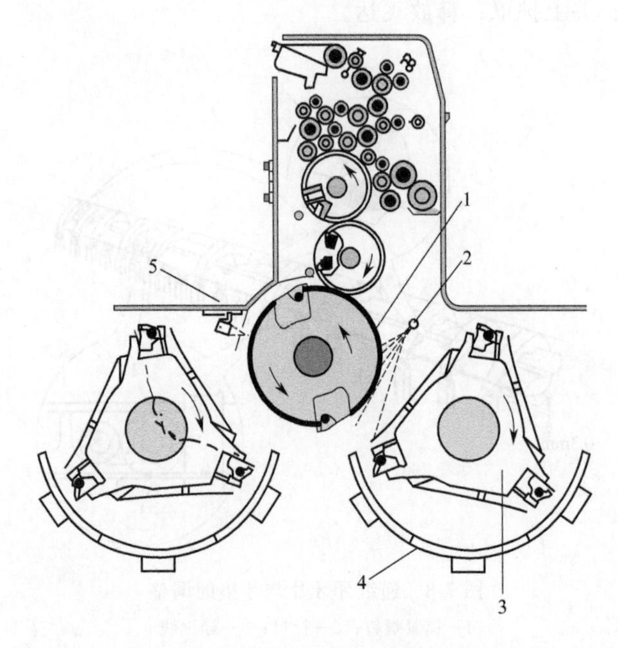

图 7-9 CD102 胶印机的印刷系统

1—倍径压印滚筒；2—向静止纸吹风；3—3 倍径传纸滚筒；4—辅助吹风；5—纸张探测器

为承印物在印刷时没有过多的弯曲，印刷后的导纸部件也能相应简化，即不会影响纸板传递过程中的套准精度。另外，倍径滚筒可以在纸板全部离开橡皮滚筒和压印滚筒之间的压印线时，才通过传纸滚筒叼取纸板，不会由于牙排开闭产生的突然变化影响产品质量，另外大直径滚筒将印刷纸板从橡皮滚筒上“剥离”也要容易得多。

CD102 胶印机单元之间传递纸板的传纸滚筒为一个三倍径的大传纸滚筒。三倍径传纸滚筒与倍径压印滚筒配合再加上传纸滚筒处的气流导纸系统使得印刷纸板在传递过程中并不接触滚筒表面，从而保证了承印物不会在传输过程中被划伤、蹭脏，也避免了滚筒表面被蹭脏和油墨堆积。

2. 印版滚筒的调节

彩色印刷中，套印精度是影响印品质量的重要因素。通常以第一色印版为基准调节其余印版或印版滚筒的周向（纵向）和轴向（横向）位置，保证套印准确。

（1）印版滚筒的轴向调节　海德堡 CD102 系列胶印机，印版滚筒的轴向移动基本上采用电脑控制操作，其结构如图 7-10 所示。

轴向调节机构的结构图与周向微调机构相似。工作时，电机通过链传动和齿轮传动把动力传给印版滚筒端面的螺纹（丝杆），通过螺纹的作用使印版滚筒轴向移动，从而实现轴向微调。值得注意的是，轴向套准是印版滚筒轴向移动，印

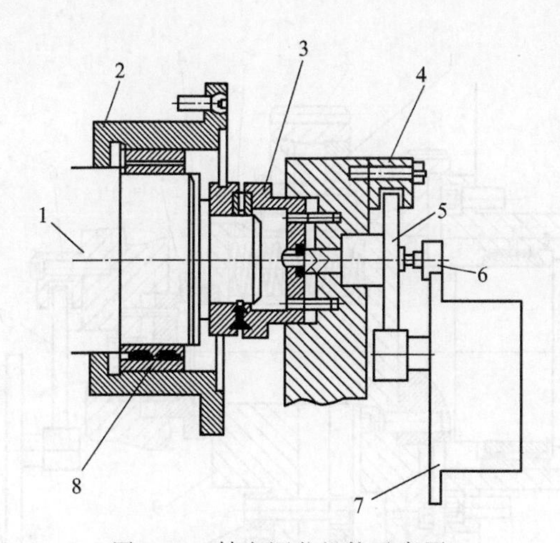

图 7-10　轴向调节机构示意图

1—印版滚筒；2—印版滚筒轴套；3—推力座；4—限位块；5—调节丝杆齿轮；
6—拉版电位器；7—拉版电机；8—滚针轴承

版滚筒的齿轮是分体的，此时，齿轮没有改变位置；周向套准则正好相反，齿轮改变相对位置，而印版滚筒轴向位置不变。

（2）印版滚筒的周向调节

① 尺寸较大的借滚筒调节　印版滚筒周向位置的调节俗称借滚筒，它是通过调整印版滚筒体及其上面的印版相对于其传动齿轮圆周方向的装配位置，调整印版滚筒及其印版相对于橡皮滚筒、压印滚筒的周向位置，实现图文上、下方向的等量调节。这种调节适合以下情况：由于制版误差，造成图文在印版上位置上、下偏移过大，或者印版装夹偏上、偏下的值较大，用拉版方法已经无法调节时；虽然印张两边规矩线的上下位置已经一致，但还需要改变印版图文与纸板的相对位置，即需要平行调节图文在印张上的位置且量值过大时。

在圆周方向由伺服电动机控制的套准调整量只有±2mm，在这个范围在有些时候是不够的。海德堡 CD102 系列的多色胶印机，电脑控制的版位微调和滚筒机件在同一个机构上，如图 7-11 所示。位置在印版滚筒的传动侧（朝外），打开车罩壳上的窗口，就能看到滚筒六角转轮。用套筒扳手转动六角转轮，印版滚筒便能周向移动。移动时，注意指针对着的刻度标记，指针顺时针方向移动，印版叼口位置变小；指针逆时针方向移动，印版叼口位置变大。

② 周向调节　在多色胶印机校版时，如果出现两色套印线上下和左右方向套印不准，且印张两边规矩线的误差一致，误差又在胶印机微调机构允许范围之内，则可以在电脑控制台上通过微调机构分别调节印版滚筒的周向和轴向位置，保证各色套印准确。

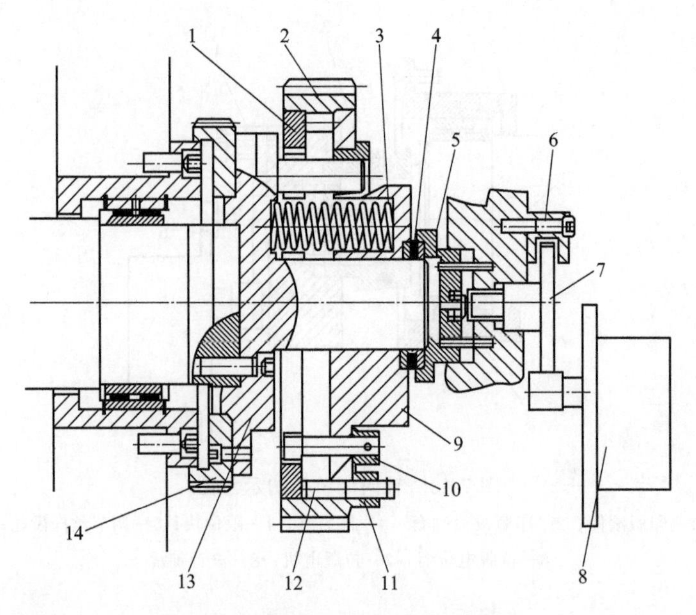

图 7-11 周向自动拉版机构示意图

1—齿圈；2—印版滚筒齿轮；3—弹簧；4—推力轴承；5—推力座；6—限位块；7—丝杠齿轮；8—拉版电机；9—齿轮轮廓；10—滚筒六角转轮；11—紧固螺母 12—螺丝杆；13—导向轮毂；14—供墨传动齿轮

如图 7-12 所示为周向微调机构工作示意图。当电机转动时，通过齿轮传动把动力传给下部丝杆，下部丝杆再通过链传动把动力传给上部丝杆，上下两个丝杆在转动的同时都会产生轴向移动，促使印版滚筒端部的传动齿轮在滑动面 4 上产生轴向移动，斜齿轮在轴向移动的同时势必会使印版滚筒及其上的印版周向转动，从而实现印品图文周向微调。图中手动调节 2 可在适当的时候进行手动周向微量调节，电位计 1 可以通过电阻的变化改变电流的变化，通过发光二极管显示在控制台上。

③ 拉版调节　现代高速胶印机上，印版滚筒多数采用快速并有定位销的装夹装置。印版滚筒的空档部分，安装有两副版夹，印版被夹在版夹中，并用螺钉对印版的位置进行调节和紧固。若需调节印版在圆周上的位置时，可将一个版夹的拉紧螺钉松开，然后将另一版夹的螺钉拧紧。若需调节印版在滚筒的轴向位置时，可通过调节版夹两端的螺钉来实现。

3. 橡皮滚筒的调节

海德堡胶印机印版滚筒和压印滚筒的轴套都是死的，印刷过程中滚筒的离合压动作由橡皮滚筒的机构来完成。

(1) 橡皮滚筒的压力调节　正常情况下的压力微调由车墙上的两个手柄式调节表盘来调节，上面调节表盘调节上压力，即橡皮滚筒和印版滚筒之间的压力；

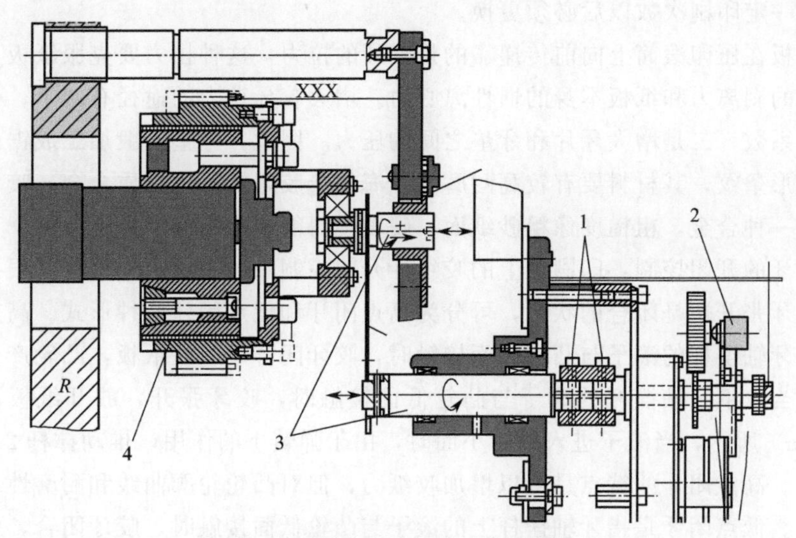

图 7-12　周向微调机构工作示意图

1—电位计；2—手动调节；3—螺丝；4—滑动面

下面表盘调节下压力，即橡皮滚筒和压印滚筒之间的压力。将手柄式调节表盘顺时针方向转动，即增加两滚筒之间的压力；反之，则减少两滚筒之间的压力。

(2) 三点悬浮式离合压调节机构　橡皮滚筒轴安装在一个滚动轴承内，滚动轴承又安装在轴承套内。轴承套的外圆切有曲面形缺口，轴承套由滚轮 1、2、3 支撑以确定滚筒中心的位置。印刷时使轴承套转动，当轴承套的外圆切口与滚轮 2 接触时，橡皮滚筒与压印滚筒中心距增大即滚筒离压；当轴承套的外圆切口与滚轮 1 接触时，橡皮滚筒与印版滚筒离压。当向相反的方向转动轴承套时，滚轮 1、2 分别与轴承套的非切口部位接触，三滚筒的中心距减小即合压。在图 7-13 中，滚轮 1、2 为偏心轮，调节图中的两个螺钉，通过滚轮的偏心原理就可以改变滚筒间的压力。滚轮 3 上的弹簧可以保证滚筒离合压的平稳性和灵活性，确保轴承套始终由三点来支撑。

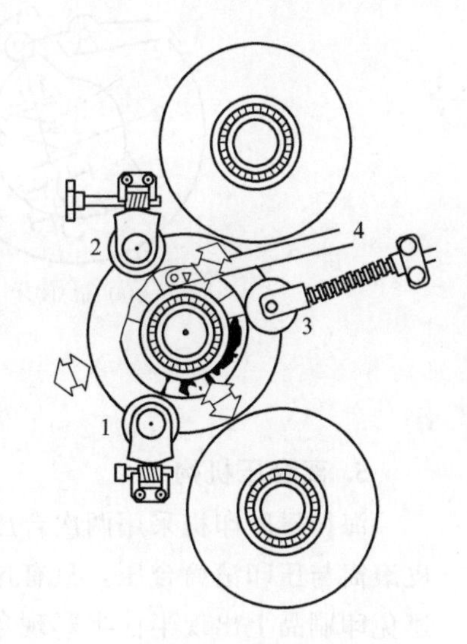

图 7-13　三点悬浮式离合压机构

1，2，3—滚轮；4—离合压连杆

4. 压印滚筒的调节

压印滚筒的主要附件是叼纸牙排，负责传纸和图像准确印刷的任务。无论机器空转或印刷，压印叼牙和牙垫都要碰撞一次，因此两者的接触部位磨损是必然现象，一定印刷次数以后必须更换。

纸板在压印滚筒上向前传递靠的是咬牙的拉力，这种拉力要克服纸板与橡皮布之间的剥离力和纸板本身的惯性离心力。增大咬牙拉力的途径有两个，一是加大摩擦系数，二是增大牙片和牙垫之间的压力。因此，牙垫一般加工成锯齿条纹形或菱形条纹，其材料要有较高耐磨性。海德堡胶印机选用硬质合金，咬牙接触面喷涂一种合金，粗糙度像粗砂纸面，硬度硬得能划破玻璃。

咬牙的开闭控制：印刷机上的咬纸牙开闭控制一般采用凸轮机构，根据凸轮控制咬牙张开还是闭合的状况，可分为高点闭牙和低点闭牙两种形式。高点闭牙是指咬牙轴摆杆的滚子与凸轮高面接触时，咬牙闭合，咬住纸板，凸轮产生咬纸牙力；当咬纸牙轴摆杆的滚子与凸轮低面接触时，咬牙张开，放开纸板，如图7-14（a）所示，当滚子进入凸轮小面时，由于弹簧1的作用，推动撑杆2，使咬牙张开。高点闭牙的特点是可以增加咬纸力，但对凸轮轮廓曲线和耐磨性有较高的要求。低点闭牙是指牙轴摆杆上的滚子与凸轮低面接触时，咬牙闭合，弹簧产生咬纸力；当滚子与凸轮高面接触时，咬牙处于张开状态，如图7-14（b）所示。低点闭牙的咬纸力是靠弹簧来控制的，咬纸不够牢固，在印刷中有时会发生纸板位移，使套印不准。

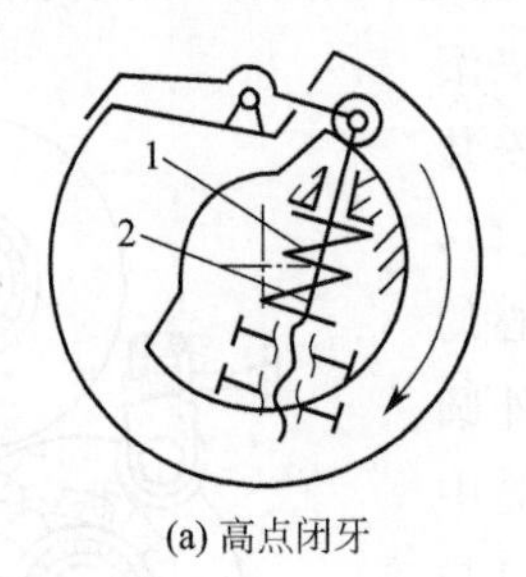

(a) 高点闭牙

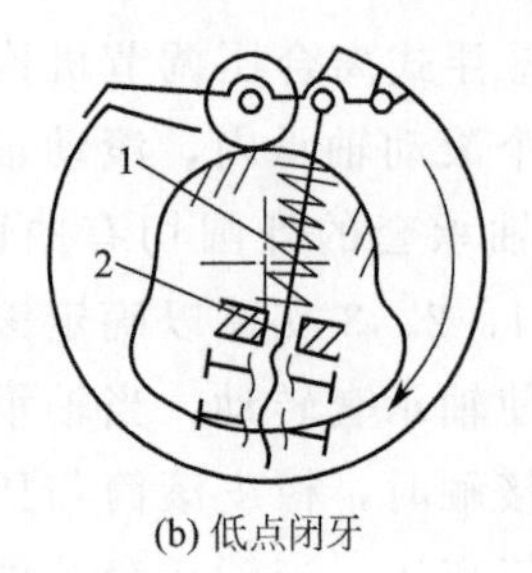

(b) 低点闭牙

图 7-14　咬牙的开闭

1—弹簧；2—撑杆

5. 离合压机构

海德堡胶印机采用两次合压，即第一次橡皮滚筒与印版滚筒合压，然后是橡皮滚筒与压印滚筒合压，只有这样才能保证两次合压在两个滚筒的空档处完成，避免印刷品上出现半白半彩现象。离合压机构如图7-15所示，当操作者给出合压信号后，电磁铁6工作，开始合压。

当一次完成合压时，若生产中途发生故障，橡皮布上后半部的印迹会印到压印滚筒上，印完的产品反面有五六张纸粘上印迹弄脏报废，发生超前合压（一次合压完成）故障。主要原因是橡皮滚筒两头轴套上4个防窜动顶柱阻力太小，各个机构在合压时产生惯性，使本该两次完成的动作一次完成。应调节橡皮滚筒两

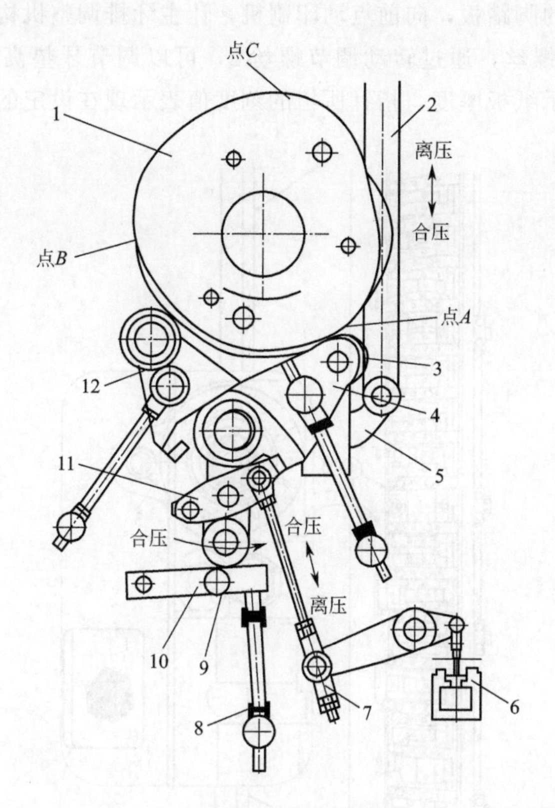

图 7-15　离合压机构

1—合压凸轮；2—离合压拉杆；3—凸轮轴承；4—合压驱动杆；5—离合压摆臂；6—电磁铁；7—缓冲器；8—弹簧；9—滚球；10—锁定顶杆；11—控制摆块；12—离压驱动杆

头钢套外侧的压紧装置，增加合压时的阻力，达到两次合压的目的。

6. 传纸滚筒的调整

传纸滚筒在印刷过程中起传送、交接纸板的作用。海德堡 CD102 胶印机上纸板的传递使用三倍径大传纸滚筒。

(1) 传纸滚筒牙垫的调整

三倍径的滚筒上装有三排递纸牙排，传纸滚筒从双倍径的压印滚筒上接过印张并交给下一个机组的双倍径压印滚筒。对于不同厚度的纸板，三排叼纸牙是通过一套调整机构一起调整的。

当从薄纸改换成厚纸时，必须使传纸滚筒的牙垫高度与所印纸板的厚度相匹配，即所要印刷的纸板厚度不要超过现机组设定量 20％（出厂的设置值为 0.1mm）。当从厚度变换成薄纸时，为了保证良好的纸板传递，也必须调节牙垫高度至匹配薄纸的位置。

调节时先测量所印纸板的厚度，然后锁住机组的安全按键。再打开第一机组和第二机组之间的脚踏板，向前点动印刷机，让主牙排调整机构 4 转到上方（图 7-16）。松开锁紧螺丝，通过转动调节螺丝 2，可以调节牙垫高度。刻度盘上的刻度 1/10mm 表示纸板厚度，指针所指的刻度值表示现在设定的纸板刻度。

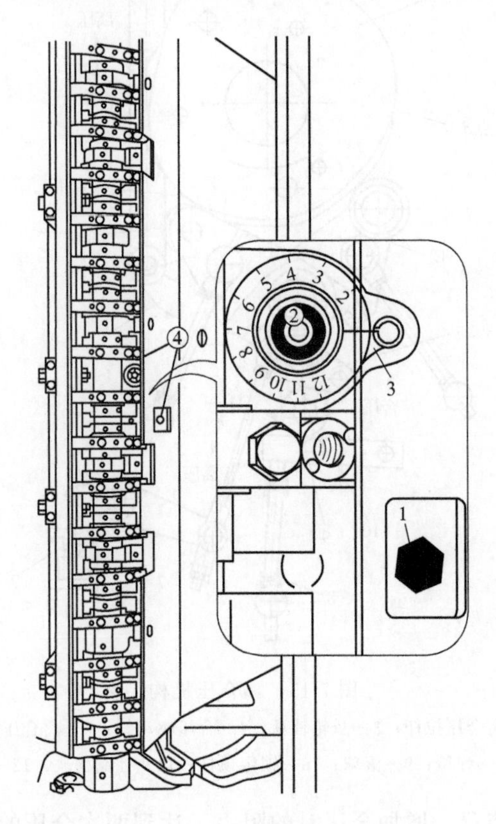

图 7-16　牙排调节

1—锁紧螺丝；2—调节螺丝；3—指针；4—主牙排调整机构

当从厚纸换到薄纸时，先逆时针转动调节螺丝直到极限，然后再顺时针转动到要设定的纸板厚度。拧紧锁紧螺丝 1，然后顺序调节下几个机组的传纸滚筒。当印刷薄纸时，可以在三个牙排之间装上带有超级蓝布系统的导纸托板。

（2）对角套准　对角套准机构一般设置在传纸滚筒上。在传纸滚筒一端上带有偏心轴套，偏心轴套下部有一气动驱动机构，如图 7-17 所示。倍径传纸滚筒及压印滚筒通过驱动齿轮相联结。工作原理：当印刷图像对角出现偏斜时，气动驱动机构驱动拉杆向上或向下移动，带动偏心轴套逆时针或顺时针转动，使传纸滚筒一端轴线沿着传纸滚筒与相邻滚筒中心连线的角分线方向移动，传纸滚筒的轴线倾斜一定角度，使传纸滚筒的叼牙在叼纸位置上变化，从而使纸板在传递中发生偏斜，完成对角斜向调整，工作原理示意如图 7-18 所示。

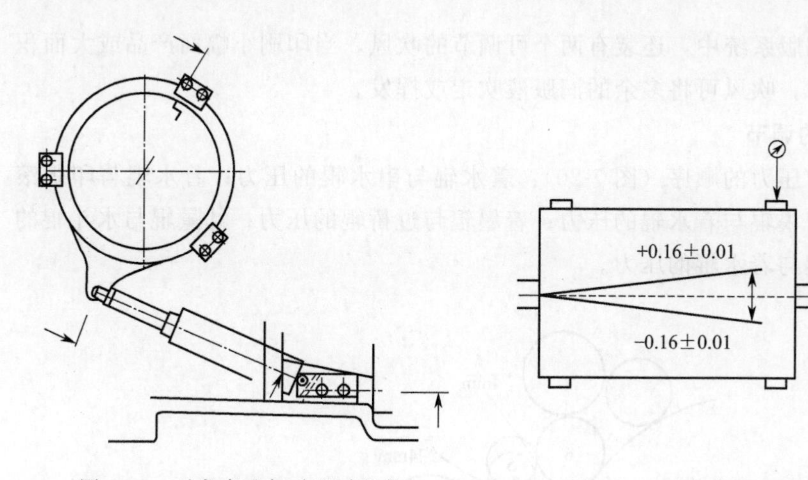

图 7-17　对角套准气动驱动机构　　　　图 7-18　对角套准工作原理示意

四、润版系统

1. 工作原理

图 7-19 所示酒精润版系统由水斗辊、计量辊、着水辊、串水辊、过桥辊组成。水斗辊由安装在传动面的水辊电动机驱动，并由电子控制电路进行速度补偿调节。通过齿轮传动，驱动计量辊转动，设计使水斗辊和计量辊表面产生速差，以控制润版液量和打匀水膜，通过无级变速和压力调节润版液量的大小。过桥辊可由中央控制台控制其脱开或接触。串水辊由主机驱动，与印版表面速度同步，也可以选配差动系统。该系统利用串水辊表面速度低于印版表面速度所产生的速差，消除印版表面的纸毛和其他污渍。

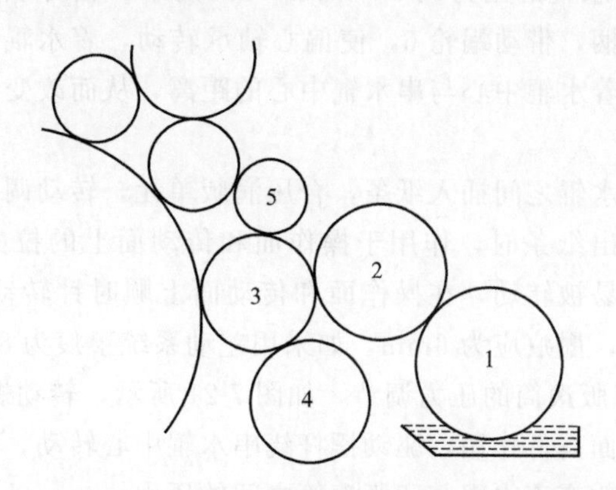

图 7-19　酒精润版系统

1—水斗辊；2—计量辊；3—着水辊；4—串水辊；5—过桥辊

在酒精润版系统中，还装有两个可调节的吹风，当印刷小幅面产品或大面积非图文区域时，吹风可将多余的润版液吹走或挥发。

2. 水辊的调节

水辊调节压力的顺序（图 7-20）：着水辊与串水辊的压力；着水辊与印版滚筒的压力；着墨辊与着水辊的压力；着墨辊与过桥辊的压力；计量辊与水斗辊的压力；计量辊与着水辊的压力。

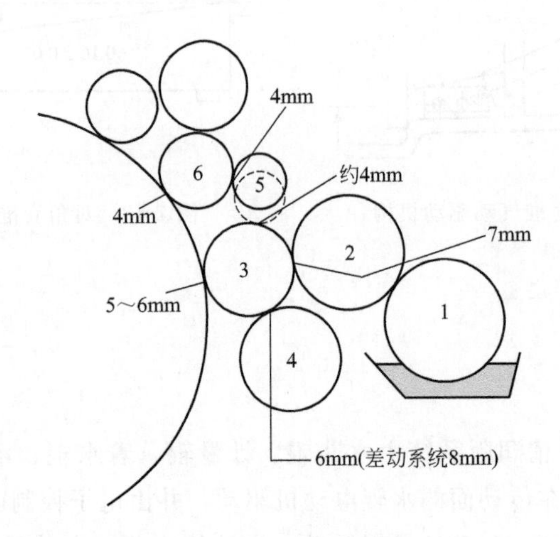

图 7-20 水辊调节

1—水斗辊；2—计量辊；3—着水辊；4—串水辊；5—过桥辊；6—着墨辊

(1) 着水辊的压力调节 着水辊由于安装在印版滚筒和串水辊之间，为了保证良好的印刷压力，着水辊必须与印版滚筒和串水辊之间都有相应的调压机构。

① 着水辊与串水辊的压力调节 如图 7-21 所示，松开锁紧螺母 8，旋转固定在蜗杆 7 上的手柄，带动蜗轮 6，使偏心轴承转动，着水辊中心 O_1 绕偏心轴承中转动，改变了着水辊中心与串水辊中心的距离，从而改变着水辊与串水辊的接触压力。

在着水辊和串水辊之间插入纸条，合压润版单元，转动调节螺丝使着水辊与串水辊接触。当拉出纸条时，作用于操作面和传动面上的拉力应相同。取下纸条，此时辊子很容易被转动，在操作面和传动面上顺时针转动调节螺丝 1.5～2 周。离压润版单元，墨痕应为 6mm，如采用差动系统墨痕为 8mm。

② 着水辊与印版滚筒的压力调节 如图 7-21 所示，转动螺杆 17，使锥头 11 前后移动，通过锥面高低作用，驱动摆杆绕串水辊中心转动，使着水辊靠近或远离印版滚筒，从而改变着水辊与印版滚筒之间的压力。

在着水辊和印版（标准衬垫高度）之间插入纸条，按下设置着水辊按键，用调节螺丝将着水辊调至印版，调节后拧紧传动面六角螺丝。顺时针旋转螺丝，增

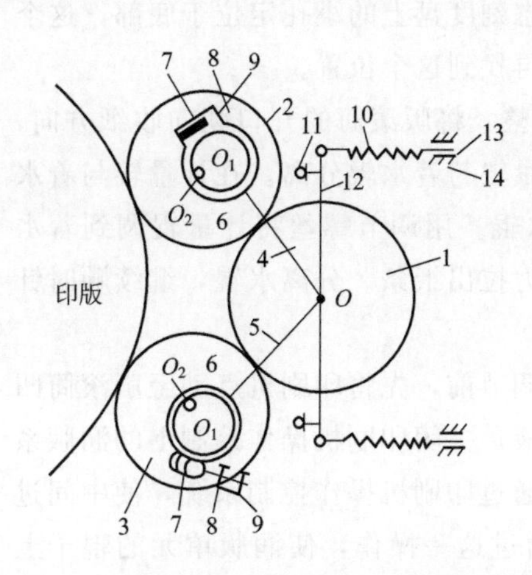

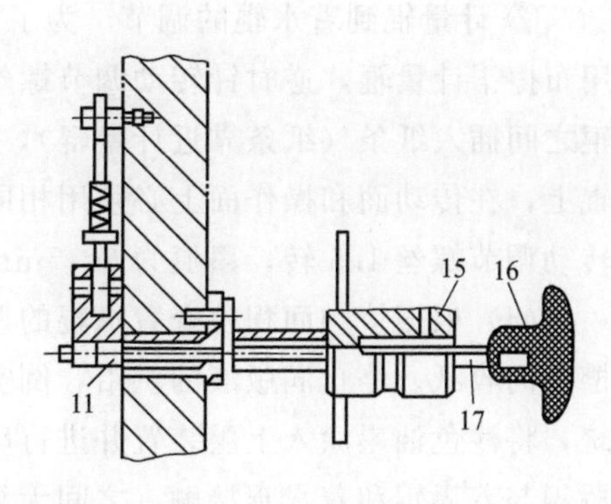

图 7-21　着水辊与串水辊、印版滚筒的压力调节机构

1—串水辊；2，3—着水辊；4，5，12—摆杆；6—蜗轮；7—蜗杆；8—锁紧螺母；9—螺杆；10—撑簧；11—锥头；13—拉杆；14—滑套；15—锁紧螺母；16—手轮；17—螺杆

加着水辊和印版之间的压力，拉取纸条时，作用于传动面和操作面上的拉力应当相同，墨痕应为5～6mm。

（2）过桥辊的调节

①过桥辊与着水辊的压力调整　在CP2000控制台上选择印刷单元/预览菜单（同时选择几个印刷单元）或印刷单元菜单，选择某个印刷单元中的过桥辊离/合按键，将油墨单元和润版单元相连接，对角套准＝0。合压着水辊和着墨辊，在过桥辊和着水辊之间插入纸条，调节传动面和操作面上的螺丝，将过桥辊轻轻靠向着水辊，在传动面和操作面上用相同的拉力拉出纸条。取出纸条后，顺时针旋转传动面和操作面上的调整螺钉半圈，拧紧传动面和操作面上的锁紧螺母，墨痕为4mm。

②过桥辊与着墨辊的调整　为了正确调整，需首先将着水辊和着墨辊合压。松开锁紧螺母，拧开空心轴直到和肩铁略微离开一段距离，将空心轴拉回，重新接触到肩铁，略微感觉到弹簧的反弹力。接触压力调节均匀后，顺时针转动空心轴半圈。弹簧产生的墨痕压力条宽3～4mm。

（3）计量辊与水斗辊的调节

①计量辊到水斗辊的调节　插入水槽，使润版液流入水槽，松开传动面和操作面上轴承板的螺丝，按动“清洗润版辊”按键转动水斗辊和计量辊，逆时针转动调节螺丝将计量辊从水斗辊上分离开来，使水斗辊的整个表面上有一层均匀的润版液，然后再顺时针转动螺丝使计量辊与水斗辊相啮合，直到辊的中部无水变暗，以同样方法合上计量辊，使其的左边和右边有10cm宽的水杠，再顺时针

旋转螺丝半周，重新拧紧螺丝，用扳手将标志刻度盘上的小孔定位于底部，这个基本位置便于操作人员在今后的调节工作时再找到这个位置。

② 计量辊到着水辊的调节　为了正确调整，将版滚筒的开口朝向收纸方向，用布擦干计量辊，逆时针转动调节螺丝使计量辊与着水辊分离。在计量辊与着水辊之间插入纸条（纸条靠近计量辊），合上水辊。用调节螺丝将计量辊调到着水辊上，在传动面和操作面上必须用相同的拉力拉出纸条。分离水辊，继续顺时针转动调节螺丝 1.5 转，墨痕为 6～7mm。

(4) 根据接触面积检查着水辊的调节　调节前，先将印刷机点动至版滚筒凹槽指向收纸。停止润版液的供给，倒空润版液，关闭印刷机操作控制上的润版系统，将浅色油墨涂入上墨装置并进行串墨。通过印刷机操作控制系统，使中间过桥辊与着墨辊和着水辊接触（之间无缝）。通过这一操作，使润版单元的辊子上着墨。油墨均匀串墨后，停机等待几分钟，上墨的接触点形成接触条。

传动面和操作面的辊子上的接触面积宽度应当相同，如其宽度不同，就需要重新调节各个辊子。

调节着水辊和串水辊之间的接触面宽度至 6～7mm；着水辊和印版之间的接触宽度为 5～6mm。要检查着水辊到印版的调节，只需将着水辊和着墨辊与印版相靠合，再将其离开。中间过桥辊必须与着水辊、着墨辊相接触，其接触压力会直接影响到着水辊和着墨辊这两个辊间压出的墨条宽度。计量辊和着水辊之间的接触宽度应为 6mm，过桥辊和着墨辊之间的接触宽度约为 3mm。

点动印刷机，直至着水辊和着墨辊之间在印版上产生接触墨条，调节好后清洗润版单元的所有辊子。

五、输墨装置

输墨单元的作用就是源源不断地为印版上的图文区域提供油墨，以保证连续着墨。在这个过程中，消耗的油墨量必须保持油墨供给和分配之间的平衡，以避免印刷图文部分油墨密度发生变化。

印版图文部分墨层厚度的一致性或承印材料图文部分墨层厚度的一致性是影响印刷质量的重要因素（整个印版墨层厚度必须相同是胶印的一个基本条件，分色复制技术也是以这个基本原理为基础的）。因此，决定印刷质量的关键因素如下：

① 平均墨膜厚度的临时性波动（数量均衡）。

② 印版图文部分墨膜厚度的均匀性或承印材料印刷部分墨层厚度的均匀性。

以上参数取决于输墨单元的结构设计。而承印材料上，网点层次的精细和单个网点的质量则主要取决于承印材料的粗糙度、印版和橡皮布表面的微观结构及油墨的流变性。

在输墨系统中，除了允许硬辊和软辊之间有一点可忽略不计的拉伸滑动外，整个输墨系统不允许存在其他任何滑动。在油墨的传递过程中，墨层被多次分裂、转移，而且输墨装置上的墨量取决于墨辊的数量和墨辊表面积的大小。如果系统结构设计理想，着墨辊就能够在印版滚筒的图文部分涂布一层厚度不变、不受印刷图像影响的墨膜，也就是说，在最后一个着墨辊着墨后，将提供给图文部分一层平滑的墨膜。

胶印印版区别于其他印版的特征是图文区域和非图文区域在相同平面上，为了使图文区域和非图文区域分离，需要润版装置在印版上涂布一层润版液薄膜。润版液部分被印刷，部分与油墨乳化，部分被蒸发掉。印刷的油墨量和润版液的消耗量应与各自的供给量保持一致，否则就会导致墨膜的临时变化。

印刷过程中，为了把油墨均匀、适量地传给印版，必须通过输墨装置中各个墨辊的相互作用，把条状油墨迅速打匀、打薄。输墨装置按其具体作用的不同，可分三个部分：供墨部分、匀墨部分、着墨部分。供墨部分由墨斗、墨斗辊、传墨辊组成，主要作用是储存油墨并将油墨传给匀墨部分。匀墨部分一般由串墨辊、匀墨辊、重辊组成，主要作用是将油墨拉薄、打匀，以达到工艺所需求的墨层厚度，并沿着一定的传输路线把油墨传给着墨部分。着墨部分主要由几个着墨辊组成，主要作用是将已经打匀、打薄的油墨均匀地涂布在印版上，如图 7-22 所示。

1. 着墨辊的压力调节

调节着墨辊压力时应先调着墨辊与串墨辊之间的压力，然后调节着墨辊与印版滚筒之间的压力。具体方法如下。

塞（纸）尺法：把 0.1mm 的塞尺（纸板）放到两墨辊间，两边抽出时有同等的拉力即可，本方法适合粗调指示。

压杠宽度法：用黄墨涂在胶辊上，周向轴向打匀后，停止转动，在每个接触区会出现压（墨）杠，墨杠越宽，表示墨辊间压力越大。本方法可精确调节墨辊间压力，当墨辊间压力过大或过小时可用工具调节墨辊压力调节机构，直到达到标准值。

如图 7-22 所示，已安装好的墨辊可以通过观察墨辊压痕进行调节，即在墨路里加入浅色油墨，油墨匀开后，停机，约几秒钟后在墨辊间产生压痕，反点车直至看到压痕，压痕在传动面和操作面的宽度都应为标准值。图中着墨辊 1、2、3 和 4 与串墨辊 C 或 D 的压力，可以通过顺时针调节螺丝增加两辊之间的压力，使压痕加宽；逆时针转动螺丝则减轻压力，使压痕变浅。

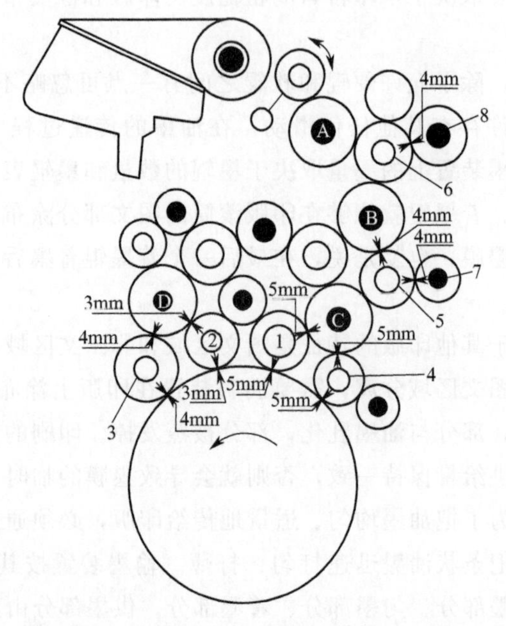

图 7-22 墨辊排列与墨辊压力调节示意图

1～4—着墨辊；5，6—匀墨辊；7，8—重辊；A～D—串墨辊

总的来说，1、4 两根着墨辊在版面的压力稍重些，压杠印迹宽度可达 5mm，2、3 两根着墨辊在版面的压力稍轻些，这样有利于发挥它们的收墨作用。

2. 着墨辊串动量的调整

印刷的图，如果油墨量反差过大，往往可能产生鬼影，这是因为由着墨辊传递到印版上的油墨在不同图文区域相差甚大，弥留在着墨辊上的剩余墨膜较不均衡，经过多次印刷，堆积在着墨辊上的余墨累积到一定程度，就会在印刷品上产生鬼影现象。通过串动着墨辊能及时地打匀残余在着墨辊上的油墨，消除印刷鬼影现象，但这也会加重印版和着墨辊的磨损，因此一般要根据印刷中出现的情况决定着墨辊的串动量或“零串动”。通过松开着墨辊轴头套使着墨辊横向串动量增大来消除鬼影，打开印刷机操作面护罩后，松开紧固螺丝，拉出调节螺丝至制动片，再拧紧锁紧螺丝，如果不需串动反之亦然。

3. 传墨辊的压力调节

传墨辊在墨斗辊和串墨辊之间来回摆动，由于海德堡多色机车速快，印刷滚筒转动两周它才摆动一次，这是由它的运动性质所决定的。

传墨辊与墨斗辊之间的压力是通过弹簧来实现，它同串墨辊之间的压力可通过螺丝来调节。如图 7-23 所示，在传墨辊摆架的上部有一个调节螺钉 6，顺时针方向转动，减小它同串墨辊 1 之间的压力，反之则增加压力。一般这两辊之间的压杠印迹宽度为2～3mm。若压力过大，传墨辊4摆动甩上串墨辊1力更大，久而久之串墨辊部分损坏。

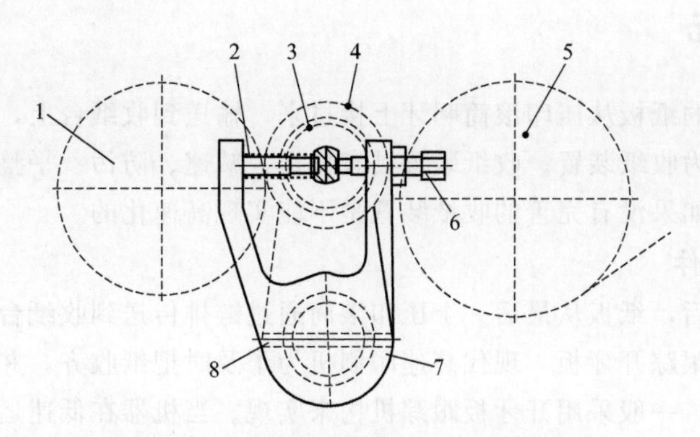

图7-23　传墨辊压力调节机件示意图

1—串墨辊；2—弹簧；3—传墨辊轴承座；4—传墨辊；5—墨斗辊；6—调节螺钉；7—内驱动摆臂；8—空心销

4. 串墨辊串动距离及换向调节

串墨辊1串动距离的大小关系到该机匀墨的程度。油墨从墨斗中出来是呈直线条的，若串墨辊的串动量小，不能很好地匀墨，印刷大面积的满版实地产品时，就会出现深浅不一的直条纹，达不到平伏的要求，故要对串墨辊的串动量进行增量调节。

海德堡CD102机型的串墨辊串动量及换向调节机构在传动面的车罩内，打开备用车罩小盖，就能看到对应的标盘。标盘上标有三圈尺寸数字：0、18、35，即从0～35mm之间可以任意调节。有时印刷特殊产品，某一色组不需要串墨辊匀墨，串动量可调节到0，这种情况极少见。

(1) 串动墨的调节　调节前，先将机器点动，使串墨辊1达到中央的位置。在这个位置上，串墨辊两头露出固定墨辊约10mm，就可以进行串动量的调节。

用套筒扳手拨动轴承盘，按照0～35所示的方向，拨动轴承盘到所想要的串动量数值，然后拧紧螺母即可。一般情况下，总是向串动距离大的方向调节，因为机器用过一段时间后，随着牵动件的磨损，串墨辊的串动量稍有减少，特别是印刷满版实地产品时，要加大匀墨程度来满足产品的需要。

(2) 换向调节　一般情况下，串墨辊串动到头要改变串动方向时，其换向点总是在印版滚筒的空档里，即印版的拖梢以后，叼口之前，这样可以避免串墨辊换向时可能产生的换向墨杠。所有出厂的机器都是这样调节的，除非以后有什么特殊情况，或外力故障，才改变它的换向时间。

要进行串墨辊的换向操作时，先点动机器，使拉动串墨辊串动的拉杆头处于最下方的位置，用套筒扳手松开螺母后，继续点动机器，直到想要的换向点，锁紧螺母，串墨辊串动时的换向就完成了。

六、收纸单元

经印刷完的纸板从压印滚筒叼牙上接过来，输送到收纸台上，并理齐和堆积成垛的装置称为收纸装置。收纸装置具有传送、减速、防污、平整及收取印张的作用。胶印机如果没有完善的收纸装置是不能实现高速化的。

1. 收纸部件

印刷完成后，纸板从最后一个压印滚筒通过链排传送到收纸台上。

(1) 收纸跟踪开牙板　现代高速印刷机为了及时把纸收齐，并减少人为地对开牙板的调节，一般采用开牙板跟踪机构来实现。当机器在低速运转时使收纸牙排晚开牙，当机器增速印刷时使收纸牙排早开牙，以克服由于机器速度快、链排速度快、纸板冲力大而带来的问题。如图 7-24 所示是收纸跟踪开牙板工作原理。

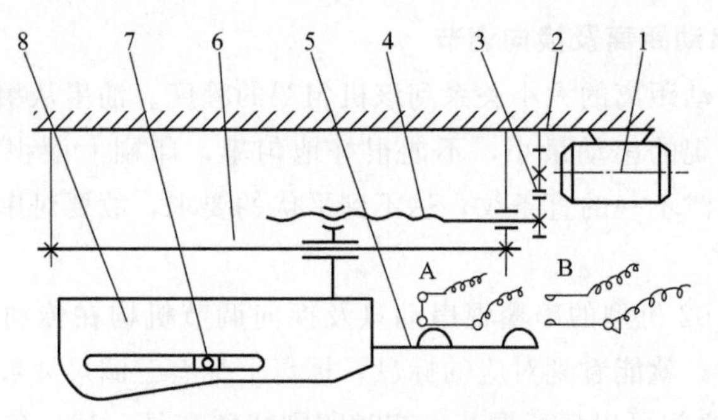

图 7-24　收纸跟踪开牙板工作原理

1—电机；2，3—齿轮；4—丝杆；5—碰块；6—花键轴；7—螺栓；8—收纸开牙板

正常印刷时，收纸开牙板应晚开牙，即收纸开牙板的碰块处于“运转”位置上。当正常印刷时，按“定速”按钮，由于电器连锁，自动接通电源，电机 1 反转，收纸开牙板 8 及碰块反向移动。当碰块碰压行程开关 B 时，经电器连锁，电机 1 停止转动，这样收纸开牙板就停留在定速位置上。由此可见，调节碰块的相对位置，可使收纸开牙板处于所需要的位置。在电器按钮盒上就可以自动地控制收纸开牙板的位置，也就是按“运转”低速印刷时，碰块在“A”位置开牙晚；按“定速”按钮，碰块在 B 位置，从而实现收纸开牙板具有速度跟踪的自动动作，甚至滚筒离合压时都能收齐纸板。

(2) 收纸滚筒　对于印刷长版活的高速印刷机或较厚的承印材料，大都采用容纳多的高台收纸形式。在高台收纸装置中，从压印滚筒到印张纸堆处的走纸长度要长于低台收纸类型。当印刷机印刷速度较高时，还未干燥的油墨有可能因接触印刷机部件而弄脏收纸区域，另外，叼纸牙放纸时，也可能造成纸板飘动，因此设计出了无飘动导纸系统，其基本原理是在导纸板与印页之间产生气流，该气流在设定的长度内（从导纸板开始）吸住纸板，使纸板无法飘动，这种系统是完全无蹭脏收纸装置的基本组件。

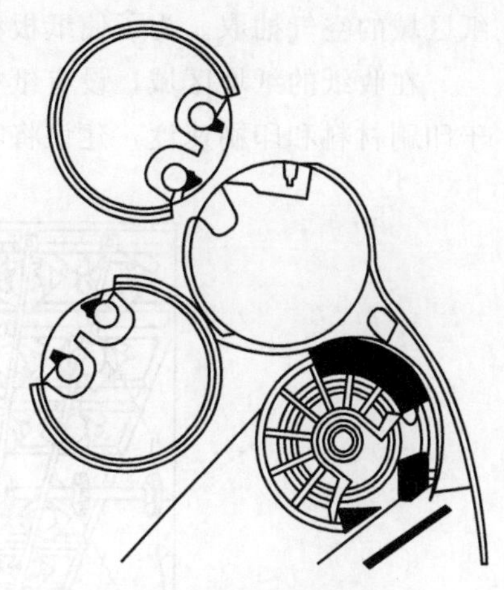

图 7-25　气垫式收纸滚筒

如图 7-25 所示是气垫式收纸滚筒，气垫式收纸滚筒有坚固的铝制筒体，筒体外面包裹着一层可以透气的外套。空气经吹送通过透气罩形成气垫，支持着由叼纸牙系统传送刚完成印刷的纸板，此时纸板与收纸滚筒表面没有直接接触，从而避免了印品的蹭脏。

在最后一个压印滚筒到收纸装置之间可安装烘干装置，如红外线烘干机、喷粉干燥机及其排出系统等。通常这段空间不足以容纳这些干燥装置，可选用加长型收纸装置。加长型收纸装量具有在没有任何专门干燥设备的情况下，延长油墨固化时间的附加优点，这对高速印刷机尤其重要。因为在高速印刷机中，纸板从最后一个印刷单元到收纸堆的走纸时间少于 1s。因此，走纸时间只要延长 1s，就可使油墨固化到不产生蹭脏的程度，从而减少喷粉。

（3）理纸机构

① 制动辊　现代单张纸胶印机收纸链排传递纸板的速度已达到 1.5～3.4m/s，甚至更高。如果以这样高速度冲向前齐纸，纸板前边缘很容易受到冲击而皱折，也很难使纸板堆放整齐。

现代高速胶印机多数采用气动式制动辊来减缓纸板皱折，制动辊的速度低于链排纸板速度的 40%～50%，由于负压作用和速度减低，对纸板产生一个向后的拖力，使纸板尾端不致在转弯处飘起，链排放开纸板后将纸板收齐。

在收纸装置中，纸板越平展，纸板之间的气垫保持得越好，纸堆上纸板的接触压力在整个印页表面的分布就越均匀，所有这些因素都有助于防止油墨蹭脏。为了获得良好的收纸速度，需要在导纸链顶部和底部安装吹风装置来辅助纸板下落，并根据纸板的质量、克重、幅面大小、传输方向以及印刷速度等调节吹风的大小，才能达到良好的效果。这时纸板应中间下沉（在其传输方向上），让气流可以从纸板和纸堆的两边吹过，而纸板在其传输方向上保持稳定，吹风大小分若干个可调的级别。

② 纸板制动器　带有上光单元的印刷机在收纸区域配有油气系统，用于收

纸区域的空气抽取。为了使纸板在各个区城内达到最佳走纸，可以调节吸气量。

在收纸的纸堆区域，设有纸板制动器，如图 7-26 所示。由于风量设定取决于印刷材料和印刷速度，建议将收纸的风量设定为基本一致。

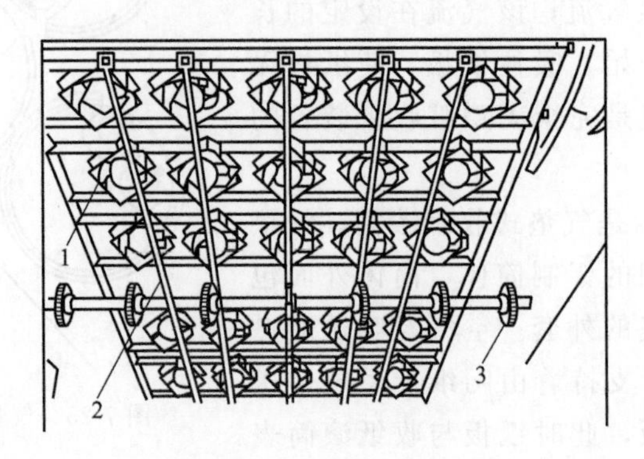

图 7-26 纸张制动器

1—风扇；2—纵向吹气管；3—纸张制动器

纸板制动器上方设置一排风扇，并与走纸方向平行，使纸板能平稳进入纸板制动器内，特别是在印刷机高速运转的情况下。导纸也是由这一排风扇来完成，纵向吹风管应当和纸板制动器平行，风扇的风将纸板“缓和”接下后摞成纸堆。

收纸过程中的吸风是影响走纸的重要因素，可以在控制台上采用“导纸-吸风”设置来调节吸风量。从收纸侧观测纸板情况，纸板在从斜面到平面的交接点不应摆动不定。在设定风量时，不要将气流设置得过大，开始时吹风要小一些，然后再慢慢加大。吹到纸板上的吹风越大，纸尾越容易晃动，越发加大走纸过程中保持纸板平稳的难度。

调节纸板制动器速度时的基本原则是“越快越好”。收纸叼牙释放纸板后，纸板立即从吸纸带/吸纸嘴传动至纸堆。如果吸纸嘴的动作过慢或者叼牙释放纸板过早，就会造成纸板在吸风轮上停留时间过长，继而导致纸板不能被正确堆积。导纸零件安装在纸板控制器之间，用来拉平纸板，避免撕拉纸板。

③ 平纸器　由于纸板到达收纸装置时的速度过快，因此必须设置制动系统来降低纸板的传输速度。具体做法：调整叼纸牙开牙时间，在纸板到达收纸堆末端时，使叼纸牙已张开一段距离。同时，吸气制动辊或制动带从下面牵住纸板的拖梢，纸板到达纸堆的动能很大，使纸板因惯性而继续运动。由于制动辊的圆周速度低于印刷速度，因此牵住了纸板的拖梢，可使纸板伸长，完全平展。

如图 7-27 所示是平纸器工作原理图。该装置实质上是由两根固定的铁辊，并连接吸气管，通过强大的吸气，迫使纸板在运动过程中朝卷曲反方向使纸板“复原”，恢复纸板应有的平直形状，消除纸板卷曲收不齐的现象，达到收齐纸板的目的，实现高速化印刷。

纸板平纸器一般安装在最后一组印刷单元后面的链轮轴下面，可以使用调节杆调节平纸器的吸风量。平纸器关闭后，控制台上平纸器的吸风也自动关闭。平纸器离/合操纵杆/星形手柄位于印刷机操作面挡纸板后面，与收纸滚筒同高的位置。

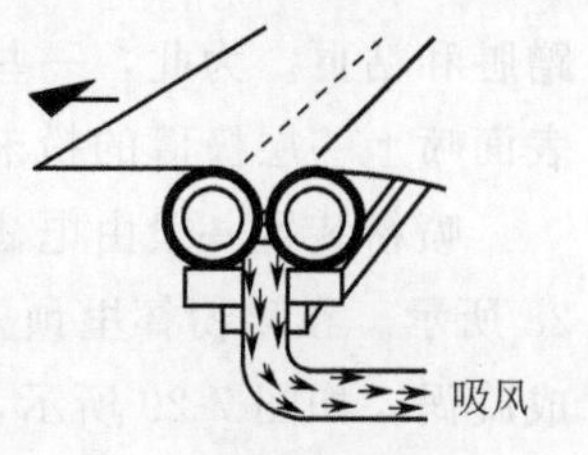

图 7-27　平纸器工作原理图

CD102 胶印机中，平纸器的上方放置了吹风管，可以通过调整平纸器上方的吹气，将印张压到平纸器上，调节吹风嘴吹气的旋钮对于标准型收纸印刷机位于平纸器操作面盖板的后面。如果是带上光单元/加长收纸的印刷机，调节吹气管吹风的旋钮位于平纸器上方，操作面上盖板的后面。另外，旋钮也可以调节导板托架吹气管的吹风。导板托架吹气管只适用于薄的印张。遇到厚的较硬的印版时必须将吹气管拆下来，以防止挤压纸板。拆卸前，转动旋钮关闭吹风。

在收纸堆上，单面印刷因纸板卷曲难以形成平层的纸堆，而且纸板卷曲还会增加背面蹭脏和粘页（刚印好的印张粘在一起）的概率。纸板的卷曲现象是由油墨的流变性造成的，纸板牢牢吸附于橡皮滚筒上，叼纸牙要用较大的拉力，才能使纸板脱离。一方面纸板在叼纸牙拉力作用下有点伸展，另一方面纸板又随橡皮滚筒的圆弧旋转，这样当纸板脱离橡皮滚筒后就会形成一定的弯曲半径，安装于收纸区域的纸板反卷曲装置，从反方向弯曲纸板，从而使纸板重新恢复平展（双面印刷不需使用纸板反卷装置）。

由于平纸器需要的吸气量很大，因此一般平纸器单独配一个气泵，吸气量大小由相关机构调节。平纸器安装的位置只要在最后的通道上即可。

④ 齐纸机构　纸板齐纸机构包括前齐纸和侧齐纸两种机构。牙排开牙后，纸板已处非约束状态，因各种因素的影响，每一张纸到达收纸堆上的位置不可能完全一样，但最后在收纸堆处希望它们尽可能在同一位置，这个过程就是由前齐纸机构来实现。当纸板要落到收纸堆上时，前齐纸板后摆，落稳后，前齐纸板再回摆，与纸板叼口处相碰，推动纸板，使其前口齐平；当第二张纸过来时，它又开始向后摆。这个动作重复进行，最后使所有的纸板前口都能齐平。

牙排放纸后，纸板在纸堆上的位置也不可能完全一样，而要求它最后尽可能在同一位置，这个过程就是通过侧向齐纸机构来实现的。当纸板要落下的时候，侧齐纸机构离开纸堆；当纸落稳后，它开始靠近纸堆，推动纸板，使其侧口齐平。对每一张纸都要重复此过程，最后使所有的纸板都能够侧向齐平。侧齐纸机构的位置根据纸板的幅面可以调节。

（4）喷粉装置　高速印刷机印刷铜版纸一类的产品时，纸板进入收纸台时油墨尚未干燥，一经堆积，造成纸板与纸板之间粘连，使纸板画面损坏或纸板背面蹭脏和粘页。为此，一些多色平版印刷机的收纸台上方，装有喷粉装置，在纸板表面喷上一层极薄的粉末，使油墨与印刷品背面不发生直接接触。

喷粉装置一般由电磁阀、粉末调节装置、粉末喷嘴、电机等组成，如图 7-28 所示。在喷粉杯里预先加入粉末，当压缩空气进入喷粉杯时，将粉末吹起形成旋涡，如图 7-29 所示，由于空气和粉末形成雾状，气压较高，此气流携带粉末经过喷粉盖上的孔流向喷嘴，散在印张上。喷粉量的大小和喷粉位置可以根据印刷品的情况进行实际调节。喷粉对印刷品表面质量及对人体、设备都是有害的，在进行喷粉调节时，应该注意以下几个原则：①粉量越薄越好；②粉粒不要太细也不能太粗；③实地处，喷粉量大；平网处，喷粉量小。套色时要严格控制粉量，非套色时可放宽。在印刷的有效幅面喷，非印刷部位不喷。

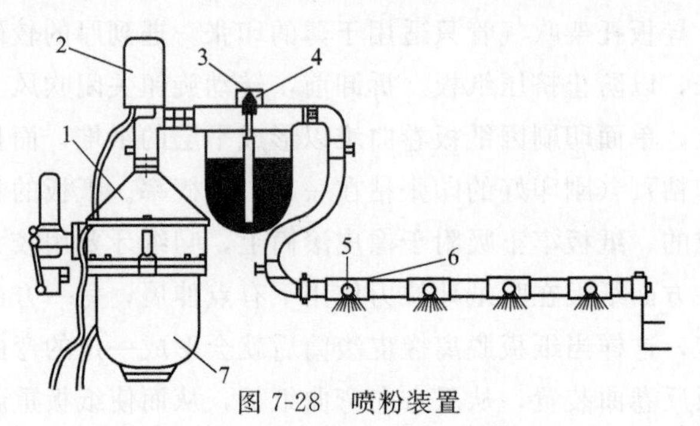

图 7-28　喷粉装置

1—风扇；2—电磁阀；3—粉末调节旋钮；
4—粉末瓶固定旋钮；5—粉末喷嘴；6—喷嘴开关；7—电机

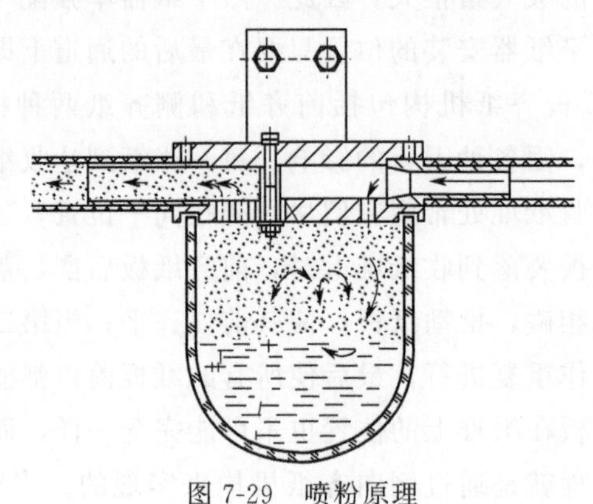
图 7-29　喷粉原理

喷粉装置给印页喷上一层粉末，使油墨表面无法接触后续印页。其实只有极少量喷粉真正到达印页表面，印刷机运转速度越快，实际到达印页表面的喷粉就越少，而其余的大部分喷粉都去弄脏印刷机的收纸区域了。印刷机越长，则油墨必须保持未干状态的时间就越长，这时油墨保持未干是为了避免油墨在压印滚筒表面堆积，那么堆纸装置上纸堆的形式就变得更重要。其结果是，加长型高速单张纸印刷机必须加大喷粉，因此有部分喷粉残留下来，清洗印刷机的工作就十分必要。

优化收纸过程的方法很多：一是采用双面喷粉装置。该装置可以从印张的上下两面同时喷粉，能明显地减少喷粉量，喷粉的减少主要来自背面喷粉量的降低，通过设计将纸板传入收纸装置的叼纸牙排形状，可以使导纸气垫距离导纸板高度最低。由于承印材料与导纸板喷粉喷嘴的空间距离缩小，提高了喷粉效率，也就相应减少了喷粉量。由于叼纸牙排的存在（旧式的顶部喷嘴离纸面很远），叼纸牙排后面的气旋会卷走很多喷粉，为补偿被卷走的喷粉，只好增大喷粉量。事实上，所有印刷品在拖梢的喷粉较多就是这个原因，即使拖梢没有印刷图文也是如此。二是通过加速油墨吸收来改善油墨的干燥过程。如果油墨和纸板之间具有良好的相互适应性，可以用红外线干燥来加速油墨的吸收。三是上光（也同时改善图文的印刷质量/外观质量）。水基分散上光的干燥十分迅速，在很大程度上都可以不用喷粉。但要注意，由于上光必须配备一个单独的印刷单元，因而只是在特殊情况下，改善收纸工艺的选择方法。采用水基分散上光的优点是可以改善油墨的光泽度，增加墨膜对磨损防护的能力，同时也改善收纸过程。

2. 收纸系统的调节

（1）收纸牙排的调节　收纸牙排同压印滚筒交接时，若牙垫同压印滚筒体的间隙不符合要求，会造成叼口纸板凹凸不平或破纸边。按照海德堡公司的调节标准，收纸牙垫 4 在同压印滚筒 1 交接时，牙垫平面应离滚筒平面 0.3mm，如图 7-30 所示。

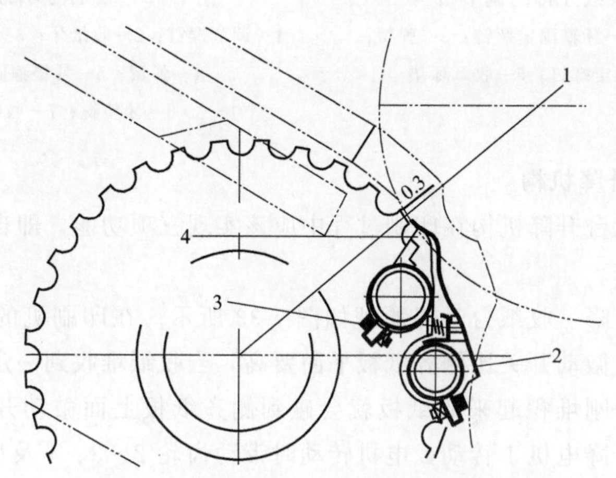

图 7-30　收纸牙垫与压印滚筒体间隙校正

1—压印滚筒；2—收纸牙；3—牙垫箍固定螺钉；4—收纸牙垫

若换上新的牙垫后，牙垫的前后位置如何拨正，确是一件较麻烦的事。如图

7-31 所示，将机器点动到收纸牙排同压印叼牙的交接处，在两副叼牙都叼着纸板的时候，先将最边上的两个叼牙片箍上的螺丝松开，用 0.30mm 厚的塞尺片检查收纸牙垫同压印滚筒平面之间的间隙。若间隙过大或过小，可调节到最恰当的间隙。然后将牙排点动到纸堆上方，用长钢皮尺搁在两个调节好的牙垫上，其余牙垫可按此直线标准调节。牙排调好后，可点动至开牙板处。在开牙板上做好记号，其余牙排照此记号调节就行了。

(2) 收纸叼牙的调节　调节收纸叼牙时，一定要在收纸牙排的靠山里放入一定厚度的塞规，一般厚度为 0.55mm，个别机种可按照标明的数值放入塞规后，再调节收纸牙的叼力和叼合时间的一致性。

叼力的调节如图 7-32 所示，单个叼牙的叼力大小取决于弹簧 4 的压缩程度。调节螺钉顺时针方向转动，将弹簧压缩增加叼牙的叼力，但不能拧得太紧，一般情况下拧到同叼牙背平齐即可。

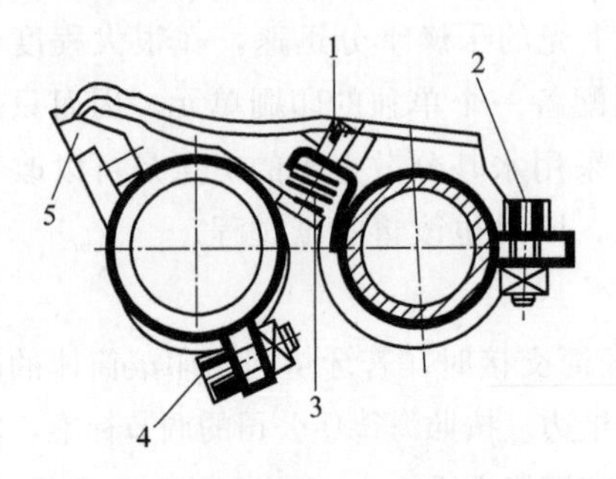

图 7-31　收纸牙排的调节机构

1—调节螺钉；2—牙箍固定螺钉；3—弹簧；4—牙垫箍固定螺钉；5—收纸牙垫

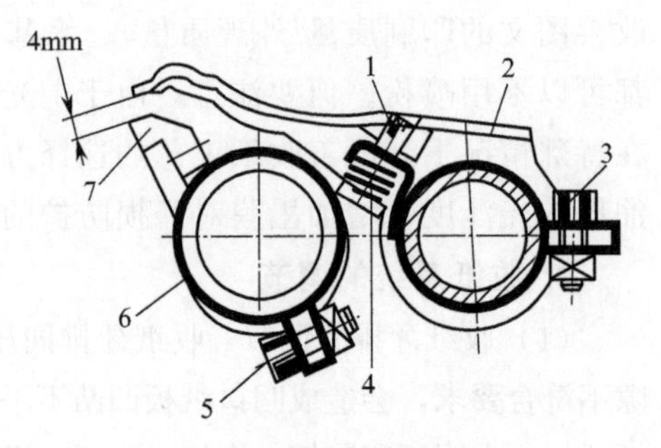

图 7-32　收纸叼牙的张开程度

1—调节螺钉；2—收纸牙；3—收纸牙固定螺钉；4—弹簧；5—牙垫箍固定螺钉；6—牙垫箍；7—收纸牙垫

3. 收纸台升降机构

印刷机收纸台升降机构在印刷过程中应该实现三项功能，即自动下降、连续升降、手动升降。

(1) 自动下降　收纸台升降原理如图 7-33 所示。在印刷机的侧齐纸上面有一个微动开关，微动开关比侧齐纸板平面要高，当收纸堆收到一定的高度后，收纸堆的上面部分刚堆积起来的纸板就会碰到侧齐纸板上面微动开关，接通继电器，使收纸台升降电机 1 转动，电机转动时带动齿轮 2、3、4 及齿轮 5，使蜗杆 6 旋转，蜗杆 6 带动蜗轮 7 旋转，升降链轮轴与蜗轮套是同一根轴，通过链轮 8 使收纸升降链条 9 带动收纸台 13 下降，每次下降 15～20mm。当收纸台下降后，微动开关停止触动，电机马上停止转动，收纸台链条下降停止。收纸台升降的速度不能太快，在 1.8m/min 上下为适宜。为了保证收纸台升降时的自锁能力，在收纸台升降机构传动系统中设计有一对单头蜗杆蜗轮机构。这样，无论收纸台上有多少纸，收纸台也不会自动下降。

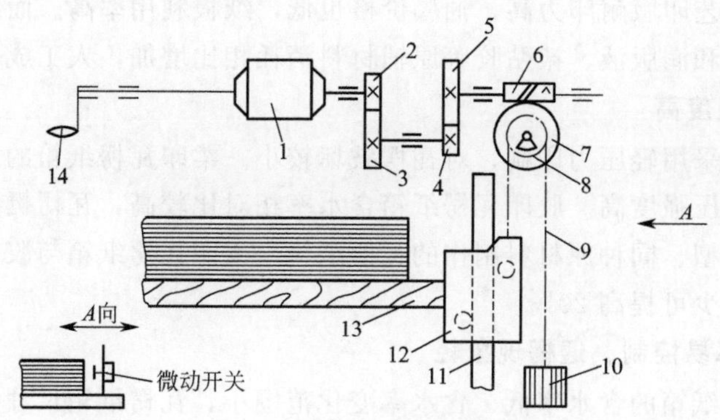

图 7-33　收纸台升降原理

1—升降电机；2，3，4，5—齿轮；6—蜗杆；7—蜗轮；8—链轮；9—收纸升降链条；10—重物；11—导轨；12—滚子；13—收纸台；14—手柄

现在有些先进印刷机收纸台的自动下降是通过光电来控制（或电容）。收纸台在正常高度时，发射器发射出来的光被接受器接受，纸台升降电机断电，收纸台停留在正常收纸高度；当收纸高度超过正常高度时，发射器发射出来的光被纸堆挡住，未被接受器接受，收纸台升降电机通电，带动收纸台下降。

（2）连续升降　收纸台收满纸板后需要更换纸台，需将收纸台连续升到所需高度或连续降到地面。在收纸操纵按钮上设计有点动升或点动降按钮。如果按下点动按钮不放，收纸台就会连续上升或下降。点动按钮和侧齐纸的微动开关路线串联在一起，都可触动电机旋转，而且传动系统相同。

（3）手动下降　由于机械故障或停电，需要将收纸堆降下来时，就需要用手工的方法来实现。

第四节　胶转柔技术

适合高端彩色瓦楞纸箱的印刷工艺主要有柔性版预印、柔性版后印、胶版印刷工艺流程。

一、纸箱的柔印与胶印相比更具优势

1. 工艺流程简单，效率高、成本低

从生产效率来看，胶印瓦楞纸箱工艺为胶印＋裱贴＋模切，流程相对复杂、

生产周期长。而柔印瓦楞纸箱工艺流程相对简单，制好的瓦楞纸板可在纸箱水性印刷机上直接印刷、模切，然后粘箱，可保证瓦楞纸箱的供货周期。从生产成本来看，柔印工艺印版耐印力高，油墨价格也低，纸板利用率高。而胶印工艺印刷成本高，光油和润版液、裱贴胶等原辅材料消耗相比增加，人工成本也高。

2. 抗压强度高

柔印工艺采用轻压力印刷，对瓦楞破坏较小。柔印瓦楞纸箱的含水率低，瓦楞挺度高，抗压强度高。胶印瓦楞纸箱含水率相对比较高，瓦楞挺度低，抗压强度低。同种箱型、同种原材料制作的瓦楞纸箱，柔印瓦楞纸箱与胶印瓦楞纸箱相比抗压强度至少可提高 20%。

3. 含水率易控制，透楞现象轻

柔印瓦楞纸箱的含水率低、含水率变化范围小，瓦楞纸箱尺寸变化不大，透楞现象轻微。瓦楞机施胶后，胶液在瓦楞大线烘干带内部即可干燥，瓦楞纸箱含水率受环境温湿度影响不大，含水率控制在 5%～8%之间。胶印瓦楞纸箱含水率高、含水率变化范围大，瓦楞纸箱尺寸变化较大，透楞现象比较严重。胶印瓦楞纸箱裱贴施胶后，原材料吸水润涨，随着胶液的自然干燥，原材料脱水会导致尺寸缩小，含水率受环境温湿度影响较大，不易控制，胶印瓦楞纸箱含水率在 9%～13%之间，远远高于柔印瓦楞纸箱的含水率。

二、工艺转换注意事项

虽然柔印瓦楞纸箱具有诸多优势，但瓦楞纸箱生产企业也不可盲目地用柔印工艺替代胶印工艺，否则可能适得其反。要达到完美的工艺转换，应注意以下几个问题。

1. 纸箱图文

观察每面的图文效果。当某一面的图文出血较小，或与其他面相接的图文无过渡色时，不宜转为柔印工艺。

2. 套印精度

柔印工艺的套印精度低于胶印工艺。一是柔印工艺直接在瓦楞纸板上印刷，若瓦楞纸板表面弯曲不平或弯曲度不一致，就会导致套印精度差；二是设备精度不同，柔印设备的精度一般在±0.25mm，印品精度一般的套印误差<0.2mm；三是制版精度不同，柔印工艺受印版缩版率影响，印刷精度低于胶印。所以在胶印转柔印时，要注意印前设计的处理，减少套印色组、线条和文字等直接叠印，做好陷印过渡等。

3. 加网线数

胶印版的线数可以达到 200LPI，印版上渐变到零的网点也可以被洗出来，所以渐变到绝网极其柔和。柔印加网线数一般到175LPI，很难做到200LPI。柔印版上的网点太小，容易侵入网纹辊网穴，造成堵版；网点大了绝网又太明显，渐变不柔和。因此柔印预印的加网线数普遍低于胶印工艺，柔印预印的高光小网点易丢失，暗调区域网点易并级，在色彩还原和层次再现方面与胶印相比有一定的差距。如何获得像胶印一样清晰度高、质量好的柔印预印产品，是胶转柔首先面临的问题。

4. 渐变效果

柔印瓦楞纸箱要想达到胶印瓦楞纸箱的高品质印刷效果，必须是高网线印刷。但柔印工艺的网点扩大较为严重，且细小网点在印刷过程中容易干版、丢失，所以只适合印刷网点在10%～90%范围内的印品，对于10%以下细小网点的复制还原性非常差。所以，当瓦楞纸箱版面图文的高光处网点小于10%或者网点由100%渐变到10%以下，则柔印工艺难以实现。

5. 色彩饱和度

柔印采用水性油墨，油墨黏度低，印品的色彩饱和度低。当瓦楞纸箱某些版面色彩非常艳丽，需要满版和大面积实地印刷效果的胶印瓦楞纸箱转为柔印工艺时，可印刷两遍，即再叠印一组专色。

总之，柔印工艺长短版印刷皆适宜，高质量柔印将是今后瓦楞纸箱的主流印刷技术。

三、胶转柔的要素与关键点分析

1. 胶转柔需考虑的要素

胶印和柔印两种印刷方式，由于使用的材料及印刷压力不同，最终印刷品呈现出不同的特点。两种印刷工艺对比见表7-1。

表7-1 胶印和柔印印刷工艺对比

项目	文字印刷	实地印刷	高光印刷	暗调印刷	分辨率	生产效率	色彩均一	印版成本	制版速度	修版便捷
柔印	3	3	3	5	3	1	2	3	2	4
胶印	2	5	1	1	1	3	5	1	1	2
项目	印版寿命	纸板成本	纸板强度	低克重	油墨成本	墨层厚度	印前准备	操作要求	长版订单	短版订单
柔印	2	1	1	1	1	4	4	2	2	3
胶印	3	5	5	5	4	5	2	3	3	2

注：表中数字"1"是最适合的印刷工艺，"5"则是最不适合。柔印平均2.5，胶印平均2.95。

胶印色差来源于其复杂的印刷原理，在市场上随处可见，再加上胶印在效率、环保、成本上的劣势，使得胶印并不是品牌客户的理想包装印刷生产工艺。

2. 胶转柔关键点分析

（1）印刷清晰度与加网线数　图像的精美效果实际上是由网点的大小和墨层的厚度共同决定的，其柔和度体现在图像色密度变化的连续性上，以及墨点与周边的视觉反差上。决定加网线数的主要因素：视距、纸板质量、产品的精细程度、对产品的艺术要求。

对于单色呈色的图像，加网线数在 120 LPI 以上，肉眼才会没有点的觉。同样线数的网点，多色网点叠加，肉眼视觉感受明显不同，网点与周边的反差越大，点的感觉越明显（图 7-34）。对于设计层次多变，叠色偏多的图像，需要 150LPI 的柔印才可以接近胶印的效果。

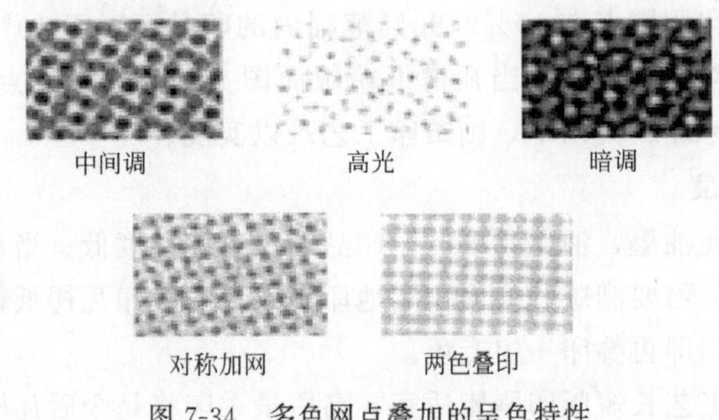

图 7-34　多色网点叠加的呈色特性

（2）最小网点与印刷压力　最小网点的大小，对于图像的高光部分有着很大的影响，尽管这种影响在不比较时很难有所觉察。胶印最小网点直径可以为 20μm，柔印最小网点直径在不同设备上则有很大差别，卫星式柔印可以稳定控制在 40μm，而普通柔印通常为 60μm。柔印属于轻压力印刷，最小网点的控制，与印刷压力的调节能力有关，卫星式柔印的调整精度可以达到 1μm。

（3）张力和套准　胶印与柔印的多色套印原理完全不同。胶印机是连续递纸的单张纸套印方式，可以确保胶印使用多色套印的分色方法，快速稳定地实现多色套准，四色套印成为常态；柔印机则是通过张力控制的连续印刷套印方式，尽管高端的卫星式柔印机可以实现接近于胶印的套准精度，但因张力的动态变化、油墨带给纸板的水分变化等因素，会产生套准损耗问题。在同一套印刷图像部分，柔印忌讳三色以上的套印，特别是在文字上的套印，因而在分色上更多地采用专色分色的办法。但因为色组的限制，精准套印在高端产品上是不可避免的。因此，卫星式柔印因具有更稳定的张力系统，在精准套印上有更优秀的表现，是高清柔印胶转柔的关键。

（4）色域与分色　因为水性油墨印刷墨层厚，透明度不如油性的胶印油墨，所以柔印的色域往往比胶印要小，低端的水性油墨更是如此。因此，用专色分色来拓展局部色域是柔印常用的手法，七原色也是基于这种思想。

（5）起印量和最小订单总量　起印量的问题与成本直接关联，按下单量定价是比较合理的做法。最小订单总量是指版面周期内的订单量，与版费直接关联。通过色彩管理减少印前准备时间，减少浪费，降低开机成本，是降低预印起印量的有效途径。合单印刷、分批成箱，是预印解决小单的一种方式。

四、高清柔印胶转柔技术的应用

1. 专色分色的运用与好处

对于品牌商来说，层次细腻而丰富的产品图像往往是最重要的。如果分色比较纯正，标准样无偏色现象，柔印可以采取专色替代方案。即柔印采用“专色＋黑”的分色，代替胶印 CMYK 的分色方式，可以达到胶印的印刷效果，并且可以避免胶印的色差问题。

2. 解决“并级”现象

（1）并级与密度的关系　“并级”现象指的是印版上某一范围的暗调层次，在印刷后其密度值基本保持不变。如果图像层次碰到并级的阶调，就会出现糊在一起的现象。

（2）不同加网方式对并级的改善　通过先进的印前加网技术，解决网点上油墨的“供需平衡”，可有效解决并级问题。

在解决实地饱和厚实、暗调过渡清晰与高光清晰干净的矛盾方面，胶印工艺具有比较好的平衡能力。但随着柔印印前技术的发展，通过先进的加网方式，结合高精度的卫星式柔印机，为解决这一问题提供了很好的技术方案。

为了进一步推进胶转柔技术的实现，解决柔印的阶调层次并级现象、渐变绝网问题、高光网点的耐印力等，柔印技术正向高清柔印发展。高清柔印技术由高分辨率激光成像技术和高清网点技术共同组成。高分辨率激光成像技术能更好地再现图像细节，还能避免龟纹的产生。传统柔性版直接制版技术的成像分辨率为 2100PPI，激光光斑尺寸为 18μm，而高清柔印技术的成像分辨率则高达 4000PPI，激光光斑尺寸缩小至 6μm。4000PPI 的分辨率有更高的可用灰阶，提高了印品的清晰度和对比度。

高清网点技术在高光区域采用了一种全新的加网技术，网点保持了常规网格排列，就像标准的调幅圆形网点一样。但在高光区域通过改变网点大小保证没有独立网点或不规则间隔网点，使高光区域实现渐变到零的印刷效果，同时保证了印版的耐印力。另外高清网点技术通过可控的微网穴，在使用同等墨量的印刷条件下，采用微网穴技术可以得到更平滑、更高密度的实地，以及更高对比度的暗调。目前，已经实现了圆顶网点和平顶网点技术的结合应用，实现了高清1：1复制。高清柔印技术的应用将使印刷品具有更加平滑的过渡效果，高光部分的印刷也更加稳定；实地效果类似于凹印，实地干净度得到明显提升，同时还进一步扩大了印刷色域范围和阶调。

3. 提升高清柔印清晰度的方法

（1）提高加网线数　提高加网线数在制版上是完全可以达到的，特别是平顶网点技术的开发，更加提升了印版的印刷稳定性。高网线需对应高精度压力系统的印刷机、高网线的网纹辊以及高质量的油墨，才能达到精细柔和的图像效果，否则易适得其反。

在宽幅纸箱预印领域，卫星式柔印已普遍采用120LPI印刷，150LPI从技术上已经可以达到，如能稳定量产，将大大拓宽胶转柔的适应领域。

（2）合理分色　根据图像特点，合理分色并配置网点层次，来减少图像网点与周边空白的视觉反差，再通过墨层厚度的调整，在实现目标效果的同时，还可以明显提高图像的清晰度。

影响胶转柔推进的主要因素包括设计、设备、柔印工艺及柔印成本等，虽然环保问题将会进一步加快胶转柔的步伐，但柔印专业知识的普及，特别是客户端对柔印品质的正确认识，以及多印刷工艺共存的合理解决方案，对拓宽柔印应用领域将更为重要。有理由相信，在政府大力推进环保治理的今天，柔性版印刷将被越来越多包装印刷企业和终端用户所接受。随着柔性版印刷新技术的不断发展和推广，胶转柔、凹转柔将在更多领域应用成为一种趋势。

第八章

瓦楞纸板数字印刷技术

数字印刷方式是将来按需印刷的一个发展方向，但相对于数量较大的工业用包装来说，在印刷速度、幅面等方面还有待提高。随着市场消费需求日趋个性化、定制化，小批量、短交期、多品种，尤其是互联网的蓬勃发展，带动了小批量定制瓦楞包装的需求量与日俱增，如瓦楞电商包装、瓦楞纸板展示架、小量试用包装的生产，数字印刷方式将会占据主导地位。

数字印刷的应用是瓦楞纸箱印刷的又一发展方向，可使图文信息从计算机直接到纸板表面，省去了中间制版等环节，而且印刷的是数字化的可变信息，可做到张张内容不同，甚至材质都可变化。数字印刷质量至少等同于传统的印刷技术，更远远高于打印技术。一般数字印刷机的投资成本比传统胶印或柔印可以低40%～50%。与传统印刷相比，其印刷速度更快，每页成本更低，具有竞争优势。在各种数字印刷方式中，喷墨印刷发展较为迅速。

第一节　数字印刷的特征

按需性、及时性、可变性是数字印刷的特征。

数字印刷技术是利用数字技术对文件进行个性化处理后，利用印前发排系统将图文信息直接通过网络传输至数字印刷机上，印出最终产品。从技术角度来看，数字印刷不同于传统印刷，区别如下。

1. 印刷原理

数字印刷是一种非接触式印刷技术，理论上可以在瓦楞纸板上直接印刷，这意味着可以完成原本由传统印刷完成的订单。

2. 印刷批量

数字印刷允许按需印刷，无需制版，这意味着企业能够在不停机的情况下，印刷小批量的订单，从而满足更多的个性化、定制化的多图形需求的趋势。数字印刷所具有的这种与网络紧密结合的优势，是数字印刷长期的核心所在。

3. 印刷油墨

截止到目前，数字印刷大致使用两种类型的印刷油墨，一是水性油墨，二是水性 UV 油墨。

一般来说，水性油墨在包装市场上最受欢迎。因为水性油墨更加环保，可以应用于食品、药品类包装印刷；成本较低，有助于瓦楞包装喷墨印刷技术的推广；印刷效果更接近于传统印刷效果，因为传统瓦楞包装印刷使用的也是水性油墨。唯一的问题是在更高覆盖率的情况下，比如说超过 90%甚至更多的水性油墨的干燥成为空间、能量和可能产生的基材变形的主要问题。

水性 UV 油墨是带有水分的 UV 油墨，可以获得比使用 100%固体 UV 油墨更平坦和更好的图形品质。其组成大部分是单体，周围的着色剂透明地固化形成色域、反射率和物理转换问题，水性载体可以摆脱大量的单体和相关的问题，尽管必须干燥水分。

4. 印刷方式

数字印刷在瓦楞包装行业的应用才刚刚开始，但其市场规模与发展速度已逐渐形成了瓦楞单张纸印刷与轮转卷对卷两条研发主线并行。

在选购瓦楞数字印刷设备时，首先要考虑设备的印刷方式。因为从现阶段市场上的瓦楞数字印刷设备类型来看，按不同的印刷方式可以分为 Muti-Pass 扫描式数字印刷机和 Single-Pass 高速数字印刷机两种。一般来说，Muti-Pass 扫描式瓦楞数字印刷机的每小时产能在 1～900 张之间，适合个性化、定制型的小批量订单。而 Single-Pass 高速瓦楞数字印刷机的产能则为每小时 1～12000 张，更适合中批量的订单。具体的印刷数量取决于印刷材料的不同尺寸和对印刷效果的要求。使用更为数字化的技术与客户实现即时的接单和生产，减少库存，快速响应市场等是选择不同印刷方式的依据。卷筒式的数字印刷产量更大，纸箱厂可以对瓦楞纸进行卷筒式的数字预印，然后再进行后续的一系列印后加工处理成纸箱包装。当然，卷筒式的数字印刷机也可以安装在瓦楞生产线的前端。

第二节　瓦楞行业数字印刷设备的发展

一、数字印刷设备

目前来看，瓦楞包装行业数字印刷机可基本分为三种类型：局部数字印刷机、平张数字印刷机和卷筒数字印刷机。

局部数字印刷机为传统印刷与数字印刷结合的设备，可实现局部随机图文（目前市场以可变码为主）的印刷，成本相对较低。

平张数字印刷机目标市场瞄准传统的水印或胶印机，一般有喷头固定式和喷头滑动式两种，其印幅一般较大，无需换版调墨的特征吸引了很多瓦楞包装企业的关注，厦门合兴包装于 2014 年底引入了中国第一台惠普 FB10000 平张数字印刷机（喷头固定式）。

卷筒数字印刷机主攻市场为大批量订单，涉及传统的胶印、水印及柔版预印，目前在国外已经有使用案例。

二、瓦楞行业喷墨印刷设备的最新发展

瓦楞包装喷墨印刷具有单张起印、无须制版和可变数据印刷等特别适合小批量生产的优势，同时印刷过程中不与瓦楞纸板直接接触，可以更好保持产品的完整性以及印刷质量的稳定性。针对满足高速和高效瓦楞包装行业的喷墨印刷机市场，逐渐形成像惠普、爱普生、爱克发、EFI、柯达等国际主流生产阵营，也培育了原本从事喷印设备制造的厂商，如北京金恒丰、深圳万德、深圳汉华、上海泰威等，以及传统瓦楞纸板成型设备制造商，如京山轻机、东方精工等民族龙头企业。

总体来说，瓦楞数字化印刷设备主要集中于平张 UV 喷墨印刷机与轮转卷材喷墨印刷机两大类。其中平张 UV 喷墨印刷机又分为面纸预印喷墨印刷与后印喷墨两类，同时其喷印油墨也逐渐由 UV 固化油墨向水性 UV 固化油墨以及水性油墨进行过渡。对于瓦楞纸板喷墨印刷机，目前其喷头多采用按需喷墨技术，通过高灰度等级方式实现高精度喷印，同时 Single-Pass 技术的应用也为现有机型的喷印速度提供了质的飞跃。

目前，各大品牌数字印刷机制造商纷纷推出了适用于瓦楞产品印刷的喷墨印刷机，既有用于直接印刷的瓦楞纸板喷墨印刷机，也有用于预印瓦楞纸喷墨印刷机。

1. 惠普喷墨印刷机

惠普 Scitex FB10000 工业印刷机采用惠普高动态范围（HDR）技术。HDR 技术集多项优势于一体，包括高生产率、卓越的质量、低廉的成本以及广泛的应用和介质兼容性。HDR 技术可精确控制色彩和色调，提供清晰的图像细节，制作最高动态范围的印刷品，非常适合印刷 POP 和零售图形、瓦楞纸图像和包装应用中的高品质图形。厦门合兴包装印刷股份有限公司引进的惠普 Scitex FB10000 工业印刷机主要应用于传统包装订单小单打印，以满足新兴定制化包装需求及个性化新兴市场的开发。

FB 7600 和 HP Scitex 10000（HP Scitex FB10000 的更换机型）工业印刷机、HP Scitex 15500 瓦楞印刷机，这些喷墨印刷机可对厚度达 2.5cm、幅面达 1.6m×3.2m 的瓦楞纸板进行印刷，最高印刷速度分别可达到 $500m^2/h$、$655m^2/h$ 和 $600m^2/h$，利用可选的多页装载器套件，可同时进行多达 4 页的装载、打印，设备均装有 312 个打印头，采用 UV 固化油墨，可实现青、品红、黄、黑、淡青、淡品红六色印刷。值得一提的是，HP Scitex 15500 瓦楞印刷机装有 HP Scitex Corrugated Grip 介质处理系统，可保持介质平整，克服了在翘曲瓦楞纸板上的印刷难题，从而能够实现高质量、高效率的印刷。

在预印方面，HP Page Wide 卷筒纸喷墨印刷机 T400S、HP Page Wide T1100S 卷筒纸喷墨印刷机都可对瓦楞面纸进行高品质印刷，尤其是 2.8m 宽幅卷筒纸印刷机 T1100S，其最高印刷速度高达 183m/min，每小时印刷 $30600m^2$；可兼容四色（CMYK）HP 水性油墨、黏合剂和底油涂覆剂；可在定量为 80～$400g/m^2$ 的标准无涂布、涂布面纸和包装用棕色纸板表面实现与胶印媲美的印刷质量；不仅适用于小批量生产，还能够胜任大批量生产。HP Page Wide T1100S 数字瓦楞纸印刷机比传统的印刷方式快 80%，而且消除了印版的成本。

HP Page Wide T1100S 宽幅卷筒纸喷墨印刷机与数字印刷机的传统概念毫无共同之处，与当前 B2 尺寸的大型单张纸印刷机也完全不同。在配置方面，包括开卷和收卷机、换纸卷机和纸卷换向机，以及打底色和涂层单元，机器长度 34.5m，宽度 10.3m，高度为 5.5m。该设备的技术数据具有工业化的规模，适用于 1016～2794mm 的纸板宽度，具备的 260 个打印头从其 6000 个喷嘴中以每个喷嘴每秒 36000 滴油墨喷印在纸上，由 253 个处理器控制，每个处理器可以平行或按顺序计算印刷图像。

HP Page Wide C500 采用惠普的瓦楞纸板控制技术和水性油墨，在提高介质通用性和生产灵活性的同时，保证了食品包装的安全。HP Page Wide 生产的包装满足了零售商对食品级油墨的要求。HP Page Wide 采用的水性油墨无味且不含紫外线反应性化学品，可用于包括食品、个人护理等在内的敏感用途的初级和二级包装，同时不需要额外的其他保护包装。这种油墨甚至符合最严格的全球食品安全法规。

2. 爱克发喷墨印刷机

爱克发公司的Jeti系列喷墨印刷机属于高速、高品质的量产机型，其中Jeti Titan S和Jeti Titan HS是性能较好的机型，它们都是全平台、6色UV喷墨印刷机，Jeti Titan S配备单排喷头，而Jeti Titan HS配备双排喷头，它们都可选配FTR（平板到卷筒）卷对卷套件而实现卷筒材料的印刷，可对最大规格为2.00m×3.09m、厚度为0.2～5.0cm的硬材，以及最大幅宽为3.09m的卷材进行照片等级的喷墨印刷，采用Anuvia UV高清晰油墨，喷印解析度可达720DPI×1200DPI，快速模式下的产能可达到160m^2/h。而且，与Jeti系列的其他UV喷墨印刷机一样，二者都可印刷白墨，可选择封白、底白、局部封白、局部底白的印白模式（卷材与硬材皆可使用），解决了在原色瓦楞纸板上直接彩印的色差问题。同时，先进的喷头高度自动调整系统能很好地克服打印介质不平整的难题，在保证画面输出稳定性的同时保护了高速运动的喷头安全。若有上光方面的需求，还可在出厂前为设备选配上光功能。

高性价比的入门机型Anapurna系列宽幅工业喷墨印刷机也是瓦楞产品印刷不错的选择，如Anapurna 2540 FB高速平台UV喷墨印刷机，可实现标准六色（CMYK＋LC＋LM）印墨及白墨（预印、后印）的印刷，最高印刷速度为45m^2/h，最大印刷尺寸为1.54m×2.54m，承印材料厚度范围达4.5cm，所配备的11个伸缩定位销可对承印材料进行定位，保证印刷的精准度。

M-Perss系列喷墨印刷机也适用于瓦楞产品的印刷，其中M-Perss Leopard平台喷墨印刷机的最大印刷尺寸为1.6m×3.3m，最大印刷厚度为5cm，平台上的29个（或更多）定位销与55个真空区配合，能够确保承印材料平整，定位准确而稳固，以达到精确印刷的目的。

3. EFI喷墨印刷机

EFI公司推出的首台Single-Pass瓦楞纸板喷墨印刷机——Nozomi C18000，最大印刷尺寸为1.8m×3.0m，最高印刷速度约为810m^2/h，最多可实现7色印刷（包括白色），可印刷最薄为0.4mm的瓦楞纸板，几乎适合所有楞型的瓦楞纸板。

EFI公司的VUTEK HS100 Pro超宽幅面高容量UV喷墨印刷机是一台8色（标准六色加两个白色通道）印刷并采用逼真灰度技术的设备，能够印刷最大宽度为3.2m、最大厚度为5.08cm的刚性或柔性承印材料，纸板最高的印刷速度为100张/h。先进的输墨系统可实现100%的油墨使用率，进一步降低了生产成本，还能通过对光泽度的调整而实现亮光和雾面的效果。

4. 国外其他品牌喷墨印刷机

Onset系列宽幅喷墨印刷机是Inca Digital公司专门为瓦楞纸板、展示牌等市场而设计制造的。Onset S40i和Onset S20i平台式UV六色喷墨印刷机，其最大印刷面积均为1.60m×3.14m，承印材料最大厚度为1cm（自动模式）和5cm（手动模式），都具有15个分区的真空吸附平台，最大分辨率分别为600DP和1000DPI，可达到470m²/h和310m²/h的印刷速度，二者均采用富士胶片UV ijet供墨系统，能够实现从哑光面到高亮面的印刷效果，而Onset S20i更是采用了加强版富士UV ijet系列油墨，使油墨的附着力、稳定性、印后处理性能都得以提升，这也是Onset S20i能够实现1000DPI高分辨率的重要原因。

INX国际油墨公司的Inx MD1000UV平台式印刷机十分适合瓦楞产品的短版印刷，它采用CMYK加白色油墨（或不加），可容纳承印材料的最大厚度为5cm，在精度为900DPI×1200DPI的生产模式下，生产速度可达29m²/h（高质量生产模式下生产速度为10m²/h）。

5. 国产喷墨印刷机

近年来，国产数字印刷设备发展迅速，设备质量和印刷质量都大幅提高。其中，北京金恒丰科技有限公司推出的专门用于瓦楞产品等包装领域的喷墨印刷机U3000是目前工业级喷墨印刷机，装备了工业级的PLC集中控制系统、高精度车头自动升降测高系统、高精度导带自动纠偏系统，印刷幅宽为2.5m，采用6色+1色，在300m²/h高速模式下可完成精度为600DPI×900DPI的印刷，而在超精模式1200DPI×1200DPI的高分辨率下也可实现选配卷材、板材收放料系统，灵活应对不同类型的承印材料。达到世界先进水平的U3000喷墨印刷机不仅面向国内瓦楞产品生产企业，更要走出国门，进军国际市场。

上海泰威技术发展股份有限公司的风暴TS系列TS300/600UV平卷两用喷墨印刷机可进行8色（CMYK+LC+LM+W+V）印刷，可完成最大尺寸为2.5m×1.5m和3.15m×2.02m的板材、最大幅宽为1.85m和1.37m卷材的印刷，印刷精度最高可达800DPI×1600DPI，在超高精度模式下印刷速度分别为19m²/h和17m²/h，而在生产模式下产能分别为78m²/h和70m²/h。其他适用机型还有云图PQ300平板系列、TS2513、TS3020等喷墨印刷机。

汉华推出的国内首款工业级瓦楞纸板喷墨印刷机Glory1604，采用工业级Single-Pass非接触式喷墨印刷技术，生产速度达150m/min，喷印精度达600DPI×1800DPI。此外，Glory1604还自带纸板翘曲自动检测功能，不仅能够保证喷头的安全，还能提高企业生产良品率。

当前，采用喷墨印刷方式生产瓦楞产品在欧美等发达国家已经非常普遍，在我国虽有一定的差距，但已有越来越多的瓦楞产品生产商开始关注，并着手打造自己的喷墨印刷生产线。

第三节　瓦楞纸板喷墨印刷技术

一、喷墨印刷工作原理

喷墨印刷是通过控制喷头喷射墨滴在承印物上成像的印刷技术，喷头是喷墨印刷的核心。依据喷头形成墨滴的不同方式，喷墨技术可以分为连续喷墨技术和按需喷墨技术两类。当前市场上使用连续喷墨技术的设备，最有代表性的是柯达的 Stream 气流偏转喷墨技术和 Ultru Stream 连续喷墨技术设备，主要应用于出版印刷、票据印刷等领域。

应用于包装印刷、多介质喷墨印刷的主要是按需喷墨设备。按需喷墨技术是指喷头是否喷射墨滴由图文打印控制信号决定，需要打印时，喷头喷射墨滴，而且所有墨滴都将附着到承印物上实现图像再现。常见的按需喷墨技术包括热气泡喷墨和压电喷墨两种。

按需喷墨（drop-on-demand）是指仅在需要喷墨的图文部分喷出墨滴，而在空白部分则没有墨滴喷出。按需喷墨方式避免了墨滴带电、偏转及油墨回收的复杂性和不可靠性，简化了印刷机的设计和结构；喷头结构简单，容易实现喷头的多嘴化，输出质量更为精细；分别选用黄品青油墨和喷头即可实现彩色记录；但一般墨滴喷射速度较低。

按需喷墨系统必须以脉冲的方式工作，墨滴喷射的动力来源与技术有关，例如热喷墨系统的墨滴喷射动力来自气泡生长和破裂，压电喷墨设备的墨滴喷射动力来自压电元件按输入电压或电流等比例地输出的油墨腔的物理变形，相变喷墨打印头则因采用压电原理，但需加热固体油墨，与常规压电喷墨不同。由此可见，不同的按需喷墨技术必须按不同的工作原理为打印头的墨滴生成和喷射提供动力，归结为提供不同的驱动脉冲。按需喷墨根据墨滴生成方式不同可分为热喷墨、压电喷墨，当然也有其他类型。

1. 热气泡喷墨技术（简称热喷墨）

热喷墨印刷采用电热原理，喷墨头油墨腔的一侧为加热板，另一侧为喷嘴，如图 8-1 所示。印刷时加热板在图文信号控制电流的作用下迅速升温至高于油墨的沸点，与加热板直接接触的油墨汽化形成气泡，气泡充满油墨腔后，因受热膨胀而形成较大压力，驱动墨滴从喷嘴喷出，到达承印物形成图文。一旦墨滴喷射出去，加热板冷却，而油墨腔依靠毛细管作用由储墨器重新注满。热喷墨时油墨是通过气泡喷出的，油墨微粒的方向性与体积大小不好掌握，打印线条边缘易出现参差不齐现象。

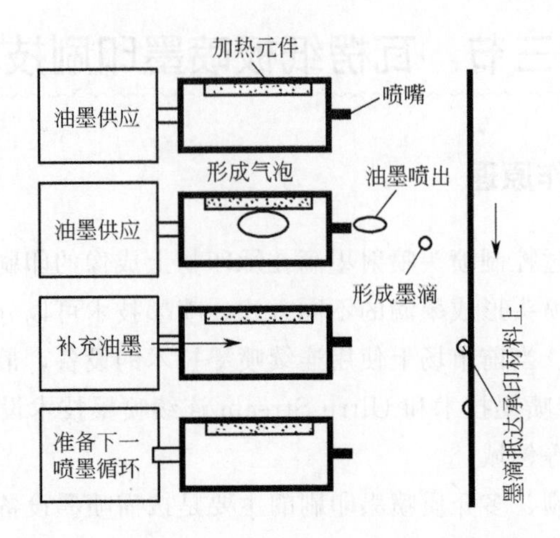

图 8-1　间歇式热喷墨方式

热喷墨基于油墨在过热条件下形成气泡挤压喷嘴口附近油墨向外喷射墨滴的原理，因墨滴按记录内容脉动（间隙）地喷射而得名按需喷墨。现代热喷墨技术的发明归功于惠普和佳能两家公司，由于技术开发的独立性和彼此强调的重点不同，因而技术命名也互不相同。惠普和佳能分别称自己的技术为热喷墨和气泡喷墨，其实并无区别。根据油墨腔配置方式的不同，热喷墨系统有顶喷和侧喷，顶喷以喷嘴处于加热器顶部为典型特征，如图 8-2（a）所示；侧喷配置的加热器在油墨腔底部，热作用方向与墨滴喷射方向垂直，如图 8-2（b）所示。

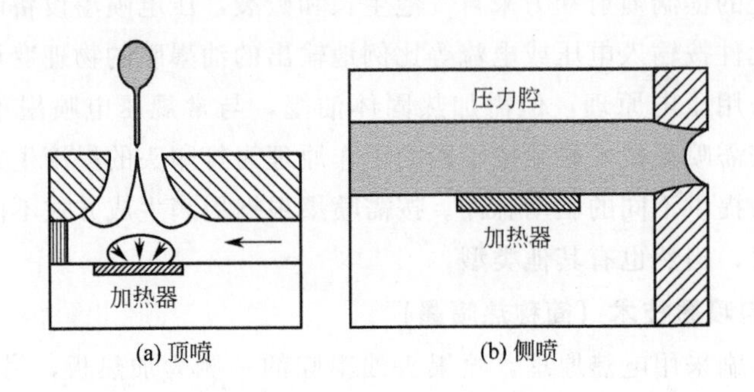

(a) 顶喷　(b) 侧喷

图 8-2　顶喷与侧喷

热喷墨主要优点是喷头制造简单、成本低，使用很普及，并且由于在喷墨过程中，只有油墨本身发生移动，无需其他的机械动作，所以结构紧凑，在同一打印头上可以排列更多的喷墨孔；主要缺点是墨水腔容易产生热量的积累和喷嘴阻塞问题，寿命短，并且由于可靠性和打印速度难以令人满意，对于大幅面彩色输出业务来讲，单位输出面积消耗的喷头成本比较高，经济性不够好。

热喷墨过程，因油墨要承受300℃以上高温的加热，容易导致化学性能不稳定，故一般采用水性油墨，且承印材料多为纸板。应用了HDNA喷头的惠普HP PageWide系列卷筒喷墨印刷机可以兼容四色（CMYK）惠普水性油墨、胶黏剂和底油涂覆剂，在标准无涂布和涂布面纸表面实现与胶印媲美的印刷质量，完成瓦楞纸的预印。

2. 压电喷墨印刷

压电喷墨印刷是采用压电晶体的振动来产生墨滴。压电晶体（压电陶瓷）受到微小电子脉冲作用，会立即变形而形成喷墨的压力，喷墨管在压力作用下挤出油墨而形成墨滴，并高速向前飞去，这些墨滴不带电荷，不需要偏转控制，而是任其射到承印物上而形成图像。如图8-3所示，在油墨腔的一侧装有压电晶体，印刷时，墨水腔内的压电板在图文信号控制的电流作用下产生变形，使油墨腔容积减少，挤压墨滴从喷嘴中喷出，然后压电晶体恢复原状，油墨腔中重新注满油墨。压电喷墨的墨点形状规则、无溅射、墨点大小可控、喷射速度可控、定位准确。

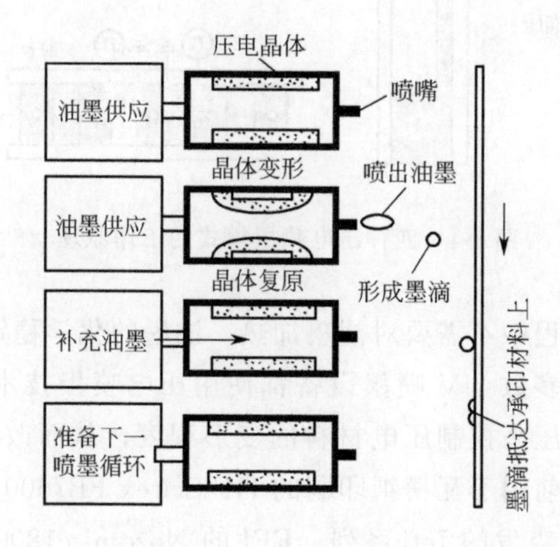

图8-3　间歇式压电喷墨方式

压电喷墨技术建立在压电效应的基础上。某些材料具有在外力作用下成比例地输出电流的能力，谓之压电效应；材料在外加电场的作用下产生变形，称为逆压电效应。显然，压电喷墨需要利用逆压电效应。按照压电陶瓷的变形模式，压电喷墨技术可分为四种主要类型，由此可建立四种压电喷墨模式，分别称为挤压

(squeeze)、弯曲（bend)、推压（push）和剪切（shear）。压电式能够有效控制墨滴，很容易就能够实现对1440DPI的高精度打印工作，并且不需要加热就能够进行微电压喷射，避免了油墨在受热条件下产生化学变化而变质，大大降低了设备对油墨质量的要求。

挤压模式压电喷墨打印机由Clevite Zoltan发明，为提高压电材料的利用效率并有效地挤压油墨，采用了空心管形式；弯曲模式压电喷墨技术始于瑞典Chalmers大学Stemme教授与美国Silonics公司Kyser和Sears获得的两个专利，分别采用圆形和矩形压电板；推压模式压电喷墨由Exxon公司的Stuart Howkins于1984年开发成功；剪切模式压电喷墨的实现以Fischbeck于1978年获得的专利授权为标志，目前大多数压电喷墨打印机普遍采用剪切模式。四种压电喷墨模式的工作原理如图8-4所示。

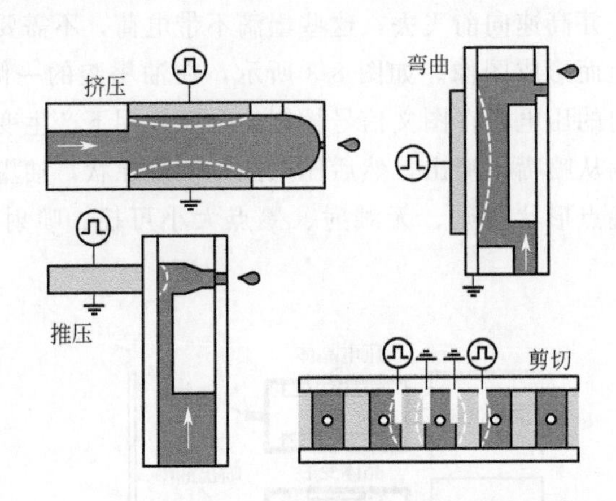

图8-4　四种压电喷墨模式的工作原理

压电喷墨工作过程中不需要对油墨加热，油墨的化学稳定性好，可使用的油墨种类多，故目前大多数UV喷墨设备都使用压电喷墨技术。压电喷墨另一特点是可以通过改变电压来控制压电材料的变形程度，从而改变喷射墨滴的尺寸，即可变墨滴技术。目前用于瓦楞纸印刷的HP Scitex FB7600、HP Scitex 11000、HP Scitex 15500、爱克发的Jeti系列、EFI的Nozomi c1800等瓦楞纸工业喷墨印刷设备都使用了压电喷墨技术。

二、喷墨印刷的特点

数字喷墨印刷工艺如图8-5所示，其特点是工艺简单、生产周期短，印刷质量高，成本较低，水性油墨不会造成印刷环境的污染。印刷时，只需应用计算机将原稿图文信息转换成所要的信号输入到印刷机的主存储器，或将存有图像、文字和版式程序的磁盘插入计算机，启动喷墨印刷装置，即可快速进行印刷。

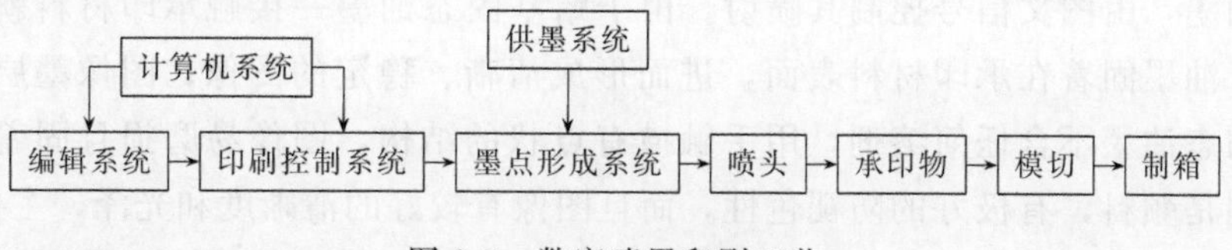

图 8-5　数字喷墨印刷工艺

① 喷墨印刷是一种非接触印刷方式。在喷墨印刷过程中，喷头与承印物相隔一定距离，墨滴在一定的控制作用下直接飞到承印物表面。因此其机器结构简单，体积小、重量轻、速度高、噪声小，使用寿命长，且不易损坏印品。

② 喷墨印刷对承印物的形状和材料无要求，可在各种承印物上进行。对于表面凹凸不平的瓦楞纸板印刷来说更能体现其优越性。

③ 喷墨印刷分辨率高。喷墨印刷系统的喷嘴可喷射出微细的墨滴，形成高分辨率的图文。目前喷墨印刷的分辨率可以达到 400 线/cm。

④ 喷墨印刷可实现多色印刷。喷墨印刷系统中允许使用各种彩色油墨进行印刷，甚至可在传统四色印刷的基础上再加上 30%的青、30%的品红或 30%的黑色，形成六色或七色印刷。

⑤ 喷墨印刷生产成本低，生产幅面大，其运行成本同其他数字印刷相比较要低得多。

⑥ 喷墨印刷为实现短时交货、缩短运转周期，以及实现最小准备和停工期提供了解决方案。这种解决方案能被成功地整合于包装生产线中，更适用于瓦楞纸板的印刷生产。

三、数字喷墨印刷油墨

喷墨印刷的专用油墨大多数使用水基油墨，油墨的色料（染料）除了要满足着色力大、色相鲜艳、流动性好的性能外，还须满足两个条件：一是色料的原色性要好，二是三原色料应具有较大的色域，色彩鲜艳，饱和度高，并具有较高的抗氧化性。

由于喷墨印刷装置的特殊性，直径为 1μm 左右的微小墨滴，以 30000～50000 滴/s 的速度从喷嘴中喷出。要求油墨有较低的表面张力，相对密度低，导电性适中，干燥速度快，pH 值保持中性，以免腐蚀喷嘴。黏度要适中，黏度过高影响喷射性；黏度过低，容易产生阻尼振荡，影响喷射速度。目前国外采用丙烯酸基和酒精基配方的喷墨油墨系统。

喷墨印刷的油墨还采用蜡基固态油墨（又称相变喷墨、固态喷墨），其呈色材料是颜料，具有良好的耐光性和色稳定性。印刷时，首先熔化储墨器内的蜡基固态油墨，由图文信号控制其喷射。由于蜡基固态油墨一接触承印材料就凝固。因此，油墨固着在承印材料表面，进而形成清晰、稳定的图像；图像墨层较厚，蜡基固态油墨不含任何溶剂，用手触摸有点状的结构，图像易磨损且固着性差；呈色剂是颜料，有极好的防褪色性，而且图像有较好的清晰度和光泽，主要用于高质量包装印刷。

四、喷墨印刷的关键技术

1. 墨滴尺寸

高质量彩色图像复制要求足够的动态范围，并对图像阶调、中性灰平衡、颗粒度、色域范围、细节和清晰度精确控制，这就要求提高喷头的记录分辨率。解决这一问题的根本在于减小喷墨印刷的记录点尺寸。墨滴喷射到纸板等承印材料表面后，将以在承印材料表面扩展和向承印材料内部渗透的形式耗散撞击到纸板的剩余动能，仅当扩展和渗透过程结束后，墨滴才转换为记录点。从这一过程可以看出，喷射墨滴体积与承印材料表面的记录点尺寸存在因果关系，因而减小记录点尺寸就意味着减小喷射墨滴的尺寸。目前应用精细图像打印的喷头墨滴尺寸已减小到 3.5pL（$1pL=10^{-12}$ L），用于户外喷绘和包装印刷的喷头墨滴尺寸在 9～50pL，如 HP Scitex FB7600 的产品手册上标注墨滴为 42pL。

2. 记录分辨率与灰度等级

记录分辨率是指喷墨设备在承印材料单位距离内能打印点的数量。一般来说，记录分辨率越高，墨滴转换的记录点越小越密，打印出来的效果越精细。但上述结论只适用于二值喷墨技术，即只能通过喷头喷射或不喷射墨滴完成打印，而现在大多数喷头都支持基于密度调制原理的多灰度等级打印。

多灰度等级打印是指在相同的记录分辨率下，通过墨滴尺寸的变化，改变记录点密度，进而产生不同色调的打印技术（图 8-6）。研究结果显示，视觉有效分辨率约等于记录分辨率和记录点灰度级平方根的乘积，例如 360 DPI 的记录分辨率与 16 个灰度等级结合，可产生相当于 1400 DPI 二值打印的视觉效果。市场上商业化的喷墨设备中很多都支持多灰度等级打印，如 HP Scitex 11000 通过高动态范围打印技术，可以喷射 15pL、30pL、45pL 三种尺寸

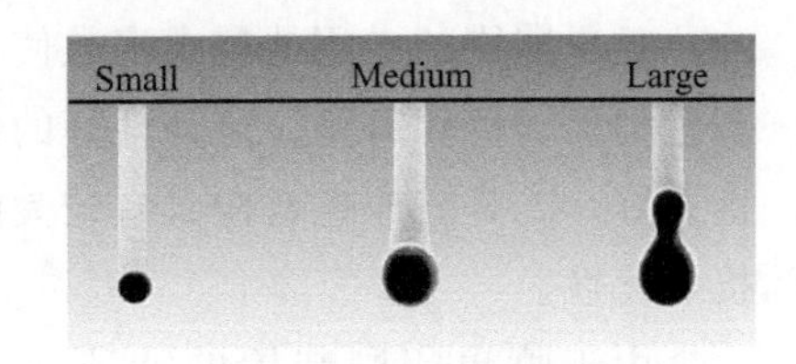

图 8-6　多灰度等级喷墨技术

的墨滴，通过动态控制墨滴大小，使每个记录点最多可形成16个灰度级的密度，实现平滑的过渡色印刷效果，实现精细的图像细节表现。

3. 承印物与油墨的匹配

纸板的表面特征和多孔性本质决定油墨在纸板纤维中的扩展和渗透程度。油墨在纸板纤维中扩展和吸收后，记录点边缘将变得模糊，限制记录点的边缘清晰度，而且相邻的记录点极有可能挤在一起，造成记录点分辨率事实上的降低。油墨向纸板内部渗透过多，导致最终纸板表面形成的墨层过薄，进而影响印刷结果的光学密度和色调表现。另外，油墨的扩展和渗透也会延长干燥时间，为了加快干燥过程，有些设备采用强制热空气流动处理纸板表面的蒸发干燥技术。

针对喷墨印刷油墨与纸板匹配的问题，出现了三种解决方案。一是在油墨上做文章，如HP Scitex系列设备、爱克发Jeti系列设备、柯尼卡美能达KM-1都使用UV油墨，利用UV油墨快速干燥来解决这一问题。再如施乐Triver 2400使用高融合相变油墨，蜡质墨热融化后喷出墨滴，墨滴抵达纸板表面遇冷固化后呈胶状，从而有效防止油墨在纸板表面发生渗透现象。二是印刷前对纸板进行预处理，使用水基油墨印刷，如柯达、惠普、富士胶片等厂家的喷墨印刷设备。三是采用转印方式（即墨滴先喷到转印橡皮布上，待油墨蒸发形成墨膜后再转移到纸板表面），采用这种方案的设备有Landa S10、佳能Voyager。包装印刷的承印材料种类繁多，除纸板外，塑料、金属、玻璃及各种复合材料也比较常见。这些材料一般都具有对油墨非吸收性的特点，喷墨印刷可以使用UV油墨解决油墨干燥的问题，但随之而来的是干燥后的油墨在承印材料表面固着程度的问题。目前，解决这一问题的手段主要是对承印材料进行印前表面预处理。

4. 打印头结构

喷墨印刷设备的打印头结构可划分为往复式和全宽式两种。往复式喷墨打印头在打印时沿纸板宽度方向扫描，每一次扫描完成一定宽度的打印，一行扫描结束后，纸板在打印机传动机构的驱动下，前进与一次打印宽度相同的距离，再由喷头进行打印，直到整面打印完成。往复式打印牺牲的是打印速度，但优点是设备成本低，主要用于精细图文打印、户外喷绘等领域。全宽式喷墨打印头是使用多个喷头排成可覆盖纸板打印宽度的结构形式，打印过程中打印头静止，承印材料快速通过打印头完成印刷。全宽式打印头结构，使用的喷头数量多，设备价格高，但提高了印刷速度。

事实上，单个喷头尺寸很小，为了提高印刷速度，不论往复式打印头还是全宽式打印头，都需要用多个单个喷头拼接成喷头打印组。根据单个喷头的摆放方式，喷头的拼接方式可分为品字型拼接、阶梯型拼接、军刀角型拼接、线性排列型拼接等，见图8-7。每种拼接方式都有各自的特点，如对喷头加工精度、装配调节的要求不同。再如军刀角型拼接、线性排列型拼接可以提高打印分辨率等。因为喷头打印组中包含了多个喷头，喷头间打印颜色的一致性必须得到精确的控制，否则就会影响到印刷质量。

5. 打印平台

大幅面的打印设备以UV喷墨印刷机为主，打印平台分为平台式和连续走纸式两类。目前采用平台式的设备比较多，平台式宽幅喷墨印刷机最大的特点是对承印物材料的适应性很强，几乎可以在任何承印材料上打印。理论上来说对承印物的厚度几乎没有要求，在打印过程中材料的稳定性好，打印定位准确，同时有利于油墨干燥、固化。平台式结构设备的不足之处在于，若打印幅面很大，会需要较大的设备安装面积和工作面积，承印材料的上下纸也不太方便。连续走纸式UV喷墨打印机以EFI公司的宽幅喷墨打印机为典型代表，配合低温UV LED油墨固化技术。这种结构的特点是设备占地面积和工作使用面积相对较小，可以使用板、卷两种形式的承印材料。当使用卷材时，在一定程度上可以提高承印材料的使用率。

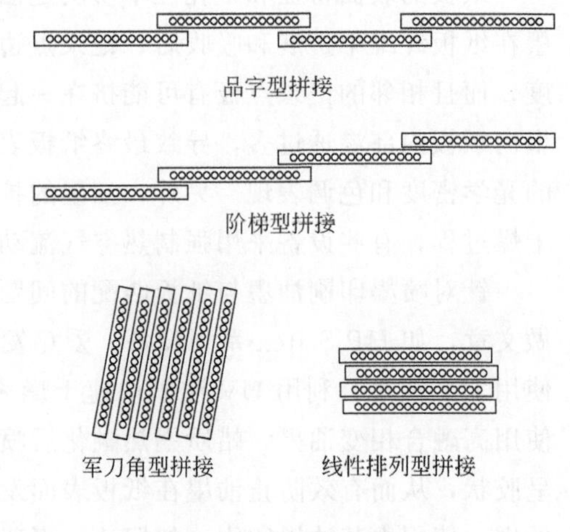

图 8-7　喷头拼接方式

喷墨印刷应用于包装印刷已是大势所趋，然而当下设备和耗材成本高、连线数字印后加工技术不够成熟还制约着这一发展速度。但随着越来越多的企业使用喷墨技术，设备和耗材的成本会不断下降，同时，数字印后加工技术的发展速度也很快。因此，未来喷墨印刷必将成为瓦楞包装印刷的一个重要组成部分。

五、瓦楞纸箱喷墨印刷机技术参数特点

目前市场中，数字印刷技术在瓦楞纸包装方面的渗透率相对较低，主要原因可能还是相关技术的成熟度不足。据观察，到2018年初，各大数字印刷设备厂商在瓦楞纸包装印刷方面的技术基本成熟，并推出了市场接受度较高的设备。例如惠普PageWide T1100系列瓦楞纸印刷机，最新型号T1190的售价也超过1亿元人民币。据惠普公司介绍，该系列机型已经在全球25家知名包装印刷企业

落户。

随着瓦楞包装喷墨印刷机的进一步发展，各大品牌数字化印刷机制造商也顺势推出性能更好的瓦楞纸箱印刷的喷墨印刷机。由于瓦楞包装喷墨印刷机种类繁多，下面将从喷印精度、喷印速度、喷印幅宽、承印介质厚度共 4 个技术参数指标选择相应机型进行评价，为选购瓦楞喷墨印刷机提供数据参考。

1. 喷印精度

在瓦楞包装方面，个性化的彩色图像质量要求越来越高，喷印精度自然影响着可以承接业务的档次，进而决定了可能获得利润的空间以及商业盈利模式。瓦楞纸板喷墨印刷机中可以选择的打印精度模式越多，则其业务适应性更广。目前大多数瓦楞包装用喷墨印刷机可以提供三类模式选择：生产模式、快速模式、超精模式。不同模式之间切换自然，但对应的打印速度变化比较明显。表 8-1 中展示了爱普生代表机型的参数特点。从表 8-1 中可以发现，爱普生代表机型的最高喷印精度可以达到 2880DPI×1440DPI，同时其最大喷印速度也可保持在 $31m^2/h$ 以上，这样的机型效能完全能满足高端客户需求。同时对于中档偏上的喷印业务，Epson SureColor F9380 也有不俗的喷印速度。对于国产机型，像北京金恒丰科技有限公司推出的喷墨印刷机 U3000 为代表，$300m^2/h$ 高速模式下可完成精度为 600DPI×900DPI 的印刷，而在超精模式 1200DPI×1200DPI 的高分辨率下也可实现 120 m^2/h 的印刷速度。在最大打印精度方面，国产机型还是存在一定的差距，但在兼顾最大打印速度参数对比时，这种差距相对较小。像上海泰威 TS5000HF、汉华 Glory1604 等以 600DPI×1800DPI 为最大喷印精度的国产机型在国际欧美市场亦占有一席之地。目前大多数瓦楞包装喷墨印刷机为平张 UV 固化型，品牌制造商最新机型也都在尝试水性油墨挥发型或水性 UV 混合双型。从环保的角度来看，水性油墨喷墨机型是首选，大部分采用水性油墨的国产机型打印精度与打印速度也能在国际上保持竞争力，但是其稳定性却是一道急需跨过去的坎。

表 8-1　爱普生代表机型的参数特点

代表机型	最高喷印精度	最大喷印速度/(m^2/h)	最大喷印幅宽/in
Epson SureColor F9380	720DPI×1440DPI	108.6	64
Epson SureColor B9080	2880DPI×1440DPI	31	64
Epson SureColor P20080	2400DPI×1200DPI	66.5	64
Epson SureColor S80680	1440DPI×1440DPI	95.1	64

2. 喷印速度

很大程度上，喷印速度决定了印刷服务商的交货周期，同时也能进一步提升企业的运作效率。表 8-2 展示了主流瓦楞包装喷墨印刷机的最大喷印速度。

表 8-2 主流瓦楞包装喷墨印刷机的最大喷印速度 单位：m^2/h

代表机型	最大喷印速度	品牌制造商	品牌区域
HP Scitex 11000	655	惠普	国际
VUTEk HS100 Pro	512	EFI	国际
EpsonSureColor F9380	108.6	爱普生	国际
CorrStream™	750	柯达	国际
Jeti Titan HS	120	爱克发	国际
Onset S40i	470	Inca Digital	国际
U3000	300	金恒丰	国内
TS5000HF	280	泰威	国内
Glory1604	234	汉华	国内

从表 8-2 中可以发现，国际品牌制造商生产的代表机型的最大喷印速度还是比国内同精度类型的要高出好多，但整体上也都越来越接近瓦楞纸板传统印刷方式下的生产速度，特别是在 Single Pass 技术的引用后，高速瓦楞纸板印刷设备才被印刷包装企业所重点关注。在这些品牌机型喷印速度差距之外，适应多承印介质的高速喷印技术也是重要的辅助评价指标。国际瓦楞喷墨机品牌制造商多采用喷头高度自动调节系统以适应承印物的不平整形波动或基材更换，国内瓦楞喷墨机品牌制造商多在纸板翘曲检测和定位系统进行突破，既保护喷头安全又提升良品率。

3. 喷印幅宽

喷印幅宽对于个性化瓦楞包装来说，主要影响的是其最大纸板展开表面积以及多版拼合效率，这对于从事大型瓦楞纸箱或 POP 展示架等印刷业务的服务商而言更加重要。对于平张 UV 喷墨机来说，喷印幅宽主要取决于单张瓦楞纸板最大宽度，这可能还需要考虑瓦楞纹向对数字化后加工的性能影响。国际瓦楞喷墨机品牌制造商在喷印宽度参数方面并没有过度贪大，基本上在高喷印精度机型上能满足 1.6m×3.2m 尺寸范围内的瓦楞纸板需求。而国内瓦楞喷墨机品牌对喷印幅宽的选择更具有吸引性，例如上海泰威生产的 TS600 就能实现 3.15m×2.02m 的平张瓦楞纸板喷印。在瓦楞卷材喷印方面，现有品牌机型的喷印幅宽目前还停留在 2m 以内，这可能在于 2m 宽的轮转喷墨印刷机效能比不上传统印刷方式，同时相对应的大批量瓦楞包装制品订单也非常少，暂时还没有足够的设备市场空间吸引品牌设备商去开发。为此，针对个性化、小版样订单为主的瓦楞包装服务商可以不用追求喷印幅宽。尽管拼大版喷印可以提高效率，但其对后续的数字模切以及压槽打孔等都造成一定效率降低。

4. 承印介质厚度

承印介质厚度是瓦楞喷墨印刷机性能评价的一个非常重要性能指标，一方面要满足服务商对不同订单喷印需求下的不同厚度耗材替换下的印刷性能一致性的保持，另一方面对于较厚的瓦楞包装箱或瓦楞衍生制品等需求物理强度的印刷业务需求开发。目前，不论国内外品牌设备制造商，在平张瓦楞 UV 喷墨机型方面都能喷印 3cm 以内的瓦楞纸板，部分国际品牌机型可以实现 5cm 瓦楞纸板直印。同时对于喷墨预印的机型，例如 EFI 公司在 drupa 2016 展会上推出的 Nozomi C18000 机型可以实现的最薄瓦楞纸板厚度为 0.4mm。

第九章

瓦楞纸箱模切技术

瓦楞纸箱是由瓦楞纸板通过钉合、黏合或直接折叠成箱的。以印刷工序为分段线，瓦楞纸箱生产设备可以分为印刷前工序设备、印刷设备和印刷后工序设备三大部分。根据现代设备的自动化程度，中高档生产设备主要有瓦楞纸板生产线、印刷机自动联线设备、印后成型加工设备等。

瓦楞纸箱的印后成型加工设备包括模切机、钉箱/糊箱机（粘箱机）、开箱机（成型机）等。纸箱成型作为瓦楞纸箱生产的一个重要环节，越来越受到纸箱生产企业的重视。瓦楞纸箱的成型加工包括成型方式的选择、模切压线工艺、纸箱的结合工艺等。目前，国内瓦楞纸箱成型方式有开槽和模切两种。

瓦楞纸箱成型工艺流程如图 9-1 所示。首先对纸板进行压线和分纸处理；在面纸上印刷客户需求图案，形成半成品；进行开槽和模切；钉箱/糊箱，形成纸箱成品。

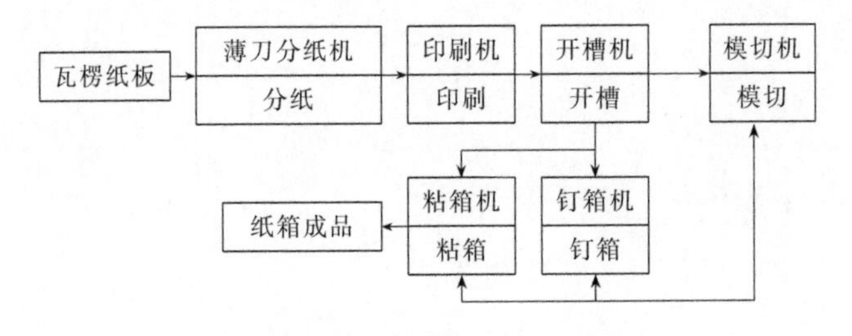

图 9-1　瓦楞纸箱成型工艺流程

开槽成型的特点是速度快，无须制作刀模，使用成本低，但精度差，只能处理精度及形状要求不太严格的纸箱。此方式在纸箱厂应用较普遍。

模切机可以根据需要开出各种形状的槽形，模切方式包括平压平、圆压平和圆压圆三种。圆压圆模切的优势在于保持一定精度的同时，速度非常快，模切纸箱尺寸范围广，适合大批量的活件使用。

第一节 模切机的类型与发展

目前，随着智能制造的深入，模切机也正进一步向智能化、高速化、高精度、多功能、大幅面、高稳定性及联机化方向发展，可以有效地降低对劳动力的需求、减少中间过程的浪费，提高工作效率。

一、模切机的类型

按包装印刷和压印工艺的不同，将现有模切机分为平压平模切机、圆压平模切机和圆压圆模切机三种类型，如图 9-2 所示；根据送纸自动化程度，分为自动和半自动（包括手动）模切机；从功能上讲，完成烫金功能的称作烫金模切机，能自动清废的称作清废模切机。

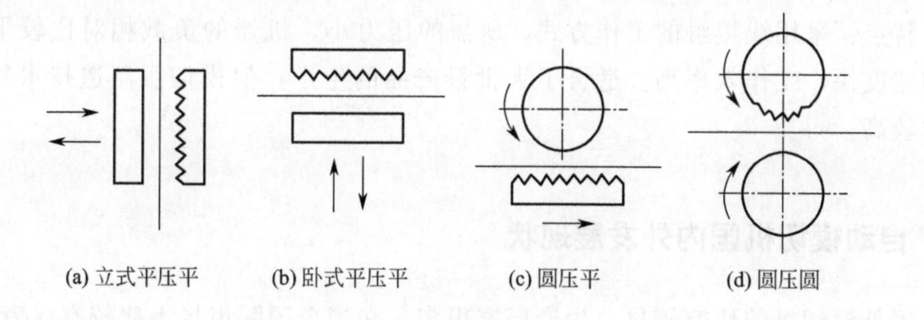

图 9-2 模切机的类型

圆压平模切机在市场上应用较少，目前常见的是圆压圆模切机和平压平模切机。

1. 平压平型模切机

平压平模切机由平板状的压切机构和模切版台组成，可以用于各种生产类型的模切。有人工续纸的半自动模切机（清废功能可选），也有自动上纸、模切、清废、收纸的自动模切机，还有和印刷机联动的自动模切机，都能用于卡纸、瓦楞纸板、不干胶、橡胶、金属板材、海绵等材料的模切。按动作方式分立式平压平模切机和卧式平压平模切机。

特点：结构简单，操作方便，便于更换模压版，便于操作与维修。结构简单的立式平压平模切机容易掌握，常用于小批量订单的生产，目前仍占有相当份额的市场。卧式平压平模切机工作安全可靠，有比较高的自动化程度和生产效率，是平压平模切机中先进的机型，应用较为广泛。

2. 圆压平型模切机

模切机由平板状的模切版台和滚筒状的模压机构组成，模压滚筒与版台通过同步运行实现模切运动，版台通过连杆运动迅速回程，准备下一次模切工作。

特点：工作方式为线接触，模切压力降低，机器负荷相对稳定。但模压滚筒部件容易导致刀线的位移和变形，适用范围相对狭窄（仅对 400g/m^2 以下的纸板进行模切）。为了减少或者避免纸板伸缩现象的发生，常常要摆正纸板的模切方向。

3. 圆压圆型模切机

模切机由圆筒状的压切机构和模切版组成。一个滚筒上装有圆形模切版（刀模），另一个滚筒为压印滚筒，用于施加压力。滚筒刀模有雕刻的金属模和木质模两大类。与滚筒刀模对应的压印滚筒，也有硬性接触的钢质滚筒和包覆塑胶用于软切的压印滚筒之分。两滚筒夹住纸板旋转一周，采用压切或剪切形式完成一个循环的模切。

特点：采用线接触的工作方式，所需的压力小，机器的负载相对比较平稳。模切速度快，工作效率高，适合于大批量产品的生产。但模切版制造技术复杂、成本较高。

二、自动模切机国内外发展现状

国外模切机的研究较早，生产厂家很多。在当今国际市场上比较有代表性的有瑞士 BOBST（博斯特）、德国海德堡、德国 CITO（西途）、美国标准纸盒机械公司、西班牙 IBERICA（伊波瑞克）、韩国 YoungShin 机械有限公司等生产厂家。其中，瑞士的 BOBST 公司是业界公认的排头兵。国外自动平压平模切机的模切精度通常可以控制在±0.1mm 左右，模切速度在 8000～10000 张/h，有的甚至达到 10000～12000 张/h。

目前世界上速度最快的模切机是 BOBST 的 MASTER CUT 106-PER 模切机。该机最大的特点是高产，设备的正常日产量为 24.5 万张，机速达到 12000 张/h，代表现在世界模切的最高水准。设备采用了目前世界最先进的 POWER REGISTER 套准装置，既可以实现纸边、印刷十字规矩的定位，亦可依据印品自身来定位，极大地提高模切质量与精度。设备还具有智能送纸机、自动堆盘传输装置、数据管理系统以及人体功效学外观设计，使得该机器将工具、材料、生产数据以及高品质融入到了成品中，大大地提高了换单作业的效率，在某种程度上提高了速度。另外，该机还具有记忆功能，可根据记忆自动调整历史产品的每个供需与部位进行加工，具有极高的智能化。

我国模切机的生产发展经历了从无到有，从半自动到全自动的过程，目前在国际市场上也具有了较高的地位，主要生产制造厂家为上海亚华、唐山玉印、天津长荣、台湾旭恒等。与国外相比，我国生产的自动平压平模切机工作速度较低，一般只有 5500～8000 张/h；模切精度绝大多数在±0.15mm、±0.2mm 范围内，只有少量机型达到±0.1mm 的模切精度。国产自动平压平模切机当工作速度较高时，机器的稳定性便会下降，模切精度和效率降低，并伴有大量噪声，机器磨损严重。国产模切机与国外先进模切机相比还有一定的差距，不过差距正在缩小。

三、自动模切机的发展趋势

随着计算机技术和数字化技术的广泛应用，模切技术正向着自动化、高速度、高精度、多功能、耐久性、联机化和数字化方向发展。在追求稳定性的同时以提高工作效率为目标，减少辅助工作时间和功能多样化也是发展趋势之一。组合式印刷、烫金模切压痕联机生产线将在批量生产的场合应用。数字技术、激光技术、智能技术等的发展将促进数字化、智能化印后模切、烫金设备的不断发展和完善，这也是未来发展的方向。

1. 高速度

当前国内外主流自动模切机的最高生产速度普遍已经达到 7000～7500 张/h，幅面主要集中在应用最为广泛的 B_1（1000mm×707mm）印刷幅面。而主流胶印机的最高印刷速度基本上已经普遍达到 12000～15000 张/h。从生产设备配套的角度上计，一直以来普遍以一台胶印机搭配两台模切机的算法为主。在新技术不断涌现的今天，有些高端胶印机的印刷速度已经达到 16000～18000 张/h，并且在印刷包装行业已经开始成为高效胶印机的新主流。作为配套的印后加工设备，7000～7500 张/h 的最高模切速度显然已经无法满足生产配套的要求。从中可以看出，生产速度达到或超过 8000～9000 张/h 的高性能自动模切机，即将成为印刷包装市场的新主力。

20 世纪末，实际上已经有世界领先的印刷装备制造企业推出了一款高性能机型，模切速度可以达到 8000～12000 张/h，搭载了诸多新技术和自动化的科技配置，比如主机凸轮驱动平台、电子套准技术、自动物流技术等。但是，动辄千万元人民币的售价，是绝大多数印刷包装企业无法企及的。

随着我国装备制造技术的发展，我国模切机产品的技术和产业化也已达到了较高水平。时至今日，性价比更高的国产自动模切机品牌，正在逐步推出其高速、高性能的模切机产品。例如，长荣股份 Power matrix 106CSB 自动模切机的问世，代表国产自动模切机已经达到 8000 张/h 的高速生产效率。相信我国将有更多的国产印刷装备制造企业，推出更多的高性价比产品，形成印刷包装企业自动模切机的新主流。

2. 多工位组合化

一个精致的高端产品包装可能要经过上光、网印、多次烫印、压凹凸直到模切成型的加工工序。有的产品烫印和压凹凸工序要经过三四次甚至更多次加工。这使得印后加工的人工成本、设备成本、材料成本大幅增加，效率受到严重制约，多次加工导致的产品变形率和废品率也成倍增加。印刷包装行业亟需一种能将这些多样化的功能、工序进行组合化加工的设备。

长荣股份推出的多工位烫金模切机采用模块化设计思路，具有两个主加工工位，生产速度可达 6000～7000 张/h，相当于单机组设备 12000～14000 张/h 的效率，套印精度可达到与单机组设备相同的±0.075mm。后期产品还可定制选配清废、全清废分盒功能，可以实现一次走纸完成两次烫印，或烫印＋压凹凸＋模切＋清废＋分盒＋计数分层堆码＋物料输出的一系列功能，提高了生产效率，减少了人工成本，纸板变形得到有效控制，产品质量和成品率得到了大幅提升。多工位组合化模切烫印技术成为高端印刷包装行业划时代的一项新技术，被全世界的高端印刷包装企业广泛采用。

3. 大幅面

简单地说，若在保证工序、人员配置、单机效率基本不变的前提下，将印刷幅面从 B_1（1000mm×707mm）提升至 B_0（1414mm×1000mm），生产效率自然得到了双倍的提升。在这一优势的驱动下，以海德堡、高宝、曼罗兰为首的世界主流胶印机厂商，不断加大全张纸印刷机的推广和销售力度。目前，我国印刷包装企业已纷纷进口多台全张大幅面单张纸印刷机，国内也有多家印刷装备制造企业开始生产全张大幅面单张纸印刷机，最大进纸尺寸达到或超过 1020mm×1420mm 和 1020mm×1440mm，最高印刷速度达到 10000～15000 张/h。作为包装印刷不可或缺的自动模切机，B_0 幅面的相关产品开始受到印刷包装企业的重点关注。从进口的博斯特 142、145 系列产品，到国产的长荣股份 MK1450 系列产品，均可满足印刷包装企业印后模切配套的要求，模切速度均已超过 7000 张/h，再搭载对应的如 Diana 高性能糊箱机产品，相对于 B_1 幅面而言，包装产品在生产效率上实现了翻倍，为印刷包装企业带来了新机遇。

4. 自动化发展

由于模切机的速度与印刷机的速度相差太多，要想实现模切机与印刷机的联线，需要提高模切机的速度。要想提高模切机整机的速度除了要考虑模切速度外，还要考虑提高清废的速度。对于模切速度而言，BOBST 公司利用共轭凸轮机构驱动动平台，模切速度达到了 12000 张/h，因此现在制约模切机速度的是清废部分。由于模切后的产品与废边之间的连接点少，快速向前移动会造成产品散版，因此带清废的模切机不宜高速运行（目前带清废的模切机的速度普遍在 4000～5000 张/h），要使清废与模切速度相匹配，就必须解决清废的速度问题，以及清废的精度问题。

（1）自动清废模切技术　带有自动清废功能的模切机可以在生产过程中，在线实现印张局部废料或者边废的清除。由于自动清废功能可以降低工人的劳动强度，提升生产效率。相对普通单模切而言，具有清废功能的自动模切机在生产成本方面和生产准备时间方面均稍有增加，因此更适合于有一定批量的订单或重复订单。在清废功能方面，无论进口设备还是国产设备，厂商后期均推出了具有清叼口功能的清废模切机型，力求进一步提升生产效率。

（2）全清废模切技术　全清废模切技术可以在全清废模切机上一次走纸，完成模切或压凹凸模切＋清废＋分盒＋成品计数堆码和物料输出的一系列功能。成品完全没有任何废料，实现了箱片与箱片的完全分离，可以直接进入下一工序。目前国产最新的全清废模切机最高生产速度可达 8000 张/h，表明全清废模切机在国内实现了突破性的推广，将中国模切技术推向一个崭新的时代。

基于对国内印刷包装企业需求的深入了解，印刷装备制造企业针对中国包装印后工艺特点还开发了不停机取样功能、伺服自动退压功能，具有非常好的产品适应性。特别是不停机取样功能是基于严格的品质管控下提出的强烈需求，在每 500 张取样一次、每次停机 1min 的基准下，可实现不停机取样，功能相对停机取样机型可以提升 25％的实际效率，获得了非常好的应用。目前，全清废模切机已有多种品牌、多种型号、多种配置可供印刷包装企业选择，技术成熟。

5. 自动物流技术

在欧美、日本等发达国家，一些先进的印刷包装企业已经率先实现了高效先进的自动物流系统，减少了大量人力开支，提高了效率，减少了出错。

作为印刷包装企业最耗时、最耗人、最耗精力的印后工序，自动物流技术应用的需求显然更加迫切。目前已有多种国内外品牌的自动模切机和烫金机开始搭配自动物流系统、智能飞达系统，代替机械化重复性的上料、下料流转的人工工作，实现高自动化的印后加工生产，更可与智能化工厂解决方案完美配套，打造高性价比的新式智慧工厂。相信在不久的将来，将有越来越多的印刷包装企业圆梦自己的智慧印厂，实现更高的效率和利润，得到更长足的发展。当然，要实现更高自动化的智慧工厂，不仅仅是应用自动物流技术那么简单，要与智能化的工厂系统完美融合，这就对其生产设备提出了更高的新要求。

6. 智能化发展

在德国工业 4.0 大势的驱动下，“智慧印厂”的系统价值受到规模型印刷包装企业的广泛关注。真正的智慧印厂包含智能化控制中心、智能化生产管控系统、智能化仓储物流、智能化加工设备。自动模切机作为其中的一个重要组成部分，其本身要具备控制系统联网、机身自动物流、自动飞达系统、电子套准系统等配置，才能真正实现工序间的衔接和智能化的生产管控。

(1) 控制系统联网技术　智能化生产管控系统可以实现对工单的下发到生产直到出货的全部智能化管理。将其称之为智能化，是因为其不仅能够进行自动分配，还能够根据实际生产情况、生产效率或者突出事件实时做出优化调整，保证生产系统以最优化的效率运行。因此，用于模切机的控制系统联网技术应具备数据收集、数据输出以及数据和指令输入、执行的能力。

(2) 电子套准技术　电子套准技术是通过数字图像拍摄与相关机械、电气硬件系统执行相结合，实现对印刷品色标或图案进行套准的一项新型套准技术，其与传统机械套准最大的区别在于套准基准的不同。传统机械套准以纸边为定位单位，无论印刷、喷码、上光、烫印、模切，均以纸边定位为基准，对印刷图文进行整饰。在此过程中，纸板边缘的准确度成为套准是否精准的关键。因为存在纸板、各工序运行瑕疵等问题，套准并不精确。而电子套准以关键的印刷图文为基准，可以减少诸多客观因素的影响，进行最直接的套准，套准精度和良品率大幅提升。除此之外，电子套准系统因为可以忽略纸边误差，还会大幅减少模切机运行中非故障停机的概率，保证生产效率的最大化。目前国内外只有少数领军印刷装备制造企业可以提供此项配置，可搭载的机型正在逐步扩大，应用将会更为广泛。作为一项智能化配置，电子套准技术的未来发展还将实现生产过程中对产品信息的收集、运行分析、智能适应调整、打包输出等功能，在智慧印厂系统中，最大化地减少人为介入，减少人为失误，提升效率和企业核心竞争力。

四、激光模切机

1. 激光模切的优势

① 加工模式先进、效率高。不会改变加工物品的物理特性，可以完成一些常规方法无法实现的工艺。

② 激光加工速度快、成本低、全自动。在生产线上能对物品进行高速、高

效的自动化加工。

③ 符合环保要求。激光加工无毒无害，是一种安全、清洁的加工方式。

④ 激光标记可以永久保持。传统加工工艺难以模仿激光标记的特有效果，因此激光标记在防伪方面性能出众。

⑤ 激光模切可以为产品标记独一无二的产品序列号，便于产品的识别和追溯，支持全部码制。

2. 激光模切使用成本低

激光模切雕刻机维修率极低，关键部件射频激光管的使用寿命在2万小时以上。假设设备一年工作按300天，每天8h计算，则设备的使用寿命为8年以上。激光器更换便捷，每组费用不到2万元，仅半个工作日就能完成更换。除了用电和人工之外，没有了各种耗材、辅助设备，没有各种不可控的耗费。因此，激光模切机的使用成本几乎可以忽略不计。

3. 激光模切机

例如以Highcon公司为代表的激光模切机，有的机型已经可以实现高达5000S/h（张/时）的激光模切加工。除此之外，国内如一直专注于印后包装领域的长荣股份也开始推出激光模切机产品，其仅用一个U盘、一个文件即可实现快速激光模切、压痕工作，可以为小批量个性化包装产品、产品打样提供前所未有的便利。未来，激光技术产品将颠覆传统行业。激光模切技术取代机械刀模技术，是印后模切领域的一场革命。

激光模切机采用三轴动态振镜技术，主要由激光器、XY轴偏转镜、聚焦透镜（前聚焦/后聚焦）、计算机（工控机），冷水机和机械电气平台等构成。

工作原理：将激光束入射到两反射镜（振镜）上，用计算机控制反射镜的反射角度，这两个反射镜可分别沿X、Y轴扫描，从而达到激光束的偏转，使具有一定功率密度的激光聚焦点在模切材料上按所需的要求运动，激光使表面材料瞬间汽化，从而在材料表面上留下永久的切痕。

三轴动态技术（3D前聚焦）模切雕刻技术具备如下优势。

（1）模切范围更大　前聚焦光学模式使用较大的XY轴偏转镜片，可传导激光光斑更大，聚焦精度更好，能量效果更佳，模切雕刻范围更大。

（2）通过自动变焦可模切不同厚度材料　前聚焦光学模式改变激光焦距和激光束位置，模切不受曲面影响，可以有效模切表面不平整、高低不一致的材料，提高模切雕刻加工效率。

（3）可进行深度模切　2D后聚焦模切时，模切过程中激光焦点会上移，作用在物体表面的激光能量会急剧下降，严重影响深雕的效果和效率，因此要移动升降台调整焦距。而3D前聚焦技术则不需要进行这样的调整。

随着移动互联网技术和物联网技术的突飞猛进，实现从接单到印刷、印后加工、成品交付，依托互联网技术，全部由一台机器设备、一个人工就完成以上工作，必将出现一款融合云技术、喷墨技术、激光切割技术、机器人技术和3D打印技术等多项高科技于一身的高度集成化印刷设备。其中，烫金、压痕、模切、扫码等印刷中间环节实现数字化，并且与云印刷平台互联互通，实现设备与互联网真正意义上的无缝衔接，以此来应对越来越激烈的全球化市场竞争的挑战。

4. 激光模切机的不足

激光模切机因为激光切割的特性，模切切口仍然有明显烧灼痕迹和切缝损失，无法与传统模切效果相媲美。且压痕工位采用3D打印固化技术完成简单的压痕工艺，压痕不够平直、压痕力不够、折痕力也得不到很好的控制，并且精度较低。

实际印刷包装应用中，激光模切技术仍仅限用于要求不高的个性化印刷品、打样等方面，无法生产要求极高的高端包装产品，仍不能替代传统模切技术。但不可否认，激光模切技术由于其灵活、高效的特性，越来越多地受到印刷包装行业的关注。但若要对传统工艺实现完全替代或实现更有意义的应用价值，仍有一段路要走。未来，如何实现更精确完美的切口、提升生产效率、实现高精度的压痕将成为激光模切领域关注的焦点和重点提升方向。目前来说，其可与传统印刷、印品整饰技术实现非常好的技术互补，满足更多的市场需求。

第二节　开槽工艺

开槽工艺是进行纸板压线、开槽、切角及修边等加工的部分，主要包括两个机构：压线机构和开槽机构。

一、压线机构

压线的主要作用是使瓦楞纸箱按预定位置准确地弯折，以实现精确的纸箱尺寸。按压线方向与瓦楞楞向的不同关系，压线可分为纵压线（与瓦楞楞向平行的压线）和横压线（与瓦楞楞向垂直的压线）。横压线对瓦楞纸箱的强度有很大的影响；而纵压线因瓦楞纸板的结构特点，往往很难保证达到预定的尺寸。

纸箱印刷压线多是纵向压线，针对瓦楞纸板的结构特点，现今的压线结构多采用双压线辊轮结构。当纸板经过第一压线辊轮时，对压线位置进行预压，即先把压线位置附近约1.5cm宽的纸板压扁，破坏其楞型，然后再经第二压线辊轮压线。这种机构不仅可以提高压线的精度，还可以有效地克服压线爆纸的问题。

压线装置见图 9-3，由上下压线辊、上下压线盘、下辊升降装置等组成。为适应不同纸板的压线，压线盘必须轴向能够调节；为满足不同纸板的压线要求，压线盘必须上下间隙可调。当进行轴向调整时，四组上下压线盘可根据开槽的位置来确定压线盘的位置。调整时，松开锁紧螺钉，使压线盘作轴向移动，当其位置与开槽位置一致时，拧紧锁紧螺钉，移动尺寸可由轴上的标尺读出。当进行压线盘上下间隙的调整时（即调整压线的深度时），可根据纸板的层数、厚度及纸质的优劣来调节上下压线盘之间的间隙，以得到良好的压线。

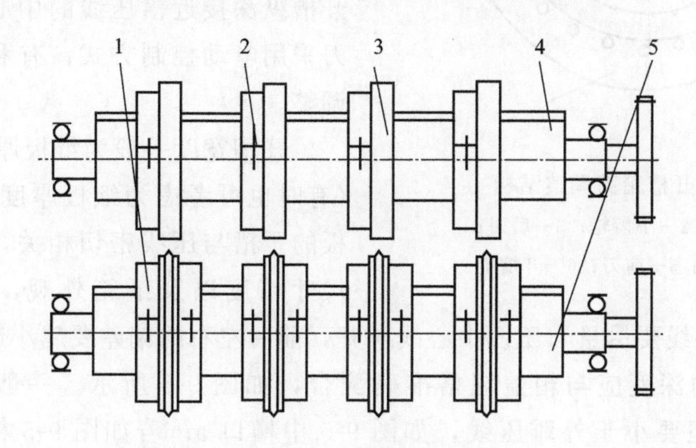

图 9-3　压线装置

1—下压线盘；2—定位螺钉；3—上压线盘；

4—上压线辊；5—下压线辊

二、开槽机构

开槽机构主要由预压辊、压线辊和开槽辊组成。预压辊和压线辊将纸箱送入开槽部并压制线痕，开槽辊连接电机，辊上安装 5 个刀座，通过导板连接丝杠，丝杠连接电机。控制导板沿开槽辊轴向运动，即可控制刀座轴向移动，改变箱宽。后刀固定在刀座上，内齿圈与刀座同心，前刀与内齿圈连接，小齿轮在六角钢上轴向移动，减速电机通过行星齿轮系统可以控制六角钢带动小齿圈转动，小齿轮驱动内齿圈转动，改变前、后刀之间的夹角 α，从而改变前后刀槽之间的距离，即改变夹角调整箱高。开槽箱高调整结构如图 9-4 所示。

模切机上的开槽机构是以上、下切刀在回转过程中利用对滚进行切纸的，相当于一简化了的圆压圆模切装置。切角刀的结构比较简单，其刀刃为一三角形的尖刃，安装在与开槽刀刀尖相对应的圆周上，切角实质上是一直角剪切的过程，并与轴线方向倾斜成一个角度，所以是一个既有纵向剪切，又有横向剪切的过

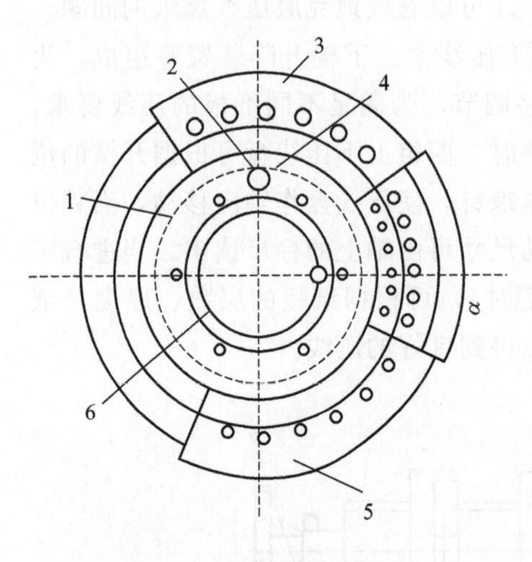

图 9-4　开槽箱高调整结构
1—内齿圈；2—小齿轮；3—后刀；4—六角钢；5—前刀；6—开槽辊

程。在切角开槽轴上还可装上专用的模具以冲出提手孔或通气孔，由于下层采用聚胺酯类塑料，上层采用模切刀，因此它们之间实质上是一种软模切形式。

开槽机构一般只能开简单的矩形槽，如02型纸板，其宽度约为两个纸板的厚度。不同机器可能配备不同规格的开槽刀具，常见的开槽宽为6～8mm。开槽纵深接近横压线的中心位置，开槽刀采用电动控制方式，有利于人工操作调整。

开槽宽度一般为纸板厚度再加1mm（有时也可考虑为纸板厚度的两倍）。纸板的开槽与压线密切相关，而且对纸箱尺寸精度以及纸箱外观，均有直接影响。开槽中心线要尽量与压线中心线对齐，前后左右的偏差要越小越好。

模开槽的深度应与箱盖规格准确配合，如图9-5所示。一般切口应超过中心压线，但要小于外雌压线，如图9-5中槽口a；若如图9-5槽口b（未过中心压线），则箱盖无法弯折；若如图9-5槽口c，（大于外雌压线），则成箱后箱角出现孔洞，影响纸板的密封性。开槽的标准长度是箱盖长度（至中心压线）再加上a值。对于不同楞型和层数的瓦楞纸板，a值分别如下：A型三层瓦楞纸板，a＝3mm；B型三层瓦楞纸板，a＝2mm；AB型五层瓦楞纸板，a＝4mm。

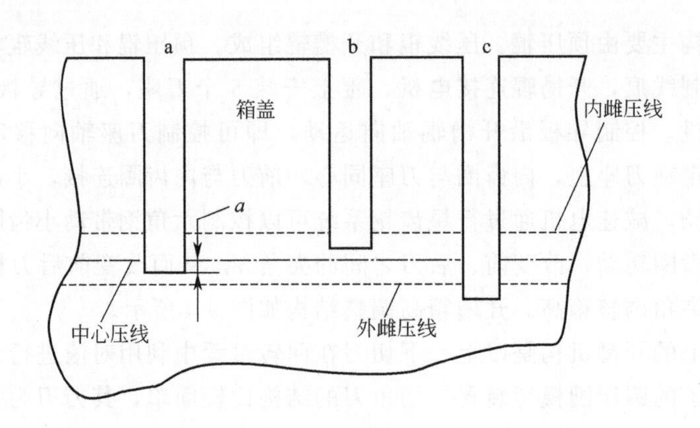

图 9-5　开槽深度

模切部实际上是一种圆压圆软模切机，主要用于形状复杂的纸板的压线和模切成型，其速度快，精度高，尤其在大批量生产中特别明显。图 9-6 为圆压圆模切机示意图，主要由模切滚筒、砧辊、模切刀、调节轴、送纸辊等组成。模切辊可放在纸板的上方，也可放在纸板的下方，一般放在下方时其重心会下移，对稳定性有利。

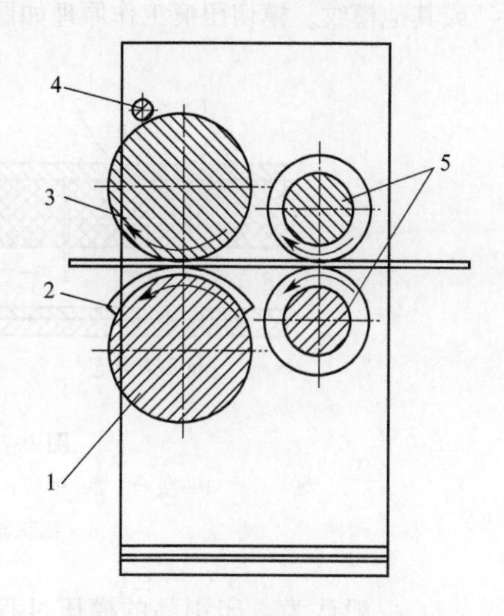

图 9-6　圆压圆模切机示意图
1—模切滚筒；2—模切刀；3—砧辊；
4—调节轴；5—送纸辊

模切部与开槽部正常情况下只需要一台即可，特殊情况下可能两台同时使用。开槽部能适应所有纸板的切角开槽（在规格尺寸允许范围内），因此使用范围广，并不受生产批量的限制，每次只能生产一片纸板纸坯；而模切能适用于任何形状的纸板的模切。模切与开槽最大的区别在于模切可将纸板加工成任何所需的复杂形状（在规格尺寸允许范围内）。由于制造模板费时费力，故只能适应大批量生产。

第三节　模压版的制作工艺

模切就是用模切刀根据产品设计要求的图样组合成模切版，在压力作用下，将印刷品或其他板状坯料轧切成所需形状的成型工艺。

压痕则是利用压线刀或压线模，通过压力在板料上压出线痕，或利用滚线轮在板料上滚出线痕，以便板料能按预定位置进行弯斩成型。用这种方法压出的痕迹多为直线型，故又称压线。压痕还包括利用阴阳模在压力作用下将板料压出凹凸或其他条纹形状，使产品显得更加精美并富有立体感。

大多数情况下，模切压痕工艺往往是把模切刀和压线刀组合在同一个模版内，在模切机上同时进行模切和压痕加工，故又简称为模压。

一、模压原理

模压前，需先根据产品设计要求，用模切刀和压线刀排成模切压痕版，简称模压版，将模压版装到模切机上，在压力作用下，将纸板坯料轧切成型，并压出折叠线或其他模纹。模切压痕工作原理如图 9-7 所示，(a) 为脱开状态，(b) 为压合状态。

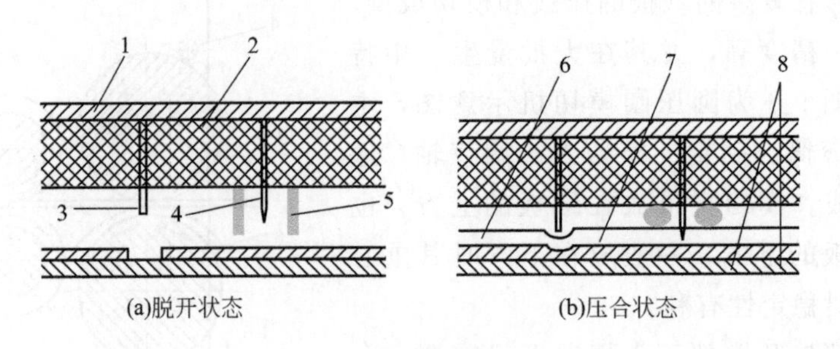

图 9-7　模切压痕工作原理

1—版台；2—模板；3—压痕线；4—模切刀；5—橡胶条；
6—纸制器；7—压痕底模；8—压板

一般认为，印刷品的模压过程经过三个阶段，即弹性变形阶段、预破坏区的强烈形成阶段和脆性破坏阶段，这些过程又都是从被模压印件材料内部的裂纹发展开始的。

1. 弹性变形阶段

模压中，在被加工印件材料内力的影响下，纤维和填料均产生弹性内应力的影响，使纤维和填料均产生弹性变形。而在材料内部，则发生纤维和填料等的重新分布，从而出现迅速消失的扇形裂纹。

2. 预破坏区的形成阶段

随着模压载荷的增加，阴阳模压刀刃附近的应力集中而增大，特别是位于阳模下方的材料及周围靠近阴模和阳模刀刃上方的材料变得更为弯曲。在这种情况下，沿着最大应力作用的方向布满了细小的裂纹，形成初步破坏区，印刷品表面出现槽痕，槽痕的深度取决于材料内应力和载荷的大小。

3. 脆性破坏阶段

载荷继续增加，阳模进入材料达到第一临界深度后，就开始脆性破坏阶段。剪切裂纹按近似于抛物线的规律发展，不论模压印件的几何形状如何，剪切裂纹总是向着废料内部发展，伴随的是印刷品被加工部分出现断裂（分离）。

钢刀进行轧切是一个剪切的物理过程，而钢线或钢模则对坯料起到压力变形的作用，橡皮用于使成品或废品易于从模切刀刃上分离出来，垫版的作用类似砧板。根据垫版所采用材料的不同，模切又可分为软切法和硬切法两种。

二、模切刀片与压痕钢线的选用

模切版制作分为刀模版制作和底模版制作两部分。刀模版由模板、模切刀、压痕线和模切胶条等构成，底模版由底模钢板和压痕底模构成。

1. 模切刀质量要求

(1) 硬度　模切刀片应有很高的硬度和较好的耐弯曲性能。好的刀片一般采取刀刃淬火技术，在柔韧的刀身基础上将刀刃特别淬硬，在刀弯至最小角（如20°）时也不断裂或产生裂纹。常用普通刀的硬度：刀身与刀锋都是450HV(TOP顶级硬度)，正常模切寿命为30万次左右；刀身与刀锋的硬度都是525HV（H75特级硬度），适用于五层瓦楞纸箱和厚卡纸盒，正常模切寿命为60万次左右。

常用的软刀硬度：刀身硬度为340HV，刀锋硬度为640HV，适用于模切很复杂的图形或用于弯折角很小的位置，及一般的纸制品，正常寿命为130万次左右。

(2) 锋利性　刀尖越细越好，要求控制在12μm以内。刀片的锋利性包含两个内容，一是刀刃顶尖的微观厚度；二是刀刃角度。刀刃有拉制成型和磨制成型两种，磨制出来的刀刃适合模切纸制品，可以减少纸粉。

(3) 耐久性能　可选用42°刃角刀片，通过减少摩擦降低模切压力来提高刀片的使用寿命。

(4) 厚度　模切刀片的厚度应均匀一致，不一致会直接影响模切版上的装刀。刀片过厚，装刀时会导致模版挤胀变形；厚度过小，又会导致刀片安装不稳定，出现受压易倒、易脱落等毛病。

(5) 刀片直线度和高度　刀片要求均匀稳定。普通刀的平直度在0.1～0.65mm/m以内，高度公差为±0.015mm。

2. 压痕钢线质量要求

压痕钢线要求压痕端面的圆头光滑，从两侧到顶端过渡均匀，圆弧中轴对称，硬度适中，稳定性强，高度、厚度偏差小，规格齐全。

对购入的压痕钢线，一定要用千分尺测量其厚度与高度，看是否与钢线上的标注尺寸相符，做到心中有数，提高制版精度。

三、平压平模切版制作

平压平模切版制作工艺流程：

绘制模切版轮廓图→在模版上切割安装模切刀和压痕钢线的槽沟→钢刀、钢线裁切成型→安装钢刀、钢线→开连接点→贴退模海绵条→粘贴压痕底模→试切垫版→模切样品，样品鉴定确认。

1. 绘制模切版轮廓图

模切版轮廓图是模切版制作的第一个关键环节。在印刷制版时，如果采用的是整页拼版，可以在印刷制版工序直接输出模切图，以便有效地保证印刷版和模切版有统一标准；如果使用的是手工拼版，在模切制版工序中就需要根据印样排版的实际尺寸绘制模切图。

模切版的规格尺寸与位置要与产品的规格尺寸、位置以及产品成型的要求相符。工作部分应居于模切版的中央位置，线条、图形的移植要保证产品所要求的精度，版面刀线要对直，纵横刀线互成直角，并与模切版四周外轮廓平行，断刀处和断线处要对齐。

轮廓图是模切版的制作依据，可用手工直接在模切版上绘制模切轮廓图，也可采用CAD设计产品成型图，然后按1∶1的比例直接输出模切版轮廓图。如果印刷采用手工直接绘制模切版轮廓图，就需要根据产品的实际尺寸在模切版上绘制模切轮廓图。在绘制模切图的过程中，对于装模切刀位置和装压痕线位置要按国家纸箱制图标准明确标出。在制版过程中，为了保证制出的模版完整，有利于生产和使用，要在大面积封闭图形部分，留出若干处“连接点”（即不锯断的部位，可以防止模切版松散脱落），连接点的宽度对于小块版面可设计成3～6mm，对于大块版面可留出7～8mm。为使模切版的钢刀、钢线具有较好的模切适性，在产品设计和绘制模切版图时，应注意以下几个问题。

① 开槽、开孔的刀线应尽量采用整线，线条转弯处应带圆角，防止出现相互垂直的钢刀拼接，见图9-8。

② 防止出现连续的多个尖角，对无功能性要求的尖角，可改成圆角，见图9-9。

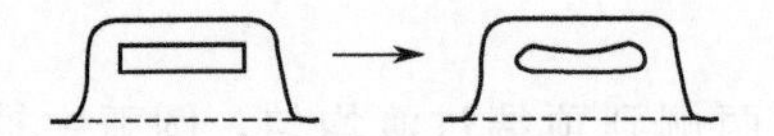

图9-8　垂直的钢刀拼接与圆角开孔

图9-9　尖角模切与圆角模切

③ 避免多个相邻狭窄废边的连接，应增大连接部分，使其连成一块，便于清废，见图9-10。

④ 两条线的接头处，应防止出现尖角现象，见图9-11。

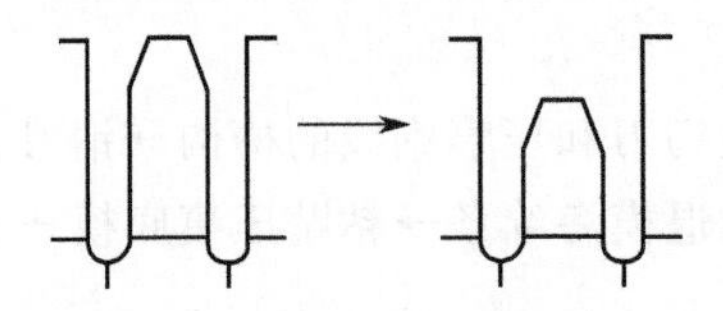

图9-10　增大狭窄废边的连接部分

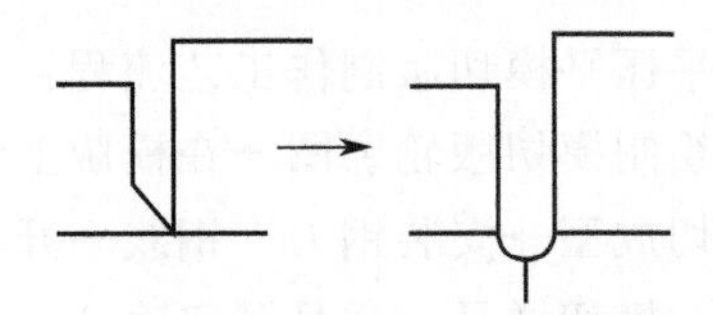

图9-11　两条线接头处采用尖角与圆角

⑤ 防止尖角线截止于另一个直线的中间段落，导致固刀困难、钢刀易松动，并降低模切精度。应改为圆弧或加大其相遇角，见图 9-12。

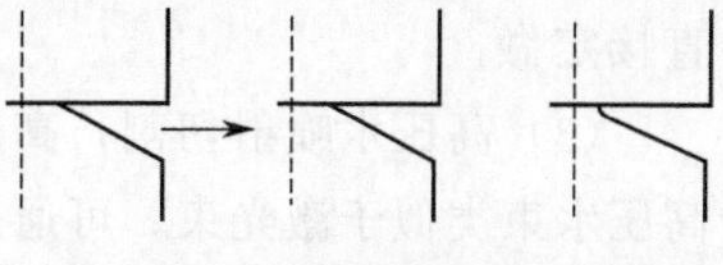

图 9-12　尖角线截止处改为圆弧

2. 切割安装模切刀和压痕钢线的槽沟

模切版常用的衬垫材料（底版）有金属衬垫材料和非金属衬垫材料，其中多层胶合板使用最多。胶合板的厚度为 18～20mm，底版（衬垫材料）的切割主要有锯床切割、激光切割、高压水喷射切割等形式。

(1) 锯床切割　锯床切割是目前中小企业自行加工模切版的主要方法。锯床的工作原理是利用特制锯条的上下往返运动，在底版上加工出可装钢刀、钢线的窄槽。锯条的厚度等于相应位置钢刀、钢线的厚度。

根据使用的场合和制版种类不同，锯床规格丰富且功能完善。有的锯床配有吸尘系统，可以把锯切的锯末自动收集，锯条可以进行电动装夹；有些大版面锯床工作台面上还配有气浮系统，可以使大版面锯割轻快灵活。如今，利用 CAD/CAM 技术和计算机控制技术，控制锯床完成模切版的制作，制版质量有较大提高。

(2) 激光切割　激光切割模切版是通过激光产生的高温对模板的材料进行切割。首先需要将整版模切图输入电脑，由电脑控制模切版相对于激光头的移动进行切割，切割板材时自动加桥位。激光切割模切版精度高、速度快、切缝光滑平直、准确到位，且重复性好。可以切割出任意复杂的切缝，同时保持板材的整体性。

① 激光切割原理　从激光器发出波长为 10.6μm 的 CO_2 激光束，经导光系统传导到被切割材料表面，光能被吸收变成热能。光束经透镜聚焦后，焦斑直径只有 0.1～0.2mm，功率密度可超过 10^6 W/cm^2。这样高的功率密度能使材料表面温度瞬间达到沸点以上，形成过热状态，引起熔融和蒸发。由于热传导，表面的热能很快传到材料内部，使温度升高，也达到熔点。此时，材料中易汽化的成分产生一定的气压，使熔融物爆炸性去除。木材用激光切割时，去除的材料以汽化为主并产生烟尘。因此，在切割过程中，需要喷吹一定压力的气体，以辅助加工的进行。

② 影响切割质量的因素　影响切割质量的因素较多，有材料质量参数、板材厚度、激光输出功率、辅助气体的种类和压力、喷嘴的直径、材料与喷嘴的距离间隙、透镜的焦距与焦点的位置、切割速度等。所以在实际生产中，借鉴以往经验来确定加工效果是极其重要的。激光切割的主要不足是设备价格昂

贵，模切版制作成本较高。因此，激光切割模切版一般由专业厂家生产，用户直接定做。

(3) 高压水喷射切割　高压水喷射切割用于纤维塑胶板的切割，没有污染。高压水束类似于激光束，可通过电脑精确控制，切缝光滑平直，准确到位，切割质量高。

高压水喷射切割利用计算机绘制CAD图形，也可以用扫描录入、编制模切压痕程序，利用高压水喷射切割机切割出模切压痕版。高压水喷射切割板材时自动加桥位，可以将板材切割出任意复杂的切缝，同时保持板材的整体性。

3. 安装钢刀与钢线

钢刀、钢线制作成型后，安装时把切割好的底版放在制版台上，将一段加工好的刀线背部朝下，刀口朝上，在刀刃上垫一块弹性较好的橡胶板或松软的木板，用专用刀模木制锤，把刀线锤入模版的刀线槽内。近年来，自动装刀机业已出现，使装刀速度和装刀质量有了很大提高。

4. 开连接点

连接点就是在模切刀的刃口部位开出一定宽度的小口，在模切过程中，使废料和加工毛边，在模切后仍有局部连在整个模切片上而不脱落，以便于顺利退模，并方便下一步顺畅模切。

制作连接点的设备是专用刀线打孔机，即用砂轮磨削，不要用锤子和錾子去开连接点，否则会损坏刀线和搭脚，造成连接点部分产生毛刺。使用连接点的宽度有0.3mm、0.4mm、0.5mm、0.6mm、0.8mm、1.0mm等大小不同的规格，常用的规格为0.4mm。连接点通常设计在成型产品看不到的隐蔽处，成型后外观处的连接点应越小越好，以免影响外观质量。另外，还应注意不要在过桥位置开连接点（因为过桥位置的模切刀是悬空的）。

5. 贴退模海绵条

为防止模切刀在模切、压痕时卡住模切品，在刀线两侧粘贴富有弹性的海绵条，以保证在模切过程中起到顺畅退出已模切好制品的作用。一般来说，海绵条应高出模切刀3～5mm。海绵条质量的好坏直接影响模切速度和模切制品的质量。在不同模切机上，应根据模切的速度和模切的产品及相关条件，选用不同硬度、尺寸、形状的海绵条。选择海绵条可遵循以下原则：

① 在模切刀口下沿的空当处多选用硬性海绵条，软性海绵条多放在模切刀下沿或模切刀与模切刀之间的缝隙中。

② 模切刀的距离如果大于10mm，最好选用硬度为HS25（瓦楞纸板用）的海绵胶条。

③ 模切刀的距离如果小于10mm，则选择硬度为HS70的拱形海绵胶条为

好。模切刀的距离如果大于 8mm，则应选择硬度为 HS60 的海绵胶条。

④ 模切刀的打口位置使用硬度为 HS70 的拱形海绵胶条，用于保护跨接点不被拉断。

⑤ 模切胶条距离刀线的理想距离为 1～2mm。

6. 制作压痕底模

产品模切压痕是利用钢线压在产品规定的尺寸折痕处，使模切产品按规定的精度折叠成型。为了达到此目的，需在模切版的压痕钢线对应的钢底板上，制出与钢线相对应的凹槽，即压痕底模。制作压痕底模因所用材料、设备和工具不同，其具体制作方法也有所不同。

① 用底模开槽机铣出底模　在硬质底模材料上，用手工绘制或用模切机压印出所需要的底模线迹，再用专用压痕底模开槽机，配上所需凹槽宽度的锯片，在底模材料上锯出凹槽，形成压痕底模。这种方法制作出的底模，比手工粘贴制作出的底模在精度上有所提高。

② 制作钢底模　用机床在钢底模上按规定的尺寸铣出凹槽。这种方法加工出的钢底模尺寸稳定性好，机械强度高，但制作成本较高，适合于生产大批量的长线模切产品。

③ 用压线条（又称压模条、压线贴）制作压痕底模　这种加工方法价格便宜，制作简单、快捷、方便，无需专用设备。制作出的压痕底模耐用（压痕次数可达 30 万次），压出的线条规整清晰美观，适合各种批量的产品模切。

压痕底模主要由压线条、定位胶条、强力底胶片及保护胶贴四大部分构成，如图 9-13 所示。压痕底模用槽深×槽宽表示型号。

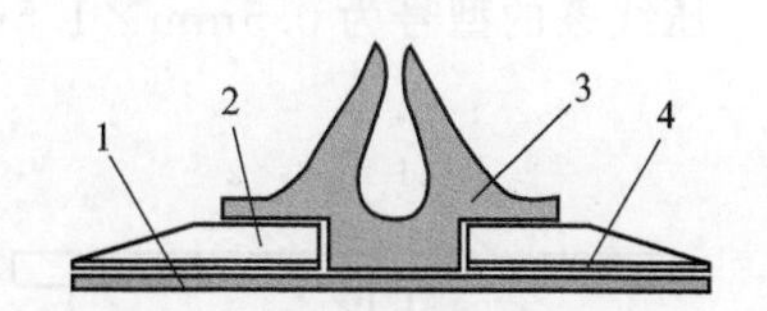

图 9-13　压痕底模示意图

1—保护胶贴；2—压线条；3—定位塑料条；4—强力底胶片

(1) 通用压线条的类型　通用压线条主要有标准型、反向弯曲型、深度加深型、偏心型（单边狭窄型）及双线压痕型。

压痕线的规格选择直接影响压痕效果，选择不当会造成压痕不明显或压裂纸板等质量问题。压痕线的选择依据主要是成型纸板的材质和厚度。

压线条应根据模切的产品选用，下面以模切瓦楞纸板和牛皮卡纸为例介绍选用方法。

模切瓦楞纸板按以下方法选用压线条：

压线条厚度(槽深)D_1≤瓦楞纸板压实后的厚度 D_2；

压线条宽度(槽宽)B=(瓦楞纸板压实后的厚度 D_2×2)+钢线厚度 D_3，如图 9-14 所示。

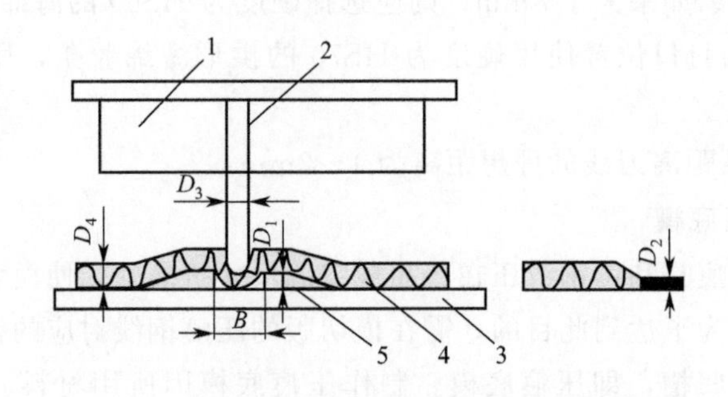

图 9-14　模切瓦楞纸时压痕底模的槽深和槽宽

1—模版；2—压痕线；3—压印板台；4—瓦楞纸；5—压痕底模

如瓦楞纸板压实后的厚度为 0.85mm，选用压痕线条的厚度为 1.0mm。

压线条的槽宽＝(0.85×2)＋1.0＝2.7(mm)，应选用的压线条的型号为 0.8mm×2.7mm。

模切牛皮卡纸按以下方法选用压线条：

压线条厚度（槽深）$D_1 \leqslant$ 牛皮卡纸厚度 D_2；

压线条宽度（槽宽）B＝(牛皮卡纸厚度 $D_2 \times 1.5$)＋钢线厚度 D_3。

如牛皮卡纸厚度为 0.52mm，压线条的厚度为 0.71mm，压线条的槽深为 0.52mm。

压线条的槽宽＝(0.52×1.5)＋0.71＝1.49(mm)（约为 1.5mm），应选用压线条的型号为 0.5mm×1.5mm。见图 9-15。

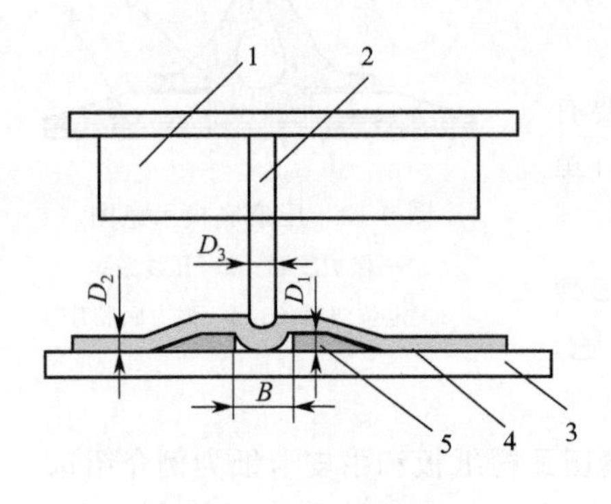

图 9-15　模切卡纸时压痕底模的槽深和槽宽

1—模版；2—压痕线；3—压印板台；4—卡纸；5—压痕底模

(2) 用压线条制作压痕底模的步骤

① 在安装压线条前，先把模切机的压力调节好，把模切机底模钢板打扫干净。

② 根据模切压痕版上钢线的长度，裁切压线条的长度，在压线条两端自然切成 90°尖角。

③ 用压线条上部的定位塑料条，将压线条卡在模切压痕版对应的钢线上，撕掉压线条底部的保护胶贴。

④ 模切压痕版装在模切机上，开机试切一次，压线条即定位在底模钢板上。

⑤ 撕掉粘在底模钢板上压线条的定位塑料条，压线条的定位工作即完成。压线条要用强力胶粘贴，并用橡胶锤锤打压线条，使压线条与钢板粘贴牢固。

7. 试切调整刀线精度

模切版和模切底模制作完成后，先将模切版装到模切机上进行试切，若试切出的样品局部正常，而有部分切不断，就要对局部范围进行垫版，俗称“补压”。垫版就是利用0.05mm厚的纸板或者用免水胶纸，粘贴或垫在模切刀线背面的低矮处，对模切刀或钢线进行高度补偿调整。其调整精度对模切质量和模切速度有着直接影响，此项工作对操作人员的经验和技术要求较高。

通过以上步骤，模切版已基本制作完毕。在正式生产前，必须经过试切样品，对样品进行全面审核校对，并经客户确认签样后方可正式投产。

四、圆压圆模切版制作

圆压圆模切成型方式效率最高，刀线尺寸的合理选择和形状的精确安装是保证模切质量的重要环节。

1. 圆压圆模切刀片选择

圆压圆模切刀片选择要素是齿形、高度、厚度和硬度。

齿形：主要采用12齿、10齿、8齿刀，现在还采用KK刀。

厚度：常用刀片厚度1.42mm，其他模切还有采用1.07mm、0.71mm等几种。

高度：刀片高度根据纸板的厚度确定，常用的模切刀高度为23.80mm和25.40mm。其中，硬模切时通常选用高度为23.80mm的模切刀，软模切时通常选用25.40mm的模切刀。其他还有24.10mm、24.38mm、24.60mm、25.10mm、26.0mm。

硬度：中硬度刀片能够满足圆压圆模切大部分要求，横向或者头尾刀可以使用硬度较高的刀片，以增强抵抗倒刀的能力。用于圆周方向的刀片是用直刀弯曲而成，必须经过专业的热处理定型，否则出现蛇形、倒刀故障。

2. 圆压圆模切压痕线选择

圆压圆模切对压痕线的选择与平压平模切类似，通常情况下横向的压痕钢线比圆周方向的略高一些。常用压痕线的高度为22.80～23.60mm，厚度有0.45mm、0.71mm、1.05mm、1.42mm、2.13mm多种。

压痕线的选用原则：

压痕线的厚度≥纸板压实后的厚度；

压痕线的高度＝模切刀高度－瓦楞纸板的厚度－(0.05～0.1)

(压痕线的高度＝模切刀高度－纸板压实后的厚度)。

说明：计算压痕钢线时，必须把刀片切入底辊的深度考虑在内，刀片通常切入底辊的深度为 2.0～2.5mm。

压痕钢线对于箱片的成型精度控制至关重要，压痕钢线在箱片脱离进纸轮后，还起到控制行进速度的作用。

五、模切压痕工艺

模切压痕工艺是指把模切刀和压痕线安装在同一个刀模板上，在模切机上同时进行模切和压痕加工的工艺过程，要求模压版的格位必须与印刷的格位相符。模切压痕的主要工艺流程：

安装刀模版→粘贴海绵胶条→调节模切压力→试压模切→正式模切→清废→成品。

将制作好的模压版，安装固定在模切机的版框中，初步调整好位置，获取初步模切压痕效果的操作过程称为上版。上版前，要求校对模切压痕段，确认符合要求后，方可开始上版操作。

在模版主要钢刀刃口的两侧，粘贴海绵胶条。利用海绵胶条弹性恢复力的作用，可将模切分离后的纸板从刃口部推出。

调整版面压力，一般分两步进行。首先进行模切刀压力的调节，在刀模版背面垫纸之后，先开机试压几次把模切刀调平，然后采用大于刀模版幅面的纸板（通常使用 400～500g/m^2）进行试压，根据模切的效果，用增加或减少衬纸层数的方法调节刀模版局部或全部的压力，最终使版面各刀线压力分布均匀。其次调整压痕线的压力：一般压痕线比模切刀的高度要低 0.8mm，为了使压痕线和模切刀均获得理想的压力效果，应当根据所要模切纸板的性质对模切刀的压力进行调整。在只将纸板厚度作为主要因素来考虑时，一般根据所压纸板的厚度，采用理论计算法或以测试为基础的经验估算法确定垫纸的厚度。理论计算法计算垫纸厚度的公式如下：

垫纸的厚度＝模切刀高度－压痕线高度－被模切纸板的厚度

规矩是在模切压痕加工中，用以确定被加工纸板相对于模版位置的依据。在版面压力调整好以后，应将模版固定好，以防模压中错位。确定规矩位置时，应根据产品规格要求合理选定，一般尽量使模压产品居中为原则。

在确定并粘贴定位规矩后，应先试压几张，并仔细检查。对折叠式纸盒，还应作成型规格、质量等项检验。

在一切调整工作就绪后，应先模压出样张，并作一次全面检查，看产品各项指标是否符合要求，在确认所检各项均达到标准，留出样张后，方可正式开机生产。

模切后的产品去除多余的边料，然后对有毛刺的边缘进行打磨，使其光洁无毛边，成为合格的产品。生产过程中，要对模切产品进行不定期的抽检，看是否存在问题并及时解决。产品质量检验合格后，进行计数包装。计数中剔除残次品，误差一般不得超过万分之二至万分之三。

六、模压工艺参数

模切压痕加工中的主要工艺参数有模切压力、模切刀线、模切痕线、工作幅面尺寸和模切速度等。

1. 模切压力

模压机工作能力的大小是由模切压力大小来决定的。在模压加工中，由于加工对象及各项要求不同，一般应预先计算模压所需的力，借以选择和调整机器，并指导模压加工。确定模切压力大小的方法有多种，模切压力的理论计算公式如下：

$$P=K\sigma A \tag{9-1}$$

式中 P——模压所需要的力；

σ——模压中单位面积剪切应力值，参考值见表 9-1；

A——模压分离面的实际面积，可根据模切材料厚度和周长来计算；

K——考虑模压过程的实际条件和各种技术因素影响的系数，K 值范围在 0.76～1.34 之间。

表 9-1 模压中单位面积剪切应力参考表

纸板厚度/mm	＜0.5	＜1.5	＜3.0	＜4.5	＞4.5
模压中单位面积剪切应力 σ/(kgf/mm^2)	＜14	11～13	10～12	9～10	＜9

注：1kgf=9.8N。

工厂实际生产中，往往以试验法确定各单位长度上模切力 F 的数值，然后再计算模切压力的大小。即先在试验材料用的压力机上装上一定长度的钢刀和钢线，再放上需加工的纸板，对纸板加压，直到切断和压出要求的线痕为止。记下此时压力 P_1 的读数，重复 10 次，取其平均值，再将测得的压力 P_1 除以切口和压线的总长度 L，即可求得单位长度的平均模切所需的模切压力，可用下式计算：

$$P=K_1LF \tag{9-2}$$

式中 P——模切压力；

L——模切周边总长（包括切口和压线）；

F——单位长度切口和压线的模切力；

K_1——考虑实际生产中各种不利因素的系数，取 $K_1=1.3$。

模切压力是一种接触力，大小随着下平台的位移、速度的变化而变化。下平台与上平台挤压的位移量越大，模切压力越大；下平台运动速度越快，对上平台的冲击力越大，模切压力越大。模切压力的影响因素很多，主要包括以下几个方面：

① 施压机构的结构特点。现行模切机施压机构一般均为双肘杆机构，该机构属于一种增力机构。模切时，上肘杆与下肘杆几乎共线，模版、动平台和上平台受很大载荷，连杆受力较小，曲柄所需驱动力矩小。

② 模切机工作速度。工作速度即曲轴的转速越大，动平台的惯性越大，对上平台的冲击力越大，模切压力也就越大。

③ 模压版上钢刀、钢线的总长度以及钢刀、钢线的厚度。钢刀、钢线的总长度越长，所需模切压力值越大；钢刀、钢线越厚，所需模切压力值越大。刀线、痕线厚度的选择应根据被模压纸板的厚度来决定。

④ 胶条硬度和面积。胶条硬度越高，面积越大，所需模切压力值越大。

⑤ 纸板的厚度及纸板材料。纸板越厚、越硬，所需模切压力值越大。

2. 模切刀线

模切刀线的选择是保障模切版质量的关键步骤，选择标准为：刀刃锋利，经久耐用，易弯成型，精度高。目前，模切刀线生产厂家国内外很多，产品型号也不尽相同。模切刀线的硬度也不同，一般在 HV450～HV850 之间。选用不同硬度的模切刀线与被模切材料的质地有关。

模切刀线厚度的选择应根据被模切材料的厚度而定，其选择标准可参照表 9-2。

表 9-2　刀线厚度的选择

纸板厚度/mm	＜0.6	0.6～1.5	E 型瓦楞纸
刀线厚度/mm	0.7	1.07	0.7

3. 模切痕线

模切痕线选择的标准为：痕线厚薄均匀，精度高，坚硬柔韧，线头圆滑居中。

模切痕线的硬度一般与模切刀线相近似，也是在 HV450～HV850 之间。

模切痕线的高度一般在 22.70～23.50mm 之间几种规格。选用哪种高度的痕线应根据被模切品的厚度来确定。

使用模切痕线的厚度，要根据产品的厚度来选择。一般模切痕线的厚度有

0.71mm、1.05mm和1.40mm等几种。

自动包装、自动粘合等后工序加工设备的高速自动化，使模切痕线的选择显得越来越重要。因此，模切痕线的重要性被提到一个较高的重视程度。一般模切痕线高度的选择应遵循公式：

$$模切痕线高度=(模切刀线高度-模切品的厚度)\pm修正值 \tag{9-3}$$

修正值根据不同纸质确定，纤维较长的纸抗拉伸性强，可采用高一点的压痕线；较脆的纸板，要相应降低压痕线的高度。

4. 工作幅面尺寸

工作幅面的大小从另一角度反映了模切机的工作能力。根据所能加工幅面的大小，模切机可分为全张、对开、四开、八开等不同规格，具体尺寸随不同的生产厂家而略有不同。

5. 模切速度

模切速度与模切机的工作频率有关，是直接影响模切压痕生产率的工艺因素。而且一般说来，模切速度增加，模切压力也会有所增加。

第四节　平压平模切机

平压平模切机主要用于纸箱、纸盒等印刷品的模切、压痕工艺，是印后加工设备中应用最为广泛的机种之一。图9-16为模切机整体外形结构，主要由主传动系统、输纸装置、模切装置、清废装置、收纸装置和间歇式传送链条构成，其中施压机构是模切机上最主要的机构，其性能的优劣直接影响模切速度和精度。

图9-16　模切机整体外形结构

一、平压平模切机工作原理

如图9-17所示，电机通过电磁离合器（或气动离合器）带动飞轮和蜗轮蜗杆副将动力传到曲轴，然后曲轴作用于连杆机构和肘节臂（上下摆杆），把电机的旋转运动变为垂直方向的运动，带动动平台实现往复运动。输纸机通过送纸部件将纸板送入前规和侧规定位，再由牙排将纸板送到模切机构二次定位，动平台往复运动到上止点时利用钢刀、钢线（或钢板雕刻成的模板）通过压印版对牙排叼来的纸板施加压力，进行模切，模切后再由牙排送达清废机构，清废后进入收纸部，完成一次模切作业。

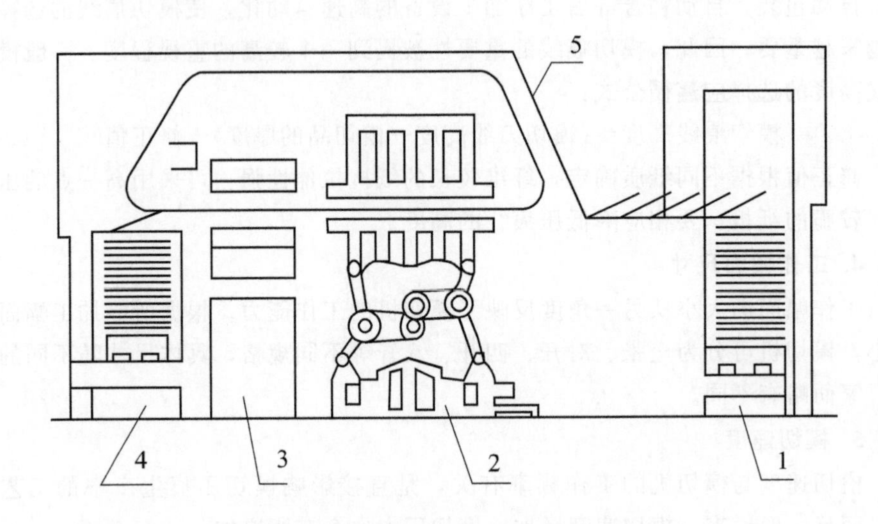

图 9-17　平压平模切机工作原理示意图

1—送纸机构；2—模压部分；3—清废部分；4—收纸堆垛部分；5—输纸机构

平压平模切机的工作过程：主传动系统由 PLC 控制，通过电机驱动齿轮等机械部件将动力传输给模切机的运动部件；输纸装置是由若干个气嘴协调作用将纸板由纸堆吸取分开，然后送至输纸板，由输纸板上的定位部件——前规和侧规完成对纸板的纵、横向定位，即完成第一次的纸板定位。开闭牙机构精确地完成叼纸过程，叼纸牙排间歇安装在链条上，在链条的带动下向前运动，在前靠规与后靠规处实现了纸板的两次定位，此时纸板已被准确输送到模切平台；模切版台固定在平整的平台上，纸板输送至压板，压板通过双肘杆机构作用做循环运动，实现版台与压板的间歇分离与冲压，每次冲压完成一次模切动作；模切后，在清废装置处将纸板上多余的废边排出，完成产品的清废工作，再将切成品输送到收纸装置处收集。

二、输纸装置

1. 分纸机构

分纸机构的作用是将纸垛纸板分离，使其连续、平稳地向模切主机传送。输纸装置用于完成给纸运动，由输纸部分（输纸台升降机构、输纸飞达头、输纸不停机装置）和控制部分（双张控制装置、纸板侧面定位机构、前齐纸）等机构共同组成。

为完成输纸飞达头的输纸运动，输纸升降机构确保纸垛的最高平面保持在一定高度，然后再逐张分离输纸台上的纸板，并一张一张输送前进，整个过程由输纸器来实现。输纸器包括凸轮控制机构、分纸吸盘、分纸簧片、分纸吹嘴、气阀控制器等机构。其中，分纸吹嘴和压脚板通过吹气将最上面的纸板掀开，分纸吸头通过真空吸气继续掀开纸板，送纸吸头吸住纸板并输送前进。

纸板送至输纸滚筒处后，被导纸压轮和输送带带向输纸板，并在前规处定位。输纸板上包括有输送带、橡胶压纸轮、送纸毛刷轮、压纸钢球等装置。输送带的作用是带动纸板运动，而输入纸板的后部需要压纸钢球来固定，防止高速输纸时，纸板的回跳。纸板的准确定位与否是纸板模切成功的关键因素。模切过程中，纸板的输送是连续不间断的，为保证模切的高速顺利进行，前规处的定位尤为重要；为保证纸板的准确定位，输纸机与主机的相对工作位置和工作时间都有严格的协调性要求，链轮间歇机构控制时序协调性以保证叼纸牙排准确交接。

2. 纸板定位方式

模切工艺是模切机工作过程中的核心部分。纸板从输纸装置到模切出成品，需进行二次定位。模切机的定位机构由前规、侧规、前靠规与后靠规构成，定位机构的精度对模切机精度有着举足轻重的影响，见图 9-18。

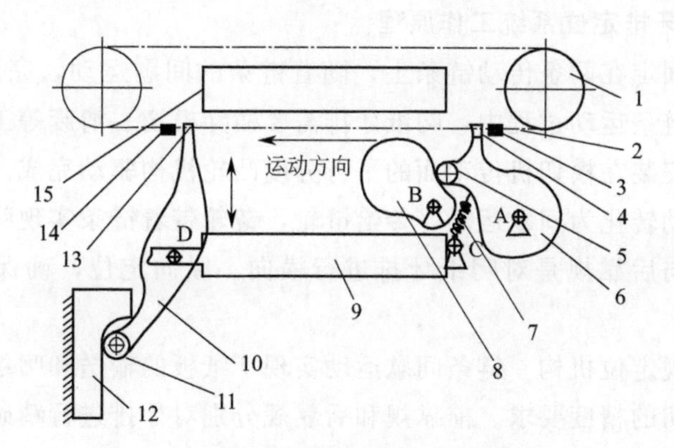

图 9-18 牙排定位系统示意图

1—链轮；2—链条；3，14—叼纸牙排；4—前靠规靠块；
5—前靠规辊子；6—前靠规摆杆；7—拉簧；8—凸轮；
9—活动版台；10—后靠规摆杆；11—后靠规辊子；
12—曲面凸轮；13—后靠规靠块；15—固定版台

第一次定位发生在输纸装置后纸板被叼纸牙排叼起之前，由前规与侧规分别对纸板的前缘与侧缘进行定位。若装置安装有多个前规，只能有两个前规起定位作用，其余的前规必须处于同一直线上方能有效。前规的高度可调节，如前规高度过高造成纸板边缘弯曲，影响模切的精度；前规高度太低，则会发生纸板输送不到前规，起不到定位作用。侧规是用来进行纸板的侧边定位，一般有两个，模切机工作时只有一个侧规起定位作用。为了保证定位的精度，侧规推纸轮的压力需适中。当推纸轮的压力过大时，会造成纸板侧边弯曲；压力过小时，导致纸板不能推送到位。

第二次定位由前靠规与后靠规实现。纸板由叼纸牙排在链条的带动下输送到模切区域。叼纸牙排固定安装在间歇式传送链条上，叼纸牙咬住纸板在链条的运转下，依次进入各个工位。为了保证模切的精度，叼纸牙排必须在精确的位置开闭牙。前靠规机构推动牙排移动大约 2mm 的距离，叼纸牙排开牙闭牙咬住纸板，然后前靠规机构回复原位，叼纸牙排在弹簧作用下也回到初始位置，链条带动叼纸牙排继续向前运动。后靠规机构安装在模切平台上，模切压板的上升推动牙排向前位移一小段距离，像前靠规机构那样，开闭牙机构开牙、闭牙，再回复原位置，然后进行模切操作。前靠规机构对叼纸牙排轴的定位使得叼纸牙排轴能够每次在同一位置叼纸；而后靠规机构对叼纸牙排轴的定位又使得纸板能够每次都在同一位置被模切压板模切，以确保模切精度。此外，前后靠规同时作用叼纸牙排，链条处于张紧状态，降低了活动版台与固定版台撞击时对牙排的影响，保证了模切精度。模切精度与模切速度是衡量全自动模切机性能的重要技术指标。

3. 模切机牙排定位系统工作原理

叼纸牙排固定在两条传动链条上，随着链条的间歇运动，完成对纸板模切、清废等功能。链条运动过程中，叼纸牙排需要横穿模切、清废等工作区域。链条的间歇运动由安装在模切机传动面的平行分度凸轮机构驱动完成。平行分度凸轮机构将连续运动转化为间歇运动，传给链轮，链轮带着链条实现叼纸牙排的间歇运动。前靠规与后靠规是对叼纸牙排进行横向、纵向定位，确保模切精度，见图 9-18。

(1) 前靠规定位机构　链条间歇运动实现了纸板的输送和叼纸牙排的粗略定位，达不到模切的精度要求。前靠规和后靠规分别对牙排进行精确定位，从而保证纸板在固定位置时被模切。图 9-18 为牙排定位系统示意图，其中 15 为固定版台，9 为活动平台，可做上下往复运动；1、2 分别为带动叼纸牙排做间歇运动的链轮和链条。前靠规机构由凸轮 8、前靠规摆杆 6、前靠规辊子 5 及其上的前靠规靠块 4 组成。工作原理为：凸轮 8 绕轴 B 顺时针旋转，当转动到其升程段与前靠规辊子 5 接触，推动前靠规摆杆 6，使前靠规摆杆 6 绕轴 A 做顺时针的摆动，固定在前靠规摆杆 6 上的前靠规靠块 4 顺时针摆动到最高位置，撞击已停止的链条上的叼纸牙排 3 轴端的撞块，撞块上装有弹簧装置，改变叼纸牙轴在输纸方向上相对于链条的位置，实现牙排的第一次定位；当凸轮 8 的远休止段与前靠规辊子 5 接触时，前靠规对牙轴定位，开闭牙机构控制咬纸牙张开、闭合，保证叼纸牙排在静止状态下准确咬住纸板；当凸轮 8 转动到回程段与前靠规辊子 5 接触时，前靠规摆杆 6 在拉簧 7 的回复力作用下逆时针摆动，前靠规靠块 4 离开最高位置，让开叼纸牙排 3 轴端的撞块以便牙排向前运动；当凸轮 8 顺时针旋转到近休止段与辊子接触时，前靠规靠块 4 静止在最低位置，叼纸牙排 3 继续向前运动，到达叼纸牙排 14 所在位置时停止，等待后靠规对其进行定位。

(2) 后靠规定位机构　如图 9-18 所示，固定于墙板内侧的曲面凸轮 12、以活动铰链 D 连接于活动版台 9 上的后靠规摆杆 10、固定于后靠规摆杆 10 上端后靠规靠块 13 及安装于其下端的后靠规辊子 11，构成了后靠规定位机构。前靠规对叼纸牙排 3 定位后，叼纸牙排在链条带动下，将待模切的纸板送达模切工位，即叼纸牙排 3 到达 14 的位置并停止；活动版台 9 由下而上运动，后靠规摆杆 10 上的后靠规辊子 11 沿曲面凸轮 12 的曲面轮廓的直线段向上运动，上升到一定高度，后靠规摆杆 10 向上运动的同时，绕轴 D 做逆时针摆动，使后靠规靠块 13 到达最高位置并撞击叼纸牙排轴端的撞块，实现叼纸牙排 3 的二次定位，活动版台 9 与固定版台 15 压合完成模切动作后，活动版台 9 向下运动，后靠规摆杆 10 绕轴 D 做顺时针摆动，后靠规靠块 13 离开牙排轴端的撞块，并随活动版台向下运动到最低位置，链条 2 带动叼纸牙排向前运动，将模切后的纸板送往收纸装置，同时前靠规处的下一组牙排前往模切工位，完成一个模切周期。

前、后靠规装有靠块的摆杆运动定位均是在凸轮的远休止段与辊子接触，规矩对叼纸牙排定位的同时，动平台与静平台合压完成模切动作。因此，规矩对叼纸牙排的定位是在模切工作前的两次关键性的定位，它们的定位精度对模切精度有很大的影响。规矩对牙排的定位精度主要是指在凸轮的远休止段，从动摆杆的动态运动误差。

三、模切机构

施压机构是模切机最重要的机构，它的运动动力特性决定了模切机工作质量。平压平模切主机的模压版和压切机构表面是平的，模切压力大，压切机构施压在模压版上的时间长，压痕清晰，模切品质较好。

立式平压平模切机多为半自动，需人工续纸，劳动强度较大；压切机构做往复运动，工作速度不高，导致平压平模切机存在模切速度较慢、生产效率低的缺点；但其定位精度较高，模切产品质量较好，而且具有结构简单、维修方便、操作简单和更换模切压痕版容易等优点，适用于模切单张纸以及小批量生产，亦可用于模切卷筒纸，因此在市场上仍占据相当地位。

一般情况下，卧式平压平模切机多为全自动，包括有自动输纸机构。工作原理为：工作面为呈水平位置的版台和动平台（压板），动平台由驱动机构驱动压向版台而进行模切压痕。动平台的行程较小，一般用自动输纸取放纸板。卧式平压平模切机具有工作安全可靠、自动化程度高和生产效率高等优点，是平压平模切机中技术先进型的代表。但是全自动模切机的定位不够准确，模切精度低于半自动化模切机。

卧式平压平模切机的传动系统较复杂，由偏心轮驱动将动平台上置压向版台进行模切，目前仅雅根宝公司独家生产此种机型，而由肘杆或凸轮连杆机构驱动动平台下置向上模切的机构则比较常见，见图 9-19。

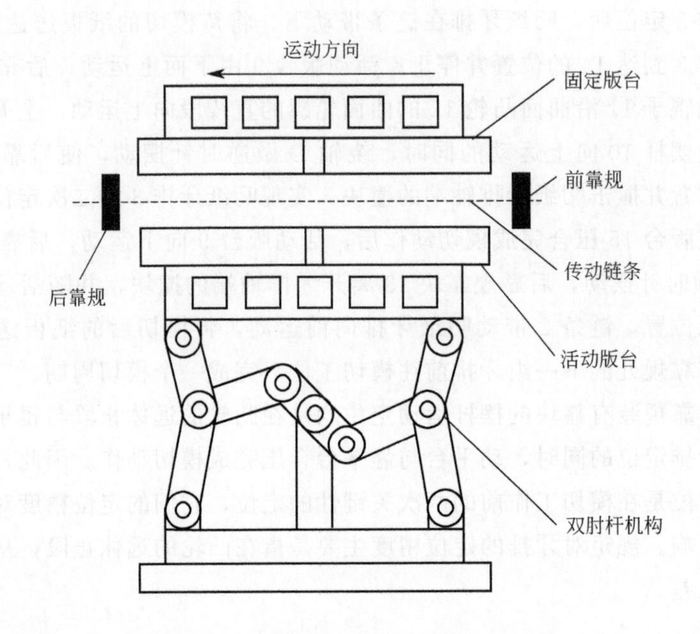

图 9-19　平压平模切机模切单元示意图

1. 双肘杆机构

双肘杆机构作为施力机构是一个包括三级杆组的复杂十杆机构，由曲柄、连杆、四根肘杆、动平台、静平台等组成，如图 9-20 所示。电机通过电磁离合器带动飞轮和蜗轮蜗杆副将动力传给曲柄，曲轴带动左右连杆，进而带动上下肘杆运动，把电机的旋转运动变为垂直运动，驱动动平台实现上下往复运动，最后活动平台被肘杆推动上升下降，做左右摇摆往复式运动。当活动平台运动到最高点时，和静平台接触产生压力，完成模切压痕过程。当活动平台下降时，离压，收纸机构取走完成模切压痕的产品。因此，双肘杆机构的稳定性关系着模切压力的均匀性和模切产品的优劣。

模切机双肘杆机构运转过程中，动平台在到达上部极限位置时，开始模切，直到动、静平台接触，完成模切。模切时，模切版安装在上版框组成静平台，动平台由主传动系统驱动肘杆机构从最低点运动上升到上部极限位置，并往复循环。模切的纸板有厚度，在动平台到达上部极限位置过程中，某一位置的模切压力最大，此时的肘杆接近于伸直，连杆的推力、向下的模切力，共同作用，将压力接近垂直地传递给机座。纸板厚度和压痕切断力大小，决定了机构对机座的压力。对称布置的双肘杆机构能有效降低曲柄和连杆的载荷峰值。整套双肘杆机构杆与杆之间、动平台与杆之间，都存在相对运动，运动副间就有间隙。合理确定间隙，加入能起到缓冲作用的润滑剂等，就能减弱冲击和震动，减低噪声，提高模切的速度和精度。为保证模切质量，模切时的动平台和静平台合模后，在接触平面内受力要分布均匀，因此在合模模切时，两平台工作面要平行。

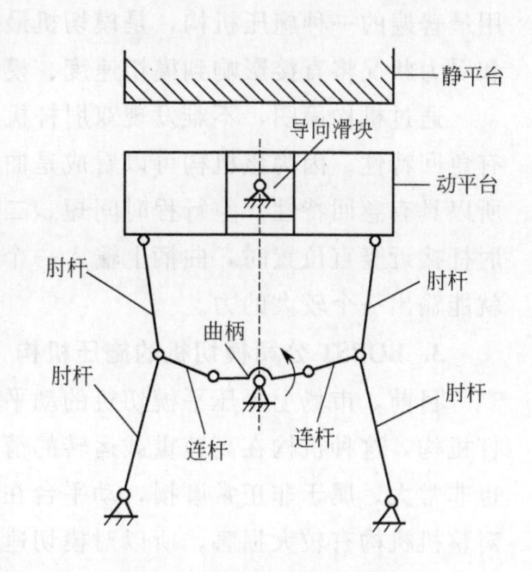

图 9-20　模切机双肘杆机构

双肘杆机构工作时，曲柄旋转一周为一个工作周期。模切动平台从进入模切到模切完成达到一次最高位置和一次最低位置，经历一次升程和一次回程，两个极限位置之间的距离为动平台工作行程。当刀模接触被模切材料时，机构在很短的时间内就会受到非常大的突加载荷，而模切平台处于其他位置时，则因为无模切压力而承受较小载荷。由于双肘杆机构自身的结构特点，模切状态产生的模切压力大部分由双肘杆以纵向载荷形式传递给机座，从而减小了原动件曲轴和连杆等脆弱部件的受力。

2. 模切压力的产生

模切压力产生于模切机上平台和下平台的压合过程中。当模切机工作时，动平台在双肘杆的驱动下做上下运动。动平台上升到一定高度，开始与输送过来的纸板相接触，并拖着纸板一起向上运动，当纸板和嵌于模压版中的刀具接触时，模切压力开始产生。随着模切压痕的进行，动平台将会受到工作阻力，主要有以下几个方面：第一，纸板对刀具的阻力；第二，弹性胶条对动平台的弹性反力；第三，模切刀具切透纸板压在动平台上变形产生的压力；第四，动平台的运动惯性对上平台的冲击力。下平台克服上述几方面的阻力，与上平台进行压合，完成对印品的模切压痕工艺所需要的力即模切压力。

模切机构是模切机上重要的执行机构，而双肘杆机构是目前技术最成熟、应用最普遍的一种施压机构，是模切机最为关键和最为核心的部分，它的运动状况和受力状况将直接影响到模切速度、模切精度以及模切机的工作稳定性。

通过机构简图，不难发现双肘杆机构具有两个重要优点：一是双肘杆机构具有急回特性。因为该机构可以看成是曲柄摇杆机构与摇杆滑块机构的组合机构，所以具有急回特性，空行程时间短。二是双肘杆机构是一种增力机构。当上、下肘杆接近竖直位置时，曲柄上输入一个较小的力或力矩，通过连杆传递给肘杆，就能输出一个较大的力。

3. BOBST 公司模切机的施压机构

目前，市场上平压平模切机的动平台驱动传动系统所依靠的大多是曲柄双肘杆机构，这种机构在高速重载运转的情况下，最大加速度非常大，对机构的冲击也非常大，属于非正常磨损，动平台在高速运动过程中容易产生较大的惯性力，对整机机构有较大损害，所以对模切速度有很大的制约。为了提高模切速度，瑞士 BOBST 公司在推出的 Spantuera106-LE 模切机利用了共轭凸轮作为驱动机构，模切速度达到了 12000 张/h。图 9-21 和图 9-22 所示为 BOBST 公司模切机的施压机构及其简图。

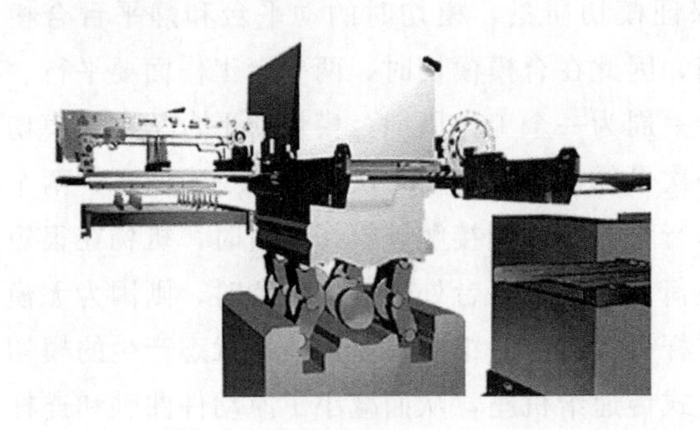

图 9-21　BOBST 公司模切机的施压机构

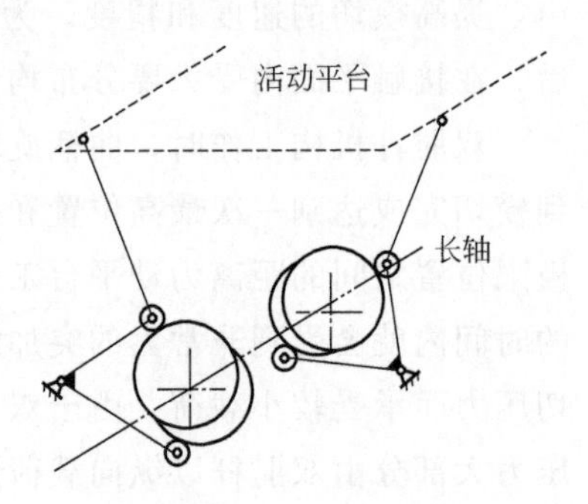

图 9-22　BOBST 公司模切机的施压机构简图

从模切工艺出发，根据动平台适合模切需要的运动特性要求，选择适合高速工况的运动规律，并根据所选取的运动规律，对凸轮轮廓线、连杆长度和铰接位置等零部件优化设计，求解共轭凸轮的基本尺寸参数，从而确定主凸轮及封闭凸轮的理论轮廓和实际轮廓，并验证压力角和凸轮轮廓的曲率半径变化。根据需求开发设计的共轭凸轮驱动方式模切机，和曲柄连杆驱动方式相比，动平台运动特性曲线更为光滑、平稳、可控、合理，有利于提升机器的运行速度。天津长荣印刷设备股份有限公司已开发了具有知识产权的共轭凸轮驱动的模切动平台。

四、清废机构

通常情况下，我们把经过模切成型后不要的碎片或者还粘连在纸板上的废边成为尾料。要想对纸板进行后续加工（如糊箱），就要先把还粘连纸板上的尾料去除掉。以前大多采用人工的方法，使用工具将废边敲掉，这种方法效率低下，且工作环境很差。为了提高工作效率，降低劳动力成本，以及改善工作环境，市场上出现了各种各样的清废机，主要有手持式气动清废机、内孔清废机、全自动清废机等。

1. 手持式气动清废机

手持式气动清废机，主要用于瓦楞纸、卡纸、灰板纸等的纸边清废工作。气动清废机在结构上是由气动马达以及动力输出齿轮构成，清废机在工作过程中，将空气经过压缩后吹动马达叶片，马达的转子在压缩空气作用下开始转动，经过中间的传动机构，带动带有刀齿的链条高速循环转动，链条上的刀齿高速运动时将纸板的废边去除掉。该清废机使用时比较方便，易于学习，很少出现安全事故，使用时间也比较长，价格与其他设备相比也比较低，其外形结构如图 9-23 所示。

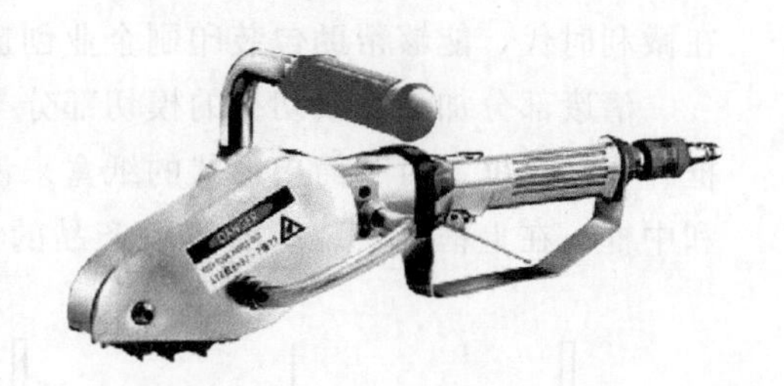

图 9-23　手持式气动清废机

2. 内孔清废机

内孔清废机主要用来清理彩印包装行业生产的各种彩盒纸箱经过模切后的内孔。内孔清废机在结构上包括工作台、连接架等，在工作台上设各种形状的孔，用于清废后对废料的收集；在连接架上安装有气缸，气缸的活塞杆与冲头相连接。内孔清废机上版可以根据产品的形状进行调节，在锁板框上可以同时装几十件不同的模具，可以一次完成几十个废孔的清除，降低操作工人的劳动强度，提高清废的工作效率。内孔清废机能一次清除 30～40 张纸箱上多处孔废料，其外形结构如图 9-24 所示。

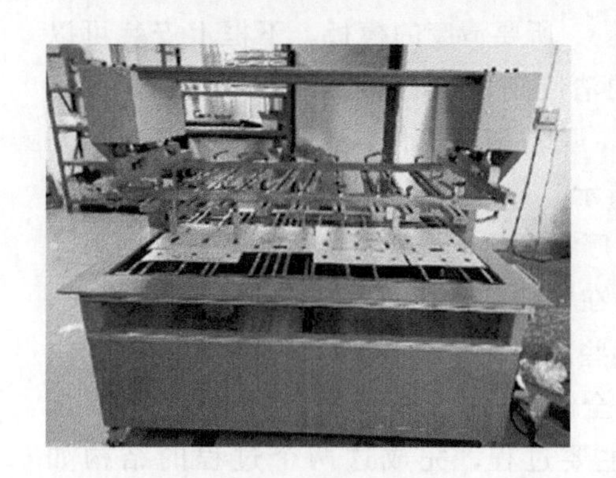

图 9-24　内孔清废机

3. 全清废模切机

近年来，清废装置的需求量比较大，特别是近几年的模切设备都在模切单元后面增加了清废单元。清废结构多种多样，主要包括半清废和全清废。目前，带清废功能的模切机可以分为三种：一是先模切后清废，清废单元只能清除产品中间的废料，最多能够清除纸板的三个废边，这种模切机称为半清废模切机。二是具有清叼口功能的清废模切机，就是在半清废模切机的基础上加装了一个具有清叼口功能的部套，在消除产品中间废料的同时，完成叼口废边的清除。三是全清废模切机，包括三个单元：模切单元完成产品的自动模切；清废单元完成模切后产品中间废料及三个废边的自动清除；清成品单元完成叼口废边的自动清除以及成品的收集。全清废模切机一次走纸即可实现模切成型、全清废、成品计数、堆码、整齐收集等功能，能够显著降低人工成本，提高生产效率，提升产品质量。在微利时代，能够帮助包装印刷企业创造更多机遇与价值。

清废部分加装在模切机的模切部分与收纸部分之间，清废部分包括上框、中框、下框三框。对于简单形状的纸盒来说，用阴阳模板清废时，只需要用到上框和中框。在上框上安装所要清废产品的阳模板，中框上安装与之相对应的阴模板，当纸板到达清废部位时，上框向下运动，中框向上运动，通过挤压完成废边的清除；对于比较复杂的形状的纸盒，上、中、下三框需要配合使用，在上框上安装阳模板（阳模板上在有孔的位置上装有清废销钉）或者直接安装上清废针（此清废针不会伸缩），中框上安装所要清废的模板，下框上安装可以伸缩的清废针，下框上的清废针与上框的清废销钉或者清废针一一对应。清废时，上框向下运动，中框和下框向上运动，完成清废工作。这样通过三框的协调运动可以完成清废。清废原理如图 9-25 所示。

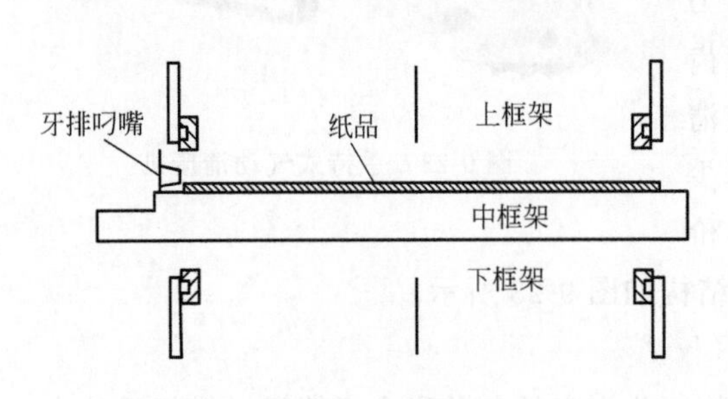

图 9-25　清废原理

国际上先进的自动平压平模切机生产厂家有瑞士博斯特、德国吾霸、西班牙伊波瑞克等。这些厂家生产的模切机均是在模切部和收纸部中间增加清废模块，清废部分也是采用三框协调完成清废。这些厂家生产的模切机速度快、精度高、可靠性好，且几乎都具有清废功能，甚至全清废，换版时间短，清废效果好。

“夹”和“冲”是清废工序的两个主要过程，完成这两个过程的结构如图 9-26 所示，固定清废针（模）和伸缩清废针位于纸板上方和下方，分别用于完成“夹”和“冲”的动作。

如图 9-26 所示的结构中，中框架的功用是分离模切材料和废边。清废过程中，中框架托住模切材料，废边相对于中框架做垂直运动，这样便可将废边分离。与模切机构运动相似，中框架和安装清废针的清废上、下框架亦做上下往复运动，但它并没有模切运动那么高的精度要求，所以对运动稳定性和力的放大要求比较低，一般普通的凸轮连杆机构就可实现其要求。

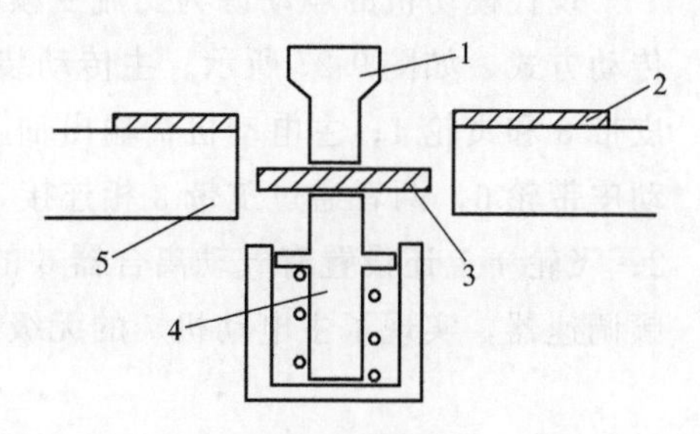

图 9-26　清废结构

1—固定清废针；2—模切材料；3—废料；4—伸缩清废针；5—中框架

扯掉废料是清废的关键技术，因为纸板比较软，在分离模切材料与废边时一定要保证纸板不被撕坏。因此对于纸板的受力和变形要格外注意，这就引出对模切压力均匀性的有效控制，防止材料表面某些切痕受模切力过小，导致在清废时损坏材料。

五、收纸机构

清废完成清废后就是收纸过程。收纸升降机构、不停车收纸机构、收纸齐纸机构、叼牙片开启机构、主传动链张紧装置、插页装置等共同组成收纸机构。纸板在牙排的带动下进入收纸机构后，叼牙片开启机构打开压片，随之纸板脱离牙排，为了防止纸板由于刚脱离牙排时的水平速度而出现“滑空”现象，在牙片松开纸板的瞬间，应将纸板往下拍，使之准确落在纸垛上，然后通过齐纸机构将纸板与纸垛对齐。

六、传动系统

模切机的主传动系统是由电机驱动，通过皮带连接带动飞轮高速转动，飞轮通过与之连接的蜗杆将动力传递到蜗轮上，从而驱动曲轴转动，依次带动连杆和肘杆运动完成模切过程。

1. 驱动动力源

目前，模切机的驱动动力源主要采用交流异步电动机，通过皮带传动与齿轮减速方式带动曲柄连杆滑块机构实现模具的直线运动，进行整体平移的模压工作。也有的模切机驱动动力源采用气液增压的油缸直线运动方式，这样可省掉皮带传动与齿轮减速机械结构，同样可实现模具的直线运动，进行整体平移的模压工作。

现代模切机的驱动源为交流变频电动机驱动，采用低噪声的行星齿轮的闭式传动方式，如图 9-27 所示。主传动装置包括设置在机架 1 上的主电动机 7，以及皮带 3 和飞轮 4；主电动机 7 输出轴上连接有主皮带轮 2，飞轮 4 同轴设置有从动皮带轮 6，两者通过皮带 3 相连接，并且从动皮带轮 6 的直径大于主动皮带轮 2；飞轮 4 上还设置有气动离合器 5 的主动摩擦片；主电动机 7 还连接设置有变频调速器，实现了主电动机 7 的无级调速，运行平稳，噪声低，省能源。

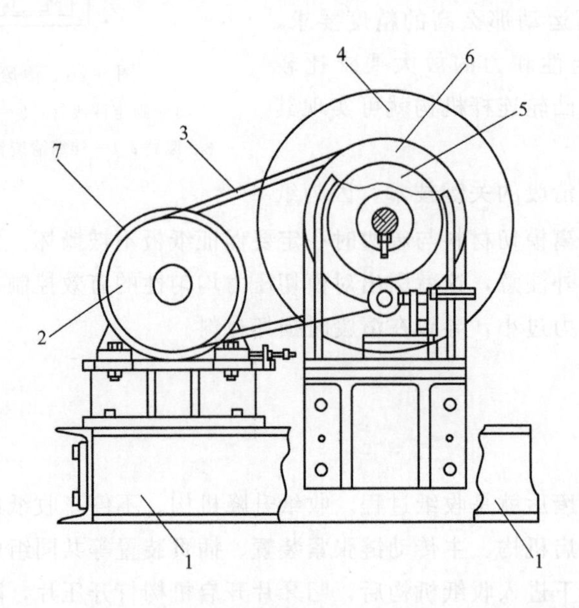

图 9-27　交流变频电动机驱动的带有行星齿轮减速的模切机

1—机架；2—主皮带轮；3—皮带；4—飞轮；
5—气动离合器；6—从动皮带轮；7—主电动机

2. 主传送链条的间歇机构

间歇式主传送链条是模切机全自动平压平模切机的纸板输送装置，主要任务是带着纸板完成定位、模切、清废和收纸等过程。传送链条的工作性能与模切机的工作速度和模切精度息息相关。

图 9-28 是模切机主传送链条的受力分析图，上侧是链条的紧边，下侧是松边，链条沿着导轨预定的路线运行。由于上下导轨的作用，松边垂度引起的张力 F_f 和紧边离心力引起的张力 F_c 忽略不计；为了保证模切时间，链条是由间歇机构控制运动，而链条速度的变化必然会产生惯性力 F_d；由于上导轨 2 的约束，链条受到导轨坡度引起的张力 F_p；如果不计摩擦力及各种附件动载荷，模切机传动链条紧边张力 F 由有效圆周力 F_1、惯性力 F_d 和导轨坡度张力 F_p 组成。

由于链条在运动过程中存在这些动载荷的作用，如果链条及间歇机构设计不

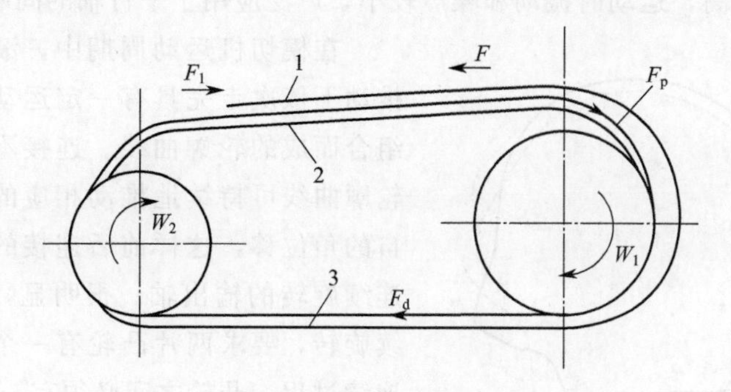

图 9-28　模切机主传送链条的受力分析图

1，2—上导轨；3—下导轨

合理，很容易使链条在传动过程中产生横向振动，严重时会产生跳齿现象的发生，这样就会加剧链条的磨损和链条的抖动，降低链条的传动效率，并且会产生很大的噪声。链条上下导轨的设计距离也必须保证链条能够顺利通过，距离太小，会产生很大的传动阻力，影响传动速度，严重时可能会损坏机器；距离太大，链条在传动过程中容易跳动，影响传动的准确度，进而影响模切精度。

间歇机构是模切机的核心机构之一，它带动链轮、链条及牙排轴实施“动-停-动”，带动需要模切的材料按序执行定位、模切、清废等工序，进而对产品进行模切，对模切机工作时是否能够达到模切精度要求有着最直接、最根本的影响。图 9-29 所示为间歇机构简图，整个间歇机构安装在传动侧。其中 1 为平行分度凸轮机构，进行连续匀速转动；2 为从动滚子转盘机构，进行间歇转动；3 为传动齿轮组 Z1、Z2、Z3；4 为主动链轮轴。在运转过程中，Z1、Z2、Z3 起到传递动力的作用，将 2 的间歇运动传递给 4，4 进一步将间歇运动传递给主动链轮 5 和传动链条 6，使其做间歇运动，通过一系列的动力传递实现牙排轴的间歇运动。

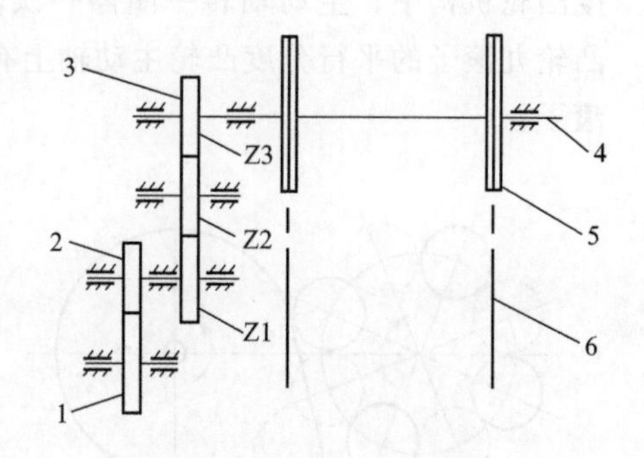

图 9-29　间歇机构简图

1—平行分度凸轮机构；2—从动滚子转盘机构；3—传动齿轮组 Z1、Z2、Z3；4—主动链轮轴；5—主动链轮；6—传动链条

3. 平行分度凸轮机构

平行分度凸轮机构是一种多个从动滚子的共轭凸轮机构（图 9-30），可以通过一定的预压负载，消除凸轮与从动滚子之间的间隙，具有理想的运动和动力特

性，运转速度高，运动时振动和噪声较小，广泛应用于平行轴的间歇步进传动。

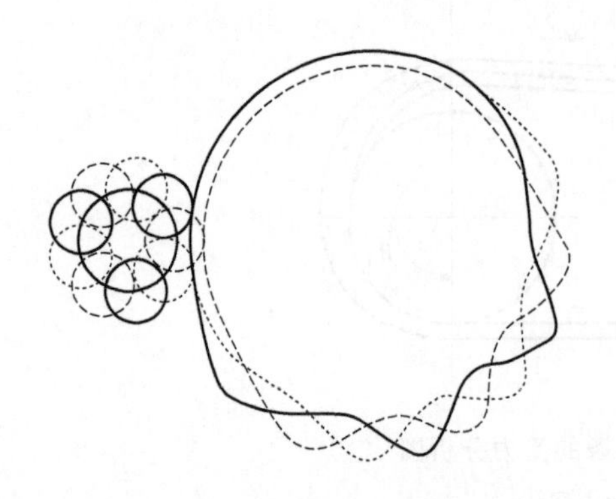

图 9-30 平行分度凸轮机构

在模切机运动周期中，滚子在凸轮的推动下依次走完具有一定运动规律的曲线组合而成的轮廓曲线。连接不间断的凸轮轮廓曲线可持续地推动相应的滚子完成各自的角位移，这样前后连接的动作将得到连续旋转的输出轴。很明显，输出轴的连续旋转，要求两片凸轮有一个啮合分离的连续过程，凸轮之间必须有一定的重合度。为实现凸轮与滚子的闭锁合，要求凸轮升程轮廓曲线至少有一个滚子与其相对应，而凸轮回程轮廓曲线也必须有另一个滚子与其相对应，即凸轮之间轮廓线是共轭的。在凸轮停歇阶段，凸轮的基圆段应有两个滚子同时分别与其接触滚切。

在平行分度凸轮机构中，常见的形式有二凸轮八滚子和三凸轮九滚子(图 9-31、图 9-32)。三凸轮九滚子形式最常应用在卧式平压平模切机的平行分度凸轮机构中，主动轴转一圈停一次，输出轴旋转 360°，即所谓的一分度。三凸轮九滚子的平行分度凸轮主动轴上有三片凸轮，从动轴上滚子转盘安装有 9 个滚子。

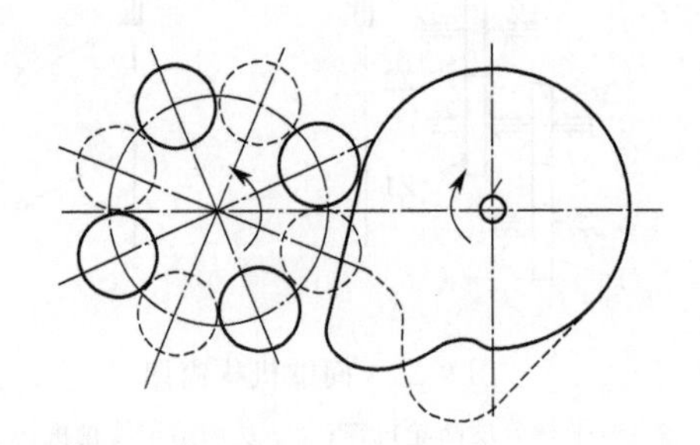

图 9-31 二凸轮八滚子平行分度凸轮机构

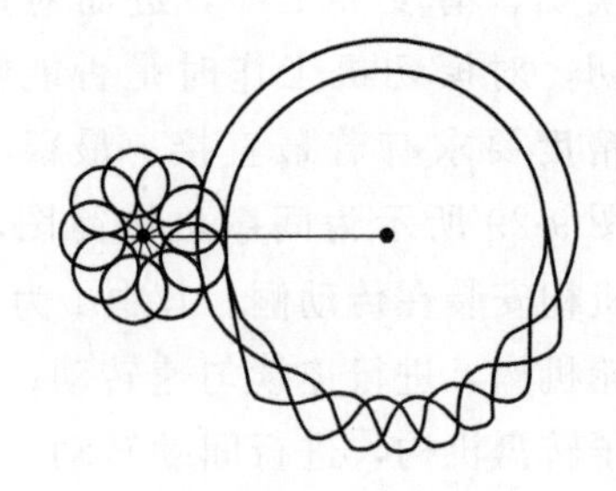

图 9-32 三凸轮九滚子平行分度凸轮机构

平行分度凸轮的动程角对模切精度有相当大的影响。动程角越大，运动阶段时间越长，纸板运动速度越慢，越有利于纸板的后定位，有利于提高模切精度。然而，动程角并不是越大越好。在输纸过程中，前规、侧规对纸板的定位以及前后两个靠规对牙排轴的定位，都需要一定的时间，模切工位对纸板进行模切更需要充分的时间。因此，要设计合理的停歇角度和最佳动程角以得到合适的缓冲时间。为了避免间歇机构在开始运动和停止运动时所引起的冲击，要求滚子从动转盘的运动要有一定的运动规律，一般采用修正正弦加速度运动规律的方法。一是将行程中间正弦加速度运动规律的周期延长，二是将行程两端的正弦加速度运动规律周期缩短，这样行程始末两端部分的位移变化相对比较明显，而中间部分速度和加速度的变化程度相对就小，不仅具有良好的动力学性能特点，而且有利于平行分度凸轮的制造和检测。

第五节　圆压圆模切机

一、圆压圆模切原理

圆压圆模切机由圆筒状的压切机构和模切版台组成，其原理与胶印印刷机类似。模切过程中，将纸板送于两滚筒之间，当压力滚筒旋转时，由于齿轮间力的传递使模切版滚筒旋转。模切版滚筒与压力滚筒将纸板夹紧对滚以完成模压，模压版滚筒旋转一周完成一个工作循环。

二、圆压圆模切机组成与工艺流程

1. 圆压圆模切机的组成

圆压圆模切机有两种模切方式，即软切法和硬切法。硬切法是指模切时，模切刀与压力滚筒表面硬性接触，模切刀很容易磨损。软切法是在压力滚筒的表面覆盖一层工程塑料。模切时，模切刀具会有一定的切入量，相比较硬切法切刀易磨损的缺点，软切法虽需定期更换塑料层，但此法在能保证模切质量的前提下可保护切刀，图 9-33 所示为圆模刀模板。

图 9-33　圆模刀模板

目前，将印刷机和模切机组成自动化生产线是模切设备的发展方向。印刷模切生产线主要由四个部分组成：进料部分，将纸板输送到印刷部分；印刷部分，主要是对送来的纸板进行印刷；模切部分，将印刷过后的纸板进行模切压痕；送出部分，将成品进行包装、进库。

2. 圆压圆模切机的工艺流程

圆压圆模切机的工艺流程：

上刀→调整压力→确定规矩→粘贴橡皮条→试压模切→清废→成品检查→点

数包装。

(1) 上刀　将已经做好的模切版放入到模切功能板上；然后对模切刀和压线刀的位置进行调整，检查是否达到所需的标准；最后调整边缘调节器，即对模切版进行轴向调节。

(2) 调整压力　调整压力主要是对钢刀的压力进行调整。一般情况下为试调，将调压纸放入模切刀版中，开机进行压切，通过调整手轮的压力观察调压纸的模切形状，当达到符合模切件的要求时，固定住手轮，调压完成。

(3) 试压模切　检查模切件是否达到所需的要求，如果达到要求则开始模切，否则接着调整，最后进行成品的清废，检查，点数包装。

三、圆压圆模切机的特点

① 模切精度高。圆压圆模切机配有高精度的模切相位调整装置和套准装置，模切精度可达±0.10mm。一般来说，卷筒纸的控制系统对印刷、模切的定位是否准确起着关键性的作用。

② 模切质量好。模切机的工作方式为线接触，所需要的工作压力更小，模切机的稳定性更好，模切件的质量也会相应地提高。

③ 生产效率高，应用范围广。圆压圆模切刀具比平压平模切刀具效率高；印刷与模切通过连线进行生产，在单品种、大批量包装产品上具有明显优势。

④ 使用寿命长。由于其线接触的工作方式，所需要模切版的压力小，模切版的损坏比较慢，损坏后还可以修磨，而且寿命远远高于其他类型的模切方式。

⑤ 纸张利用率高，废料少。圆压圆模切机通过卷筒进纸的方式，所以在排版时并不需要像平压平模切方式一样要留出叼口和拖梢位置，同时还可以进行连续交叉排版，因此能节省5%以上的纸板。

⑥ 产品的收集（堆垛）更加方便。由于圆压圆模切机生产的产品没有连点，没有废边（带清废），因此产品更加容易收集，只要加上堆垛机，能够直接打包。

⑦ 模切刀的加工周期长，成本高，不适于小批量的模切件和短板活件。

四、圆压圆模切机匹配要求

1. 纸张的匹配

圆压圆模切机使用的是卷筒纸，全程只能使用卷筒纸生产。一般标配的凹印机都是印后横断大张，为了匹配后序圆压圆烫金机和模切机的使用要求，在新购置凹印机时，一定要加复卷机构或增加复卷功能。

2. 放卷机构的匹配

卷筒纸凹印机的收放卷都采用12英寸气胀轴，而圆压圆模切烫金机的收卷芯轴大多采用6英寸气胀轴，因此圆压圆模切机的放卷机构一定要做成6英寸和12英寸可以相互转换的气胀轴，以匹配烫印产品和不烫印产品的纸芯要求。

3. 排版方向的匹配

注意模切刀辊的图案排版方向一定要和印刷机、模切烫金机排版方向相匹配，这是因为卷筒纸的走纸特点决定了相邻两工序的纸卷在印刷面朝上走纸时，印刷图案朝向正好相反。如果模切刀辊的图案排版方向和印刷机、模切烫金机的不匹配，还得多加一道倒卷工序，会给企业造成不必要的经济损失。

第十章

瓦楞纸箱的接合

纸箱的接合是把已成型的纸箱板按设计的箱型把箱边接合起来制成容器，接合的方式和质量直接影响纸箱的外观以及纸箱的抗压强度。一般瓦楞纸箱的箱体接合包括三种方式：箱钉接合、黏合剂接合、胶带接合。国外，黏合剂接合和胶带接合主要用于单瓦楞纸板，箱钉接合主要用于双瓦楞纸板和三瓦楞纸板；国内黏合剂接合和箱钉接合最常用，三种接合方式如图 10-1 所示。

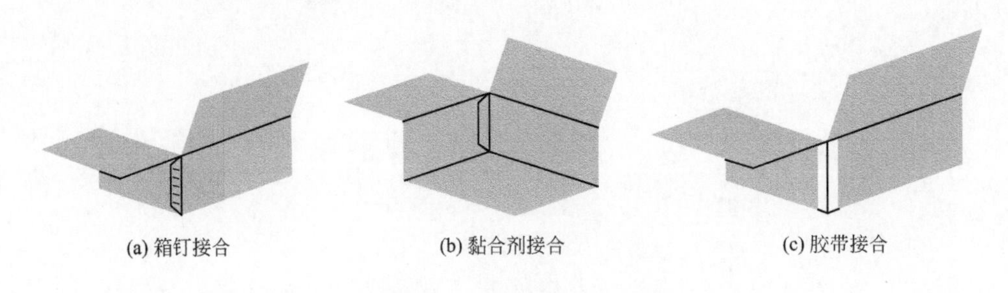

图 10-1　纸箱箱体接合方式

第一节　瓦楞纸钉箱机

一、钉箱机的种类

钉箱机可分为全自动钉箱机和半自动钉箱机。纵观近年来钉箱机的发展，已经由全自动钉箱机慢慢替代半自动钉箱机。

1. 半自动钉箱机

半自动钉箱机既可以钉单片、双片成型的瓦楞纸箱，又可以钉不规则和有底无盖的纸箱，并且适合于钉大型纸箱。

半自动钉箱机采用电脑设定自动调节钉距、电脑屏幕显示、全电动式控制、自动计数、成品送出捆扎，钉箱速度较快并且省力。当纸箱规格变换时，只需几分钟就可完成调整，操作比较方便快捷。该钉箱机同时还可钉单钉、双钉和加强钉，具有较强的灵活性。图 10-2 所示为双片半自动钉箱机。

图 10-2　双片半自动钉箱机

2. 全自动钉箱机

全自动钉箱机的机器纸台由液压油泵驱动油缸做升降动作，上、下限位行程开关可以有效防止升降超位而发生的机械事故；光电装置可控制自动上升，维持正常的给纸高度；送纸轮调整间隙采用电动调整装置，适合各种类型不同厚度的瓦楞纸板；PLC 可编程控制器系统稳定可靠，交流伺服马达控制纸板前进与停止，保证钉距的均匀精确；自动计数光眼对成品进行自动计数记录产量，并且可以设定分离送出；机器电控系统采用彩色触摸屏，提供良好的人机界面，可以完成钉距自动设定、加强钉的设定或取消以及故障查找等功能。图 10-3 所示为全自动钉箱机。

图 10-3　全自动钉箱机

全自动钉箱机采用负压式真空吸附送料，离合制动组合防连续送纸机构，蜗轮、蜗杆摇板式垂直升降装置，推板定位，钉头跟随纸板运动等。由调频调速器、可编程控制器（PLC）、光电传感器等组成的机、光、气、电的自动控制系统，操作简单可靠。可以实现自动供纸、折叠、钉接、校正、整理、计数、堆码输出、变频调速、触摸屏输入数据，达到了较高的自动化程度，保证钉箱机能够在高速连续状态下可靠地运行，具有很高的生产效率。

二、全自动钉箱机组成与工作流程

1. 全自动钉箱机的组成

全自动钉箱机由送纸部、折叠部、整理部、钉头部、计数部等组成，数显调速、微电脑调幅，具有简便快捷可靠精准的操控模式，可实现自动送纸、折叠、整理（拍齐）、钉箱、计数输出。表 10-1 为 ZWDX2400 全自动钉箱机的性能参数。

表 10-1　ZWDX2400 全自动钉箱机的性能参数

钉装速度/(钉/min)	1000	最大尺寸(长+宽)/mm	2400	最小尺寸(长+宽)/mm	680
最大尺寸(宽+高)/mm	1200	最小尺寸(宽+高)/mm	300	钉距(小~大)/mm	30~90
机械长度/mm	15750	机械宽度/mm	5280	机械质量/kg	7000
粘盒速度/(张/min)	150	功率/kW	45		

全自动钉箱机的工作原理：纸板输送装置通过托架调整纸箱的高低，通过放置工作台吸附纸板，输送到碰线区，压出痕迹线；再通过二次预折区域，用拍板把纸板折叠排齐，进入整理部；通过推板定位，整齐地进入钉箱部，钉车马达带动钉头完成钉箱；钉箱部传动轴装有离合器及制动器，在离合器作用下，钉头电机驱动传动轴在驱动曲柄机构实现钉箱动作；在完成第一钉动作时，纸板后挡抬起纸板，曲柄机构以步进方式动作带动送纸辊轮转动，达到预定的钉距后停止，立即进行第二钉作业，然后通过堆码输出到工作台。

2. 全自动钉箱机的工作流程

通常，瓦楞纸模切成型后，全自动钉箱机工作流程如图 10-4 所示。

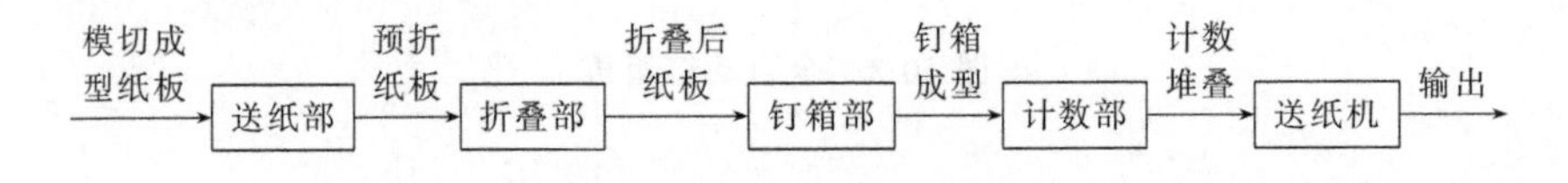

图 10-4　全自动钉箱机工作流程

首先根据纸箱尺寸调整设备，设定各项参数。将印刷开槽后的纸箱放入送纸部。启动设备后，送纸部自动将纸板送入压痕轨道进行压痕预折，然后再自动送入折叠部折叠整型。纸板折叠完成后由自动送纸机构送入钉箱部，根据设定值进行打钉；钉箱完成后，纸箱直接送入计数部送出或者设定数量堆叠送出。

三、全自动钉箱机

1. 送纸机构

送纸机构的作用是将纸板输送一段距离，使之进入折叠部。为了提高机构运动的平稳性，要求送纸胶辊和托辊与前面的真空吸附送纸风箱同步运动，与后面的送纸皮带轮驱动机构同步运动。送纸机构主要由前门组件、进纸驱动组件、托架组件、气室组件等组成。

通过调节托架组件，可以满足对不同宽度纸板的加工。气室部分通过真空吸附装置可以将托架最下面的纸板吸住，进而传入进纸驱动组件。前门组件主要用于将纸板拍齐，气缸用于对不同长度纸板进行拍齐加工，前门组件两端各有一个步进电机，调节左右挡板之间的距离，可满足不同长度纸板的加工。为保证纸板一一通过前门组件（即防止两张和两张以上纸板一起通过前门组件下端的缝隙），在前门组件上装有蜗轮蜗杆装置和偏心轮装置，通过蜗轮蜗杆装置调节偏心轮可以调节前门组件下端进纸缝隙，保证在对纸箱加工时只能让一张纸板通过进入进纸驱动组件，其他纸板被前门组件挡住，以保证对纸板进行一一加工。此外为了防止纸板连续送纸，在送纸机构中还采用了电磁离合器和电磁制动器，PLC 可编程控制器系统稳定可靠，以此来保证间歇稳定送纸。

（1）前门组件　前门组件主要由调隙轴、定位轴、丝杠、伺服电机、气缸等组成。前门组件主要作用是通过调节蜗轮蜗杆结构，带动偏心轮转动，从而调节前门组件和气室组件之间的间隙，保证满足对不同厚度纸板的加工。此外，通过气缸并对待加工纸板进行拍齐整理，以便对纸板进行下一道工序的加工。

调隙装置主要是调节前门组件与气室组件之间的缝隙，完成对不同厚度纸板的加工。

调节原理：在调隙轴上一端装有蜗轮蜗杆装置，蜗轮蜗杆装置与前门挡板连接的部位装有一个偏心轮，在蜗轮蜗杆装置带动下，通过调节偏心轮就可以调节前门挡板与气室部分的间隙。

（2）进纸驱动组件　进纸驱动组件主要由电动机、压纸辊、喂纸辊、偏心轮调节装置、链轮传动装置和皮带轮传动装置组成。进纸驱动组件主要是调节整个传动部分传动比，由发动机带动皮带，再由链轮带动喂纸辊，通过喂纸辊和压纸辊的配合使用，使纸板可以在排齐部分排齐后，在链轮的带动下控制进纸的速度。对不同厚度的纸板由调隙装置调节偏心轮，从而调节喂纸辊和进纸辊之间的间隙，以适应对不同厚度纸板的加工。

（3）托架组件　托架组件由蜗轮装置、铰链联轴器、齿条齿轮、导轨等组成。

托架组件的主要作用：将待加工的纸板一端托起，来减少最下端的纸板与其他纸板的摩擦力，从而减少纸板对进纸驱动组件的阻力，使得纸板更加容易进行下一道工序的加工。

（4）气室组件　气室组件主要由主动带轮轴、从动带轮轴、输送带轮、张紧带轮、风机、吸风管道等组成。

气室组件主要作用是将要加工的纸板一一送到纸板折叠组件部分。

工作原理：气室组件中有气室底板、气室罩、连接板等构成气室，由风机经过风管抽风，在气室中形成真空，使待加工的纸板中最下面的纸板被牢牢吸附在输送带上，克服与其他纸板之间的摩擦力将纸板输送给进纸驱动组件，随着带传动从而将纸板送往下一道工序。

2. 折叠机构

折叠机构由侧板移动结构、压痕结构、传动带结构等组成。

折叠机构的工作是通过主动轴实现纸板的输送和折叠过程。在折叠部前端设计有预压装置，对纸板的折叠线进行加压，加重压痕线痕迹。利用皮带翻边对纸板进行折叠，纸板行进依靠压轮，而且纸板的一侧依导轨为基准，另一侧利用加力装置对纸板加力保证纸板和导轨贴合紧密。为了适应纸板宽度的变化，折叠部通过左右两台电机、减速器等传动装置调整幅宽。前后支撑轨道分别安装在送纸部和钉头部的机架上，传动系统主要由驱动电机、减速器、锥齿轮、传动轴、丝杠等组成。

（1）侧板移动结构　侧板移动结构主要由减速箱和导向轴组成。通过两端的电动机带动横轴和圆锥齿轮，再带动主链轮、侧链轮和副链轮旋转，然后主链条运动，带动其上的推架运动，从而使固定于推架上的侧板移动。

（2）压痕结构　纸板在圆弧形导向板及压痕轮的作用下，其纸板两边向下折弯，直至使纸板折成方框形，方框形纸箱在推架的作用下继续前进。

（3）传动带结构　电机工作，主动带轮驱动装置带动从动轮工作，使纸箱在链条及皮带上平行前进，中间有张紧装置。纸板导向轮可以调节纸板放置方向，侧板移动装置可以调节宽度，使得纸板可以在规定长度内通过。

组成部件：皮带轮驱动机构、纸板导向轮组件、中板支撑架、侧板行走机构、侧板内侧下皮带机构、侧板上皮带机构、中板下皮带机构、中板上皮带机构等。

3. 整型机构

整型机构包括三个部分，分别是皮带传动及调整机构，整型拍齐机构和整型送纸机构。整型机构相互配合，完成纸板的整个推齐动作，并使纸板能够进入钉头部进行钉箱作业。

(1) 皮带传动及调整机构　皮带传动及调整机构主要通过上下两条皮带配合使用，使经折叠后的纸箱可以在送至拍齐部分的时候更加整齐，使其所在的位置有利于拍齐。其中，下皮带的作用是传送，上皮带的作用是起到一个按压的作用，二者通过一按一送将纸箱送到拍齐装置。

调整机构主要有三方面作用：皮带的松紧调整，上皮带的带轮位置的调整，整个整型部的幅宽调整。

通过电动机的转动控制丝杠转动，丝杠上的丝母带动导向座左右移动，从而控制导向座上面带轮的移动，这样就能根据瓦楞纸板的大小控制带轮的位置。在保证皮带长度不变的情况下，当带轮根据标尺的尺寸右移的时候，右端的带轮左移来压纸箱。所以要求有上下两排带轮和两条独立的皮带。在侧板的下端安装有侧板行走机构，使侧板能够沿着底端的轨道向里或向外调整宽度，从而满足瓦楞纸箱宽度的要求。

整型部幅宽调整机构的动力系统与钉箱机的折叠部的动力系统是同一个。整型部两边的侧板和折叠部两边的侧板连接在一起，在折叠部，通过电机、锥齿轮、丝杠等的配合调整折叠部和整型部的幅宽。

(2) 整型拍齐机构　整型拍齐机构主要由整型动力机构和整型移动组件两部分组成。其中，整型动力机构由一个曲柄滑块机构组成，整型移动组件由丝杠和丝母组成。由于纸箱经由送料部和折叠部，传送至整型部的运动过程中，纸箱会因摩擦力及其他因素存在剪刀差，所以在可以移动的丝母之间安装一个伺服电机。伺服电机带动曲柄滑块机构实现整个拍齐动作，对到达整型部的纸箱进行拍齐。同时，由于不同规格的纸箱，其拍齐的位置不同，可通过摆线针轮电机控制丝杠的转动来调节丝母的位置，从而调节拍齐装置的位置。这样便可根据纸箱的长度和宽度来调节拍齐的位置。

(3) 整型送纸机构　整型送纸机构主要由挡板组件、上带动力机构、下带动力机构、送纸轮组件和上轮提升机构 5 个部分组成。主要功能是将拍齐后的纸箱，通过上下皮带的配合输送到钉头部开始打钉。该机构的上带动力机构是由一个固定在机座上的一个伺服电机来完成，上轮提升机构是由一个丝杠和一根导向杆进行配合。齿轮电机通过电机链轮和丝杠链轮的链接，将动力传递到丝杠上控制丝杠的转动来调节丝母的位置，从而控制提升架沿着导向杆的升降，达到控制上轮提升的目的。下带动力机构同样是由一个固定在机座上的伺服电机提供。上带动力机构和下带动力机构将伺服电机的动力通过皮带连接分别传递给上下两个太阳轮，进而达到送纸的目的。

整型送纸机构通过上下两排太阳轮的转动，配合挡板机构与拍齐机构，将纸板以最佳的位置输送至钉头部进行打钉。整型送纸机构通过上轮提升机构控制上排太阳轮的升降，这样便可以根据不同厚度的瓦楞纸板来调节两排太阳轮之间的距离。

在整型部还设有检测装置，检测传感器对折叠后运行的纸板进行位置检测，检测到输送信号后，发出电信号，控制伺服电机驱动拍齐装置对纸板的尾部进行拍齐。纸板挡板机构、输送太阳轮机构和拍齐装置的配合动作，完成纸板的运动停止、拍齐和继续输送的过程，使纸板进入钉头部进行钉箱作业。在整型部完成了消除纸板折叠后出现的剪刀差现象。

4. 钉合机构

由整型部输送过来的纸板被钉头部的输纸压轮继续输送，同时钉头进行钉箱作业。在钉箱作业过程中，钉头和钉枕随着纸板的前行同步前进，完成钉箱作业后再返回到原位置进行下一个钉箱循环。

根据瓦楞纸板的厚度调整送纸装配处的偏心轮可使纸板顺利通过，并在进纸齿轮安装进纸驱动电机，通过齿轮传动带动皮带运动，由于皮带与纸板的摩擦使纸板输送至钉头处完成钉头。蜗轮减速电机带动链轮链条传动，通过丝杠丝母配合，实现幅宽调整，控制瓦楞纸板的宽度。上中板钉头部分使用偏心套和曲柄滑块机构，根据皮带传动的速度，使用电动机传动，调整钉头运动的频率，使钉头运动与纸箱运动相协调，通过摆动电机与钉头电机一起作用，实现钉头动作。

(1) 进纸驱动机构及皮带传动　进纸驱动机构及皮带传动的设计主要是整个传动部分传动比，由电动机带动齿轮，经由齿轮传动带动皮带传动，通过摩擦带动瓦楞纸板运动。

(2) 钉头系统　根据皮带传动的速度，使用电动机传动，调整钉头运动的频率，使钉头运动与纸箱运动相协调。皮带传送运动把整型部送来的纸箱送到钉头系统，钉头来回运动把纸箱钉上。

钉头系统的优劣直接决定机器的整个性能。全自动钉箱机钉头系统加工对象为瓦楞纸板，通过送丝机构将钉用金属丝送出，并经钉头系统拉制、剪切加工成型后输出。整个动作过程通过驱动系统、传动系统、控制系统等部分的分工、合作、配合完成。工作流程如图 10-5 所示。

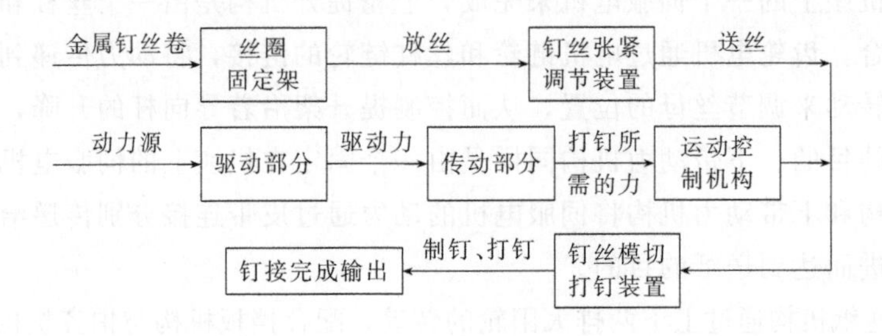

图 10-5　钉头系统工作流程

（3）钉接方式

① 单钉钉接法　单钉钉接法是传统瓦楞纸箱比较普遍采用的接合方法，但对1400mm×3200mm这种较大规格尺寸的瓦楞纸箱来说，存在钉接接合力度不够牢固，纸箱产生脱钉、包装强度不够等问题。

② 单钉双钉距法　单钉接方式形成双钉距法生产的纸箱接合强度和牢固程度均会有大幅度提高，适合1400mm×3200mm规格尺寸的瓦楞纸箱的钉接。但此种钉接方式为了形成短距双钉、长距间歇打钉的效果，采用短距-长距轮换交替方式，增加了电器控制系统的难度。和单钉钉接法相比，同等钉箱速度下，出箱量降低一半。

③ 双钉钉接法 双钉钉接法通过一次动作、两钉同时成型的方式完成纸板的钉接。成型的瓦楞纸纸板接合力度较高，纸箱牢固度较好，钉型统一、整齐、美观。出箱量和单钉钉接法不相上下，电器控制模块的编程也相对比较简单，易于操作。

5. 计数机构

钉好的纸板由输纸压轮输送，进入接纸部计数打包。在这一过程中，输纸压轮的动作是通过一台伺服电机驱动。钉头的钉箱过程是由一台伺服电机实现的，钉头的摆动通过一台伺服电机驱动，输纸压轮装置的左右位置通过两台电机调整。

计数机构主要部分由大带轮、小带轮、推板、传送带、传送链、电动机等构成，其中自动记数光眼可以对成品进行自动计数，并且可以设定分离送出。同时可根据设定单张送纸或按设定的个数堆叠送纸，全面实现自动化。

第二节　瓦楞纸糊箱机

糊箱机（粘箱机）已成为当今纸箱黏合成型加工必不可少的机器，也是提高纸箱生产效率和质量的重要设备

一、糊箱机的种类

目前，市场上的糊箱机主要有半自动和全自动两种。

1. 半自动糊箱机

半自动糊箱机主要指纸板黏合部分为全自动与纸板折叠成箱部分为手工操作，这两者组合完成整个黏箱过程。从工序安排可以分成两大类：一是由送纸涂

胶、加压和收料计数等部分组成的半自动糊箱机，主要操作特点是需要手工将整片纸板折叠，然后手动将其送入半自动糊箱机进行涂胶黏合成箱，适用于经模切加工后的纸板；二是由送纸、涂胶、输送和手工折叠加压等部分组成的半自动糊箱机，主要操作特点是纸板先通过半自动糊箱机进行涂胶，然后经过人工折叠压合成箱，最后还要放到气压工作区对箱体进行压紧以巩固黏合强度，适用于平板型的纸板。这两种半自动糊箱机的主要区别在于手工折叠部分是放在粘箱工序之前还是之后，国内第一种半自动糊箱机的应用相对比较普遍。总体来说，两种类型的半自动糊箱机都是通过糊箱机进行自动涂胶，折叠纸箱部分都是要求人工完成，即要求工人一定要将纸箱折好、压好，否则可能会产生废品。

半自动糊箱机机械结构简单，操作、调整比较方便，机器可进行自动输纸，对半成品纸箱的搭接舌部位进行自动刷胶，折叠黏合成型主要靠人工操作，其生产速度取决于操作者的熟练程度。半自动糊箱机一般单排收纸黏合成型需要 3～6 人。

2. 全自动糊箱机

全自动糊箱机指的是纸板从进入设备开始到折叠、涂胶、成箱等一系列工序全部由设备自动一次完成的糊箱机械。特点主要体现在以下三个方面：一是生产的效率，全自动糊箱机生产效率更高。二是产品质量，使用全自动糊箱机生产的纸箱产品的质量更好。使用一台全自动糊箱机能有效地避免人工因未能将纸箱折好、压好而产生废品的现象。三是在工作场地的面积，相同产能要求的情况下，全自动糊箱机能为纸箱企业节约工作场地，减少工厂生产所需的占地面积，见图 10-6。

图 10-6　全自动糊箱机

全自动糊箱机机结构比较复杂，纸板的折叠黏合成型全部用机械完成，不仅生产速度比半自动糊箱机要高，而且质量也比较稳定，适用于大批量纸箱的自动黏合成型，可在印刷机上联机实现折叠糊箱功能，可较好地提高纸箱的生产能力，缩短生产周期。目前，全自动糊箱机主要用于包装企业用纸箱、纸盒黏合的工序。这种生产模式在欧美等发达国家普遍使用，而在中国却仅有少量较大型纸箱企业使用。可以预见，在当前对自动化程度要求越来越高的趋势下，全自动糊箱机将在瓦楞纸箱包装市场占据绝对的主导地位。

二、糊箱机的特点

1. 糊箱机生产的瓦楞纸箱质量好、强度高

糊箱机生产的瓦楞纸箱采用涂胶轮或喷胶系统将胶水涂在纸板的接合面上，通过加压成型。不含钉箱用的扁丝，不会损坏瓦楞纸板，不会降低纸板结构的强度；能有效避免纸箱内的产品被扁丝刮花或刮坏的现象发生，能保证纸板结构的强度，保持纸箱形体的稳定，保证纸箱的质量，对产品的运输和保护更有利。

2. 糊箱机生产的瓦楞纸箱成本低、产能高

近年来，随着黏合剂的发展以及瓦楞纸板的生产工艺的不断提升，黏合剂的成本比钢材的成本低很多。相对于使用钉箱扁线，采用黏合剂的糊箱机可以极大地降低瓦楞纸箱的生产成本。另外，据不完全数据统计，用糊箱机对瓦楞纸箱粘接，无论是半自动还是全自动，其生产率都普遍高于相对应的钉箱机的钉箱。例如，均以自动设备为例（日本产设备），半自动钉箱能力 50～70 个/min，自动粘箱能力 200 个/min。

3. 糊箱机生产的瓦楞纸箱具有环保性能

糊箱机生产的瓦楞纸箱不含胶带或钉箱用的扁丝，旧纸箱可以直接进入打浆工序，回收相当方便。对于造纸厂家而言，不仅有效地提高了生产效率，还大大地节约了生产成本。从某种意义来说，糊箱机生产的瓦楞纸箱可以实现 100％的回收率，真正地实现了“零损耗”，达到真正的环保，不浪费。

4. 糊箱机可以实现纸箱生产全自动化

瓦楞纸糊箱机前端能连线上印或下印的印刷机和开槽模切机，后端能连线全自动捆包机和全自动码垛机，从纸板送入、纠偏、痕线整型、涂胶、折叠、加压、对正、计数推出等全部工序均由机械自动一次完成。在这个前提下，现代的糊箱机已经能够与瓦楞纸箱生产线或印刷开槽模切机联线配套使用，实现纸箱生产的全自动化操作。

三、全自动糊箱机组成与工作流程

1. 全自动糊箱机的组成

全自动糊箱机能够实现纸箱自动送料、定位、裁边裁角、调整尺寸、涂胶、折叠及黏合成型等；通过自动设置与调整纸箱长宽高，实现手动微调、连续计数、系统时间调整；利用各工位位置信号的收集，通过 PLC 对各个运动部件协调动作进行控制。全自动糊箱机由给纸部、折纸部、齐纸部、压合部、计数部等组成，表 10-2 为新罗兰 PC Series 全自动高速糊箱机的主要技术参数。

表 10-2 新罗兰 PC Series 全自动高速糊箱机的主要技术参数

型号	1200 PC	1450 PC	1600 PC	1800 PC
纸质材料	卡纸 210～280g/m²,A/B/E 瓦楞			
空载最高线速度	280m/min			
给纸方式	自动连续给纸			
折盒方式	第一折与第三折为 180°			
糊剂	水溶性冷剂			
电源电压	3P/380V/50Hz			
整机功率/kW	19	20	20	21
整机重量/t	8	9	10	12
外形尺寸/m	16×1.85×1.6	16×2.1×1.6	16×2.3×1.6	16×2.5×1.6

2. 全自动糊箱机的工作流程

全自动糊箱机的工艺流程如图 10-7 所示，主要是由给纸机给纸定位后，涂胶折合；接着对折合好的纸箱进行齐纸；最后压合计数，并堆纸。

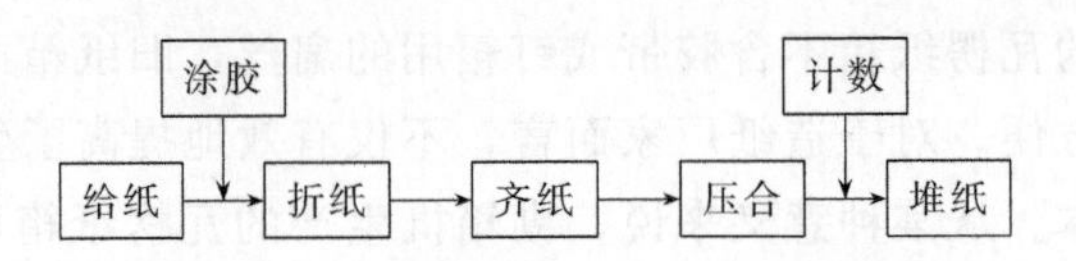

图 10-7 全自动糊箱机的工艺流程

全自动糊箱机以工作过程划分成为四个工位，通过 PLC 对各工位运动部件协调动作进行控制。

(1) 裁边工位 主要包括定位装置、吸盘及裁边机构。在纸板进入裁边工位后，通过气缸推动纸板，使其进纸并且定位。裁边机构主要包括偏心轮机构，上模连接偏心轮，下模连接机架，通过偏心轮转动惯性裁剪边角。

(2) 折叠工位 通过箱板折叠定型器及自动折叠机构构成。纸板到折叠工位后，通过气缸推送纸板，使其触碰到限位片，使纸板到达正确的位置。折叠机构包括传感器、冲头、凹模、限位片及推出器，利用 PLC 对折叠机构控制实现动作，从而对纸板冲压成型。

(3) 涂胶工位 主要包括纸箱规格复整器、胶盒、涂胶辊筒，其中涂胶辊筒使用偏心辊筒。折叠纸箱半成品进入到涂胶工位，涂胶辊筒转动，使胶能够均匀地在纸箱边中涂抹；之后利用复整器整理纸箱，使纸箱外形能够满足需求规格。纸箱规格复整器利用正反扣螺杆进行组装，保证黏合位置的一致性。

(4) 烘干工位 在进行烘干的过程中压紧机构随着纸箱一起前行，到烘干工位出口位置时，压紧机构和纸箱脱开，返回到涂胶工位，使下次到位纸箱能够压紧。

四、全自动糊箱机结构

全自动糊箱机适用于瓦楞纸箱的折合、粘贴，能使折合、粘贴后的瓦楞纸箱更加平整、美观，降低废品率。

1. 给纸部

糊箱机的进纸部分使用吸风进纸，码纸台方便调节，能够满足多纸板的需求，并且送纸精准稳定。使用皮带传送，具有较大的摩擦力，使用时间比较长。

吸气风路结构可以通过手阀开关控制打开吸风口的数目来控制吸气量的多少，以满足不同厚度纸板的给纸需求。通过调整螺钉使侧规能够在链条中左右移动，满足不同宽度纸板的输送要求。通过旋转螺杆使前规能够在垂直方向上下移动，满足输送不同厚纸板的需求。根据纸板的上胶位置调节糊轮箱的调节手柄，使糊轮的位置对准上胶位置；根据纸板厚度，同时根据上胶量的大小转动调节滑柄，增加或降低上胶量。

2. 折纸部

折纸部使用二次压痕和强制折叠，使折叠更准确。纸板的更换、调节采用电动调整，操作简单，效率高。在折叠过程中，纸板始终处于夹持状态，纸板不走斜，折叠得更准确。涂胶装置结构较为简单，胶量调整方便、易清洗。自动上胶降低了工人劳动强度。

通过固定手柄调节皮带的左右；通过旋转螺杆，能使上压轮基于垂直方向轻微地移动，从而满足需要的压力。另外，上压轮中具有拉近弹簧，能够避免在调节过程中因操作失误导致皮带出现损坏。通过调节固定螺母在滑槽内的移动，可以起到左右调节上折纸皮带的作用。通过调整底架上的压紧螺母，可以起到上下调节作用。同时，可调滚子轴承能够对皮带入角进行改变，以避免皮带跑偏。其他可调滚子轴承能够对压力进行调节，从而降低纸箱和皮带的摩擦力。通过调节手轮可改变压合辊的间隙，从而改变压合辊之间的压力，满足不同厚度纸板的要求。

3. 齐纸部

齐纸部采用风机辅助落纸，使纸箱堆积整齐，避免出现积纸现象。

强有力的整型机构可消除纸箱粘口的剪刀口现象。为了满足不同宽度的纸板需要，可通过固定手轮调节齐纸板的前后位置。通过旋转螺杆，使后规垂直方向上下移动，满足不同厚度纸板的要求。同时，松开固定手柄使后规在滑槽内滑动，满足不同宽度纸板的要求。调节操作面板上的按钮，可使吸风盒前后移动，满足不同宽度纸板的要求。

4. 压合部

合理的断续下纸，完好地保证整型后的纸箱粘牢后输出，确保纸箱的整型效果。由于压合部分的压合带是专门用另一个电动机带动的，改变电机的速度可实现压合带的速度调节。

第三节　胶带自动贴合装置

胶带黏合成箱就是胶带敷贴在接合处成箱，其箱坯可不需要设置搭接舌，将箱体对接后用强度较高的增强胶带粘贴即可。箱内、外表面平整，密封性好，生产批量小时可由手工操作，批量大时可采用专用的粘接设备进行胶带的送进、粘贴和切断，机械设备可自动或半自动化地完成胶带粘贴接合工作。

胶带的粘接质量取决于黏合剂的性能。压敏胶带主要有丙烯酸酯型、橡胶型、热塑型、有机硅型等，各有一定的适用范围。比如：有机硅型压敏胶带除黏附性好外，还具有耐高低温性、耐候性、电气绝缘性、憎水性、耐化学试剂性、耐高温蠕变形性等优点，但其价格高、机械强度低、固化性差；橡胶型压敏胶带具有黏附能力强、耐低温性能好、价格低廉的优点，但在光和热的作用下较易老化。一般情况下，胶带封箱可作为胶粘成箱条件不足时的一个补充手段。

一、胶带自动贴合装置

胶带自动贴合装置加装在瓦楞纸板流水线纵切机的末端，由机架、调节连杆及调节手柄、胶带托盘、贴胶带滚轮四部分构成，如图 10-8 所示。可实现瓦楞纸板胶带的高效贴合，结构简单，故障率小，自动化程度高。

1. 机架

机架主要起支撑调节连杆和调节手柄、胶带托盘、贴胶带滚轮的作用，安装于瓦楞纸板流水线纵切机与横切机之间的传送带底部。

2. 调节连杆及调节手柄

调节连杆及调节手柄主要作用是调节贴胶带滚轮到瓦楞纸板的距离，调节连杆安装于瓦楞纸板流水线纵切机和横切机之间输送带的底部，位于机架的正中央，调节手柄安装在该装置的操作侧。由于不同产品所需要的瓦楞纸板的尺寸不同，因此贴胶带滚轮到瓦楞纸板的距离也不尽相同。

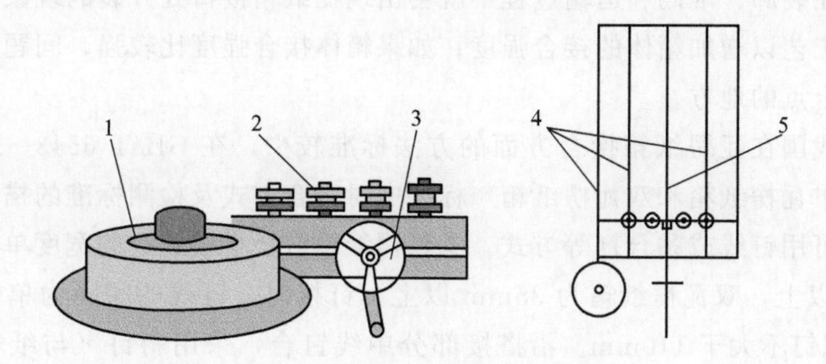

图 10-8　胶带自动贴合装置

1—胶带托盘；2—贴胶带滚轮；3—调节手柄；4—机架；5—调节连杆

3. 胶带托盘

胶带托盘主要作用是放置生产所需的透明胶带。

4. 贴胶带滚轮

贴胶带滚轮是该装置的核心部件，安装在机架上，与瓦楞纸板流水线传送带平行，保证贴胶带速度与流水线速度同步。贴胶带滚轮一共有四个，四个滚轮的间距不同，随着瓦楞纸板走向间距逐渐变小，四个贴胶带滚轮具体间距尺寸为20mm、15mm、10mm、5mm。

二、胶带自动贴合装置工作流程

在瓦楞纸板贴合胶带前，调整贴胶带滚轮的位置，根据不同瓦楞纸板尺寸大小进行调整调节手柄，保证凹槽与瓦楞纸板紧密贴合。当瓦楞纸板传输到横切部，将透明胶带的一端拉伸到贴胶带滚轮凹槽内，旋转调节手柄直到瓦楞纸板与贴胶带滚轮恰好相切，透明胶带便顺势贴合到瓦楞纸板边缘。

第四节　瓦楞纸箱接合强度的检测

瓦楞纸箱接头的设计及选择直接关系到纸箱运输过程中的稳定性及经济性等，瓦楞纸箱箱体的接合强度及接合质量直接影响瓦楞纸箱的抗压强度和产品质量。

一、接合强度的标准

箱体接合强度也是影响纸箱抗压强度的一个重要因素。如果箱体接合强度差，纸箱在装卸、堆码和运输过程中就会出现在纸箱接口处开裂的现象，这就要调整生产工艺以增加箱体的接合强度；如果箱体接合强度比较强，问题将会出现在远离接合点的地方。

当前我国在瓦楞纸箱接合方面的方法标准较少，在 GB/T 6543—2008《运输包装用单瓦楞纸箱和双瓦楞纸箱》标准中对接合方式及检测标准的描述：①纸箱的接合可用钉线或黏合剂等方式。②瓦楞纸箱钉合搭接舌边的宽度单瓦楞纸箱为 30mm 以上，双瓦楞纸箱为 35mm 以上。钉接时，钉线的间隔为单钉不大于 80mm，双钉不大于 110mm。沿搭接部分中线钉合，采用斜钉（与纸箱里边约成 45°）或横钉，箱钉应排列整齐、均匀。头尾钉距底面压痕中线的距离为 13mm±7mm。钉合接缝应钉固、钉透，不得有叠钉、翘钉、不转角等缺陷。黏合应牢固，剥离时至少有 70％的黏合面被破坏。③瓦楞纸箱接头黏合搭接舌边宽度不少于 30mm，黏合接缝的黏合剂涂布应均匀充分，不得有多余的黏合剂溢出现象。

箱体接合强度的检测方法没有 ISO 国际标准，但有标准 ASTM D642 和 TAPPI T813 两种。ASTM D642 采用抗压试验法，TAPPI T813 采用拉力试验机。在美国 ASTM 纸箱标准中，详列了“按内装物重量”与“纸箱尺寸大小”两项主要应用指标，以此来确定纸箱的各项技术参数，并通过一系列的公式计算来选择用纸规格等，在欧盟与日本的纸箱标准中，也都有相似的内容。

在实际生产过程中，按照 GB/T 6543—2008 标准进行箱体接合检测，钉合接头检测结果与实际使用中的质量效果相差不大。但对于黏合剂接合的接头，仅仅按照标准检测接舌宽度及剥离时的黏合面破坏比例，就评定箱体接合质量的好坏，往往会出现检测结果合格，但使用过程中会出现接头爆裂情况。

二、接合强度的检测方法

1. 国内接合强度的检测方法

根据国内情况，接合强度的检测方法归纳起来有如下几种：拉力试验机测试法、压缩试验机测试法、流通中实用性试验法、跌落试验法。其中，流通中实用性试验法和跌落试验法具有一定的实用性，但只能进行定性分析，不能确定其强度值。如果需要确定具体的强度数据就要采用拉力和压缩试验法，这也是国内用户使用比较多的试验法。试样经恒温恒湿处理后分别在压力试验机和拉力试验机上进行测试。

2. 国外接合强度的检测方法

目前，箱体接合强度的检测方法主要有两种方式：抗压试验机测试法和拉力试验机测试法。抗压试验法主要采用 ASTM D642，拉力试验机试验法采用 TAPPI T813 标准进行测试。这里重点介绍拉力试验机测试法，该标准采用恒速拉伸法来检测箱体接合强度，适用于黏合剂接合、胶带接合和箱钉接合。

纸箱在运输或堆码过程，接头部位会受到两个方向的力。一个是顺着两块接舌拉扯的拉力，另一个是垂直接舌向外撑开的撑力。这两个方向的力都会对接头黏合有破坏作用，下面从受力的不同介绍两种检测方法。

（1）瓦楞纸箱接头承受水平拉力的检测　瓦楞纸箱样品要放置在标准大气环境下即温度 23℃，相对湿度为 50％的环境下预处理 24h。然后取 5 个完好的瓦楞纸箱，每个瓦楞纸箱上取一个测试样品。取样位置和取样尺寸示意图如图 10-9 所示。取 5 个测试样品，每个样品长度至少为 200mm，长度方向要包含接头部位，接头最好在长度方向的中间，宽度在 25mm，样品边缘要求平整；其中黏合接头取样时，至少要离纸箱接头端头 10mm 以上；钉合接头则要包含 1 颗钉，钉的两头离样品边至少 6mm。

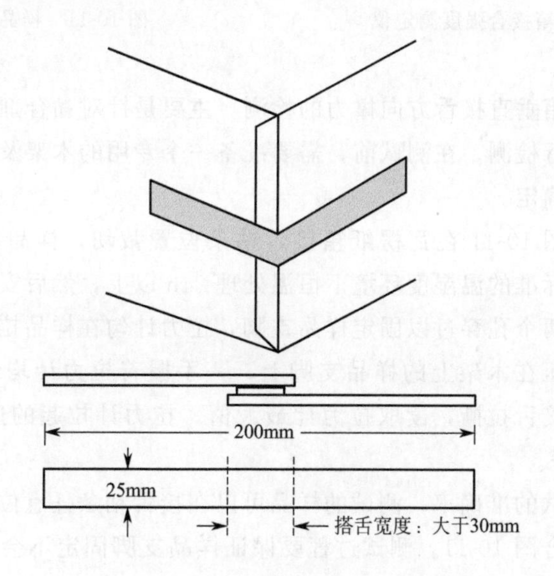

图 10-9　取样位置和取样尺寸示意图

测试仪器为纸箱接合强度测定仪，如图 10-10 所示，要求两个夹头的间距为(180±5)mm，测试速度为 (25±5)mm/min，试样断裂的时间在 15～30s 内完成。记录每条样品断裂时的最大力值（N），然后除以试样的宽度即为箱体的接合强度，以 kN/m 表示。如果超过 30s，要更改测试速度，使其能够在 30s 内断裂，并在报告中注明箱体接合强度的计算公式：

$$P = P_{max}/W \quad (10\text{-}1)$$

式中 P_{max}——试样断裂最大力值，N；

W——试样的宽度，mm。

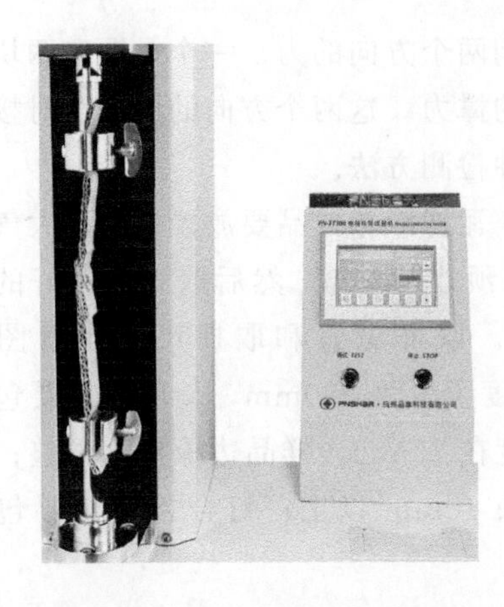

图 10-10　纸箱接合强度测定仪

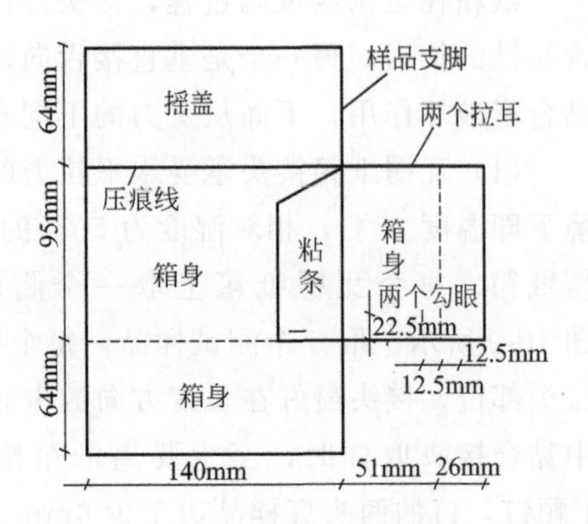

图 10-11　样品裁切图

（2）瓦楞纸箱垂直接舌方向撑力的检测　主要是针对黏合剂接头垂直接舌向外撑开的撑力进行检测。在测试前，需要准备一个专用的木架及拉力计，木架尺寸以测试样品来确定。

测试样品按图 10-11 在瓦楞纸箱接舌粘条位置裁切，样品数量至少 10 个，裁切后样品放在标准的温湿度环境下恒温处理 24h 以上，然后安置到木架上，用两支针从木架的两个孔穿过以固定样品支脚，拉力计勾在样品拉耳已对折的右上角勾眼上，一手压在木架上的样品支脚上，一手握着拉力计均匀用力垂直往上拉，直到把粘头接舌拉撕，读取拉力计最大值。拉力计拉起的速度以能在 15～30s 完成测试为好。

为了保证测试的准确率，测试的样品可以在接舌粘条任意位置裁取，但要保证尺寸及形状符合图 10-11。测试过程要保证样品支脚固定不会被拉起，测试人员手拉拉力计的速度要均匀并符合要求，拉起的方向一定要垂直。每次测试完成后记录最大值并把拉力计归零，最后把 10 个测试数据平均值作为结果。

3. 三种接合方法结果的比较

在纸箱箱体的三种接合方法当中，黏合剂黏合的接合强度最好，胶带黏合的接合强度次之，金属钉钉合的接合强度最低。纸箱的这 3 种接合方式没有最好与最差，三者可以互为补充、替代。在选用瓦楞纸箱接合方法时，应根据内装物的特征、瓦楞纸板的种类和瓦楞纸箱生产批量来合理选用。

第五节　瓦楞纸箱物理性能检测

从瓦楞原纸到瓦楞纸箱要经过一系列过程，瓦楞原纸经过瓦楞辊轧制成瓦楞，然后同面纸、里纸、中纸（双瓦楞纸板和三瓦楞纸板）经过黏合、成型制成瓦楞纸板，瓦楞纸板再经过一系列印刷、开槽、模切等工艺最终加工成瓦楞纸箱。瓦楞纸箱加工过程如图 10-12 所示。

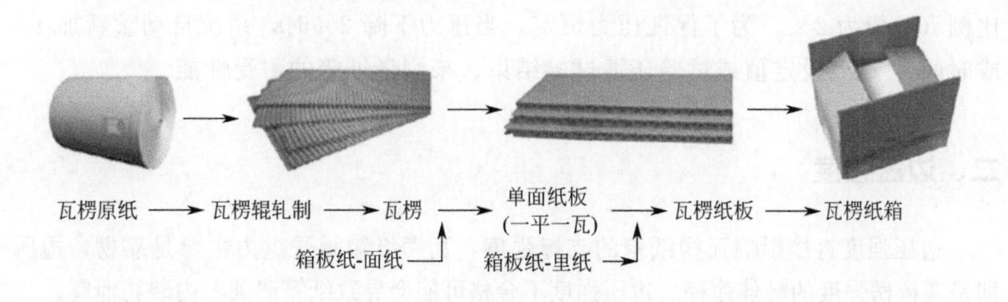

图 10-12　瓦楞纸箱加工过程

成品瓦楞纸箱主要物理性能检验项目：抗压强度。半成品瓦楞纸板的检测项目：边压强度、耐破强度、黏合强度、戳穿强度、平压强度。这些检测项目中，边压强度和耐破强度是必须测的，黏合强度不作强制要求，戳穿强度在出口检验有要求，平压强度虽然产品标准中没有要求，但国标 GB/T 22874 有测试方法，平压强度不合格直接导致缓冲性能不合格。瓦楞纸箱的各项技术指标同瓦楞纸板类似，瓦楞纸箱产品标准 GB/T 6543 规定，要求制造瓦楞纸箱所使用的瓦楞纸板（单瓦楞纸板和双瓦楞纸板）各项技术指标应符合瓦楞纸板的标准 GB/T 6544 的规定。成箱后取样进行检测的纸板强度纸板允许低于标准规定值的百分之十。

一、抗压强度

抗压强度是考核纸箱可承受最大压力值、纸箱包装设计的产品保护强度，检验纸箱是否可承受堆码重量。纸板性能是影响瓦楞纸箱抗压强度的重要因素。

抗压试验的原理是将试验样品放置于整箱抗压试验机的上下压板之间，然后选其中任一方法：①在抗压试验的情况下，进行加压直至试验样品损坏或达到预定载荷和位移时止；②在堆码试验的情况下，施加预定载荷直至试验样品损坏或持续到预定的时间止。

PN-CT50K 系列整箱抗压试验机均有三种测试模式：抗压试验、定值试验和堆码试验。

抗压试验：将试验样品放置于整箱抗压试验机的上下压板之间，进行加压测试，直到试验样品被压溃，来测量纸箱的最大耐压力和变形量。

定制试验：将试验样品放置于整箱抗压试验机的上下压板之间，量程范围内设定力值 F 或变形量 L，当力值 F 或变形量 L 达到设定值或试验压溃试验结束，来测量纸箱的整体性能。

堆码试验：将试验样品放置于整箱抗压试验机的上下压板之间，进行加压测试，这种模式是模拟仓库堆垛状态下，设定力值 F 或时间 T，当力值 F、重载比例（一般为 2%，为了保证压力恒定，当压力下降 2%时，系统自动重新加压）或时间 T 达到设定值或试验压溃试验结束，来测量纸箱的耐受性能。

二、边压强度

边压强度直接影响瓦楞纸箱的支撑强度，瓦楞纸箱承受重力主要是靠楞，边压即是考核楞强度的最佳途径。边压强度不合格可能会导致纸箱溃破、内装物泄露。

用切刀或边压取样器（如 PN-ECC25）准确切取尺寸为 25mm×100mm 的矩形试样，放置在压缩强度测定仪的下压板上，启动仪器，以一定的速度对试样施加压力，直到试样被压溃，测试试样所能承受的最大压力，单位牛顿每米（N/m）。注意：切出的试样必须光滑、笔直且垂直于瓦楞纸板的边缘，否则影响测试结果。

三、黏合强度

黏合强度不足容易造成分层，大大降低纸箱的抗压强度。

在规定的试验条件下，分离单位长度瓦楞纸板黏合楞线所需的力，以牛顿每米（N/m）表示。分别计算各黏合层测试分离力的平均值，然后按公式计算各黏合层的黏合强度，最后以各黏合层黏合强度的最小值作为瓦楞纸板的黏合强度。一般情况都是求平均值，这里用最小值作为测试结果是为了找到瓦楞纸板最薄弱环节。国标 GB/T 6544 规定瓦楞纸板任一黏合层的黏合强度应不低于 400N/m，这一技术指标许多厂家都在使用。

四、耐破强度

耐破强度是指纸板在单位面积上所能承受的垂直于试样表面均匀增大的最大

压力，以 kPa 表示。耐破强度影响瓦楞纸箱的侧支撑强度，是考察纸箱在实际运输环境中承受静态的局部挤压的能力，它决定于纸张强度的总和和均匀性，反映纸板强度的强韧性。

耐破强度体现纸箱对流通过程中搬运、装卸、撞击、撕扯力量的承受能力，是纸箱综合性能的评价方法之一。耐破强度对瓦楞纸箱的戳穿强度和边压强度有较大影响，耐破强度低易造成纸箱挤压破损、内装商品损坏。

在规定的试验条件下，试样在单位面积上所能承受的均匀增加的最大垂直于试样表面的压力。瓦楞纸板的这一性能好坏是由组成瓦楞纸板的各层纸张的耐破强度的大小所决定，与纸张的纤维韧性、厚度、紧度等有关，一般为面纸、里纸、芯纸的耐破强度之和。原理是把一个均速的流体力通过一张弹性隔膜加到被测试样上。试样最初是平坦的，并以一定压力挺直夹持试样，但中心有一定的截面积，可以随着弹性隔膜任意隆起，测定其所能承受最大的压力，该值包括试验中拉长隔膜所需压力。仪器运用这一原理所测得的压力即为被测试样的耐破强度。

五、戳穿强度

戳穿强度是指用一定形状的角锥穿过纸板所需的功，即包括开始穿刺及使纸板撕裂弯折成孔所需的功。戳穿强度与耐破强度一样，都是反映瓦楞纸板抗拒外力破坏的能力。与耐破强度表现的静态强度不一样，戳穿强度表达的是使瓦楞纸板破坏的动态强度，比较接近纸箱在运输、装卸的实际受力情况。

在规定试验条件下，将试样夹在戳穿强度测定仪的试样夹上，用连在摆臂上的戳穿头戳穿试样，测试戳穿试样所消耗的能量，以焦耳（J）表示。这是模拟纸箱在使用或运输过程中的冲击力，通过试验反映瓦楞纸板承受锐利物体冲撞的抵抗能力，它是一项重要的动强度指标。戳穿试样时，戳穿头穿透试样的过程由三个连续动作组成，即刺穿、撕裂和弯折。面纸的纵横两个方向的撕裂强度和瓦楞楞芯纸的平压强度对瓦楞纸板的戳穿强度有重要影响。纸板的戳穿过程是对纸板及组成原料质量性能的综合检验。

现行国家标准 GB/T 6543—2008 没有戳穿强度的检测项目，但该项目是考核瓦楞纸板抗戳穿、抗破坏的一个重要指标，反映纸箱对包装物的保护能力，故有考核的必要。

六、平压强度

在规定的试验条件下，用平压取样器切取一定面积的单面或单瓦楞纸板，然后放置在压缩强度试验仪的下盘板中间，启动仪器对试样表面进行垂直加压，直到瓦楞被压溃为止，测定单位面积试样受到的最大压力为平压强度（FCT），以千帕（kPa）标示。

平压强度测试过程中，瓦楞纸板（图 10-13）变形有以下两种情况：当压力从中间释放时，楞峰变平，从而导致楞型遭到破坏（图 10-14）；当压力能从纸板边缘释放时，楞峰变平，表层面纸移位，使芯纸歪斜或卷曲（图 10-15）。压力从中间释放属于正常的压溃，但如果压力从纸板边缘释放就有问题了，有可能是压板发生相对移动，有可能裁切时对试样造成损坏，也有可能是瓦楞纸板内在的缺陷导致瓦楞倾斜位移。具体哪种情况导致出现问题要在实际生产、加工过程中进行分析、处理。通过仪器检测，得出平压强度具体的数值，为瓦楞纸板、纸箱生产厂家在生产过程中进行科学分析提供参考依据。

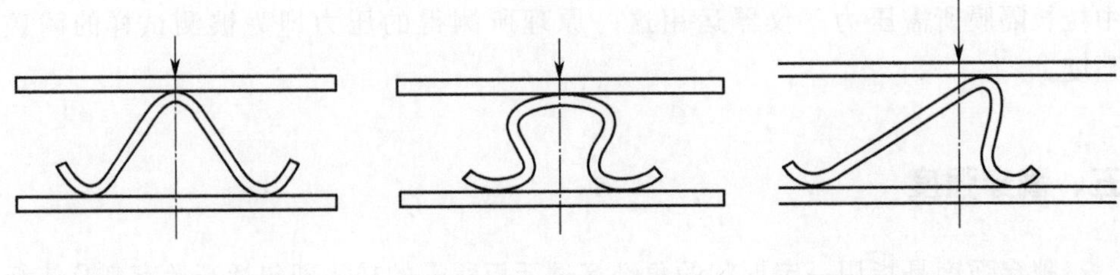

图 10-13　被压前样子　　图 10-14　被压溃的试样　　图 10-15　试样倾斜或压板横移

平压强度只能测试单面或单瓦楞纸板，因为双瓦楞纸板受压楞型遭到破坏通常是由于中间层的面纸边缘移位。目前还没有研究出方法阻止这种情况的发生，因此，该测试不适合双瓦楞纸板或三瓦楞纸板。

第十一章

纸箱开箱机

纸箱开箱机（纸箱成型机）可将已经模切成型并封侧隙的单片式折叠纸箱箱坯经过上料送箱、展开成型、内页折叠、外页折叠、封箱等一系列工艺，最终形成可直接用来盛放物件的成型纸箱。开箱机是包装机械行业的一种重要设备，可以与自动化包装生产线配套使用，提高生产线的效率。开箱机作为生产线后道包装的关键设备，其开箱的速度决定着整条生产线的生产速度。目前，市场上开箱机的类型基本确定，其生产速度稳定在 25～40 箱/min，远不能满足生产企业对快速包装的需求。

第一节　纸箱开箱机种类及发展现状

开箱机在我国的发展起步虽然较晚，但经过多年的技术积累及发展，开箱机的结构及形式逐渐确定，并广泛应用到各生产领域。目前市场上使用的开箱机主要分为立式胶带封箱开箱机、卧式热熔胶封箱开箱机、卧式胶带封箱开箱机。

一、立式胶带封箱开箱机

立式胶带封箱开箱机如图 11-1 所示，是一种发展比较成熟的机器，各部分零件大多已实现通用化，其采用光、电、气、磁配合使用，结构紧凑、性能可靠。此种开箱机最快开箱速度可达 25 箱/min，广泛用于我国包装生产线上，结构及工艺流程如图 11-2、图 11-3 所示。

图 11-1　立式胶带封箱开箱机

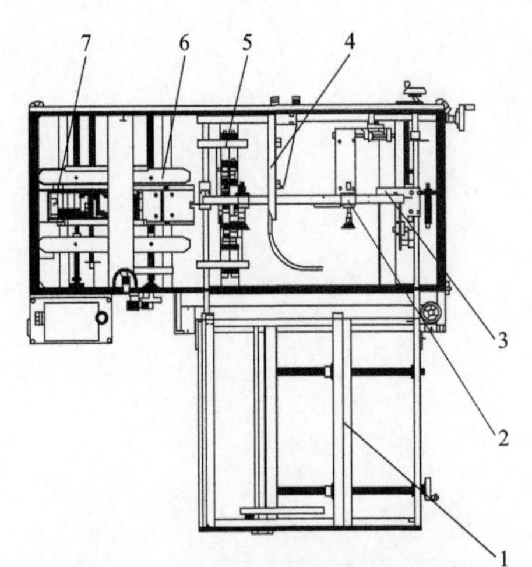

图 11-2　立式胶带封箱开箱机结构

1—箱坯上料机构；2—吸箱机构；3—短页折叠机构；4—箱体推送机构；5—长页折叠机构；6—皮带输送机构；7—胶带封箱机构

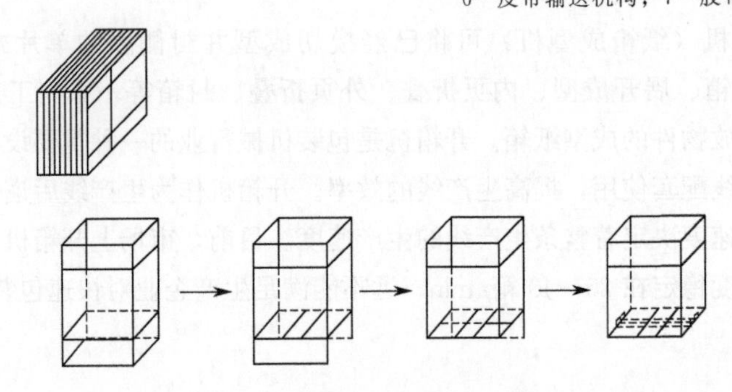

图 11-3　立式胶带封箱开箱机工艺流程

箱坯立式集放在箱坯上料机构上，集放的箱由吸箱机构完成单片箱坯的吸取，箱坯经过弧形挡条实现立箱成型，完成第一步工艺流程；再由内页折叠机构旋转90°实现内页折叠，完成第二步工艺流程；然后由箱坯底部的外页折叠机构向纸箱中心做旋转运动，实现外页的折叠，完成第三步工艺流程；待底部内外页折叠完成后，由气缸驱动推箱装置运动，将纸箱推到输箱装置工位，输箱装置由两侧同步带组成，同步带将纸箱夹紧并往前输送，通过封箱装置完成纸箱底部胶带封箱；在压箱机构的作用下，纸箱底部可与胶带有更好的接触力，使纸箱的胶带封箱效果更好；封箱完成后纸箱开箱工艺完成，输出的纸箱可通过链道直接用于生产线上。

此类纸箱开箱机成型工艺为串联式工艺流程，箱坯供送通道与箱体成型通道成 90°分布，在内页外页折叠机构动作时吸箱机构需要等待一段时间，因此导致开箱速度慢。整体工艺繁琐，机械机构构件间有很多互锁式动作，程序不完善或非熟练操作工进行手动操作时常出现误操作现象，发生构件的干涉使整机产生不可挽回的机械损伤。

二、卧式热熔胶封箱开箱机

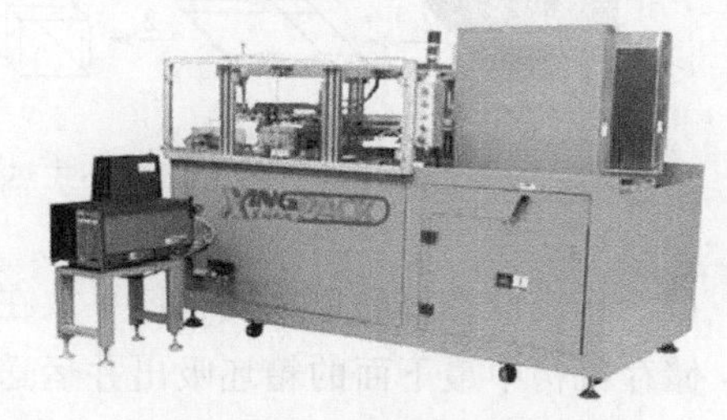

图 11-4 卧式热熔胶封箱开箱机

如图 11-4 所示为卧式热熔胶封箱开箱机，是我国近期发展比较迅速的一种开箱机。其中热熔胶机是纸箱开箱成型质量影响的关键因素，为保证纸箱质量，一般选用国外进口大品牌的热熔胶机。这种开箱机的开箱速率能达到 40 箱/min，在啤酒、面包、奶制品等产品后道包装生产线上使用广泛，图 11-5、图 11-6 分别为其结构和工艺流程。

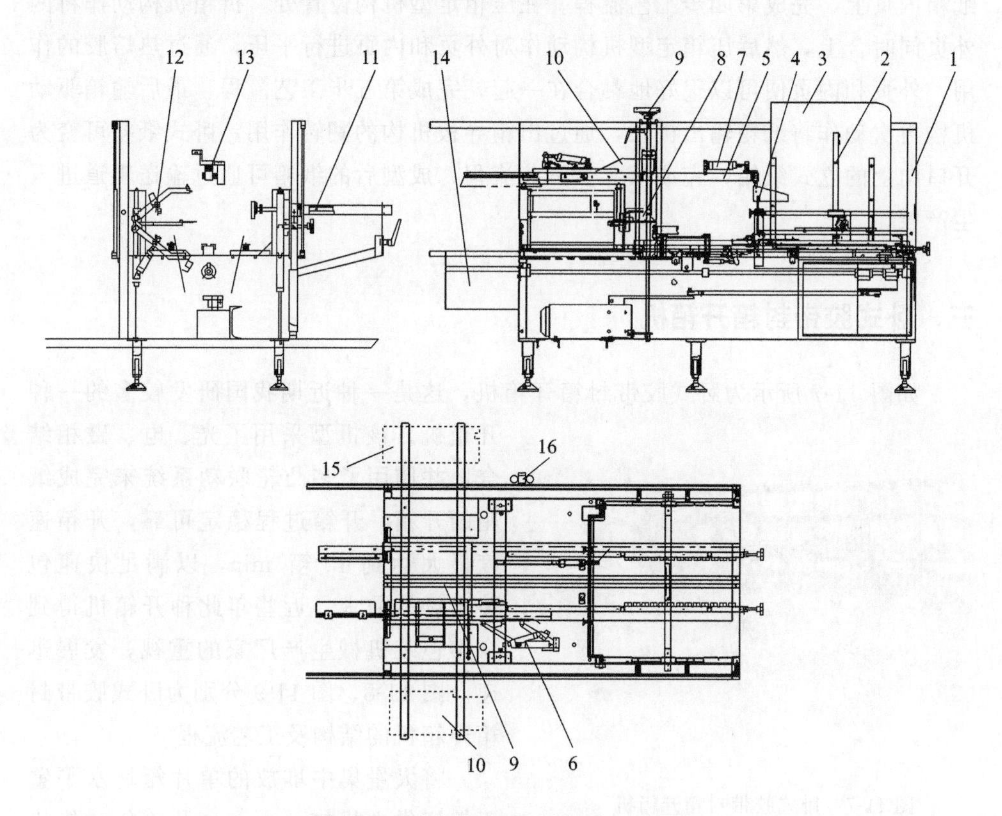

图 11-5 卧式热熔胶封箱开箱机结构

1—机架；2—箱坯储存机构；3—箱导轨组件；4—箱坯开箱机构；5—内页折叠组件Ⅰ；6—内页折叠组件Ⅱ；7—箱高限定机构；8—喷胶头组合；9—输箱驱动机构；10—热熔胶机；11—压箱定型机构；12—折箱机构；13—折箱限位机构；14—出箱导板机构；15—真空泵装置；16—气源净化处理器

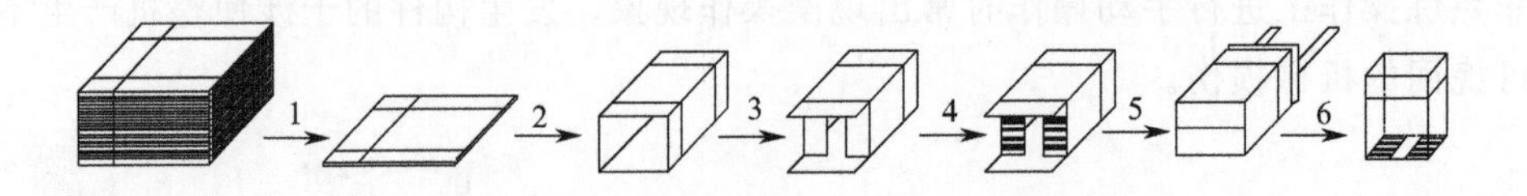

图 11-6 卧式热熔胶封箱开箱机工艺流程

将成堆叠放的单片式箱坯平放在箱坯储存机构 2 上，由输箱驱动机构将箱坯储存机构中最下面的箱坯吸出并运送到箱坯开箱工位处，完成第一步工艺流程；传动机构为电机带动一滑块机构做往复运动；箱坯开箱机构 4 由气缸驱动其动作将箱坯打开，使其立箱成型，完成第二步工艺流程，同时内页折叠组件动作将纸箱两内页折叠起来，完成第三步工艺流程。输箱驱动机构 9 再次动作，将纸箱运送到压箱定型机构 11 位置处，在此过程中喷胶头组合机构可将热熔胶均匀喷至纸箱内页上，完成第四步工艺流程。在压箱定型机构位置处，折箱机构动作将两外页同时合上，然后压箱定型机构动作对外页和内页进行平压，通过热熔胶的作用，外页和内页便可以很好地黏合在一起，完成第五步工艺流程。最后输箱驱动机构再次动作将纸箱输出机架，通过出箱导板机构的翻转作用，卧式纸箱可变为开口向上的立式纸箱，完成第六步工艺流程，成型后的纸箱可通过输送辊道进入生产线。

三、卧式胶带封箱开箱机

如图 11-7 所示为卧式胶带封箱开箱机，这是一种近期我国研发较多的一种开箱机。该机型采用了光、电、磁相结合，并使用了多凸轮联动系统来完成纸箱的开箱，开箱过程稳定可靠，开箱速度最大达到 40 箱/min，以满足快速包装市场的需求。近些年此种开箱机得到众多包装机械生产厂家的重视，发展迅速。图 11-8、图 11-9 分别为卧式胶带封箱开箱机的结构及工艺流程。

图 11-7 卧式胶带封箱开箱机

将大量集中堆放的单片箱坯水平置于箱坯供送机构 2 上，多凸轮传动机构 3 带动吸箱送箱机构 10 运动实现箱坯的间歇供给，完成第一步工艺流程。当箱坯送到成型工位时，通过多凸轮传动机构的作用，此时箱坯开箱机构的吸嘴正好位于箱坯上方，PLC 控制电磁阀打开，吸嘴产生负压力将箱坯吸住然后打开，

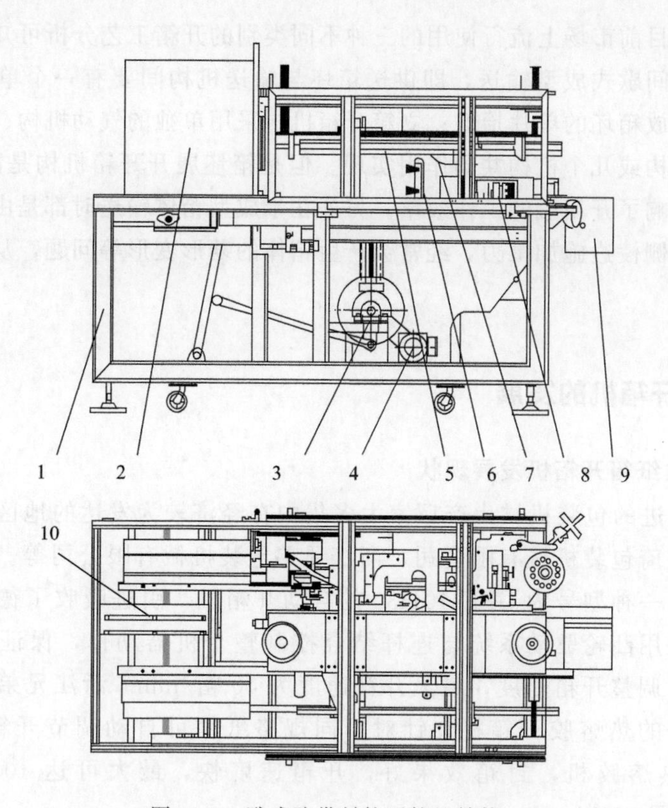

图 11-8 卧式胶带封箱开箱机结构

1—机架；2—箱坯供送机构；3—多凸轮传动机构；4—电机；5—推箱输送机构；6—箱坯展开成型机构；7—长页折叠机构；8—胶带粘贴机构；9—箱体翻转机构；10—吸箱送箱机构

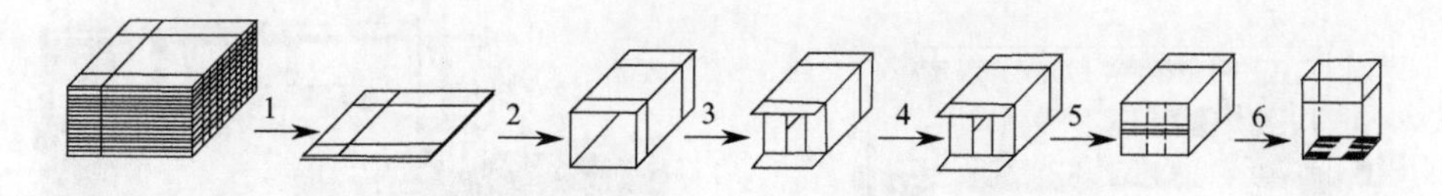

图 11-9 卧式胶带封箱开箱机工艺流程

完成第二步工艺流程。同时箱坯展开成型机构 6 中的折内页机构动作将内页折好，完成第三步工艺流程。多凸轮传动机构通过传动部件带动推箱输送机构 5 往复运动将展开成型的箱坯输送到胶带粘贴机构位置处，在输送过程中经过外页折叠机构的作用将外页折叠好，完成第四步工艺流程。在胶带粘贴机构位置处可将纸箱底部封好，通过刀架机构将多余的胶带切断，完成第五步工艺流程。推箱输送机构 5 继续将纸箱向前输送，将已经成型好的纸箱推到输送辊道上，经过箱体翻转机构 9 的作用，卧式的纸箱便可立式置于输送辊道上，完成第六步工艺流程。已全部成型的纸箱经输送辊道由生产线后道工序进行产品的包装。

通过对目前市场上流行使用的三种不同类别的开箱工艺分析可知，现在常见的纸箱都是间歇式成型输送，即供送箱坯与输送机构间要有一个单独的动作机构，实现集放箱坯的单片拾取；立箱开箱机构采用单独的气动机构、凸轮机构或电机凸轮机构或几个机构共同作用实现。但是箱坯展开开箱机构是静止不动的，这极大地影响了开箱机的工作效率。另外在半成型箱体输送时都是由推箱输送机构对箱体单侧棱边施加推力，经常会产生箱体的菱形变形等问题，从而影响成型箱体质量。

四、纸箱开箱机的发展

1. 国内纸箱开箱机发展现状

国内先进的包装机械生产厂家大多集中在经济较为发达的地区，代表企业有深圳固尔琦包装机械有限公司、浙江兄弟包装机械有限公司等。深圳固尔琦公司生产了一种型号为 GPK-40H30 的自动开箱机，引进吸收了德国的先进制造技术，采用凸轮驱动系统与连杆结合控制整个机器动作，保证机械运转稳定，并且可调整开箱速度，最大开箱速度为 40 箱/min。浙江兄弟公司生产了 KX-04 型号的热熔胶开箱机，针对不同规格纸箱可自动调节开箱封箱角度，采用进口热熔胶机，封箱效果好，开箱速度快，最大可达 40 箱/min，见图 11-10、图 11-11。

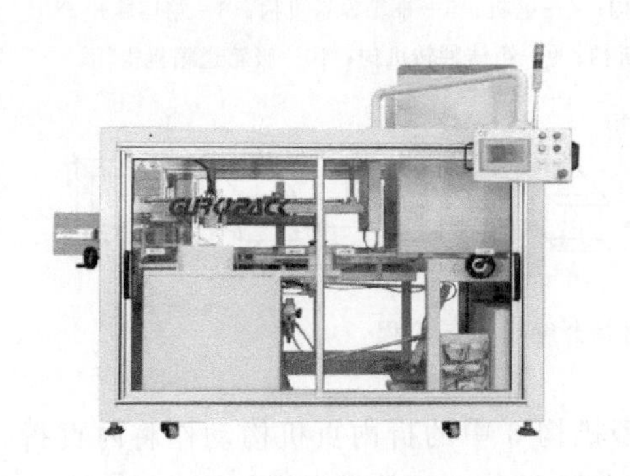

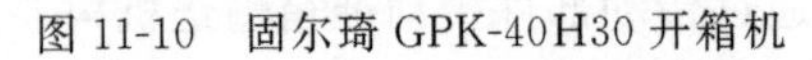

图 11-10　固尔琦 GPK-40H30 开箱机

图 11-11　兄弟 KX-04 热熔胶开箱机

国内纸箱开箱机研发起步较晚，自主研发能力还不够强，通常是引进国外先进设备再对其进行分析消化吸收，然后结合国内生产技术进行改造仿制。目前国内包装机械存在的问题包括质量方面的差距性、独立开发能力的欠缺、设备自动化程度的不足。

2. 纸箱开箱机发展现状

包装机械经过多年的发展，逐渐形成了一套完整的工业体系。美国是全球发展包装机械最早的国家，包装机械产品更新速度较快，产品种类较多。美国在研发包装机械时将大量先进技术融入到机器中，比如微电子技术、超声波技术、图像处理技术等。美国依时得公司研发的开箱机（图 11-12），采用了高吸力黏带吸住纸箱侧面来输送纸箱，在输送过程中完成胶带自动对中粘贴，同时运用图像处理技术自动调整输送宽度，以适应不同尺寸的纸箱开箱，开箱速度可达 40 箱/min。

图 11-12　美国依时得 CHS-6701 型开箱机

德国是世界第二大包装机械生产国，也是包装机械出口量最大的国家，其在产品计量、生产制造、机器性能等方面处于世界领先地位。尤其是德国生产的罐装设备中的开箱机采用卧式输送箱坯，开箱速度快，成型质量好。

日本在研制包装机械时很注重机械的柔性化和系统化，在小批量生产和多品种包装方面占有极大优势。日本最新生产的开箱机可根据不同纸箱强度和胶带类型，使用自动控制器来调节贴胶带压力，使机器封箱效果更好，开箱速度可达 40 箱/min。

第二节　连续式开箱机

连续式开箱机将箱坯间歇式输送转化为连续式输送，箱坯展开机构与箱坯同步运动，在运动过程中将箱坯展开成型。箱坯展开开箱机构采用伺服电机驱动齿轮组机构，替换原来的凸轮机构或气动执行机构，这样可以极大地提高开箱机工作的稳定性。对箱坯送箱机构采用上下同步链传动进行输送，箱体侧面上下同时受力，可保证在输送过程中不会出现菱形变形现象。

一、连续式开箱机的工作流程

连续式开箱机的工作流程如图 11-13 所示。

连续式开箱工艺的完成需要箱坯供料装置、送料装置、展开成型装置、折页装置、封箱装置等相互配合。

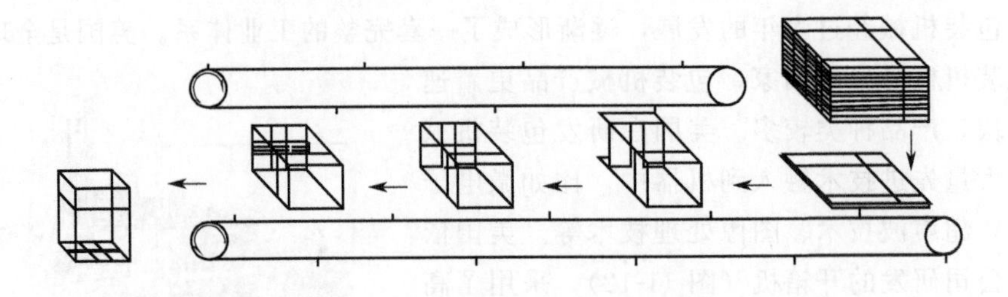

图 11-13 连续式开箱机工作流程

二、箱坯供料装置

箱坯供料机构是提供单片式箱坯的装置，主要功能是实现单片式纸箱板的自动连续供给动作。根据箱坯在供料机构上的状态不同可将供料机构分为立式供料机构和卧式供料机构两个类型，如图 11-14 所示为跌落式卧式供料机构。工作原理：首先左推板气缸动作将最下层的箱坯向右推出一定距离，箱坯左侧由于自身重力会低于下挡板平面，然后右推板气缸动作将箱坯推出，箱坯掉落到输送装置上向前输送，完成后续工艺。在两侧边挡板可设置一对射式光电传感器，当供料机构下方箱坯快用尽时，光电传感器给 PLC 一信号，由 PLC 控制左右两个下插针气缸一起动作收回，与此同时两个上插针气缸动作伸出，挡住上方的纸箱箱坯。待落料完成后，两个下插针气缸动作伸出，两个上插针气缸动作收回，箱坯落到下插针气缸挡板上，如此往复循环可实现单片式箱坯的连续供给。对于不同规格的纸箱，通过调节侧边限位板的丝杠螺母即可调节侧边限位板间距，以适应不同规格的纸箱。

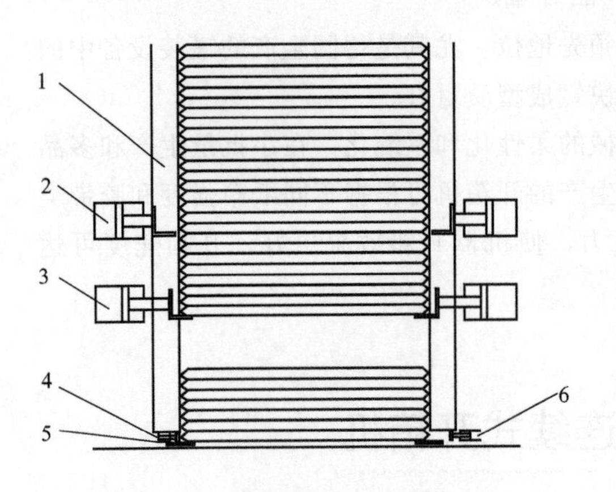

图 11-14 跌落式卧式供料机构

1—侧边限位板；2—上插针气缸；3—下插针气缸；4—左推板气缸；5—下挡板；6—右推板气缸

此种供料装置供料的速度快，且可随时进行人工加料，无需停机，可提高开箱机的开箱效率。

为了保证气缸推杆不承受较大的弯矩，在设计上下插针机构及推板机构时考虑在气缸两侧等距离设置两个导向支撑套。在设计纸箱规格调整机构时，采用丝杠螺母结构。由于侧边限位板较大，在每一侧采用了 3 对丝杠螺母结构，侧边限位板下方 2 对，上方 1 对，其间的动力采用链传动来传递。

三、送料装置

箱坯在完成落料工艺后需要有送料机构将其送到下一个成型工位上，完成后续工艺。送料装置有两种方式，一种为气动式送料装置，单片式箱坯经落料机构落到输送板上，由 PLC 控制气缸收缩，将箱坯送到展开成型工位，然后气缸伸开，使输送板处于落料工位，如此循环实现箱坯的输送。另一种为曲柄滑块式送料装置，电机传送出来的动力带动曲柄滑块机构往复运动，吸嘴安装在滑块上，当滑块机构运动到最远极限位置时，正好位于箱坯供料机构下方，吸嘴产生负压将箱坯吸住带出；当滑块机构运动到最近极限位置时，正好位于箱坯展开成型工位，滑块上的吸嘴负压关闭，释放箱坯，同时箱坯展开成型工位的吸嘴产生负压，将箱坯底部固定，以便于后续的箱坯展开成型工艺。

以上两种送料方式执行机构简单，但其均为间歇式送料机构，在送料的过程中箱坯不能进行展开成型工艺，极大地影响了开箱机的工作效率。

箱坯在完成落料工艺后需要有送料机构将其送到下一个成型工位上，完成后续工艺。新机型的送料装置采用上下同步链传动，如图 11-15 所示。箱坯供料机构位于下链传动装置的正上方，供料机构每次落料到下链传动装置上，链条向左运动，当推板碰到箱坯侧边时便可将箱坯向前输送。每两个相邻推板之间可容纳一个箱坯，实现箱坯的连续输送。

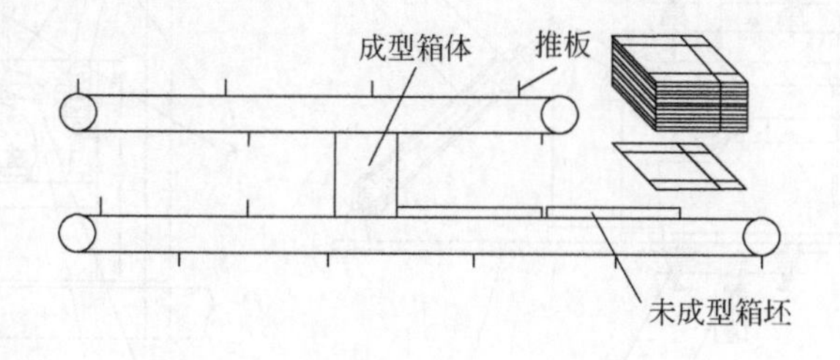

图 11-15　连续式送料机构示意图

四、展开成型装置

送箱机构完成送箱工艺后，箱坯到达展开成型工位。箱坯展开成型工艺是纸箱开箱机整个工作过程中的关键工艺，是影响开箱机生产能力的主要因素。

1. 展开成型工艺

要想使水平放置的单片式箱坯成为可盛放物体的成型纸箱，需要对单片式箱坯施加力的操作，使其按照预压折痕变形，成为良好的成型箱体，图 11-16 为箱坯展开成型工艺示意图。

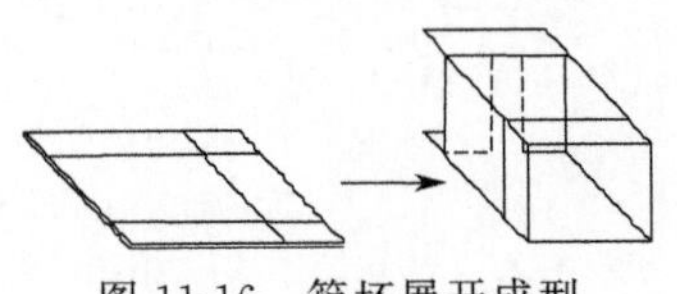

图 11-16　箱坯展开成型工艺示意图

2. 展开开箱机构

（1）卧式热熔胶封箱开箱机的展开成型机构　图 11-17 所示为卧式热熔胶封箱开箱机展开成型机构的结构，其中动力气缸 9 为整个展开开箱机构提供 90°的往复旋转动力，当箱坯送到展开成型工位时，动力气缸 9 工作，活塞杆伸出，使立箱连杆绕轴承旋转 90°至水平方向，此时上吸嘴正好在箱坯上方将箱坯吸住，为箱坯的成型提供一个动力源。与此同时，下吸嘴气缸动作，活塞杆伸出，使下吸嘴运动至箱体下表面并吸住，为箱坯的成型提供了另一个动力源。以上两个动力源可保证箱体展开开箱机构单一、稳定运行，使箱坯按照预定折痕展开成型。该展开开箱机构动力源来自于气缸，结构简单，便于制造。采用气缸作为机构的主动力，其速度可控性差，在长行程快速收缩的动作要求下，气缸动作终端的急停会对整个机构产生较大的震动。

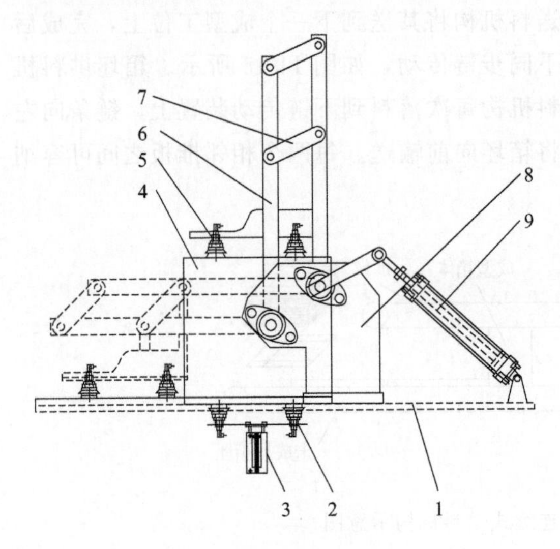

图 11-17　卧式热熔胶封箱开箱机展开成型的结构

1—机架；2—下吸嘴；3—下吸嘴气缸；4—成型纸箱；5—上吸嘴；6—展开成型连杆；7—连接杆；8—安装架；9—动力气缸

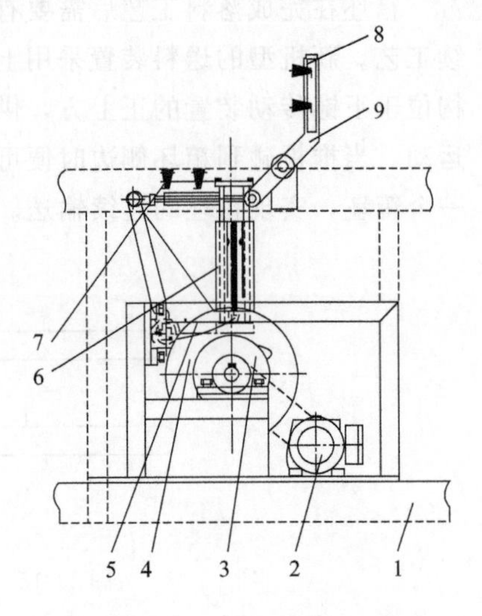

图 11-18　卧式胶带封箱开箱机展开成型机构的结构

1—机架；2—电动机；3—小凸轮；4—大凸轮；5—上吸嘴凸轮连杆；6—导杆机构；7—下吸嘴；8—上吸嘴；9—摇臂连杆

（2）卧式胶带封箱开箱机的展开成型机构　图 11-18 所示为卧式胶带封箱开箱机展开成型机构的结构，它采用电动机作为原动力，通过链传动将动力传递给两个同步凸轮。大凸轮通过多连杆机构将动力传至上吸嘴摇臂，使上吸嘴摇臂绕固定轴旋转 90°至上箱坯水平表面并吸住，为箱坯的展开成型提供一个动力源；同时小凸轮通过导杆机构 6 将下吸嘴向上顶升至下箱坯表面并吸住，为箱坯的展开成型提供另一个动力源。随着凸轮的继续旋转，摇臂连杆 9 旋转 90°，使上吸嘴呈图示状态，上吸嘴和下吸嘴同时释放，完成箱坯的展开成型工艺。

该机构通过电机带动两凸轮完成箱坯展开成型工艺，具有良好的稳定性。采用凸轮机构对于精度及加工制造要求较高，长期运行下凸轮磨损会产生运动偏差，更换成本较大。在箱坯展开成型时箱坯底部需要固定在成型工位上，不能向前输送，属于间歇式展开成型工艺，在很大程度上限制了开箱机的工作速度。

（3）连续式开箱机展开成型机构　在线连续式箱坯展开成型机构，即箱坯展开成型机构可随着箱坯同步运动，在运动的过程中完成箱坯展开成型工艺。其机构运动示意图如图 11-19 所示。

该平面连杆机构有 6 个构件，包括杆件 1、2、3、4，工作台 5 以及机架，有 6 个连接，包括铰链 A、B、C、D，箱体与工作台连接，工作台与机架的连接。要想使箱坯完成展开成型工艺，需要提供三个原动力 F_1、F_2、F_3。其中 F_1 保证箱体按照预定折痕成型，F_2 保证箱体与工作台紧密相连，F_3 保证箱体与展开成型机构同步运动。这三个原动力共同作用，可保证箱坯在输送过程中完成展开成型工艺。

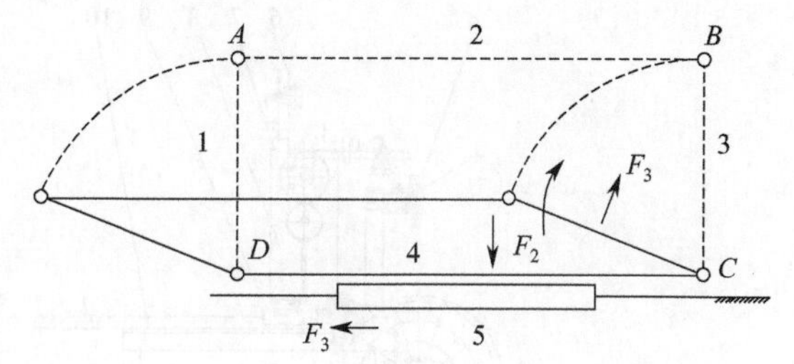

图 11-19　箱坯展开成型机构运动示意图

1，2，3，4—杆件；5—工作台

要实现展开成型机构与纸箱输送机构的同步，且动力都来源于主电机，通常考虑使用将旋转运动转化为直线运动的曲柄滑块机构。曲柄滑块机构构成的运动副均为低副，动力传递效率高，具有良好的运动稳定性，并且加工制造方便。

由于主动力来源于电机的旋转，为方便驱动将曲柄转变为圆盘，并在圆盘上设置均匀分布的圆孔以改变不同曲柄的长度，连杆一端与圆孔相连，另一端与展开成型机构安装底板相连，底板固定在滑块上，依托导轨实现往复直线运动，其运动方向与箱体输送方向一致。图中，F_3 的力由滑块提供，F_2 的力是保证箱坯与展开成型机构一起运行。力 F_2 方向竖直向下，且纸箱的受力和形变都较小。气缸安装在展开成型机构安装底板上，随滑块一起运动，完成与输送机构的同步运行。

力 F_2 保证箱体底面与滑块之间保持固定，再给箱体提供一个力 F_1 便可使箱体按照预定的折痕展开成型。其中力 F_1 大小不变，方向始终与箱体表面垂直，即力 F_1 提供了箱坯展开成型的旋转力矩。在此，考虑采用真空吸盘结构来提供对箱体的侧面吸附力。箱体的旋转运动采用伺服电机驱动一对啮合齿轮组结构，实现机构的往复旋转运动。伺服电机具有良好的可控性，能快速实现速度控制，运动精度高。采用伺服电机驱动可提高箱坯展开成型的稳定性及成型速度。

根据箱坯展开成型机构，结合箱坯展开成型平面连杆机构运动简图，采用连续式展开成型机构，如图 11-20 所示。同步动力转盘 3 通过拐臂连杆 2 将动力传递到展开成型机构的安装底板，底板沿滑动导轨往复运动。在底板向前运动时，输送链也将箱坯向前输送，实现箱坯与展开成型机构同步运行。在同步运行的过程中，伺服电机驱动齿轮组件使上吸盘往复旋转 90°，完成箱坯的展开成型工艺。

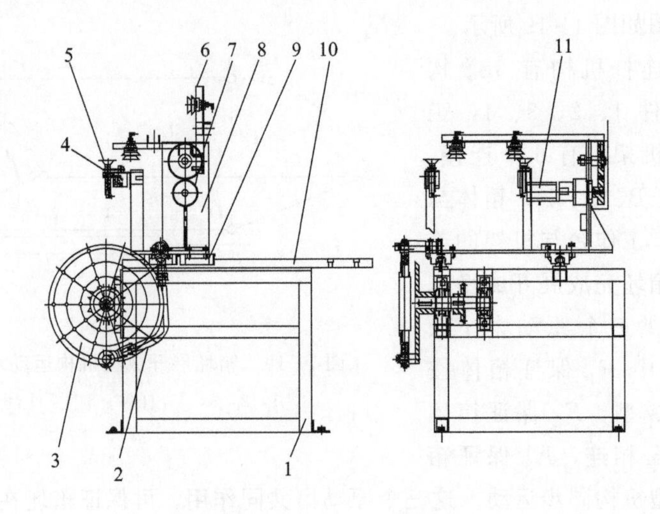

图 11-20 连续式展开成型机构

1—机架；2—拐臂连杆；3—同步动力转盘；4—气缸；5—下吸盘；
6—上吸盘；7—齿轮机构；8—立架；9—滑块；10—滑动导轨；11—伺服电机

五、折页装置

1. 内页折叠装置

当箱坯完成展开成型工艺后，需要对箱体的内页进行折叠。内页折叠装置主要是由安装板、气缸、鱼眼接头、安装柱、折叠板等组成，具体结构如图 11-21 所示。

内页折叠装置主要是通过气缸驱动摆臂实现折叠板的来回摆动来实现纸箱内页的折叠功能。工作原理：当开箱后的纸箱经过内页折叠装置的时候，传感器反馈信号给 PLC，PLC 控制电磁阀实现内页折叠气缸打开行程，在摆臂的作用下实现内页折叠板的摆动。与此同时，纸箱刚好在折叠板的前面经过，折叠板对于开箱后的纸箱内页进行找平，实现折叠的功用。

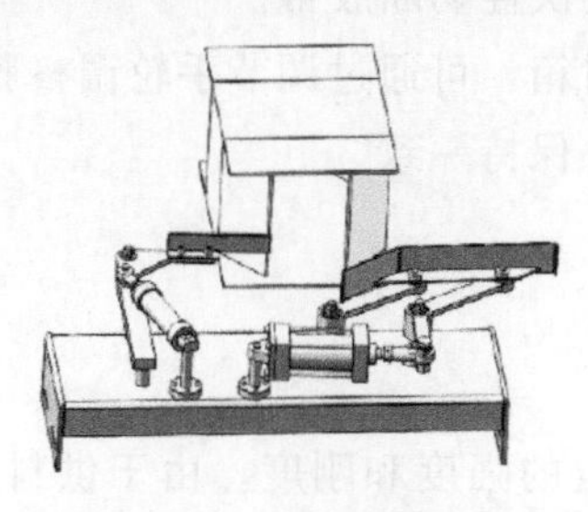

图 11-21　内页折叠装置

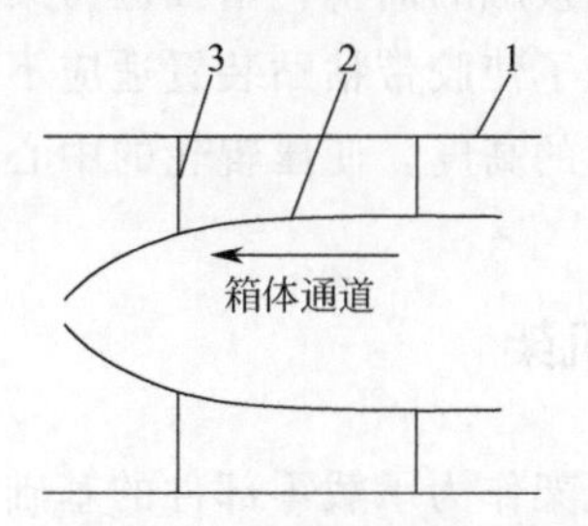

图 11-22　外页折叠机构

1—机架；2—弯曲折叠杆；3—连接件

2. 外页折叠装置

如图 11-22 所示为外页折叠机构，弯曲折叠杆 2 与机架 1 通过连接件 3 相连，弯曲折叠杆从右自左逐渐向内弯曲一定角度，当箱体从右自左输送时，在弯曲折叠杆的作用下，外页可逐渐折叠完整。此种折叠机构无需提供额外动力，结构简单，成本低，具有良好的使用价值。

六、胶带粘贴装置

箱体完成外页折叠工艺后，将进入封箱工艺。封箱工艺是纸箱成型质量的关键工艺，完好的封箱工艺可提升纸箱的使用寿命。

图 11-23 为胶带粘贴机构。当箱体逐渐进入胶带粘贴工位后，箱体封口面将胶带压辊 2 和刀片架 3 压退位，同时胶带压辊 5 在连杆机构作用下与胶带压辊 2 共同运动而退位，使前方胶带与箱体封口面紧密贴合，进行封箱动作。随着箱体逐渐向前移动，胶带经过胶带传递辊连续输出，封在箱体上。经过一定时间后，箱体后部离开刀片，胶带压辊 2 在连杆的作用下与胶带压辊 5 运动相同，而刀片架由于受到弹簧的弹力作用复位弹起，切断胶带。当箱体逐渐运动

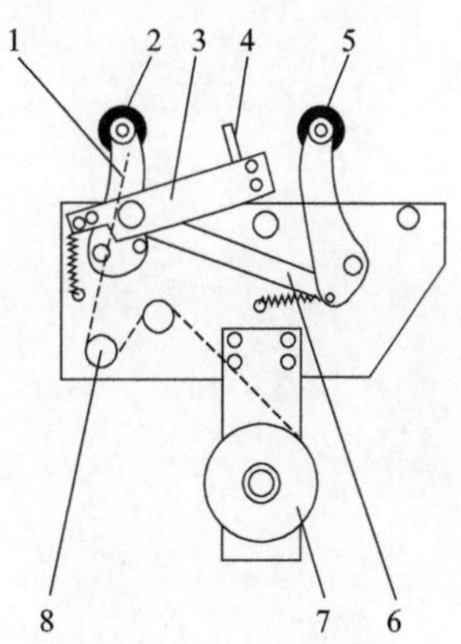

图 11-23　胶带粘贴机构

1—胶带；2，5—胶带压辊；3—刀片架；4—刀片；6—连杆；7—胶带卷；8—胶带传递辊

到离开胶带压辊 5 时受到弹簧弹力作用而自动复位，使切断的胶带可继续良好地贴在箱体上。至此，完成整个胶带封箱工艺。

由于胶带在粘贴过程中处于绷紧状态，若将胶带上切出一个断口，断口将在胶带张力作用下迅速扩大，直到胶带完全断开。为增大刀片与胶带相互接触瞬间的压强，在对刀片锯齿进行设计时使其具有一定的斜度（5°），以减少刀片与胶带瞬间接触的面积，增强应力集中，使刀片能一次性切断胶带。

为了使胶带粘贴装置适应不同规格纸箱的封箱，可通过调节手轮调整胶带粘贴装置的高度，使压辊轮的中心与纸箱高度中心保持一致。

七、机架

机架作为承载零部件的基础，必须具有一定的强度和刚度。由于供料装置、送料装置、展开成型装置、内页外页折叠装置、胶带粘贴装置等都是安装在其上部，考虑到机架在有效范围内应该容纳纸箱开箱机所有的执行装置及传动装置等，应根据各装置的实际尺寸及留有一定的调整余量，合理设定机架的规格尺寸。

参 考 文 献

[1] 陈永常主编. 瓦楞纸箱的印刷与成型 [M]. 北京：化学工业出版社，2005.

[2] 黄跃荣编著. 瓦楞纸箱生产实务 [M]. 北京：化学工业出版社，2015.

[3] 杨瑞丰主编. 瓦楞纸箱生产实用技术 [M]. 北京：化学工业出版社，2010.

[4] 陈文革，黄学林编著. 瓦楞纸箱印刷技术 [M]. 北京：印刷工业出版社，2009.

[5] Jurkka Kuusipalo，张美云著. 纸和纸板加工 [M]. 张美云，宋顺喜，杨斌，等译. 北京：中国轻工业出版社，2017.

[6] 美国柔性版技术协会基金会组织编写. 柔性版印刷原理与实践（第4卷）[M]. 程常现等译. 北京：化学工业出版社，2006.

[7] 黄学林，陈文革主编. 柔性版印刷技术 [M]. 北京：印刷工业出版社，2010.

[8] 王淑华，朱松林编. 现代凹版印刷机使用与调节 [M]. 北京：化学工业出版社，2007.

[9] 冯换玉编著. 进口胶印机调节与维修 [M]. 北京：印刷工业出版社，2008.

[10] 韩玄武，郑莉编著. 海德堡单张纸胶印机操作技术 [M]. 北京：化学工业出版社，2008.

[11] 周玉松主编. 现代胶印机的使用与调节 [M]. 北京：中国轻工业出版社，2009.

[12] 陈镜波. 日本瓦楞纸板生产概况 [J]. 今日印刷. 2019，(6)：52.

[13] 岳　原. 美英瓦楞纸高回收率的启发 [J]. 绿色包装. 2018，(1)：87-88.

[14] 吴　静. 电商时代功能型瓦楞纸箱的应用与发展 [J]. 印刷技术. 2017，(2)：25-27.

[15] Matt Elhardt. 中美瓦楞箱纸板市场对比及竞争力分析 [J]. 中华纸业. 2017，(23)：41-43.

[16] 房效永. 瓦楞纸箱在电商领域的应用趋势分析 [J]. 今日印刷. 2018，(10)：25-28.

[17] 张惠忠. 瓦楞纸箱材质与各项技术指标的确定 [J]. 中国包装. 2016，(8)：38-44.

[18] 熙　隆. 新瓦楞纸箱、纸板国家标准若干问题的解读 [J]. 中国包装. 2009，(1)：59-64.

[19] 傅智鋆. 浅谈瓦楞纸板生产线的技术改造和实践 [J]. 中国高新技术企业. 2016，(10)：32-33.

[20] 陈志君，杜群贵. 一种单面瓦楞机新型压力辊机构的振动分析 [J]. 振动与冲击 2019，(21)：133-139.

[21] 杨　皓，杨小俊，张昌汉. 瓦楞纸板生产线的蒸汽系统建模 [J]. 包装工程，2010，(17)：97-100.

[22] 张鹏博. 浅谈引进国外高速瓦楞纸板生产线湿端和干端的选择与配置 [J]. 包装世界，2013，(3)：55-57.

[23] 曲佳宏. 浅析计算机控制全自动高速瓦楞纸板生产线 [J]. 科学技术与创新. 2017，(21)：128-129.

[24] 李德清. 步进伺服及其在瓦楞纸纵切机单元设备中的应用 [J]. 自动化与包装. 2014，(3)：44-47.

[25] 杨新顺. 瓦楞纸板横切机速度控制系统设计 [J]. 包装工程. 2017，(8)：132-136.

[26] 陈锐鸿. 基于PLC控制的自动堆叠机设计 [J]. 制造业自动化. 2018，(3)：138-141.

[27] 朱艳华. 瓦楞纸板生产线的工艺标准化 [J]. 印刷技术. 2017，(7)：51-53.

[28] 李　彭，王小华. 瓦楞纸箱柔印工艺控制与品质分析 [J]. 广东印刷. 2015，(5)：25-29.

[29] 蔡成基. 瓦楞纸箱柔印从运输包装走向销售包装的关键 [J]. 印刷杂志. 2017，(4)：12-21.

[30] 蔡成基. 柔印预印在瓦楞纸箱印刷中的地位与发展趋势 [J]. 印刷技术. 2017，(9)：20-27.

[31] 孙建明，李　昭，张鹏飞. 瓦楞纸箱凹版预印工艺要求 [J]. 印刷技术. 2015，(5)：39-41.

[32] 严美芳. 微型瓦楞纸板直接胶印工艺的关键因素 [J]. 印刷杂志. 2010，(2)：13-16.

[33] 李克涛. 啤酒瓦楞纸箱胶印转柔印的优势与注意事项 [J]. 印刷技术. 2015,(3):35-36.
[34] 彭新斌. 胶转柔技术在150线纸箱预印中的应用 [J]. 印刷杂志. 2018,(3):39-42.
[35] 何留喜,袁江平. 瓦楞包装喷墨印刷特点及应用分析 [J]. 今日印刷. 2018,(8):63-66.
[36] 郑 亮. 瓦楞包装喷墨印刷技术 [J]. 印刷杂志. 2017,(4):44-48.
[37] 刘学智. 激光模切,实现模切数字化 [J]. 印刷杂志. 2015,(10):25-27.
[38] 刘 帅. 自动模切机新技术的应用与发展 [J]. 印刷技术. 2018,(11):16-20.
[39] 李林会,武淑琴,王仪明,等. 模切机叼纸牙排定位系统动态特性实验研究 [J]. 北京印刷学院学报. 2019,(2):56-60.
[40] 高秀兰,吴 凡,周帅,等. 现代模切机的传动与工作机构研究 [J]. 渭南师范学院学报. 2018,(2):41-50.
[41] 张国方,成刚虎. 平压平模切机模切压力的分析与研究 [J]. 印刷杂志. 2014,(6):52-54.
[42] 吴春红. 全自动钉箱机双钉头系统 [J]. 现代制造技术与装备. 2016,(9):106-108.
[43] 于淑政,董晓博,孙振军. ZDXJ-2400全自动钉箱机送纸机构研究 [J]. 科技创新与应用. 2015,(15):6-8.
[44] 麦志坚. 粘箱机在生产中的优势及其未来发展趋势探讨 [J]. 中国高新技术企业. 2016,(5):69-70.
[45] 张 阳,王竣斌. YH-180全自动糊箱机结构设计 [J]. 北京印刷学院学报. 2010,(4):19-22.
[46] 张平格,宋光婕. 全自动粘箱机控制系统设计 [J]. 电声技术. 2019,(1):1-3.
[47] 黎 敏. 瓦楞纸箱接头测定方法的研究 [J]. 中国包装. 2015,(9):42-44.
[48] 陈月平,郭素梅. 纸箱包装材料箱体接合方式的探讨及检测技术的研究 [J]. 中国包装. 2017,(12):66-68.
[49] 张惠忠. 瓦楞纸箱材质与各项技术指标的确定 [J]. 中国包装. 2016,(8):38-44.
[50] 苏红波 瓦楞纸箱及组成原料物理性能检测 [J]. 上海包装. 2015,(6):53-55.
[51] 闵 杰,王 琪,顾佳奇,等. 自动全方位纸箱折页封箱机的设计 [J]. 轻工机械. 2016,(12):77-80.
[52] 王 鑫. 连续式开箱机的设计 [D]. 武汉:湖北工业大学,2019.
[53] 李旺杰,张含叶. 一种半自动纸盒包装机机械系统设计 [J]. 包装工程,2016,(37):21.
[54] 韩占华,郭飞. 自动化在包装机械中的应用和展望 [J]. 包装与食品机械. 2011,(03):49-52.